高等职业教育“十三五”规划教

新编计算机应用基础教程

主　编　戴　毅　吴瑞芝　贾姗姗

副主编　李　娟　王靓薇　刘海龙

中国水利水电出版社
www.waterpub.com.cn
·北京·

内 容 提 要

本书是按照教育部考试中心2013年颁布的《关于全国计算机等级考试体系调整的通知》的要求编写的，可作为各类院校计算机公共基础课教材。

本书以“任务驱动，案例教学”为出发点，以应用能力培养与提高为主线，依据学习计算机、应用计算机的基本过程和规律，通过实际案例，结合知识要点，循序渐进地进行讲解。在内容上，力求学以致用、内容广泛；在形式上，力求深入浅出、图文并茂。本书为新形态立体化教材。全书讲授案例配有微视频讲解，为学习者提供帮助和参考。

本书通过案例和任务的形式，以Windows 7操作系统及Office 2010为平台，从日常办公需要出发安排内容。全书主要包括：计算机基础知识概述、Windows 7的基本操作、Windows 7的设置与管理、文字处理软件Word 2010的使用、电子表格处理软件Excel 2010的使用、演示文稿制作软件PowerPoint 2010的使用、计算机网络基础及常用工具软件和办公设备的使用。

本书定位准确，基础知识内容全面，所选案例源于实际、实用性强、便于理解和掌握。本书既适合作为高校及高职高专各专业的“计算机应用基础”课程教材，也适合作为各类从业人员的计算机基础培训教材，对于自学者也是一本有益的读物。

本书配有电子教案，读者可以从中国水利水电出版社网站或万水书苑上下载，网址为：http://www.waterpub.com.cn/softdown或http://www.wsbookshow.com。

图书在版编目（CIP）数据

新编计算机应用基础教程 / 戴毅，吴瑞芝，贾姗姗主编. -- 北京 : 中国水利水电出版社，2020.2
高等职业教育“十三五”规划教材
ISBN 978-7-5170-8398-6

Ⅰ. ①新… Ⅱ. ①戴… ②吴… ③贾… Ⅲ. ①电子计算机－高等职业教育－教材 Ⅳ. ①TP3

中国版本图书馆CIP数据核字(2020)第027393号

策划编辑：陈红华　责任编辑：张玉玲　加工编辑：张青月　封面设计：梁　燕

书　名	高等职业教育“十三五”规划教材 新编计算机应用基础教程 XINBIAN JISUANJI YINGYONG JICHU JIAOCHENG
作　者	主　编　戴　毅　吴瑞芝　贾姗姗 副主编　李　娟　王靓薇　刘海龙
出版发行	中国水利水电出版社 （北京市海淀区玉渊潭南路1号D座 100038） 网址：www.waterpub.com.cn E-mail：mchannel@263.net（万水） sales@waterpub.com.cn 电话：（010）68367658（营销中心）、82562819（万水）
经　售	全国各地新华书店和相关出版物销售网点
排　版	北京万水电子信息有限公司
印　刷	三河市航远印刷有限公司
规　格	210mm×285mm　16开本　21印张　516千字
版　次	2020年2月第1版　2020年2月第1次印刷
印　数	0001—4000册
定　价	49.00元

前　言

随着信息技术的飞速发展，计算机类课程的体系结构和教学内容的改革也在不断深化。计算机基础类课程在内容上已经有了很大的变化。

本书以“任务驱动，案例教学”为出发点，以应用能力培养与提高为主线，依据学习计算机、应用计算机的基本过程和规律，通过实际案例，结合知识要点，循序渐进地进行讲解。在内容上，力求学以致用、内容广泛；在形式上，力求深入浅出、图文并茂。本书采用了大量的图片，尽量将每一个知识点融入到具体的案例中，操作步骤详细，遵循由浅入深、循序渐进的原则，注重实际的计算机应用能力和操作技能以及自主学习能力的培养。全书操作过程配有微视频，并配有素材与源代码、小技巧、课后习题等资源。

各章节以实际工作案例制作为驱动，从操作要求、操作过程和方法出发，带出必须掌握的知识要点和操作技巧，将枯燥的知识融入到实际操作中，使读者能轻松地理解和掌握知识要点及操作技能。本书编写时力求语言精练；内容和案例实用、由浅入深；操作步骤详细；结合操作图示，直观、真实、详尽地讲解知识要点，方便教学和自学。本书定位准确，基础知识内容难易适中，既适合作为高校及高职高专各专业的“计算机应用基础”课程教材，也适合作为各类从业人员的计算机基础培训教材，对于自学者也是一本有益的读物。

本书由戴毅、吴瑞芝、贾姗姗任主编，李娟、王靓薇、刘海龙任副主编。其中第 1 章由戴毅、贾姗姗编写，第 2 章由吴瑞芝、李娟、郭文慧编写，第 3 章由王靓薇编写，第 4 章、第 5 章由李春燕编写，第 6 章、第 7 章由李根编写，第 8 章、第 9 章、第 10 章由贾姗姗编写，第 11 章和第 12 章由刘海龙编写，第 13 章由齐虎春编写，第 14 章由刘海龙编写。本书由戴毅主审，戴毅、吴瑞芝、贾姗姗统稿，李娟、王靓薇、刘海龙参与编写提纲。

随着高校计算机基础教育的发展和不断调整，本书再版时，内容也将进行相应的调整。希望各位专家、教师和读者提出宝贵意见和建议，我们将根据大家的意见不断改进，为我国计算机基础教育的教材建设和人才培养做出更大的贡献。

编　者

2019 年 11 月

目录

第 1 章　计算机基础知识概述

教学目标

- 了解计算机的发展与应用
- 掌握计算机硬件系统和软件系统的组成
- 掌握计算机的工作原理
- 掌握衡量计算机性能的主要指标

电子计算机是一种能自动、高速、正确地完成数值计算、数据处理、实时控制等功能的电子设备。它的出现是 20 世纪科学技术最卓越的成就之一，是科学技术和生产力高速发展的产物，是人类智慧的结晶。

随着信息时代的到来，计算机占据越来越重要的地位，它已成为人们生活中不可缺少的工具。了解计算机的发展史，熟悉它的运行机制，是学好计算机的基础。本章主要介绍计算机的基础知识。

1.1　计算机的发展与应用

1.1.1　计算机的概念

计算机（Computer）的全称是电子计算机（Electronic Computer），俗称电脑。它是一种能够按照程序运行，自动、高速处理海量数据的现代化智能电子设备，是一种具有计算能力和逻辑判断能力的机器。它由硬件和软件组成，没有安装任何软件的计算机称为裸机。

经过几十年的发展，计算机技术的应用已经十分普遍，从国民经济的各个领域到个人生活、工作的各个方面，可谓无所不在。打开计算机，用户可以办公、处理文件、画画、听音乐、玩游戏、看电影、上网……。同时，计算机的发展和应用水平也是衡量一个国家科学技术发展水平和经济实力的重要标志。因此，学习和应用计算机知识，对于每一个学生、科技人员、教育工作者和管理者来说都是十分必要的。计算机的相关知识是每一个现代人必须掌握的知识，使用计算机是目前人们必备的基本能力之一。

1.1.2　计算机的发展

计算机的产生是 20 世纪最重要的科学技术大事件之一。20 世纪 40 年代中期，导弹、火箭、原子弹等现代科技的发展迫切需要解决很多复杂的数学问题，而原有的计算工具已经难以满足要求；另外电子学和自动控制技术的迅速发展，也为研制电子计算机提供了技术条件。1946 年，美国宾夕法尼亚大学由 J.W.Mauchly 和 J.P.Eckert 领导的科技人员研制出了世界上第一台电子数字计算机（Electronic Numerical Integrator And Computer，ENIAC），如图 1-1 所示。虽然体积大、功耗大，耗资近百万美元，但是 ENIAC 为电子计算机的发展奠定了技术基础。

图 1-1 世界上第一台电子数字计算机 ENIAC

自从 1946 年世界上第一台通用电子数字计算机问世以来，它已被广泛地应用于科学计算、工程设计、数据处理及人们日常生活的广大领域，成为减轻人们体力与脑力劳动，帮助人们完成一些难以完成的任务的有效工具。

在电子计算机问世后的短短几十年的发展历史中，它所采用的电子元器件经历了电子管时代、晶体管时代、小规模集成电路时代、大规模和超大规模集成电路时代。按使用的主要元器件分，电子计算机的发展主要经历了四代。

第一代：电子管计算机（1946—1957 年）。

在第二次世界大战中，美国政府寻求开发计算机潜在的战略价值，这促进了计算机的研究与发展。1944 年 Howard H.Aikien（1900—1973）研制出全电子计算机，为美国海军绘制弹道图。这台简称为 Mark I 的机器有半个足球场大，内含 500 英里的电线，使用电磁信号来移动机械部件，速度很慢（3 ～ 5 秒进行一次计算）并且实用性很差，只用于专门领域。

1946 年 2 月 14 日，标志现代计算机诞生的 ENIAC 在费城公之于世。ENIAC 是计算机发展史上的里程碑，它通过不同部分之间的重新接线编程，拥有并行计算能力。ENIAC 使用了 18000 多个电子管、70000 多个电阻器，有 500 多万个焊接点，功率为 150 千瓦，其运算速度比 Mark I 快 1000 倍左右。ENIAC 是第一台普通用途的计算机。

美国数学家冯·诺依曼（Von Neumann）提出了现代计算机的基本原理——存储程序控制。1949 年，冯·诺依曼和莫尔（Moor）根据存储程序控制原理造出的新计算机爱达赛克（Electronic Delay Storage Automatic Calculator，EDSAC）在英国剑桥大学投入运行。EDSAC 是世界上第一台存储程序计算机，是所有现代计算机的原型和范本。

第二代：晶体管计算机（1958—1964 年）。

这一时期，组成计算机的主要元器件是晶体管，内存采用磁芯存储器，外存采用磁带。第二代计算机体积小、速度快、功耗低、性能更稳定。在这一时期出现了高级语言 COBOL 和 FORTRAN，以单词、语句和数学公式代替了二进制机器码，使计算机编程更容易。新的职业（程序员、分析员和计算机系统专家）和整个软件产业也由此诞生。

第三代：中小规模集成电路计算机（1965—1970 年）。

虽然晶体管与电子管相比是一个明显的进步，但晶体管还是会产生大量的热量，这会损害计算机内部的敏感部分。1958 年，美国德州仪器公司的工程师 Jack Kilby 发明了集成电路（Integrated Circuit，IC），将三种电子元器件集成到一个小小的硅片上。于是，计算机体积变得更小、功耗更低、速度更快。这一时期的发展还包括使用了操作系统，这使得计算机在中心程序的控制协调下可以同时运行许多不同的程序。

第四代：大规模、超大规模集成电路计算机（1971 年至今）。

自集成电路出现后，计算机唯一的发展方向就是扩大规模。大规模集成电路（Large Scale Integrated Circuit，LSI）可以在一个芯片上容纳几百个电子元器件。到 20 世纪 80 年代，超大规模集成电路（Vary Large Scale Integrated Circuit，VLSI）在芯片上容纳了几十万个电子元器件，后来的特大规模集成电路（Ultra Large Scale Integrated Circuit，ULSI）更是将芯片上的元器件的数目扩充到百万级。在硬币大小的芯片上容纳如此数量的元器件使得计算机的体积和价格不断下降，而功能和可靠性却不断增强。

1981 年，IBM 公司推出的个人计算机开始用于家庭、办公室和学校。20 世纪 80 年代个人计算机的竞争使其价格不断下降，拥有量不断增加，计算机继续缩小体积，从桌上到膝上到掌上。与 IBM PC 竞争的 Apple Macintosh 系统于 1984 年推出，Macintosh 系统提供了友好的图形界面，用户可以使用鼠标方便地进行操作。

从 20 世纪 80 年代开始，日本、美国等国家开始了新一代“智能计算机”的系统研究，并称其为“第五代计算机”，但目前尚未有突破性发展。

我国计算机事业是从 1956 年左右开始起步的。1958 年成功研制了 103 和 104 电子管通用计算机。20 世纪 60 年代中期，我国已全面进入到第二代电子计算机时代。我国的集成电路在 1964 年研制出来，但真正生产集成电路是在 20 世纪 70 年代初期。20 世纪 80 年代以来，我国的计算机科学技术进入了迅猛发展的阶段。

计算机发展阶段见表 1-1。

表 1-1 计算机发展阶段

发展阶段	起止年代	主要元件	速度（次 / 秒）	特点和应用领域
第一代	1946—1957 年	电子管	5 千～1 万	计算机发展的初级阶段，体积巨大，运算速度较低，耗电量大，存储容量小。主要用来进行科学计算
第二代	1958—1964 年	晶体管	几万～几十万	体积减小，耗电减少，运算速度较高，价格下降，不仅用于科学计算，还用于数据和事务处理以及工业控制
第三代	1965—1970 年	中小规模集成电路	几十万～几百万	体积进一步减小，功耗进一步降低，可靠性和速度进一步提高。应用领域扩展到文字处理、企业管理、自动控制等
第四代	1971 年至今	大规模、超大规模集成电路	几千万～千百亿	性能大幅度提高，价格大幅度降低，广泛用于社会生活的各个领域，进入办公室和家庭。在办公自动化、电子编辑排版、数据库管理、图像识别、语音识别、专家系统等领域大显身手

1.1.3 计算机的特点及分类

1. 计算机的特点

（1）运算速度快。运算速度是指计算机每秒能执行多少条指令，常用单位是 MIPS，即每秒执行几百万条指令。例如，主频为 2GHz 的 Pentium 4 微型机的运算速度为每秒 20 亿次，即 2000MIPS。

（2）计算精度高。计算机计算的有效数据位可以精确到几十位甚至上百位，计算的精确度由计算机的字长和采用计算的算法决定。例如，Pentium 4 微型机内部数据位数为 32 位（二进制），可精确到 15 位有效数字（十进制）。有关圆周率 π 的计算，有人曾利用计算机算到小数点后 200 万位。

（3）记忆能力强。计算机的存储器（内存储器和外存储器）类似人类的大脑，能够记忆大量的信息。它能存储数据和程序，进行数据处理和计算，并把结果保存起来。

（4）逻辑判断能力强。逻辑判断是计算机的一个基本能力，在程序执行过程中，计算机能够进行各种基本的逻辑判断，并根据判断结果来决定下一步执行哪条指令。这种能力保证了计算机信息处理的高度自动化。

（5）高度的自动化和灵活性。由于计算机能够存储程序，并能够自动依次逐条地运行，不需要人工干预，这样计算机就实现了高度的自动化和灵活性。

（6）联网通信，共享资源。若干台计算机联成网络后，为人们提供了一种有效的、崭新的交往方式，便于世界各地的人们充分利用人类共有的知识财富。

2. 计算机的分类

（1）按工作原理可划分为模拟式电子计算机和数字式电子计算机。

- 模拟式电子计算机问世较早，内部所使用的电信号用来模拟自然界的实际信号。模拟电子计算机处理问题的精度差，所有的处理过程均需模拟电路来实现，电路结构复杂，抗外界干扰能力极差。
- 数字式电子计算机是当今世界电子计算机行业中的主流，其内部处理的是一种称为“符号信号”或“数字信号”的电信号。它的主要特点是“离散”，在相邻的两个符号之间不可能有第三种符号存在。这种特点使得它的组成结构和性能优于模拟式电子计算机。

（2）按功能可划分为专用计算机和通用计算机。

- 专用计算机主要应用于某些专业的领域。比如，在导弹和火箭上使用的计算机大多数都是专用计算机。
- 通用计算机主要应用于商业、工业、政府机构、家庭和个人。

（3）按规模可划分为巨型机、大型机、小型机和微型机。

- 巨型机也称为超级计算机，是目前运算速度最快、处理能力最强的计算机，主要用于战略武器、空间技术、石油勘探、天气预报等领域。我国于 20 世纪 80 年代末、90 年代中先后推出了自行研制的银河 -I、银河 -II、银河 -III 等巨型机。2009 年 10 月 29 日，由国防科技大学成功研制出的峰值性能为每秒 1206 万亿次的“天河一号”超级计算机于长沙亮相，我国成为世界上继美国之后第二个能够研制千万亿次超级计算机的国家。
- 大型机具有很强的数据处理能力，一般作为大中型企事业单位的中央主机。例如，

IBM 公司生产的 IBM 4300、3090 及 9000 系列都属于这种类型。

- 小型机的功能略逊于大型机。但它结构简单、成本较低、维护方便，适用于中小企业用户。例如，美国 DEC 公司的 VAX 系列、IBM 公司的 AS/400 系列都属于小型机。
- 微型机又称为个人计算机（Personal Computer，PC），其价格便宜、功能齐全，广泛应用于个人用户，是目前最普遍的机型。

（4）计算机按工作模式可划分为工作站和服务器。

- 工作站是一种介于微型机和小型机之间的高档微型计算机系统，通常配有高分辨率的大屏幕显示器和大容量存储器，具有较强的数据处理能力和高性能的图形功能。自 1980 年美国 Apollo 公司推出世界上第一台工作站 DN-100 以来，工作站发展迅速，成为专门处理某类特殊事务的一种独立的计算机类型。
- 服务器是一种在网络环境中为多个用户提供服务的共享设备。根据其提供的服务不同，可以分为文件服务器、通信服务器和打印服务器等。

1.1.4 计算机的应用领域及发展趋势

1. 计算机的应用领域

知识拓展：人工智能与物联网

（1）科学计算。科学计算是计算机最早的应用领域。同人工计算相比，计算机不仅计算速度快，而且计算精度高，特别是对于大量的重复计算，计算机不会感到疲劳和厌烦。

（2）信息处理。信息处理即数据处理，是指对各种原始数据进行采集、整理、转换、加工、存储、传播以供检索、再生和利用。目前，计算机信息处理已经广泛应用于办公自动化、计算机辅助管理、文字处理、情报检索、电影电视动画设计、会计电算化、医疗诊断等各行各业。据统计，世界上 80% 的计算机以上主要用于信息处理。

（3）自动控制。计算机用于生产过程的自动控制，要求具有较高的实时性，故又称为实时控制，也称为过程控制。用于实时控制的计算机接受的外部信息有许多是温度、压力、电压、电流、机械位移等连续变化的模拟物理量，这些物理量首先需要通过模拟 / 数字转换装置转换成数字量，才能供计算机处理。计算机处理的数字量结果也需要通过数字 / 模拟转换装置转换为模拟量才能实现对过程的控制。例如钢铁厂用计算机自动控制加料、吹氧、温度、冶炼时间等。

（4）计算机辅助系统。随着计算机的发展，计算机辅助工作的应用也越来越广泛，常见的有计算机辅助设计、计算机辅助制造、计算机辅助教学等。

- 计算机辅助设计（Computer Aided Design，CAD）是指利用计算机帮助设计人员进行设计。
- 计算机辅助制造（Computer Aided Manufacturing，CAM）是指利用计算机进行生产设备的管理、控制和操作。
- 计算机辅助教学（Computer Aided Instruction，CAI）是指利用计算机进行教学工作。

（5）人工智能。人工智能（Artificial Intelligence，AI）是用计算机模拟人类的一部分智能活动，如学习过程、推理过程、判断过程、适应过程等。它涉及计算机科学、控制论、信息论、仿生学、神经学、生理学等多门学科，是计算机应用研究的前沿学科。

（6）信息高速公路。1992 年美国副总统戈尔提出建立“信息高速公路”，1993 年 9 月美国正式宣布实施“国家信息基础设施”计划，俗称“信息高速公路”计划，引起了世界各发达国家、新兴工业国家和地区的极大反响，很多国家和地区积极加入到了这场国际大竞争中。

国家信息基础设施，除通信、计算机、信息和人力资源等关键要素的硬环境，还包括标准、规则、政策、法规和道德等软环境。由于我国存在信息技术相对落后、信息产业不够强大、信息应用不够普遍和信息服务队伍不够强大等现状，有关专家提出，我国的信息高速公路应该加上两个关键部分，就是民族信息产业和信息科学技术。

（7）多媒体应用。多媒体计算机的出现提高了计算机的应用水平，扩大了计算机技术的应用领域，使得计算机除了能够处理文字信息，还能够处理声音、视频、图像等多媒体信息。

（8）电子商务。电子商务（Electronic Commerce）是利用计算机技术、网络技术和远程通信技术，实现整个商务（买卖）过程中的电子化、数字化和网络化。人们不再是面对面地看着实实在在的货物，靠纸介质单据（包括现金）进行买卖交易，而是通过网络及网上琳琅满目的商品信息、完善的物流配送系统和方便安全的资金结算系统进行交易（买卖）。

（9）电子政务。电子政务是政府机构运用现代计算机技术和网络技术，将管理和服务的职能转移到网络上去，实现政府组织结构和工作流程的重组优化，超越时间、空间和部门分隔的制约，向全社会提供高效优质、规范透明和全方位的管理与服务。它开辟了推动社会信息化的新途径，创造了政府实施产业政策的新手段。电子政务的出现有利于政府转变职能，提高运作效率。

2. 计算机的发展趋势

（1）巨型化。巨型机的研制水平可以衡量一个国家的科技能力。我国在 1985 年成功制造了运算速度为 10 亿次的银河 -II 巨型机，如图 1-2 所示。

（2）微型化。随着微电子技术和超大规模集成电路的发展，计算机的体积趋向微型化。从 20 世纪 80 年代开始，微机得到了普及。现在，又出现了笔记本式计算机、平板电脑 iPad（图 1-3）、手表电脑等。

图 1-2 银河 -II 巨型机

图 1-3 平板电脑 iPad

（3）网络化。现代信息社会的发展趋势是实现资源共享，即利用计算机和通信技术将各个地区的计算机互联起来，形成一个规模巨大、功能强大的计算机网络，使信息能得到快速、高效的传递。

（4）多媒体化。现代计算机不仅用来计算，还能处理声音、图像、文字、视频和音频信号。图 1-4 所示为一台多媒体计算机。

（5）智能化。智能化是让计算机具有模拟人的感觉和思维过程的能力。图 1-5 所示为采用虚拟现实技术生产的汽车驾驶模拟器。

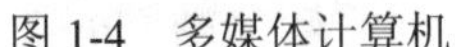

图 1-4　多媒体计算机

图 1-5　采用虚拟现实技术生产的汽车驾驶模拟器

1.2　计算机系统的基本组成

一个完整的计算机系统由硬件系统和软件系统两大部分组成。

计算机硬件系统是指组成计算机的物理实体，是计算机工作的物质基础；计算机软件系统是指运行于计算机硬件系统之上的系统程序、应用程序及其相关数据资料的集合。如果说计算机硬件系统相当于人的躯体，那么计算机软件系统就是人的大脑。由软件系统控制、协调硬件系统的动作，完成用户交给计算机的任务。

1.2.1　计算机硬件系统

计算机的硬件系统一般由控制器、运算器、存储器、输入设备和输出设备五大部分组成，其结构示意图如图 1-6 所示。

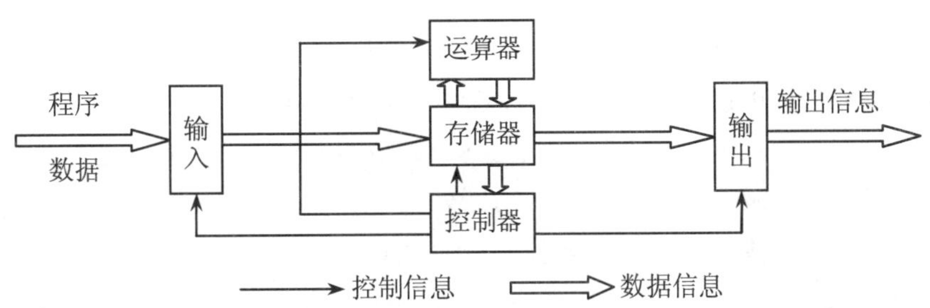

图 1-6　计算机的硬件系统结构

计算机硬件系统又可以分为主机和外部设备两大部分。主机包括主板、CPU、内存、硬盘和显卡等设备；外部设备包括鼠标、键盘、显示器、打印机和扫描仪等 I/O（输入输出）设备。

1. 控制器

控制器是计算机的指挥中心，负责从存储器中取出指令，并对指令进行译码；根据指令的要求，按时间的先后顺序，向其他各部件发出控制信号；保证各部件协调一致地工作。控制器主要由指令寄存器、译码器、程序计数器和操作控制器等组成。

2. 运算器

运算器是计算机的核心部件，它负责对信息进行加工处理。运算器在控制器的控制下，与内存交换信息，并进行各种算术运算和逻辑运算，在运算器的内部有一个算术逻辑单元（Arithmetic Logic Unit，ALU）。运算器还具有暂存运算结果的功能。它由加法器、寄存器、累加器等逻辑电路组成。

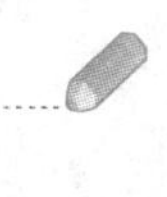

控制器和运算器之间在结构关系上是非常密切的。到了第四代计算机，由于半导体工艺的进步，将运算器和控制器集成在一个芯片上，形成中央处理器（Central Processing Unit，CPU）。

3. 存储器

存储器是计算机记忆或暂存数据的部件，程序和数据存放在存储器中。计算机中的全部信息，包括输入的原始数据、经过初步加工的中间数据以及最后处理完成的有用信息都存放在存储器中。按存储器的作用可将其分为主存储器（内存）和辅助存储器（外存）。

存储器中能够存放的最大数据信息量称为存储器的容量。存储器容量的基本单位是字节（Byte，B）。存储器中存储的一般是二进制数据，二进制数只有 0 和 1 两个数码，因而，计算机技术中常把一位二进制数称为 1 位（1bit），1 个字节包含 8 位，即 1Byte=8bit。为了便于表示大容量存储器，实际应用中还常用 KB、MB、GB、TB 作为单位，其关系如下：

1KB =1024B　1MB=1024KB　1GB=1024MB　1TB =1024GB

温馨提示：把信息从存储器中取出，而又不修改存储器内容的过程称为读操作；把信息存入存储器的过程称为写操作，写操作可以修改存储器中原有内容。

知识拓展：存储器

（1）主存储器。主存储器简称内存（内存储器），是计算机系统的信息交流中心。绝大多数的计算机主存储器是由半导体材料构成的。按存取方式不同，主存储器又分为随机存储器（又称读写存储器）和只读存储器。

- 随机存储器（Random Access Memory，RAM）。RAM 的主要特点是既可以从中读出数据又可以向其中写入数据。RAM 是短期存储器，断电时其存储内容将全部丢失。RAM 按其结构可分为动态 RAM（Dynamic RAM，DRAM）和静态 RAM（Static RAM，SRAM）两大类。DRAM 的特点是集成度高，主要用于大容量内存储器；SRAM 的特点是存取速度快，主要用于高速缓冲存储器。
- 只读存储器(Read Only Memory，ROM)。ROM 的特点是只能从其中读出原有内容，不能由用户再向其中写入新内容。ROM 中的数据是厂家在生产芯片时以特殊的方式固化在里面的，用户一般不能修改。ROM 中一般存放系统管理程序，即使断电，ROM 中的数据也不会丢失，比如固化在主板上的 BIOS 程序。

（2）辅助存储器。辅助存储器简称外存，属于外部设备，是内存的扩充。外存一般具有存储容量大，可以长期保存暂时不用的程序和数据，信息存储性价比较高等特点。通常，外存只与内存交换数据，而且存取速度也较慢。常用的外存有硬盘、光盘、U 盘等（详见 1.2.3 的内容），早期的软盘已逐渐被淘汰。

综上所述，内存的特点是直接与 CPU 交换信息，存取速度快、容量小、价格高；外存的特点是不能直接与 CPU 交换信息，存取速度慢、容量大、价格低。内存用于存放即将要用的程序和数据；外存用于存放暂时不用的程序和数据。内存和外存之间频繁地交换信息。需要指出的是外存属于 I/O 设备，只有将它存储的数据调入内存后，才能被 CPU 处理。

4. 输入设备

输入设备用于接受用户输入的原始程序和数据。它是重要的人机接口，负责将输入的程序和数据转换成计算机能识别的二进制代码，并放入内存中。常见的输入设备有键盘、鼠标、扫描仪等。

5. 输出设备

输出设备可以将计算机处理的信息以用户熟悉的形式反馈给用户。通常输出形式有数字、字符、图形、视频、声音等。常见的输出设备有显示器、打印机、绘图仪等。

1.2.2 计算机软件系统

相对于计算机硬件而言，软件是计算机无形的部分，是计算机的灵魂。软件是指计算机为完成某种特定目的而运行的程序以及程序运行时所需要的数据和有关的技术文档资料。简单地说，软件是所有的程序及有关技术文档资料的总称，即：软件=程序+文档。软件可以对硬件进行管理、控制和维护。根据软件的用途可将其分为系统软件和应用软件。图 1-7 为计算机系统层次关系图。

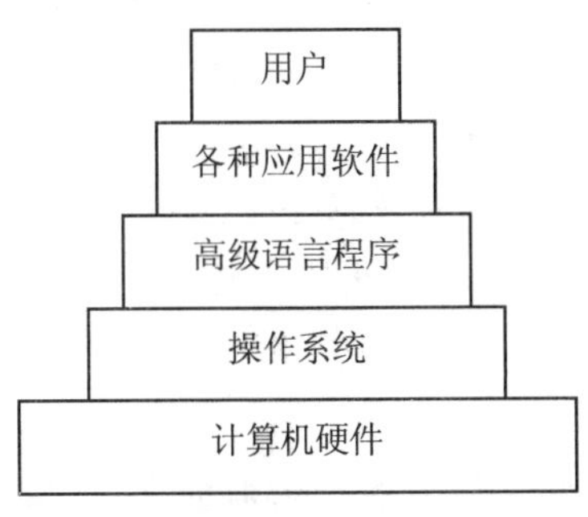

图 1-7 计算机系统层次关系图

1. 系统软件

系统软件能够调度、监控和维护计算机资源，扩充计算机功能，提高计算机效率。系统软件是用户和裸机的接口，主要包括操作系统、语言处理程序、数据库管理系统等，其核心是操作系统。

（1）操作系统。操作系统（Operating System，OS）是最基本、最重要的系统软件，是用来管理和控制计算机系统中硬件和软件资源的大型程序，是其他软件运行的基础。操作系统负责对计算机系统的全部软硬件和数据资源进行统一控制、调度和管理。其主要作用是提高系统的资源利用率、提供友好的用户界面，从而使用户能够灵活、方便地使用计算机。目前比较流行的操作系统有 Windows、UNIX、Linux 等。

（2）语言处理程序。人与人交流需要语言，人与计算机交流同样需要语言。人与计算机之间交流信息使用的语言叫作程序设计语言。按照其对硬件的依赖程度，通常把程序设计语言分为三类：机器语言、汇编语言和高级语言。

- 机器语言（Machine Language）是由二进制代码“1”和“0”组成的一组代码指令，是唯一可以被计算机硬件识别和执行的语言。机器语言的优点是占用内存小、执行速度快；但机器语言编写程序工作量大、程序阅读性差、调试困难。
- 汇编语言（Assemble Language）是一种面向机器的程序设计语言，用助记符（Memonic）代替操作码，如加法指令 ADD、减法指令 SUB、移动指令 MOV 等，用地址符号（Symbol）代替地址码。汇编语言在编写、阅读和调试方面有很大进步，而且运行速度快；但是编程复杂，可移植性差。
- 高级语言（High Level Language）是一种独立于机器的算法语言。高级语言的表达方式接近人们日常使用的自然语言和数学表达式，并且有一定的语法规则。高级语言编写的程序运行速度要慢一些，但是程序编写简单易学，程序的可移植性好、可读性强、调试容易。常见的高级语言有 BASIC、FORTRAN、C、Delphi、Java 等。

讨论：
我们所见过的计算机软件有哪些？
分别属于什么类型的软件？

采用除机器语言的其他程序设计语言编写的程序，计算机都不能直接运行，这种程序称为源程序，必须将源程序翻译成等价的机器语言程序，即目标程序，才能被计算机识别和执行。承担把源程序翻译成目标程序工作的是语言处理程序。

使用汇编语言编写的程序，要由一种程序将其翻译成机器语言，这种起翻译作用的程序叫作汇编程序，汇编程序是系统软件中的语言处理系统软件。将高级语言程序翻译成目标程序有两种方式：解释方式和编译方式，对应的语言处理程序是解释程序和编译程序。

解释程序：对高级语言程序逐句解释执行。这种方法的特点是程序设计的灵活性大，但程序的运行效率较低。BASIC 语言就采用这种方法。

编译程序：把高级语言所写的程序作为一个整体进行处理，编译后与子程序库链接，形成一个完整的可执行程序。这种方法的缺点是编译和链接较费时，但可执行程序运行速度很快。FORTRAN 和 C 语言等都采用这种方法。

（3）数据库管理系统。数据库管理系统主要面向解决数据处理的非数值计算问题，对计算机中存放的大量数据进行组织、管理、查询。目前，常用的数据库管理系统有 SQL Server、Oracle、MySQL 和 Visual FoxPro 等。

2. 应用软件

应用软件是用户为解决各种实际问题而编制的计算机应用程序，如 Microsoft 公司的 Office 系列，就是针对办公应用的软件。

现在计算机软件已发展成为一个巨大的产业，软件的应用范围也涵盖了生活的方方面面，因此很多问题都可由有相应的软件来解决。表 1-2 列举了一些领域常用的应用软件。

表 1-2 常用的应用软件

软件种类	软件举例
办公应用	Microsoft Office、WPS、Open Office
平面设计	Photoshop、Illustrator、Freehand、CorelDRAW
视频编辑和后期制作	Adobe Premiere、After Effects、Ulead 的会声会影
网站开发	FrontPage、Dreamweaver
辅助设计	AutoCAD、Rhino、Pro/E
三维制作	3DS Max、Maya
多媒体开发	Authorware、Director、Flash
程序设计	Visual Studio .NET、Borland C++、Delphi

计算机系统是由硬件系统和软件系统组成的。硬件是计算机的躯体，软件是计算机的灵魂。硬件的性能决定了软件的运行速度，软件决定了计算机可执行的工作性质。硬件和软件是相辅相成的，只有将两者有效地结合起来，才能使计算机系统发挥应有的功能。

1.2.3 微型计算机系统的基本组成

微型计算机也就是通常所说的 PC，产生于 20 世纪 70 年代末。微型计算机采用的是具有高集成度的器件，不仅体积小、重量轻、价格低、结构简单，而且操作方便、可靠性高。一个完整的微型计算机系统由硬件系统和软件系统两部分组成，如图 1-8 所示。

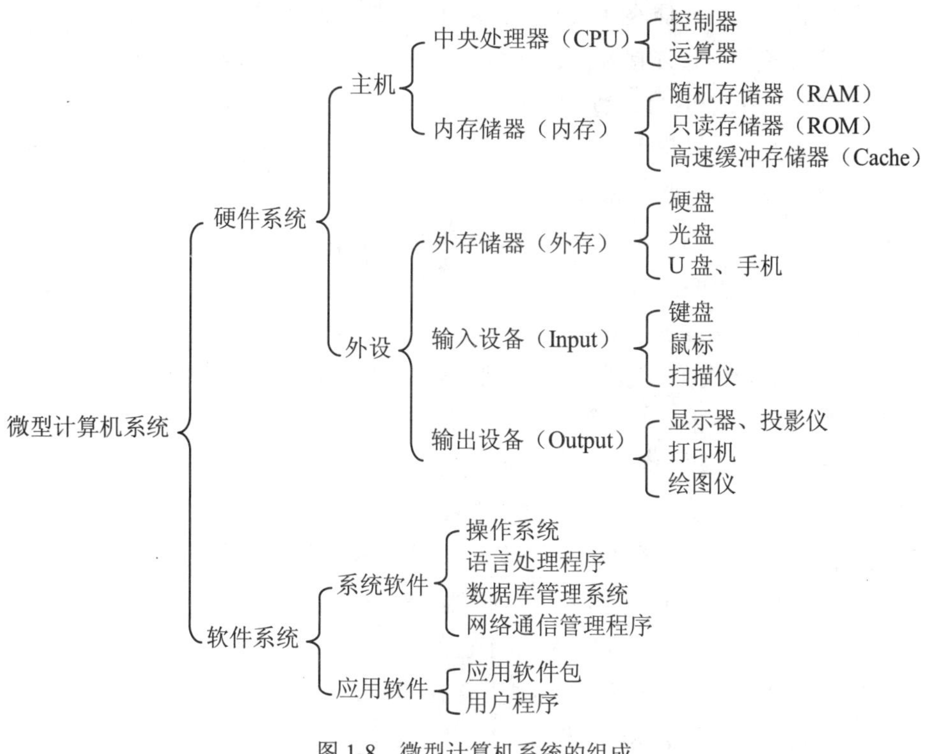

图 1-8 微型计算机系统的组成

1. 微型计算机的硬件系统

从基本的硬件结构上看，微型计算机的核心是微处理器（Microprocessor）。从外观上看，微型计算机的基本硬件包括主机箱、显示器、键盘、鼠标。主机箱内包括主板、硬盘、光存储器、电源和插在主板 I/O 总线扩展槽上的各种功能扩展卡。微型计算机还可以包含一些其他外部设备，如打印机、扫描仪等。

（1）主板（Mainboard）。微机的主机及其附属电路都装在一块电路板上，称为主机板，又称为主板或系统板，如图 1-9 所示。

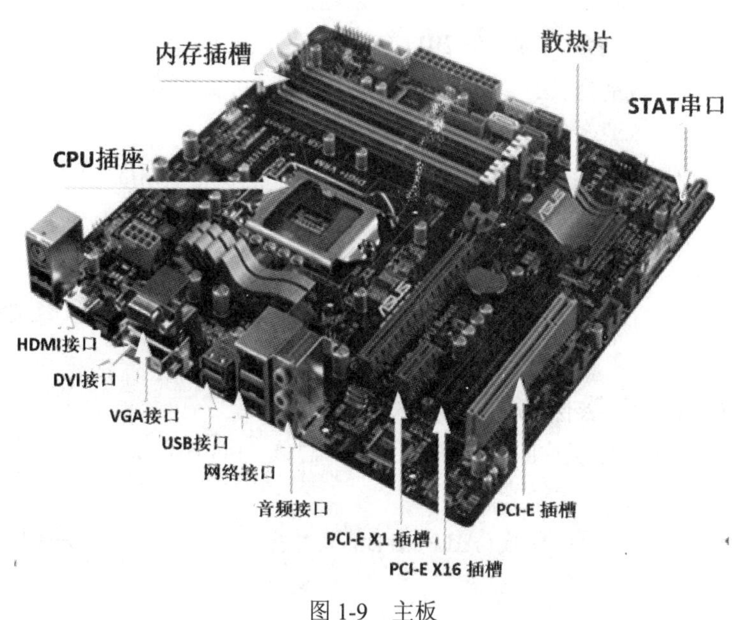

图 1-9 主板

主板一般带有5个扩充插座（又叫作扩展槽），把不同的接口卡插入扩展槽中，就可以把不同的外部设备与主机连接起来。集成了网卡、声卡的主板除了有USB接口、并行接口和串行接口，还有网线接口、声卡输入/输出接口。

为了使结构紧凑，微机将主机板、接口卡、电源、扬声器等，以及属于外部存储设备的硬盘、软盘驱动器、光盘驱动器都装在一个机箱内，称为主机箱。也就是说，微机的主机箱里装有外部设备。例如，光盘驱动器属于外部存储器，相应的接口电路板属于外设附件，并不属于主机。微机的键盘、显示器、打印机等外部设备则置于主机箱之外。

（2）微处理器（Microprocessor）。微处理器（图1-10）是利用超大规模集成电路技术，把计算机的CPU部件集成在一小块芯片上，形成一个独立的部件。微处理器中包括运算器、控制器、寄存器、时钟发生器、内部总线和高速缓冲存储器等。

微处理器是微型计算机的核心，它的性能决定了整个计算机的性能。

衡量微处理器性能的最重要的指标之一是字长，即微处理器一次能直接处理的二进制数据的位数。微处理器的字长有8位、16位、32位和64位等。字长越长，运算精度越高，处理能力越强。早期的80286是16位微处理器，80386和80486是32位微处理器，多功能Pentium系列虽然也是32位，但在技术上已经有了很大的提高，Pentium D的双内核是64位。目前主流CPU使用64位技术的主要有AMD公司的AMD64位技术、Intel公司的EM64T技术和Intel公司的IA-64技术。

图1-10　微处理器

微处理器的另一个重要性能指标是主频。主频是指微处理器的工作时钟频率，它在很大程度上决定了微处理器的运行速度。主频越高，微处理器的运算速度越快。主频通常用MHz（兆赫兹）表示。AMD在2011年开始进入32纳米制程，采用新的Bolldozer核心架构设计，包括效能级12～16核心的Interlagos，以及强调能源效益6～8核心的Valencia。

目前流行的微处理器有Intel公司的Core（酷睿）系列和AMD公司的Phenom（羿龙）系列等。

（3）总线（Bus）。总线是信号线的集合，是模块间传输信息的公共通道，通过它实现计算机各个部件之间的通信，进行各种数据、地址和控制信息的传送。总线是计算机各部件的通信线。

总线可以从不同的层次和角度进行分类。

按相对于CPU或其他芯片的位置可分为片内总线（Internal Bus）和片外总线（External Bus）。

按总线的功能可分为地址总线（Address Bus）、数据总线（Data Bus）和控制总线（Control Bus）三类。

按总线上数据的传送方式可分为并行总线（Parallel Bus）和串行总线（Serial Bus）。

（4）存储器（Memory）。内部存储器就是通常所说的“内存条”；外部存储器主要有软盘存储器、硬盘存储器、光盘存储器和移动存储器。

1）内部存储器。内部存储器包括随机访问存储器（RAM）、只读存储器（ROM）和高速缓冲存储器（Cache）。

随机存储器（RAM）的特点是可读可写，但断电后会丢失所有数据。RAM 按其结构和工作特点又可分为动态随机访问存储器（DDRAM）和静态随机访问存储器（SDRAM）。我们常说的内存条是指同步动态随机访问存储器（SDRAM）。内存条如图 1-11（a）所示。

2）外部存储器。外部存储器种类较多，下面对其中几种进行介绍。

a．软盘存储器。软盘存储器由软盘驱动器和软磁盘组成。常用的软盘驱动器都是 3.5 英寸，容量为 1.44MB。使用软盘时要注意软盘和软盘驱动器的兼容性。如今能够用到软盘的地方越来越少，最常见的用途就是当系统崩溃时引导计算机启动，修复系统，在此就不多加介绍了。

b．硬盘存储器。硬盘存储器由硬盘片、硬盘驱动器和适配卡组成。硬盘片和硬盘驱动器简称为硬盘，是计算机最主要的外部存储器。硬盘的物理结构如图 1-11（b）所示。

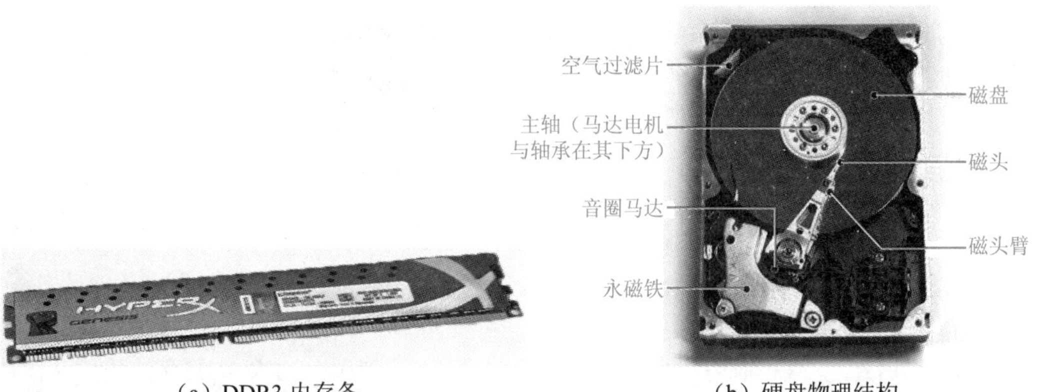

（a）DDR3 内存条　　（b）硬盘物理结构

图 1-11　存储器

硬盘按照盘片直径大小可分为 5.25 英寸、3.5 英寸、2.5 英寸和 1.8 英寸等多种规格。目前使用最多的是 3.5 英寸硬盘。传统的盘片是由铝合金制成的，为了提高硬盘的存储密度和缩小硬盘的尺寸，现在大多数硬盘都采用玻璃材质，或采用玻璃陶瓷复合材料。盘片上涂有一层磁性材料，用来存储信息。通常每张盘片的每一侧都有一个读写头，这些读写头被同一个运动装置连在一起，组成一组，所有读写头是同时在盘片上运动的。盘片被封装在一个密封的防尘盒里，以有效地避免灰尘、水滴等对硬盘的污染。

作为计算机系统的数据存储器，存储容量是硬盘最主要的参数。硬盘的容量一般以千兆字节（GB）为单位，1GB=1024MB。但硬盘厂商在标称硬盘容量时通常取 1GB=1000MB，同时操作系统还会在硬盘上占用一些空间，所以在操作系统中显示的硬盘容量和标称容量会存在差异。因此我们在 BIOS 中或在格式化硬盘时看到的容量会比厂家的标称值要小。通常硬盘的容量为 500GB 和 1TB，现在 3TB 以上的大容量硬盘也开始普及。

硬盘的另一个性能指标是转速。转速是硬盘盘片在一分钟内所能完成的最大转数。转速的快慢是标识硬盘性能的重要参数之一，在很大程度上直接影响硬盘的速度。硬盘的转速越快，硬盘寻找文件的速度也就越快，相对的硬盘的传输速度也就得到了提高。硬盘转速以 rpm 表示，rpm 是 revolutions per minute 的缩写，即“转 / 每分钟”。rpm 值越大，内部传输率就越快，访问时间就越短，硬盘的整体性能也就越好。目前 7200rpm 的硬盘已经成为台式计算机硬盘市场的主流，服务器中使用的 SCSI 硬盘转速基本都达到了 10000rpm，甚至还有 15000 rpm 的，性能要超出家用产品很多。

c．光盘存储器。光盘存储器是由光盘驱动器（CD-ROM，又称光驱）和光盘组成。光驱的核心部件是由半导体激光器和光路系统组成的光学头，光盘片采用激光材料，数据存放在光盘片中连续的螺旋形轨道上。在光盘上有两种状态，即凹点和空白，它们的反射信号相反。光盘盘面示意图如图 1-12 所示。当在光盘上读数据时，光驱利用光学反射原理，使检测器得到光盘上凹点的排列方式，驱动器中有专门的部件把它们转换成二进制的 0 和 1 并进行校验，然后才能得到实际数据。光盘在光驱中高速地转动，读取数据时激光头在电机的控制下前后移动，从而读取光盘上的信息。

图 1-12　光盘盘面示意图

光盘不易受到外界磁场的干扰，所以光盘的可靠性高，信息保存的时间长。在正常室温下，理论上光盘盘片可保存 100 年之久。

光盘的存储容量大，一张 5.25 英寸的光盘可存储 700MB 的信息。目前，光盘已经被广泛应用于图书、资料和通用软件的保存和存储上，并作为电子出版物的存储载体，代替了部分现有的纸质印刷品。

光盘驱动器按照数据传输率可分为单倍速、双倍速、4 倍速、8 倍速、16 倍速、24 倍速、32 倍速、48 倍速、52 倍速等，它们的数据传输率分别为 150KB/s、300KB/s、600KB/s、900KB/s、1.2MB/s、2.4MB/s、3.6MB/s、4.8MB/s、7.2MB/s。数据传输率越高，数据的读取速度越快。目前，微型计算机一般使用的是 48 倍速以上的光盘驱动器。

根据光盘的性能不同，光盘分为只读型光盘、一次性写入光盘、可擦除光盘、数字多功能光盘。

- 只读型光盘（CD-ROM）。CD-ROM 是光驱的最早形式，也是使用最为广泛的一种光驱。它由厂家写入程序或数据，出厂后用户只能读取，但不能写入和修改存储的内容。它的制作成本低、信息存储量大而且保存时间长。
- 一次性写入光盘（CD-R）。CD-R 允许用户一次写入多次读取。由于信息一旦被写入光盘便不能被更改，因此用于长期保存资料和数据等。
- 可擦除光盘（CD-RW）。CD-RW 集成了软磁盘和硬磁盘的优势，既可以读数据，也可以将记录的信息擦去再重新写入信息。它的存储能力大大超过了软磁盘和硬磁盘。
- 数字多功能光盘（DVD）。DVD 集计算机技术、光学记录技术和影视技术等为一体，其目的是满足人们对大存储容量、高性能的存储媒体的需求。DVD 光盘不仅在音频/视频领域得到广泛应用，而且带动了出版、广播、通信等行业的发展。DVD 的容量一般为 4.7GB，是传统 CD-ROM 的 7 倍，甚至更高。现在 DVD 的存储容量已高达 17GB。DVD 光盘需要 DVD 光驱才能读取，DVD 光驱已成为计算机中的必配部件。表 1-3 列出了各种类型 DVD 盘片的容量。

表 1-3 不同类型 DVD 盘片的容量

盘片类型	直径 /cm	面数及层数	容量 /GB	播放时间
DVD-5	12	单面单层	4.7	超过 2 小时视频
DVD-9	12	单面双层	8.5	大约 4 小时视频
DVD-10	12	双面单层	9.4	大约 4.5 小时视频
DVD-18	12	双面双层	17	超过 8 小时视频

d．移动存储器。常用的移动存储器有移动硬盘和闪存，如图 1-13 所示。

图 1-13 移动存储器

- 移动硬盘。顾名思义，移动硬盘是以硬盘为存储介质，强调便携性的存储产品。它的特点是容量大、传输速度快、使用方便。目前市场上绝大多数的移动硬盘都是以标准硬盘为基础，只有很少部分是以微型硬盘（1.8 英寸硬盘等）为基础，但价格因素决定着主流移动硬盘还是以标准笔记本硬盘为基础。因为采用硬盘为存储介质，所以移动硬盘对数据的读写模式与标准 IDE 硬盘是相同的。移动硬盘多采用 USB、IEEE1394 等传输速度较快的接口，可以以较高的速度与系统进行数据传输。

  USB（Universal Serial Bus）接口支持即插即用和热插拔。目前有 USB1.1（传输速率为 12MB/s）、USB 2.0（传输速率为 480MB/s）和 USB3.0（传输速率为 5GB/s）三个标准。现在的 USB 移动硬盘都使用笔记本专用的超薄硬盘，常见的有 12.5mm 和 9.5mm 两种规格。

  IEEE1394 接口，也叫作火线接口，它的数据传输率最高可达 400MB/s，但很多主板需要另外配置 IEEE1394 卡，所以通用性较差。
- 闪存（Flash Memory）。闪存也就是 U 盘，它采用一种新型的 EEPROM 内存，具有内存可擦可写可编程的优点，还具有体积小、重量轻、读写速度快、断电后资料不丢失等特点，所以被广泛应用于数码相机、MP3 播放器和移动存储设备。闪存的接口一般为 USB 接口，容量一般为 8GB 以上。

（5）输入设备（Input Device）。

1）键盘（Keyboard）。键盘是数字和字符的输入装置。通过键盘，可以将信息输入到计算机的存储器中，从而向计算机发出命令和输入数据。早期键盘有 83 键和 84 键，后来发展到 101 键、104 键和 108 键。一般的 PC 用户使用的是 104 键盘。键盘上的按键大致可分为 3 个区域：字符键区、功能键区和数字键区（数字小键盘），如图 1-14 所示。

图 1-14 人体工程学键盘

键盘的接口主要有 PS/2 和 USB 两种，有的键盘还采用无线通信进行连接。人们还发明了根据人体工程学所设计的键盘。

计算机键盘中常用键位的详细功能见表 1-4。

表 1-4 计算机键盘中常用键位的功能

按键	功能
Enter 键	回车键。用于将数据或命令送入计算机
Space Bar 键	空格键。位于字符键区的中下方的长条键。因为使用频繁，它的形状和位置使左右手都很容易敲打
Back Space 键	退格键。按下它可使光标回退一格，常用于删除当前行中的错误字符
Shift 键	换档键。由于键盘上有 30 个双字符键（即每个键面上标有两个字符），并且英文字母还分大小写，因此需要此键来转换。在计算机刚启动时，每个双字符键都处于下面的字符和小写英文字母的状态
Ctrl 键	控制键。一般不单独使用，通常和其他键组合成复合控制键（组合键）
Esc 键	强行退出键。在菜单命令中，常用它来退出当前环境和返回原菜单
Alt 键	交替换档键。与其他键组合成特殊功能键或复合控制键（组合键）
Tab 键	制表定位键。一般按下此键可使光标移动 8 个字符的距离
光标移动键	用箭头↑、↓、←、→分别表示向上、下、左、右移动光标
屏幕翻页键	PgUp（Page Up）上翻一页，PgDn（Page Down）下翻一页
PrtScn/SysRq 键	打印屏幕键。把当前屏幕显示的内容全部打印出来
双态键	包括 Insert 键和 3 个锁定键。Insert 的双态是插入状态和改写状态，Caps Lock 是大写字母状态和锁定状态，Num Lock 是数字状态和锁定状态，Scroll Lock 是滚屏状态和锁定状态。当计算机启动后，4 个双态键都处于第一种状态，按键后则处于第二种状态；在不关机的情况下，反复按键则在两种状态之间转换。为了区分锁定与否，许多键盘都配置了状态指示灯

2）鼠标（Mouse）。鼠标是一种指点式输入设备，多用于 Windows 环境中，用来取代键盘的光标移动键，使定位更加方便和准确。按照鼠标的工作原理，可将其分为机械鼠标、光电鼠标和光电机械鼠标三种。根据鼠标与主机接口标准，主要有 PS/2 接口和 USB 接口两类。

鼠标的基本操作有五种：指向、单击、右击（右键单击）、双击和拖动，操作方法见表 1-5。

表 1-5 鼠标的基本操作

鼠标动作名称	操作方法
指向（Point）	将鼠标指针移动到屏幕的某个特定位置或对象上，为下一个操作做准备
单击（Click）	迅速按下鼠标左键，常用于选定鼠标指针指向的某个对象或命令
右击（Right-Click）	迅速按下鼠标右键，常用于打开一个与选定内容相关的快捷菜单
双击（Double-Click）	快速连续按两下鼠标左键，常用于启动某个选定的应用程序，或打开鼠标指针指向的某个文件
拖动（Drag）	按住鼠标左键不放，同时移动鼠标，将鼠标指针移动到另一个位置，常用于将选定的对象从一个地方移动或复制到另一个地方

3）扫描仪（Scanner）。扫描仪是一种光电一体化的设备，属于图形式输入设备（图1-15）。人们通常将扫描仪用于各种形式的计算机图像、文稿的输入，进而实现对这些图像形式信息的处理、管理、使用、存储和输出。目前，扫描仪广泛应用于出版、广告制作、多媒体、图文通信等许多领域。

图 1-15 扫描仪

扫描仪的主要性能指标是分辨率、灰度级和色彩数。

- 分辨率表示扫描仪对图像细节的表现能力，通常用每英寸上扫描图像所包含的像素点表示，单位为 dpi（dot per inch）。扫描仪的分辨率通常在 300 ～ 1200 dpi 之间。
- 灰度级表示灰度图像的亮度层次范围，级数越多说明扫描仪图像的亮度范围越大，层次越丰富。目前大多数扫描仪的灰度级为 1024 级。
- 色彩数表示彩色扫描仪所能产生的颜色范围，通常用每个像素点上颜色的数据位数 bit 表示。

除扫描仪，图形输入设备还有摄像机、数码相机等。现在又出现了语音和手写输入系统，可以让计算机从语音的声波和文字的形状中识别信息。

（6）输出设备（Output Device）。

1）显示器（Monitor）。显示器是微型计算机不可缺少的输出设备，用户通过它可以很方便地查看输入计算机的程序、数据和图形等信息，以及计算机处理后的中间和最后结果。显示器是人机对话的主要工具。

按照显示器的工作原理可以将显示器分为三类：阴极射线管显示器（CRT）、液晶显示器（LCD）和等离子显示器（PDP）。

衡量显示器性能的主要参数指标有分辨率、灰度级和刷新率。

- 分辨率。分辨率是指显示器所能显示的像素点的个数，一般用整个屏幕上光栅的列数与行数的乘积来表示。这个乘积越大，分辨率就越高。现在常用的分辨率有

800×600 像素、1024×768 像素、1280×1024 像素、1440×900 像素、1920×1080 像素等。

- 灰度级。灰度级是指每个像素点的亮暗层次级别，或者可以显示的颜色的数目。其值越高，图像层次越清楚逼真。若用 8 位来表示一个像素，则可以有 256 级灰度或颜色。
- 刷新率。刷新率以 Hz 为单位，CRT 显示器的刷新率一般应高于 75Hz。若刷新率过低，屏幕就会有闪烁现象。

温馨提示：由于液晶屏幕采用了“背光（Blacklight）”原理，使用灯管作为背光光源，通过辅助光学模组和液晶层对光线的控制来达到显示效果，像素只在画面改变时才更新，不需要像 CRT 显示器那样每秒做几十次更新，所以在工作时不会产生闪烁的现象，因此液晶显示器的刷新速率也是固定不变的。

显示器必须配置正确的显示器适配卡（俗称显卡）才能构成完整的显示系统。显卡较早的标准有 CGA（Color Graphics Adapter）标准（320×200 像素，彩色）和 EGA（Enhanced Graphics Adapter）标准（640×350 像素，彩色）。目前常用的是 VGA（Video Graphics Array）标准。VGA 适用于高分辨率的彩色显示器，其图形分辨率在 640×480 像素以上，能显示 256 种颜色，但其显示图形的效果一般。在 VGA 之后，又出现了 SVGA 和 TVGA，分辨率分别提高到了 800×600 像素和 1024×768 像素，后来又出现了尺寸更大、更宽的显示器，分辨率也随之提高到 1920×1080 像素。

2）打印机（Printer）。打印机（图 1-16）是计算机系统最基本的输出设备，可以把文字或图形在纸上输出，供用户阅读和长期保存。

（a）针式打印机

（b）喷墨打印机

（c）激光打印机

图 1-16　打印机

打印机按工作原理可分为击打式打印机和非击打式打印机两类。

- 击打式打印机是将字模通过色带和纸张直接接触而将内容打印出来的。击打式打印机又分为字模式和点阵式两种。点阵式打印机是用一个点阵表示一个数字、字母和特殊符号的，点阵越大，点数越多，打印字符就越清晰。目前我国普遍使用的针式打印机就属于击打式打印机。针式打印机速度慢，噪声大，但它特别适合打印票据，所以财务人员经常使用此类打印机。

知识拓展：计算机的操作系统

- 非击打式打印机主要有激光打印机和喷墨打印机。激光打印机打印效果清晰、质量高，而且速度快、噪声低。激光打印机打印速度很快，随着价格的下降和出色的打印效果，已经被越来越多的人所接受。喷墨打印机具有打印质量较高、体积小、噪声低的特点，喷墨打印机的打印质量优于针式打印机，但是需要经常更换墨盒。

近几年，随着 3D 打印技术的发展和成本的降低，3D 打印机也逐渐进入日常生活。

2. 微型计算机的软件系统

（1）操作系统。

1）Windows 操作系统。Windows 操作系统是由美国 Microsoft 公司推出的一种窗口式的操作环境。Windows 是一个完整的图形界面（Graphical User Interface，GUI）操作系统，开机后自动启动运行 Windows。在 DOS 操作系统中，命令是以字符形式输入的，而在 Windows 操作系统中，只需要从屏幕上选择相应的图标（Icon）或从菜单中选择相应的命令选项即可。Windows 的应用程序都具有图标、对话框、菜单和窗口，学习起来比较容易掌握。

Windows 操作系统具有多任务处理功能，它可以同时运行多个应用程序，是一个多任务（Multitasking）的操作系统。例如，在 Windows 操作系统中，在打印机工作的时候，可以同时进行其他的工作（如编辑稿件、浏览网页），而无须等到打印结束。DOS 操作系统是一个单任务的操作系统，在 DOS 环境中，如果正在打印文件，用户必须等到打印任务完成才能进行其他的工作。

Windows 操作系统支持多媒体技术，它把实现多媒体技术的各种程序融合在操作系统中，如 CD 播放器（CD Player）和录音机（Sound Reconder）等。在用户配置了相应的硬件设置后，Windows 操作系统就可以对声音、图像、视频等各种信息进行处理。

2）汉字操作系统。大多数国外开发的应用软件都不具备处理汉字的能力。为了更有效地利用计算机的软件、硬件资源和符合我国计算机用户的使用习惯，需要增加汉字的处理能力。

因为汉字的字数多、字形复杂，所以汉字的输入和存储都比西文困难。只要计算机具备了汉字处理模块，计算机系统就具有了汉字处理能力。一般将汉字处理模块嵌入操作系统，使它成为操作系统的组成部分，使汉字处理模块与系统软件连接，由操作系统直接管理，可常驻内存。这是应用最广泛的一种，如 CCDOS、UCDOS 汉字操作系统。另一种方法是在使用西文软件时加上中文操作系统，计算机就具有了处理汉字的能力。中文版的 Windows 操作系统就是在 Windows 源代码的基础上进行汉化的，在计算机内部采用双字节处理方式，因此中文版的 Windows 操作系统可以输入、处理和输出汉字。

3）网络操作系统。网络操作系统（Network Operating System）是网络的心脏和灵魂，是面向网络计算机提供服务的特殊的操作系统。网络操作系统具有较好的安全性，可以设置和管理每个用户的访问权限。

早期使用的 Windows 95/98 网络操作系统可以创建对等网，实现共享文件和共享打印机的简单网络功能。后来的 Windows 2000/2003 Server 网络操作系统具有更高、更灵活的安全设置，新增了大量的硬件驱动，支持即插即用，支持更多的内存和处理器以及群集，比较适合于大型企业网络和对数据库要求比较高的网络环境。

（2）计算机程序设计语言。在微型计算机上可以安装和使用多种程序设计语言，如 C、Pascal、Basic 等。这些语言的应用程序既有 DOS 系统下的 Turbo C、Turbo Basic 等，也有 Windows 操作系统支持的 Visual C++ 和 Visual Basic 等。

（3）应用软件。根据需要，可以在微型计算机上安装和使用多种应用软件，如财务报表软件、文字处理软件、媒体播放软件、图形图像处理软件、游戏软件等。

1.3 衡量计算机性能的主要指标

衡量一台微型计算机性能的主要指标包括以下几个方面。

1. 运算速度

计算机的运算速度是指计算机每秒钟执行的指令数。其单位为每秒百万条指令(MIPS)或者每秒百万条浮点指令(MFPOPS)。它们都是用基准程序来测试的。影响运算速度的主要因素有以下几个。

(1)CPU 的主频。CPU 的主频指计算机的时钟频率。它在很大程度上决定了计算机的运算速度。例如,Intel 公司的 CPU 主频已达 3.2GHz 以上,AMD 公司的 CPU 主频可达 2.8GHz 以上。

温馨提示:CPU 的主频就是指 CPU 的工作时钟频率。现在的 Intel 和 AMD 的 CPU 都普遍超越了 GHz 的大关,所以现在的 CPU 主频都以 GHz 为单位(基本的换算关系是 1MHz=1000000Hz,1GHz=1000MHz)。例如我们经常听说的 Pentium 4 3.0GHz,其中 3.0GHz 就是 CPU 的主频。一般说来,主频越高的 CPU 在单位时间里完成的指令数也越多,相应的处理器速度也越快。外频是 CPU 的外部工作频率,也就是系统总线的工作频率。倍频是 CPU 外频和主频相差的倍数,通常三者的关系为:CPU 主频 =CPU 外频 × 倍频。

(2)字长。字长指计算机一次能直接处理的二进制数据的位数。字长越长,计算机的运算能力就越强,精度越高。PC 的字长已由 8088 的准 16 位(运算用 16 位,I/O 用 8 位)发展到现在的 32 位和 64 位,甚至更高。

(3)指令系统。不同类型的计算机,其指令系统一般也不同。指令系统越丰富,计算机对数据信息的运算和处理能力就越强。

(4)内核。多内核是指在一个处理器中集成两个或多个完整的计算引擎(内核)。多个内核可以有效提高机器的整体性能。

2. 内存储器的指标

(1)存取速度。内存完成一次读(取)或写(存)操作所需的时间称为存储器的存取时间或者访问时间。而连续两次读(或写)所需的最短时间称为存储周期。对于半导体存储器来说,存取周期约为几十到几百纳秒(ns),$1ns=1\times10^{-9}s$。

(2)内存储器容量。内存的容量越大,存储的程序和数据越多,能运行的软件功能就越丰富,处理能力越强。微机的内存储器已由 286 机配置的 1MB,发展到酷睿 i 配置的 2GB,甚至 8GB 以上。

3. I/O 的速度

主机 I/O 的速度,取决于 I/O 总线的设计。这对于慢速设备(例如键盘、打印机)关系不大,但对于高速设备则有较大的影响。例如硬盘外部传输率已达到 150MB/s 以上。

1.4 计算机中数据的表示

计算机最主要的功能是进行信息处理。要使计算机能处理信息,首先必须将各类信息转换成由二进制的 0 和 1 组合表示的代码。计算机要处理的数据除了数值数据，更多的是字符、图像、图形、声音等非数值信息所对应的数值数据。在计算机内部，各种信息都必须经过二进制编码后才能被传送、存储和处理。因此要了解计算机的工作原理，就必须了解编码知识，掌握信息编码的概念与处理技术。

知识拓展：信息编码

1.4.1 数字化编码的概念

所谓编码，就是采用少量的基本符号，按照一定的组合原则，表示大量复杂多样的信息。基本符号的种类和这些符号的组合规则是一切信息编码的两大要素。例如，用 26 个英文字母表示英文词汇，用 10 个阿拉伯数码表示数字等，就是典型的编码例子。

在计算机中，广泛采用的是只用 0 和 1 两个基本数码组成的二进制码。

1.4.2 二进制数的表示方法

1. 二进制数的表示

数制，即进位计数制，是指用统一的符号规则来表示数值的方法。数值有多种形式，我们熟悉的是十进制数，除习惯上使用的十进制数制外，计算机领域中更多的是使用二进制、八进制和十六进制等数制。

十进制有十个基本数码（0,1,2,3,4,5,6,7,8,9），进位原则是逢 10 进 1，基数为 10。依照这个规律，二进制数的数码为 0 和 1，进位原则是逢 2 进 1，基数为 2。十进制与二进制的对应关系见表 1-6。

表 1-6 十进制与二进制的对应关系

十进制数	0	1	2	3	4	5	6	7	8	9
二进制数	0	1	10	11	100	101	110	111	1000	1001

2. 计算机中为什么要使用二进制数

（1）实现容易。二进制数只有两个数码——0 和 1，而很多电子器件的物理状态有两种稳定状态，所以容易实现。例如，晶体管的导通和截止、脉冲的有和无等，都可以用来表示二进制的 1 和 0。

（2）运算规则简单。例如，一位二进制数的加法运算和一位二进制数的乘法运算规则分别为

0+0=0　　　　0×0=0

0+1=1　　　　0×1=1×0=0

1+1=10（逢二向高位进一）　　　　1×1=1

而减法和除法是加法和乘法的逆运算。根据上述规则，很容易实现二进制的四则运算。

（3）方便使用逻辑代数。二进制数的 0 和 1 与逻辑代数的“假”和“真”相对应，可使算术运算和逻辑运算共用一个运算器，易于进行逻辑运算。逻辑运算与算术运算的主要区别是逻辑运算是按位进行的，没有进位和借位。

（4）记忆和传输可靠。电子元件对应的两种状态（导通与截止）是一种质的区别，而不是量的区别，识别起来较容易。用来表示 0 和 1 的两种稳定状态的电子元件工作可靠、抗干扰强、存储和可靠性好、不易出错。

1.4.3 数制之间的转换

虽然计算机内采用二进制，但二进制数的数位较多，不便书写和记忆，因此平时常用到十六进制数、十进制数和八进制数，下面介绍各数制之间的转换方法。

1. 非十进制数转换成十进制数

转换方法：按权展开求和。

（1）二进制数转换成十进制数。

【例 1-1】$(1100.11)_2=1\times2^3+1\times2^2+0\times2^1+0\times2^0+1\times2^{-1}+1\times2^{-2}$

$=8+4+0+0+0.5+0.25=(12.75)_{10}$

（2）八进制数转换成十进制数。八进制数有八个基本符号（0,1,2,3,4,5,6,7），进位原则是逢 8 进 1。

【例 1-2】$(163.24)_8=1\times8^2+6\times8^1+3\times8^0+2\times8^{-1}+4\times8^{-2}=(115.3125)_{10}$

（3）十六进制数转换成十进制数。十六进制数有 16 个基本符号（0,1,2,3,4,5,6,7,8,9,A,B,C,D,E,F），进位原则是逢 16 进 1。

【例 1-3】$(A3F.3E)_{16}=10\times16^2+3\times16^1+15\times16^0+3\times16^{-1}+14\times16^{-2}=(2623.2421875)_{10}$

2. 十进制数转换成非十进制数

转换方法：整数部分采用除以基数取余法，小数部分采用乘基数取整法。下面通过例子进行说明。

【例 1-4】将 $(286.8125)_{10}$ 转换成二进制数。

对于整数部分：

0	1	2	4	8	17	35	71	143	286
	1	0	0	0	1	1	1	1	0

$(286)_{10}=(100011110)_2$

上述运算过程：每次将|___中的数除以基数，将商写在|___的左边，将余数写在|___的下面，重复这一过程直至商为 0，从左到右的余数即为所得结果。

对于小数部分：

0.8125×2=1.625	取出整数 1（最高位）
0.625×2=1.25	取出整数 1
0.25×2=0.5	取出整数 0
0.5×2=1.0	取出整数 1（最低位）

$(286.8125)_{10}=(100011110.1101)_2$

上面这个例子通过有限次乘 2 取整后余数变为 0 时，转换结束；而在许多情况下余数不为 0，转换次数为无限，这时可根据要求的精度，选取适当的位数后，停止转换。

用同样的方法，可将十进制数转换成其他进制数，只是转换计算略为复杂一些。

3. 二进制数、八进制数、十六进制数相互转换

二进制数、八进制数、十六进制数的基数有着整幂关系，每 3 位二进制数对应 1 位八进制数，每 4 位二进制数对应 1 位十六进制数，所以可以分别对应进行转换，具体方法如下所述。

（1）二进制数、八进制数之间的转换。将二进制数转换成八进制数的方法是，以小数点为中心，分别向前、向后每 3 位一组，不足 3 位则以 0 补足，再转换相应的每组即可。

【例 1-5】计算 $(10110.1001)_2$=($)_8$

解：$(10110.1001)_2=(010\ 110.100\ 100)_2=(26.44)_8$

将八进制数转换为二进制数，只要将每位八进制数码展开为 3 位二进制数码，再去掉首尾的 0 即可。

【例 1-6】计算 $(276.54)_8$=($)_2$

解：$(276.54)_8=(010\ 111\ 110.101\ 100)_2=(10111110.1011)_2$

（2）二进制数、十六进制数之间的转换。

用类似二进制数、八进制数的转换方法实现。

【例 1-7】计算：$(1011111010.100011)_2$=($)_{16}$

解：$(1011111010.100011)_2=(0010\ 1111\ 1010.1000\ 1100)_2=(2FA.8C)_{16}$

【例 1-8】计算：$(3DB.4A)_{16}$=($)_2$

解：$(3DB.4A)_{16}=(0011\ 1101\ 1011.0100\ 1010)_2=(1111011011.0100101)_2$

二进制数在计算机内使用是适宜的，但书写、阅读不方便，记忆困难。由于十进制数更符合人们的日常使用习惯，所以在使用计算机时，仍然使用十进制数，转换为二进制数由计算机自动完成。八进制数、十六进制数常表示常数或地址。

1.4.4 非数值信息的表示

在计算机内部，非数值信息也是采用 0 和 1 两个数码进行编码表示的。下面着重介绍一下中西文的编码方案。

西文字符的最流行编码方案是“美国标准信息交换码”，简称 ASCII 码。它包括了 10 个数字、大小写英文字母和专用字符，共 95 种可打印字符和 33 个控制字符。ASCII 码用一个字节中的 7 位二进制数来表示一个字符，最多可以表示 2^7=128 个字符。

由于 ASCII 码采用 7 位编码，所以没有用到字节的最高位。很多系统就利用了这一位作为校验码，以提高字符信息传输的可靠性。

除了常用的 ASCII 码的编码，用于表示字符的还有另一种码——EBCDIC，即 Extended Binary Coded Decimal Interchange Code（扩展的二 – 十进制交换码）。它采用 8 位二进制表示，有 256 个编码状态。

汉字在计算机内如何表示呢？自然，也只能采用二进制的数字化信息编码。

汉字的数量大，常用的也有几千个之多，显然用一个字节（8 位编码）表示是远远不够的。目前的汉字编码方案有 2 字节、3 字节甚至 4 字节的。应用较为广泛的是“国家标准信息交换用汉字编码”（GB2312—1980 标准），简称国标码。国标码是 2 字节码，用两个 7 位二进制数编码来表示一个汉字。

在计算机内部，汉字编码和西文编码是共存的，如何区分它们是个很重要的问题，因为对不同的信息有不同的处理方式。方法之一是对于双字节的国标码，将两个字节的最高位都置成 1，而 ASCII 码所用字节最高位保持为 0，然后由软件（或硬件）根据字节最高位来作出判断。

1.5 本章小结

本章主要介绍了计算机的发展应用及计算机系统的组成、计算机硬件系统和计算机软件系统的结构。

一个完整的计算机系统由硬件和软件两大部分组成。硬件是软件建立和依托的基础，软件是计算机系统的灵魂。硬件和软件相互结合才能充分发挥计算机系统的功能。本章详细介绍了计算机及其硬件的各个组成部分。软件一般分为系统软件和应用软件两大类。操作系统是计算机系统的系统软件的重要组成部分。读者还应了解计算机中数据的表示，掌握进位计数制及各进制相互之间的转换运算。

1.6 习题

1.6.1 理论练习

1. 单选题

（1）计算机系统是由（　　）组成的。

A．主机及外部设备　　B．硬件系统和软件系统

C．系统软件和应用软件　　D．主机、键盘、显示器和打印机

（2）冯·诺依曼计算机工作原理的设计思想是（　　）。

A．程序编制　　B．程序存储

C．程序设计　　D．算法设计

（3）在下面的 4 种存储器中，易失性存储器是（　　）。

A．RAM　　B．PROM

C．ROM　　D．CD-ROM

（4）办公自动化是计算机的一项应用，按计算机应用的分类，它属于（　　）。

A．辅助设计　　B．实时控制

C．数据处理　　D．科学计算

（5）操作系统是一种对计算机（　　）进行控制和管理的系统软件。

A．文件　　B．资源

C．软件　　D．硬件

（6）计算机硬件能直接识别和执行的只有（　　）。

A．符号语言　　B．高级语言

C．汇编语言　　D．机器语言

（7）CPU 包括（　　）。

A．内存储器和运算器　　B．控制器和运算器

C．内存储器和控制器　　D．控制器、运算器和内存储器

（8）计算机中存储信息的最小单位是（　　）。

A．Byte　　B．帧

C．字　　D．bit

（9）运算器的主要功能是（　　）。

A．控制计算机各个部件协同动作进行计算

B．进行算术和逻辑运算

C．进行运算并存储结果

D．进行运算并存取结果

（10）微型计算机的外存主要包括（　　）。

A．硬盘、CD-ROM 和 DVD　　B．U 盘、硬盘和光盘

C．U 盘和硬盘　　D．RAM、ROM、U 盘和硬盘

（11）下面是关于解释程序和编译程序的论述，其中正确的一条是（　　）。

A．编译程序和解释程序均不能产生目标程序

B．编译程序和解释程序均能产生目标程序

C．编译程序能产生目标程序而解释程序则不能

D．编译程序不能产生目标程序而解释程序能

（12）Pentium III/500 微型计算机，其 CPU 的时钟频率是（　　）。

A．250KHz　　B．500MHz

C．500KHz　　D．250MHz

（13）存储容量 1GB 等于（　　）。

A．1024B　　B．128MB　　C．1024MB　　D．1024KB

（14）在计算机中，一个字节由（　　）个二进制位组成。

A．2　　B．16　　C．8　　D．4

（15）下列 4 种存储器中，存取速度最快的是（　　）。

A．磁带　　B．U 盘　　C．硬盘　　D．内存

2．填空题

（1）显示器的分辨率用 ________ 表示。

（2）计算机软件主要分为 ________ 和 ________。

（3）型号为“Pentium 4 3.2G”的 CPU 的主频是 ________Hz。

（4）指令是计算机进行程序控制的 ________。

（5）在 CPU 中，用来暂时存放数据、指令等各种信息的部件是 ________。

（6）CPU 执行一条指令所需的时间被称为 ________。

（7）把计算机高级语言编制的程序翻译成计算机能直接执行的机器语言的两种方法是 ________ 和 ________。

（8）存储程序把 ________ 和 ________ 存入 ________ 中，这是计算机能够自动、连续工作的先决条件。

（9）计算机系统中的硬件主要包括 ________、________、________、________ 和 ________ 五大部分。

（10）存储器一般可以分为主存储器和 ________ 两种。

（11）计算机系统软件中的核心软件是 ________。

（12）KB、MB 和 GB 都是存储容量的单位。1GB=________KB。

（13）$(213)_{10}=(\qquad)_2=(\qquad)_8=(\qquad)_{16}$

（14）$(20.5)_{10}=(\qquad)_2=(\qquad)_8=(\qquad)_{16}$

3．简答题

（1）计算机系统的组成包括哪两个部分？各部分的主要组成有哪些？

（2）计算机硬件和软件的关系是什么？

（3）简述 CPU 在微机系统中的作用和地位。

（4）试列举说明组装一台微型计算机需要的基本配件有哪些。

1.6.2 上机操作

1. 初步认识计算机

通过以下操作，要求初步了解计算机的外部连接，熟悉各种按钮的位置及用途，并认识主机箱内的各种部件。

（1）观察计算机的外观。观察主机和显示器的外观，找到主机的 Power 键和 Reset 键、控制光驱开关的按钮，以及显示器的电源开关，并记住它们的位置及用途。

（2）了解计算机的连接。认真观察主机后面的接口及连线，找到鼠标、键盘、显示器、耳机和电源线的接口位置。

（3）查看主机内部的连接。打开主机箱，仔细观察主机内部各个组成部分，辨别电源、光驱、硬盘、软盘驱动器、显示卡、内存、网卡和 CPU 等部件。

2. 指法练习

通过以下操作，要求能够灵活、准确地输入字母的大小写形式和数字，并且能对输入内容进行修改。

（1）输入小写字母。

1）执行【开始】|【程序】|【附件】|【写字板】命令，启动写字板程序。

2）输入如下内容进行指法练习。

eimixcmkdieok,655ijek@sina.com

（2）输入大写字母。完成上一步的输入后，按回车键，然后按下键盘上的 Caps Lock 键，这时 Caps Lock 的指示灯变亮。输入以下大写字母：

DMVITPEVMVRTODKS;DEICLX,HEOZMN

（3）大小写字母混合输入。输入以下 M 和 F 的对话内容。在按下 Shift 键的同时输入的字母为大写字母。

M: Kate,look! The passengers are coming from the plane, and there is Susan.

F: Which one ?

M: The tall one next to the window.

F: The one with the suitcase?

（4）输入数字。按下键盘上的 Num Lock 键，使得 Num Lock 指示灯变亮，然后输入以下内容：

15687+24555*584236/9625-4562

（5）修改输入的内容。

1）输入单词 light，然后将光标移动到字母 l 的前面，输入字母 f，将单词改成 flight。

2）按下键盘上的 Insert 键，然后将光标移动到字母 l 的前面，输入字母 h，将单词变成 fhlight。

（6）综合练习。使用写字板或者记事本输入以下的英文对话，进行键盘操作练习。

M: Do reporters act fast when something happens?

F: Yes, they act fast when something happens.

M: Are they active in gathering news?

F: Yes, they are active in gathering news.

M: Is their job to inform people?

F: Yes, their job is to inform people.

M: Are their reports generally informative?

F: Yes, their reports are generally informative.

M: Are viewers free to select good programs?

F: Yes, they are free to select good programs.

M: Are viewers selective?

F: Yes, they are selective.

第 2 章　Windows 7 的基本操作

教学目标

- 掌握 Windows 7 的基本操作
- 掌握 Windows 7 中的文件管理和磁盘管理

2.1　文件管理案例分析

对文件的管理是操作系统的基本功能之一，包括文件的创建、查看、复制、移动、删除、搜索、重命名等操作。在 Windows 7 中，文件的管理主要是通过【计算机】和【资源管理器】来完成的。

2.1.1　任务的提出

公司秘书小李主要负责管理各部门员工的个人信息和社会保险方面的文档资料。一开始他把这些文件都随意地放在计算机中，但随着公司业务的不断扩大，招聘的新员工越来越多，相关的信息文件也不断增多，加上其他的工具文件、娱乐文件等，一大堆文件显得杂乱无章，有时候为了查询某个员工的信息，连信息文件在哪里都找不到，小李很烦恼。因此，他希望能对计算机中的文件进行有序管理，但对于没有文件管理经验的小李来说，又不知道如何才能办到，于是他找到了公司计算机部的隽老师，提出了自己的问题。

2.1.2　解决方案

根据小李的问题，隽老师首先讲述了科学管理文件的必要性。

（1）要把成百上千的文件进行“分类存放”，比如可以按照公司部门、社保种类等整理文件。

（2）一定要把重要的文件进行“备份”。“备份”其实就是把重要的文件复制到其他地方存放，以防原文件被损坏或丢失。隽老师进一步说，比如你操作计算机的时候，不小心把一些社保资料删除了，或者文件被病毒感染了，此时“备份”就派上用场了。所以说文件“备份”是非常重要的。

接着，隽老师给小李提出了一套解决方案。

- 不要将重要的数据文件存放在 C 盘中，可以用 D 盘或其他盘作为数据盘，因为 C 盘一般作为系统盘，主要用于安装系统软件和各类应用程序。
- 在 D 盘中创建多个文件夹，用来分别存放员工信息、社保资料等不同类型的文件；文件和文件夹最好使用中文命名，使查阅者能够一目了然。

- 每次必须把重要文件的最新结果进行“备份”，存放在另一个磁盘、U 盘或公司服务器上。
- 在桌面上为经常访问的文件夹创建快捷方式，节约访问时间。
- 经常清理计算机中的垃圾文件，定期清理回收站。

2.1.3 相关知识点

1. 文件和文件夹

（1）文件的概念。文件是按名存储在某种存储介质上的具有某种相关信息的数据的集合。文件可以是应用程序或一张图片、一段声音，也可以是应用程序创建的文档。文件的基本属性包括文件名、文件的大小、文件的类型和创建时间等。文件是通过文件名和文件类型进行区别的，每个文件都有不同的类型或不同的名字。

（2）文件的相关知识。

1）命名规则。在 Windows 7 中，文件的命名有如下规则。

- 文件的名称由文件名和扩展名组成，中间用“.”字符分隔。通常扩展名用于说明文件的类型，常用的扩展名见表 2-1。

表 2-1　常用的扩展名

扩展名	说明	扩展名	说明
exe	可执行文件	sys	系统文件
com	命令文件	zip	压缩文件
htm	网页文件	docx	Word 文件
txt	文本文件	c	C 语言源程序
bmp	图像文件	pdf	Adobe Acrobat 文档
swf	Flash 文件	wav	声音文件
java	Java 语言源程序	cpp	C++ 语言源程序
avi	声音影像文件	bak	备份文件
mp3	音频文件	dbf	数据库文件

- 在 Windows 7 操作系统中，文件名最多由 255 个字符组成。文件名可以包含字母、汉字、数字和部分符号，但不能包含？、*、/、\、:、”、|、<、> 等字符。
- 文件名不区分字母的大小写。
- 在同一存储位置，不能有文件名（包括扩展名）完全相同的文件。

2）通配符。当用户要对某一类或某一组文件进行操作时，可以使用通配符来表示文件名中不同的字符。在 Windows 7 中使用了两个通配符——？和 *。通配符使用的具体说明见表 2-2。

表 2-2　通配符的使用

通配符	含义	举例
?	表示任意一个字符	?p.txt 表示文件名由 2 个字符组成，且第 2 个字符是 p 的 txt 文件
*	表示任意长度的任意字符	*.mp3 表示磁盘上所有的 mp3 文件

（3）文件夹。文件夹（目录）是系统组织和管理文件的一种形式。在计算机的磁盘上存放了大量的文件，为了查找、存储和管理文件，用户可以将文件分门别类地存放在不同的文件夹里。文件夹中可以存放文件，也可以存放文件夹。文件夹也是通过名称进行标识的，命名规则与文件命名规则相同。不同的是，文件夹只有名称，没有扩展名。

2. 库

为了帮助用户更加有效地对硬盘上的文件进行管理，微软公司在 Windows 7 中提供了新的文件管理方式——库。库是用户指定的特定内容集合，和文件夹管理方式是相互独立的。库将分散在硬盘上不同物理位置的数据逻辑地集合在一起，使查看和使用都很方便。库管理的是文档、音乐、图片和其他类型文件的位置，可以使用与在文件夹中相同的操作方式浏览文件，也可以查看按属性（如日期、类型等）排列的文件。但不同的是，库可以收集存储在多个不同位置中的文件。库不存储项目，它监视包含项目的文件夹，并允许以不同的方式访问和排列这些项目。例如，使用音乐库可以同时访问本地各个磁盘及外部驱动器上的所有音乐文件。

3. 回收站

回收站用来管理已被删除的文件或文件夹。可以在回收站中将误删除的文件或文件夹进行恢复，可以清除回收站中的部分文件，也可以清空回收站。

4. 网络

“网络”提供对网络上计算机和设备的便捷访问。可以在“网络”中查看网络计算机的内容，并查找共享文件和文件夹，还可以查看并安装网络设备，如打印机。

5. 剪贴板

剪贴板是一个在程序和文件之间传递信息的内存临时缓冲区。剪贴板只能保存当前剪切的信息，可以是文字、图形图像、声音等。

6. 快捷方式

Windows 的快捷方式是对系统的各种资源的链接，使用户可以方便快捷地访问资源，一般通过快捷图标来表示。这些资源包括程序、文档、文件夹或驱动器等。快捷方式可以建立在桌面、【开始】菜单、【程序】菜单或文件夹中。

7. 使用帮助功能

Windows 7 提供了功能强大的帮助系统，当用户在使用计算机的过程中遇到了疑难问题无法解决时，可以在帮助系统中寻找解决问题的方法。帮助系统分为三种：一种是使用【开始】菜单中的【帮助和支持】命令；一种是通过按 F1 键激活的场景式即时帮助；还有一种是连接互联网时的联机帮助。

2.2 实现方法

根据隽老师提出的解决方案，秘书小李准备采用以下方法实现对文件的管理。

（1）在 D 盘的根目录下创建两个文件夹：“员工信息”和“社保资料”。

（2）把“营销中心员工信息 .xlsx”及其相关文件保存在“员工信息”文件夹中，把“社保新规定 .doc”文件保存在“社保资料”文件夹中。

（3）将“员工信息”和“社保资料”两个文件夹保存在 U 盘上，作为文件备份。

（4）在桌面上创建“员工信息”文件夹的快捷方式，便于快速打开和浏览员工信息。

（5）搜索和清理磁盘中所有扩展名为 tmp 的文件，清理回收站。

2.2.1 浏览计算机的资源

在 Windows 7 系统中提供了两种重要的资源管理工具——【我的电脑】和【资源管理器】。本节主要介绍在【资源管理器】中查看、管理计算机的各种资源。

任务1：使用【资源管理器】浏览计算机中的文件和文件夹。

（1）启动【资源管理器】。可以通过以下两种方式打开【资源管理器】窗口。

- 执行【开始】|【所有程序】|【附件】|【Windows 资源管理器】命令，打开【资源管理器】窗口。
- 在【开始】按钮上单击右键，在弹出的快捷菜单中选择【打开 Windows 资源管理器】命令。

（2）【资源管理器】和树型结构。在打开的【资源管理器】窗口中清楚地显示了驱动器、文件夹、文件、外部设备以及网络驱动器的结构，如图 2-1 所示。【资源管理器】采用双窗格显示结构，系统中的所有资源以分层树型的结构显示出来。当用户在左窗格中选择了一个驱动器或文件夹后，该驱动器或文件夹所包含的所有内容都会显示在右窗格中。若将鼠标指针置于左、右窗格分界处，指针形状会变成双向箭头 ↔，此时按下鼠标左键拖动分界线可改变左右窗格的大小。

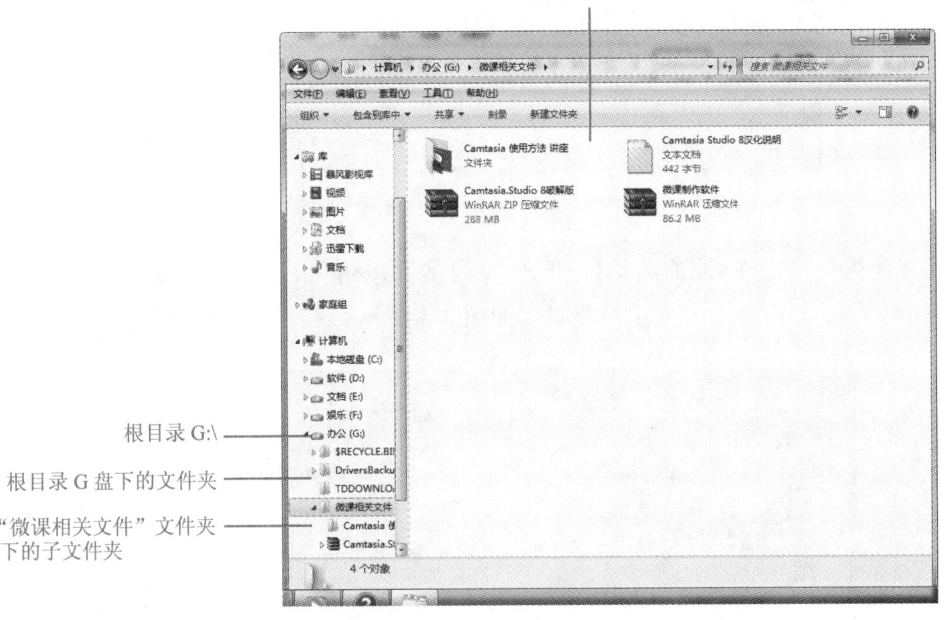

图 2-1 【资源管理器】窗口

操作系统为每个存储设备设置了一个文件列表，称为目录。目录包含存储设备上每个文件的相关信息，比如文件名、文件扩展名、文件创建时间和日期、文件大小等。每个存储设备上的主目录又称为根目录，如果根目录包含了成千上万个文件，那么在其中查找所需文件的效率将会很低。为了更好地组织文件，大多数文件系统都支持将目录分成更小的列表，称为子目录或文件夹。文件夹还可以进一步细分为其他文件夹（又称为子文件夹）。在左窗格中，若驱动器或文件夹前面有“+”号，表示它有下一级子文件夹。单击“+”号可展开其所包含的子文件夹，相应地“+”号会变为“-”号。

这种由存储设备开始，层层展开，直到最后一个文件夹的结构，如同一棵大树，由树根到树干不断分支，因此称之为“树型结构”。

（3）路径。在多级目录的文件系统中，用户要访问某个文件夹时，除了文件名，通常还要提供找到该文件的路径信息。所谓路径是指从根目录出发一直到所要找的文件，把途经的各个子文件夹连接在一起而形成的，两个子文件夹之间用分隔符“\”分开。例如:“G:\微课相关文件\微课制作软件.rar”就是一个路径。

G:\微课相关文件\微课制作软件.rar

磁盘根目录　　子文件夹　　要访问的文件

单击【资源管理器】中的【更改视图】按钮后，在弹出的的下拉列表中列出了文件和文件夹的显示方式，包括内容、平铺、各种图标、列表和详细信息等选项。图 2-2 所示为以详细信息方式浏览文件。

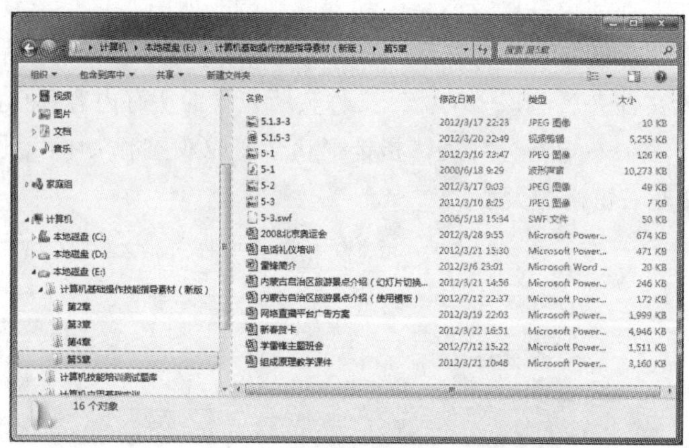

图 2-2　以详细信息方式浏览

单击【资源管理器】窗口中的【显示预览窗格】按钮，则出现一个预览窗格，用于显示选中文件里的内容，方便用户查看，如图 2-3 所示。

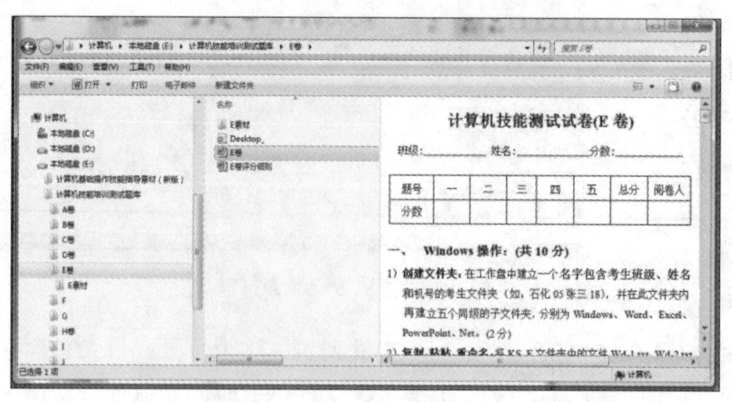

图 2-3　【显示预览窗格】方式

文件和文件夹的操作

2.2.2　创建文件和文件夹

（1）创建文件。一般情况，用户可通过应用程序新建文件。另外，也可在桌面空白处单击鼠标右键，在弹出的快捷菜单中选择【新建】级联菜单中的相应文件选项来实现。

（2）创建文件夹。创建文件夹的方法很多，最简单的就是在创建文件夹的目标位置单击鼠标右键，在弹出的快捷菜单中选择【新建】|【文件夹】命令，输入新建文件夹名即可。

任务 2：在 D 盘根目录中分别创建文件夹 info 和 data。

- 在【资源管理器】窗口中选择磁盘驱动器 D，在右侧窗格的空白处单击鼠标右键，在弹出的快捷菜单中选择【新建】|【文件夹】命令，建立一个默认名为“新建文件夹”的文件夹，此时直接输入新的文件夹名 info。
- 在新建文件夹外单击，或按 Enter 键即可完成创建。
- 使用同样的方法，创建文件夹 data。

任务 3：在文件夹 info 中创建“营销中心员工信息 .xlsx”Excel 文档，用于保存员工信息；在文件夹 data 中创建“社保新规定 .docx” Word 文档，用于保存相关内容。

- 打开 D 盘中的文件夹 info，在窗口空白处单击鼠标右键，在弹出的快捷菜单中选择【新建】|【Microsoft Excel 工作表】命令，此时在窗口中出现一个新的 Excel 图标，输入新的文件名“营销中心员工信息 .xlsx”。
- 在新建文件夹外单击，或按 Enter 键即可完成创建。
- 使用同样的方法，在文件夹 data 中创建“社保新规定 .docx”文档。

如图 2-4 所示，新建对象可以是文件夹、文件、快捷方式、波形声音等。用这种方式创建的文档实际是一个已经确定文件类型的空白文档。双击该文档图标后，即可打开关联的应用程序，进行文档的编辑操作。

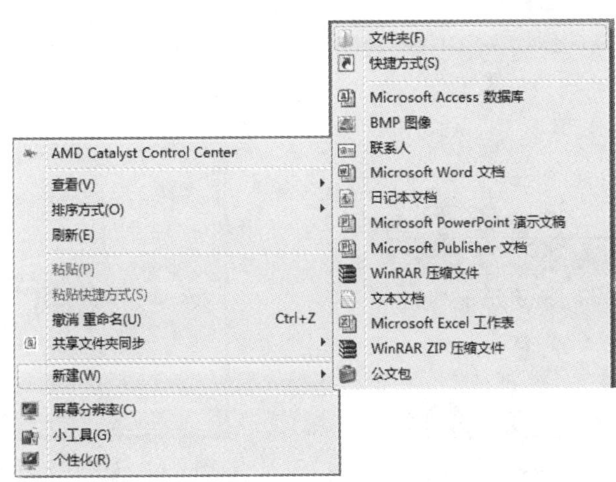

图 2-4　创建文件夹和各种文件

2.2.3　选取文件和文件夹

Windows 的操作特点是先选定操作对象，再执行操作命令。因此，用户在对文件和文件夹进行操作前，必须先选定操作对象。选取文件和文件夹的方法如下：

（1）选取单个文件或文件夹。要选定单个文件或文件夹，只需单击所要选取的对象即可。

（2）选取多个连续的文件和文件夹。单击第一个要选取的文件或文件夹，然后按住 Shift 键，再单击最后一个文件或文件夹即可。也可用鼠标直接拖动选取多个连续的文件和文件夹。

（3）选取多个不连续的文件和文件夹。单击第一个要选取的文件或文件夹，然后按住 Ctrl 键，再逐个单击其他要选取的文件和文件夹即可。

（4）选取当前窗口所有的文件和文件夹。执行【编辑】|【全选】命令，或按 Ctrl+A 组合键完成操作。

2.2.4 重命名文件和文件夹

任务 4：将 D 盘中的文件夹 info 更名为“员工信息”，将文件夹 data 更名为“社保资料”。

- 打开 D 盘，选中文件夹 info。
- 执行【编辑】|【重命名】命令，或单击鼠标右键，在弹出的快捷菜单中选择【重命名】命令。
- 输入新名称“员工信息”，按 Enter 键完成更名操作。
- 使用同样的方法将文件夹 data 更名为“社保资料”。

技巧点滴：选中要更名的文件或文件夹，按 F2 键也可进行重命名操作。

温馨提示：①当文件处于打开状态时，不能对文件进行“重命名”操作；②对文件进行重命名操作时，如果要更改文件的扩展名，那么在确认扩展名时可能会弹出提示对话框，如图 2-5 所示，一般来说，文件的扩展名是不能随便更改的，因为它关联到对应的应用程序；③扩展名用于标识文件的类型，如果隐藏了文件的扩展名，可以将其重新显示，设置方法为，在文件所在的窗口菜单中选择【工具】|【文件夹选项】命令，在【文件夹选项】对话框中单击【查看】标签，在【高级设置】列表框中取消勾选【隐藏已知文件类型的扩展名】复选框，如图 2-6 所示。

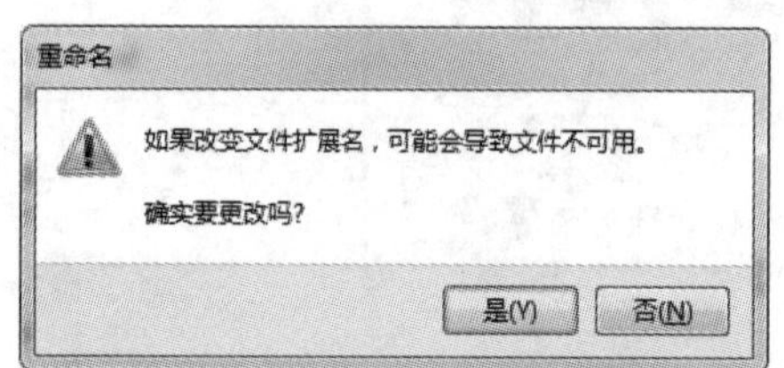

图 2-5 更改扩展名提示框

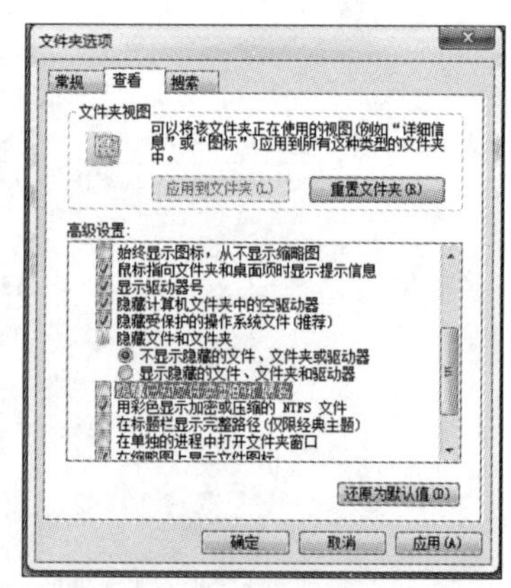

图 2-6 【文件夹选项】对话框

2.2.5 复制、移动、删除文件和文件夹

1. 复制 / 移动文件和文件夹

（1）使用菜单命令。首先选定要复制或移动的文件和文件夹。若要进行复制操作，选择【编辑】|【复制】命令（Ctrl+C 组合键）；若要进行移动操作，选择【编辑】|【剪切】命令（Ctrl+X 组合键）。然后选定目标位置，选择【编辑】|【粘贴】命令（Ctrl+V 组合键）即可将选定的文件和文件夹复制或移动到目标位置。

（2）使用鼠标拖动。

- 复制文件和文件夹。若被复制的文件和文件夹与目标位置不在同一驱动器，则用鼠标直接将其拖动到目标位置即可。否则，按住 Ctrl 键再拖动文件和文件夹到目标位置。

- 移动文件和文件夹。若被移动的文件和文件夹与目标位置在同一驱动器，则用鼠标直接将其拖动到目标位置即可。否则，按住 Shift 键再拖动文件和文件夹到目标位置。

（3）使用右键拖动。选取要操作的文件和文件夹，用鼠标右键将其拖动到目标位置，此时弹出快捷菜单，在菜单中根据需要选择【复制到当前位置】或【移动到当前位置】命令。

任务 5：将“营销中心员工信息 .xlsx”和“社保资料 .docx”两个文档复制到 U 盘中进行备份。

- 打开“员工信息”文件夹，右击“营销中心员工信息 .xlsx”文件，在弹出的快捷菜单中执行【复制】命令。
- 打开 U 盘，在窗口的空白处单击鼠标右键，在弹出的快捷菜单中执行【粘贴】命令。
- 使用同样的方法，将“社保资料 .docx”文档复制到 U 盘中。也可以直接在快捷菜单中选择【发送到】|【可移动磁盘】命令，将文档复制到 U 盘中。

2. 删除文件和文件夹

选取要删除的文件和文件夹后，使用下列方法将其删除。

（1）用鼠标直接将其拖动到【回收站】图标上即可。

（2）直接按 Delete 键，弹出【确认文件删除】对话框，单击【确定】按钮，即可将文件和文件夹放入回收站。

（3）按 Shift+Delete 组合键可以永久地删除文件和文件夹（即，文件和文件夹不放进回收站中，也不能被还原）。

温馨提示：在【回收站】中的文件并没有从磁盘中永久删除，还可以找回这些文件。

任务6：将误删除的文件“社保人员名单.xlsx”从回收站中还原。

- 打开【回收站】窗口，选中要还原的文件“社保人员名单 .xlsx”。
- 选择窗口左侧任务栏中的【还原此项目】命令，即可将文件还原到删除之前的原始位置。

如果要清除回收站中的所有项目，可选择窗口左侧任务栏中的【清空回收站】命令，在弹出的确认删除对话框中单击【是】按钮即可。

温馨提示：不是所有被删除的文件或文件夹都能够被“还原”。一般来说，只有从硬盘中删除的对象才能被放入回收站中。请读者注意以下几种情况：①从可移动磁盘、软盘或网络驱动器中删除对象时，它们不是被放入回收站，而是直接被删除，是无法还原的；②回收站使用的存储资源是硬盘，当回收站空间已满时，系统将自动清除较早进来的对象，因此对于很久以前被删除的对象可能无法实现还原。

2.2.6　搜索文件和文件夹

搜索文件和文件夹

如果用户需要查看某个文件或文件夹的内容，却忘记了该文件或文件夹存放的位置或名称，那就可以让计算机帮助查找，即搜索文件和文件夹。搜索文件和文件夹是按照文件或文件夹的某种特征在计算机中进行查找的。在 Windows 7 中，我们可以通过【开始】菜单中的搜索框进行搜索，也可以通过【资源管理器】中的搜索框进行搜索。

任务 7：在本机所有磁盘中搜索“计应基础教材 .docx”Word 文档。

- 右击【开始】按钮，打开【资源管理器】窗口，在【资源管理器】左侧的窗格中选中【计算机】。

- 在【资源管理器】窗口右上角的搜索框中输入“计应基础教材.docx”，计算机自动进行搜索并显示搜索结果，如图2-7所示。

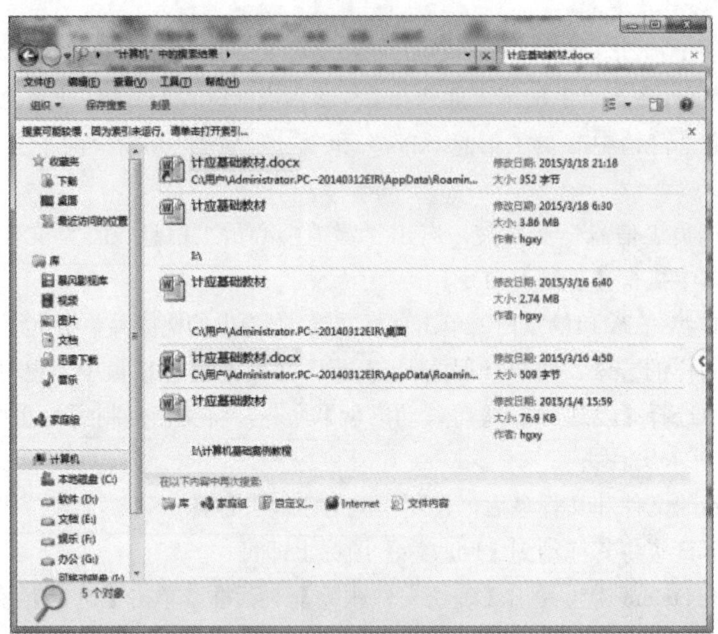

图2-7 显示搜索结果

2.2.7 快捷方式和剪贴板

1. 创建快捷方式

小李在工作时，经常会查阅公司各部门的员工信息，但每次都要到D盘的根目录中打开文件，他觉得非常麻烦，如何解决这个问题呢？

其实可以在桌面上为“员工信息”文件夹创建一个快捷方式，每次只要双击桌面上相应的快捷图标即可访问“员工信息”文件夹了。

任务8：在桌面上为“员工信息”文件夹创建一个快捷方式。

右键单击“员工信息”文件夹，在弹出的快捷菜单中选择【发送到】|【桌面快捷方式】命令，即可为选定的文件夹创建一个桌面快捷方式。

温馨提示：通常，左下角带有小箭头的图标就是“快捷方式”。快捷方式是某个程序、文件或文件夹对象在快捷方式图标所在位置的一个映像文件，其扩展名为lnk，占用很少的磁盘空间。它建立了与实际资源对象的链接，实际对象并不一定存放在快捷方式图标所在的位置。同样，删除快捷方式也只是删除了与实际对象的链接，并不能真正地删除对象。

2. 剪贴板

在Windows中可以将整个桌面或当前窗口作为图片复制到剪贴板中，然后将剪贴板中的图片粘贴到图形处理程序中，以便裁剪、修改和使用，也可以直接粘贴到Word、Excel等文档中作为插图使用。

（1）复制整个桌面图像到剪贴板中的方法是按PrintScreen键。

（2）复制当前活动窗口图像到剪贴板中的方法是按Alt+PrintScreen组合键。

任务9：将【控制面板】窗口复制到剪贴板中，并将其粘贴到【画图】程序中。

- 选择【开始】|【控制面板】命令，打开【控制面板】窗口。

- 按 Alt+PrintScreen 组合键，将当前窗口复制到剪贴板中。
- 选择【开始】|【所有程序】|【附件】|【画图】命令，打开【画图】窗口，按 Ctrl+V 组合键，将复制的图片粘贴到【画图】程序窗口中，如图 2-8 所示。

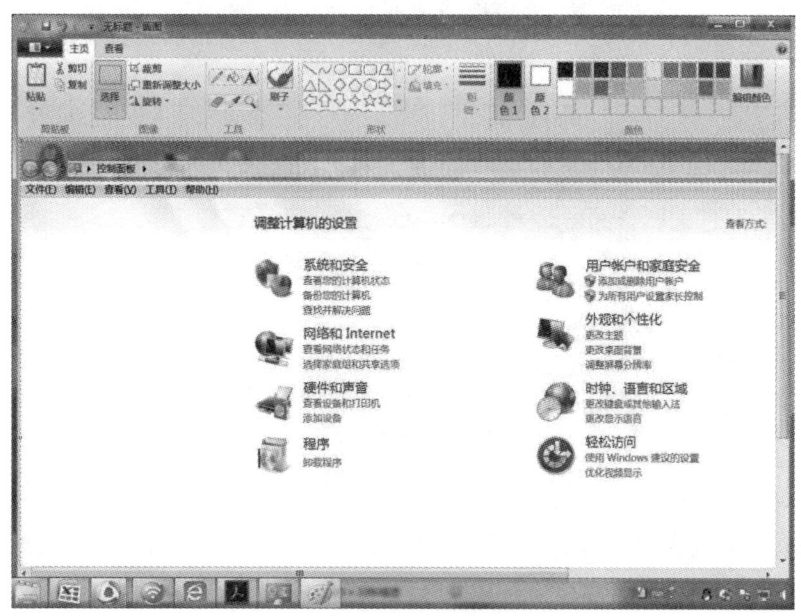

图 2-8　【画图】窗口

2.2.8　磁盘管理

1. 清理磁盘

计算机在使用一段时间后，磁盘中会出现许多临时文件和缓冲文件，它们会占用大量的磁盘空间，影响计算机的性能。因此，计算机磁盘需要定期进行清理。使用 Windows 7 自带的磁盘清理程序可以删除临时文件、缓冲文件，也可以压缩原有文件。

任务 10：清理磁盘 D。

- 执行【开始】|【所有程序】|【附件】|【系统工具】|【磁盘清理】命令。
- 打开【磁盘清理：驱动器选择】对话框，在【驱动器】下拉列表中选择要进行清理的磁盘驱动器 D，如图 2-9 所示，单击【确定】按钮，弹出【(D:) 的磁盘清理】对话框（图 2-10）。

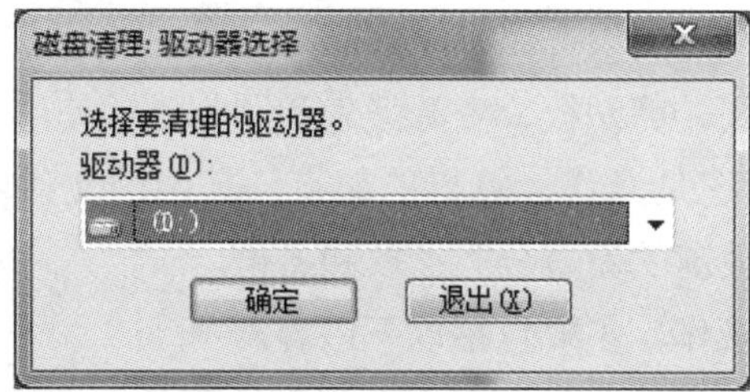

图 2-9　选择驱动器

- 【(D:) 的磁盘清理】对话框中列出了可以删除的文件选项，在【要删除的文件】列表框中选中要删除的文件前的复选框，单击【确定】按钮，弹出【磁盘清理】确认对话框，确定要删除则单击【确定】按钮即可。

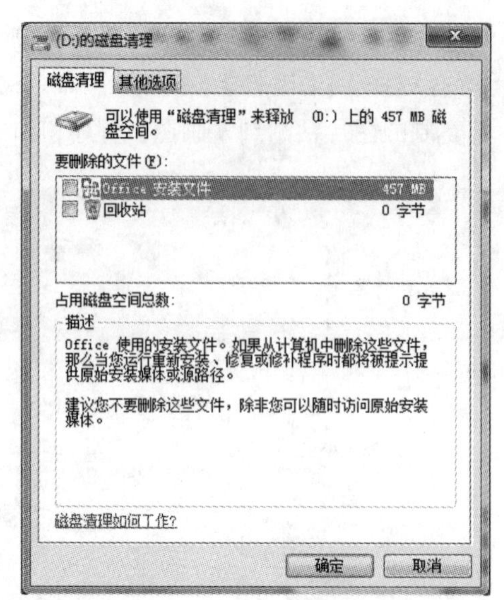

图 2-10　选择要清理的文件

2. 整理磁盘碎片

在使用磁盘的过程中，由于不断地添加、删除文件，磁盘中会形成一些地理位置不连续的文件——磁盘碎片。这样在读写文件时就需要大量时间，从而影响计算机的运行速度。使用 Windows 7 中的磁盘碎片整理程序可以分析磁盘上存储的所有数据、文件，将分散存放的文件和文件夹重新进行整理，从而提高处理文件的执行效率。

任务 11：整理 C 盘中的磁盘碎片。

- 选择【开始】|【所有程序】|【附件】|【系统工具】|【磁盘碎片整理程序】命令。
- 打开【磁盘碎片整理程序】对话框，选择 C 盘，单击【分析磁盘】按钮，系统对 C 盘的空间占用情况进行分析。窗口显示了碎片整理之前对磁盘空间使用情况的分析结果。不同的颜色代表不同的含义，系统根据分析结果，给出了是否要进行磁盘碎片整理的建议。
- 单击【碎片整理】按钮即可运行整理磁盘碎片程序。碎片整理完成后，单击【关闭】按钮。

2.3　本章小结

本章以任务驱动的方式，主要介绍了 Windows 7 的基本操作，包括文件管理、磁盘管理。此外还介绍了快捷方式、剪贴板、资源搜索和回收站的使用。

学习 Windows 操作系统是操作计算机的起点，其中的文件管理是计算机最常用、最重要的操作。文件管理最关键的就是分类存放和备份。

对于文件管理的基本操作，主要包括以下内容。

（1）创建文件夹，把不同的文件按类别分别存放到各个文件夹中，实现文件的“分类存放”。需要注意的是，通常不要在 C 盘中创建文件夹（C 盘一般用于存放系统软件）。

（2）为文件或文件夹命名时，应尽量做到“见名知义”，尽量使文件名能直接反映文件中保存的内容。如果要对文件夹或文件进行更名，可使用【重命名】命令。

（3）对于重要的文件或文件夹要随时备份。可以把它们复制到其他磁盘中或上传到网络服务器中；如果文件的保存路径不对，应该将它们移动或复制到正确位置；如果文件或文件夹已经没有任何用处了，应及时将它们删除。

（4）通过删除操作或定期清理回收站，及时清理计算机中的垃圾文件。但在删除文件或清理回收站时一定要慎重，以免将重要数据误删除。

（5）若硬盘中的数据被误删除，可以到“回收站”中把被删除的文件“还原”到原来的位置。需要注意的是，从移动硬盘、U 盘、软盘或网络驱动器中删除数据时，它们不经过回收站，而是被直接永久删除，是不能被还原的。

（6）借助于剪贴板，可以把整个屏幕或当前活动窗口作为图片复制 / 粘贴到【画图】程序中，以供剪裁、修改和使用；也可以插入到 Word、Excel 等文档中。按 PrintScreen 键复制整个屏幕；按 Alt+PrintScreen 组合键复制当前活动窗口。

（7）如果需要频繁打开磁盘上的一个程序、文档、文件夹，可以在桌面为它创建一个快捷方式，双击快捷方式即可进入它代表的对象。快捷方式是实际对象在桌面上的一个映射。

（8）使用 Windows 提供的搜索工具，可以按不同要求快速搜索文件或文件夹，此外还可以搜索计算机、网上邻居和 Internet 资源。

（9）对于计算机中一些重要的数据，可以使用 Windows 提供的 EFS（Encrypting File System）自动加密数据。

（10）计算机在使用一段时间后，在磁盘中会出现许多临时文件、缓冲文件和磁盘碎片，它们会影响计算机的运行速度和性能，可以定期进行磁盘清理和磁盘碎片整理，提高计算机的工作效率。

2.4 习题

2.4.1 理论练习

1. 单选题

（1）Windows 7 的文件夹系统采用的结构是（　　）。

A. 树型结构　　B. 层次结构

C. 网状结构　　D. 嵌套结构

（2）在【资源管理器】中选定多个不连续的文件要使用（　　）。

A. Shift+Alt 组合键　　B. Shift 键

C. Ctrl 键　　D. Ctrl+Alt 组合键

（3）在 Windows 下，当一个应用程序窗口被最小化后，该应用程序（　　）。

A. 终止运行　　B. 暂停运行

C. 继续在后台运行　　D. 继续在前台运行

（4）关于快捷方式的叙述，（　　）是错误的。

A. 快捷方式是指向一个程序或文档的指针

B. 在完成某个操作任务的时候使用快捷方式可以节省时间

C. 快捷方式包含了指向对象的信息

D. 快捷方式可以删除、复制和移动

（5）下列关于 Windows 7 文件名的说法中，（　　）是不正确的。

A．Windows 7 文件名可以用汉字

B．Windows 7 文件名可以用空格

C．Windows 7 文件名可以用英文字母

D．Windows 7 文件名可用各种标点符号

（6）Windows 7 窗口菜单命令后带有“...”，表示（　　）。

A．它有下级菜单　　B．选择该命令可打开对话框

C．文字太长，没有全部显示　　D．该命令暂时不可用

（7）在 Windows 7 的【回收站】中，存放的（　　）。

A．只是硬盘上被删除的文件或文件夹

B．只能是软盘上被删除的文件或文件夹

C．可以是硬盘或软盘上被删除的文件或文件夹

D．可以是所有外存储器上被删除的文件或文件夹

（8）在 Windows 7 操作系统中，显示桌面的组合键是（　　）。

A．Win+D　　B．Win+P　　C．Win+Tab　　D．Alt+Tab

（9）安装 Windows 7 操作系统时，系统磁盘分区必须为（　　）格式。

A．FAT　　B．FAT16　　C．FAT32　　D．NTFS

（10）Windows 7 中，文件的类型可以根据（　　）来识别。

A．文件的大小　　B．文件的用途

C．文件的扩展名　　D．文件的存放位置

2．填空题

（1）要在应用程序窗口之间进行切换，应按 ________ 组合键。

（2）在【资源管理器】中，选择硬盘上的某一文件后按 Delete 键，文件进入 ________ 中。

（3）Windows 7 中，选定多个不连续文件的操作是，单击第一个文件，然后按 ________ 键的同时，单击其他待选定的文件。

（4）在 Windows 7 中，切换输入法的功能键是 ________。

（5）扩展名是 bmp 的文件所代表的文件类型是 ________。

（6）用 Windows 7 的【写字板】所创建的文件的扩展名是 ________。

（7）在 Windows 7 中，【回收站】是 ________ 中的一块区域。

（8）在 Windows 7 中，为了弹出【个性化】对话框，应用鼠标右键单击桌面空白处，然后在弹出的快捷菜单中选择 ________。

3．简答题

（1）在 Windows 7 中，文件的查看方式有哪几种？各自的特点是什么？

（2）如何把文件设置为隐藏？如何查看隐藏文件？

2.4.2 上机操作

1．正确启动和退出 Windows 7

（1）按下计算机主机电源开关，计算机将进入自检阶段。

（2）如果计算机有多个账户，则出现用户登录界面，需要选择账户。如果选择的账户有密码，在【密码】输入框中输入正确的密码，然后单击【确定】按钮或按回车键即可进

入系统。如果计算机只有一个账户，则不出现用户登录界面，直接进入系统。

2. 鼠标的使用

（1）将桌面上【计算机】图标拖动到其他位置。将鼠标指针移动到【计算机】图标上，之后按下鼠标左键拖动图标到新的位置，完成后松开鼠标即可。

（2）打开【网络】和【回收站】的快捷菜单，并观察其中包含的命令是否相同。将鼠标指针分别指向【网络】和【回收站】图标，然后在图标上单击鼠标右键，弹出相应的快捷菜单如图 2-11 所示。

打开(O)
映射网络驱动器(N)...
断开网络驱动器(C)...
创建快捷方式(S)
删除(D)
属性(R)

打开(O)
设备管理器
管理(G)
映射网络驱动器(N)...
断开网络驱动器(C)...
创建快捷方式(S)
删除(D)
重命名(M)
属性(R)

图 2-11 【网络】和【回收站】的快捷菜单

（3）双击桌面上的【计算机】图标，查看计算机中的磁盘驱动器。双击桌面上的【计算机】图标，打开如图 2-12 所示的窗口。这时就可以看到计算机中包含 C:、D:、E:、F:、G:、H:、I: 七个驱动器，其中，C:、D:、E:、F: 和 G: 是五个逻辑驱动器，H: 是光盘驱动器，I: 是可移动磁盘。

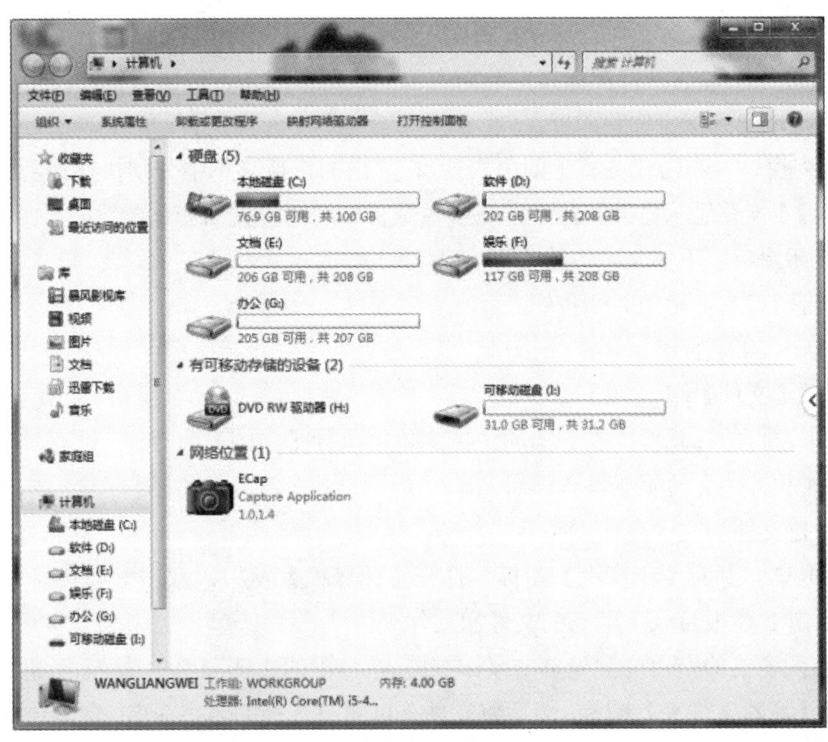

图 2-12 查看磁盘驱动器

（4）将桌面上的图标按照“项目类型”进行排列。在桌面的空白位置单击鼠标右键，在弹出的快捷菜单中选择【排序方式】|【项目类型】命令，如图 2-13 所示，桌面上的图标就会自动按“类型”排列。

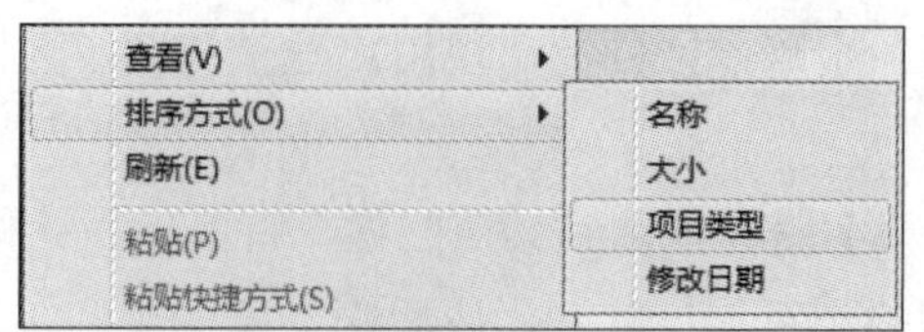

图 2-13 按“项目类型”排列图标

（5）浏览图片。在“示例图片”文件夹中双击一个图片文件，使该图片文件显示在【Windows 照片查看器】窗口中。分别单击和按钮旋转图片；分别单击和按钮依次浏览每张图片；单击按钮，以幻灯片方式连续播放图片。

3. 窗口的基本操作

（1）切换窗口。单击窗口上任意可见的地方，该窗口就会成为当前活动窗口。另外也可以使用 Alt+Tab 或 Alt+Esc 组合键进行切换。

（2）移动窗口。将鼠标指向窗口的标题栏，注意不要指向右边的按钮，然后拖动标题栏到需要的位置即可移动窗口。

（3）最大化、最小化和还原窗口。

1）单击窗口右上角的最大化按钮，窗口便最大化显示并占据整个桌面，这时最大化按钮变为还原按钮。

2）单击窗口右上角的还原按钮，或者双击窗口的标题栏，窗口就还原为最大化前的大小和位置。

3）单击窗口右上角的最小化按钮，窗口就最小化为任务栏上的按钮。

4）单击任务栏上要还原的窗口的图标，窗口便还原为最小化前的大小和位置。

（4）调整窗口大小。将光标指向窗口的边框或窗口四角，待鼠标指针发生变化后，拖动窗口的边框或角到指定位置即可。

（5）排列窗口。右击任务栏上的空白处，在弹出的快捷菜单中分别执行【层叠窗口】【并排显示窗口】【堆叠显示窗口】命令，观察各个窗口的位置关系变化情况。

（6）关闭窗口。下述几种方法均可实现关闭窗口。

1）单击窗口右上角的关闭按钮。

2）按 Alt+F4 组合键。

3）执行【文件】|【关闭】命令。

4）右击窗口的标题栏，在弹出的快捷菜单中执行【关闭】命令。

4. 文件和文件夹的管理操作

（1）新建文件和文件夹。

1）双击桌面上的【计算机】图标，打开【计算机】窗口，双击 E 盘图标，在窗口的右边会显示出 E 盘根目录下所有的文件和文件夹。

2）在右侧窗格的空白位置处单击鼠标右键，在弹出的快捷菜单中选择【新建】|【文件夹】命令，出现【新建文件夹】图标，然后将文件夹以自己选择的名字命名，这里选择“叶子”。

3）双击刚创建的“叶子”文件夹，在该文件夹内再新建 3 个子文件夹，分别命名为“01”“02”和“03”。

4）双击打开名为“02”的文件夹，在其中新建 3 个不同类型的文件，分别是文本文档 a1.txt、Word 文档文件 a2.docx 和位图图像文件 a3.bmp。

5）将屏幕上的所有窗口都最小化，按 PrintScreen 键对当前桌面进行全屏抓图，用【画图】软件打开位图图像文件 a3.bmp，按 Ctrl+V 组合键将图片粘贴到 a3.bmp 图像文件中，保存并关闭该文件。

（2）资源管理器的使用。

1）右击桌面上的【计算机】图标，在弹出的快捷菜单中选择【资源管理器】命令，在打开的【资源管理器】窗口中，单击左侧 E 盘驱动器左侧的“+”符号，展开 E 盘根目录文件夹；单击名为“叶子”的文件夹，再单击名为“02”的文件夹，在右侧窗格选择文件 a1.txt，按住 Ctrl 键的同时单击 a2.docx；继续按住 Ctrl 键将这两个文件拖动到左侧窗格的“03”文件夹中，则 a1.txt 和 a2.docx 被复制到“03”文件夹中。

2）在【资源管理器】窗口的左侧窗格中，选择“03”文件夹，在右侧窗格中选择文件 a1.txt，两次单击该文件图标，则图标下方的文件名反白显示，输入“clock.htm”。然后用相同的方法将 a2.docx 重命名为“文学作品 .docx”。

3）将“03”文件夹中“文学作品 .docx”文件移到“01”文件夹中。

4）删除“02”文件夹中的文件 a1.txt 和 a3.bmp。

（3）设置文件和文件夹的属性。

1）打开“01”文件夹，选择“文学作品 .docx”文件并单击鼠标右键，在弹出的快捷菜单中选择【属性】命令，在弹出的【属性】对话框中选中【只读】复选框，然启单击【确定】按钮。

2）打开“03”文件夹，选择“clock.htm”文件并单击鼠标右键，在快捷菜单中选择【属性】命令，在弹出【属性】的对话框中选中【隐藏】复选框，单击【确定】按钮。

3）在【资源管理器】窗口中，执行【工具】|【文件夹选项】命令弹出【文件夹选项】对话框，在【查看】选项卡中选中【高级设置】列表中的【不显示隐藏的文件和文件夹】复选框，单击【确定】按钮，设置为“隐藏”属性的文件和文件夹就被隐藏了。

（4）搜索文件。在桌面上新建一个文件夹，命名为“我的程序”，搜索“mspaint.exe”应用程序文件，并将搜索到的“mspaint.exe”文件复制到“我的程序”文件夹中，并将其更名为“画图 .exe”。

1）在桌面上单击鼠标右键，在弹出的快捷菜单中选择【新建】|【文件夹】命令创建一个新文件夹，此时可直接输入文件夹的名称“我的程序”。

2）单击【开始】按钮，在搜索框中输入“mspaint.exe”，计算机自动进行搜索并显示搜索结果。

3）选择搜索到的“mspaint.exe”文件，按住 Ctrl 键，直接拖动该文件到“我的程序”文件夹中。

4）在“我的程序”文件夹中选中“mspaint.exe”文件，按 F2 键，将文件重命名为“画图”，按 Enter 键确认。

（5）删除“我的程序”文件夹。

方法一：选中“我的程序”文件夹，按 Delete 键，在弹出【确定文件夹删除】对话框中单击【确定】按钮。

方法二：右击“我的程序”文件夹，在弹出的快捷菜单中选择【删除】命令，弹出【确定文件夹删除】对话框，单击【确定】按钮。

方法三：选中“我的程序”文件夹，拖动该图标到【回收站】图标上，注意观察【回收站】图标颜色的变化。

5. 查看及整理磁盘

（1）双击桌面上的【计算机】图标，选择 E 盘驱动器图标并单击鼠标右键，在弹出的快捷菜单中选择【属性】命令，弹出【本地磁盘（E:）属性】对话框，在该对话框的【常规】选项卡中可以查看 E 盘的已用空间和可用空间。

（2）执行【开始】|【所有程序】|【附件】|【系统工具】|【磁盘碎片整理程序】命令，弹出【磁盘碎片整理程序】对话框，选择需要整理的磁盘，如 D 盘，然后单击【碎片整理】按钮，就可以开始对 D 盘进行碎片整理了。

第 3 章　Windows 7 的设置与管理

教学目标

- 掌握 Windows 7【控制面板】中常用功能的设置
- 掌握 Windows 7 中多媒体功能的应用
- 掌握 Windows 7 中【附件】工具的应用

3.1　系统设置与管理案例分析

3.1.1　任务的提出

公司职员三毛配置了一台新计算机，在部门李老师的指导下已经可以完成 Windows 的基本操作了。但是，随着操作的不断深入，三毛又遇到了许多新的问题。比如如何将桌面背景设置成自己喜欢的图片？如何设置显示器的显示属性？如何在计算机上安装第三方软件？如何为计算机添加新的硬件设备？如何设置输入法？如果多个用户共用一台计算机，如何对用户账户进行管理？

3.1.2　解决方案

面对三毛遇到的新问题，李老师给他提出了如下方案：

（1）使用 Windows 7 的【控制面板】命令，对计算机进行高级管理和设置。比如用户账户的设置，网络和 Internet 的连接，更换桌面背景，日期、时间和语言的设置等。

（2）可以使用 Windows 7 自带的 Windows Media Player 播放器进行多媒体播放。

（3）在 Windows 7 的【附件】应用中集合了多个实用的小程序，比如画图、录音机、写字板、计算器、记事本等，使用它们可以快速实现常用的操作。

3.1.3　相关知识点

1. 任务栏

任务栏是位于 Windows 7 窗口最下方的横条，主要由【开始】按钮、任务显示区域（显示任务按钮）、通知区域三部分组成，如图 3-1 所示。由于 Windows 7 支持多任务同时运行，所有需要与用户交互的任务启动后都会在任务显示区域添加一个任务按钮。如果需要在多个程序之间切换，可直接单击任务栏上对应的按钮，或按 Alt+Tab 组合键。

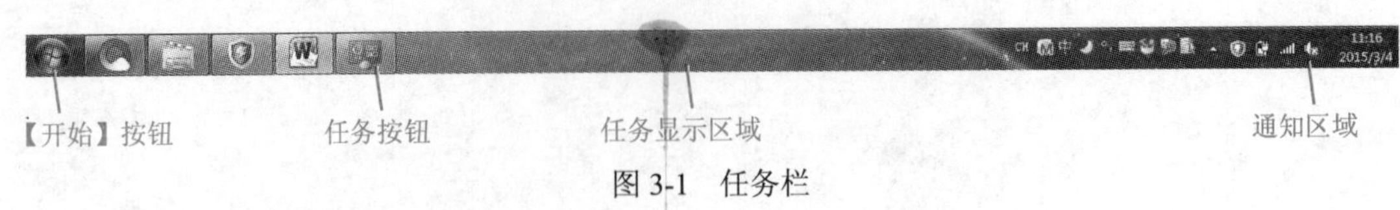

图 3-1 任务栏

2. 【开始】菜单

单击任务栏最左侧的【开始】按钮，或按 Ctrl+Esc 组合键，即可打开【开始】菜单。通过【开始】菜单可以打开大多数应用程序、查看计算机中已保存的文档、快速查找所需要的文件或文件夹、设置 Windows 7 以及注销用户和关闭计算机等。

3. 屏幕分辨率

设置显示属性的时候经常要考虑屏幕分辨率。屏幕分辨率是指在某一特定显示方式下，计算机屏幕上最大的显示区域，以水平方向和垂直方向像素的乘积表示。分辨率越高，屏幕中的像素点就越多，可显示的内容就越多，所显示的对象就越小。比较常用的屏幕分辨率有 800×600 像素、1024×768 像素、1280×1024 像素等。

4. 输入法

中文的输入法是指汉字通过计算机的标准输入设备——键盘进行输入，这是目前最常用的方法。数目庞大的汉字通过键盘输入时，需要根据西文键盘上有限的字符按键进行编码。采用不同的编码规则，具体表现为不同的输入法。目前，输入法从编码类型上可分为数字编码、拼音编码和字形编码。

5. 录音机

Windows 7 中的录音机程序可以录制、混合、播放声音文件。计算机必须安装声卡才可使用该程序。如果要录制外部声音，计算机还需要配置一个麦克风。

3.2 实现方法

3.2.1 设置任务栏和【开始】菜单

1. 设置任务栏

任务 1：将“腾讯 QQ”程序的快捷方式锁定至任务栏。

（1）选定桌面上 QQ 程序的快捷方式图标。

（2）按住鼠标左键拖动 QQ 图标至任务栏中【开始】按钮后，当出现“附到任务栏”提示时，松开鼠标即可。

提示：使用计算机时，可以通过设置任务栏来方便地操作计算机。

任务 2：当任务栏中的启动任务较多时，将相似任务分组显示，在不使用任务栏时将其隐藏。

（1）在任务栏的空白处单击鼠标右键，在弹出的快捷菜单中单击【属性】命令，打开【任务栏和「开始」菜单属性】对话框。

（2）在【任务栏】选项卡中，在“任务栏按钮”后的下拉列表框中选择“始终合并、隐藏标签”项，选中【自动隐藏任务栏】复选框，如图 3-2 所示。

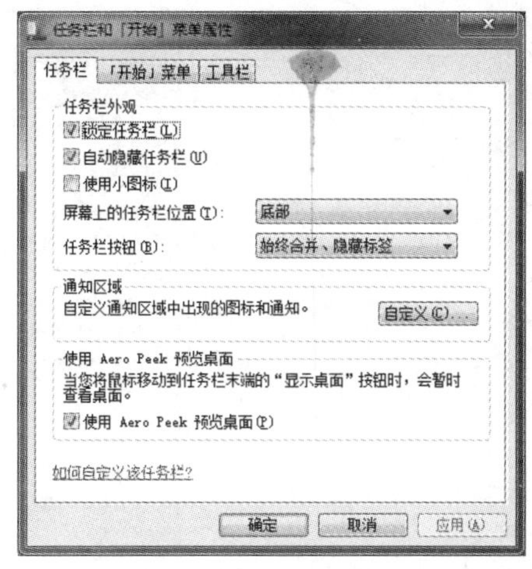

图 3-2 设置任务栏

2. 设置【开始】菜单

单击屏幕左下角的【开始】按钮，将弹出【开始】菜单。Windows 7 操作系统的【开始】菜单主要分为三个部分：程序列表、搜索框和右侧窗格。程序列表的分隔线上方为固定列表，单击程序列表中的【所有程序】可以显示完整的程序列表。我们可以对【开始】菜单进行设置。

任务 3：使用较小的图标显示【开始】菜单中的程序列表。

（1）右击【开始】按钮，在弹出的快捷菜单中选择【属性】命令，打开【任务栏和「开始」菜单属性】对话框。

（2）在【「开始」菜单】选项卡中单击【自定义】按钮，打开【自定义「开始」菜单】对话框，在列表框中找到【使用大图标】复选框，取消该复选框的勾选。

小图标显示程序列表

（3）依次单击【确定】按钮即可，如图 3-3 所示。

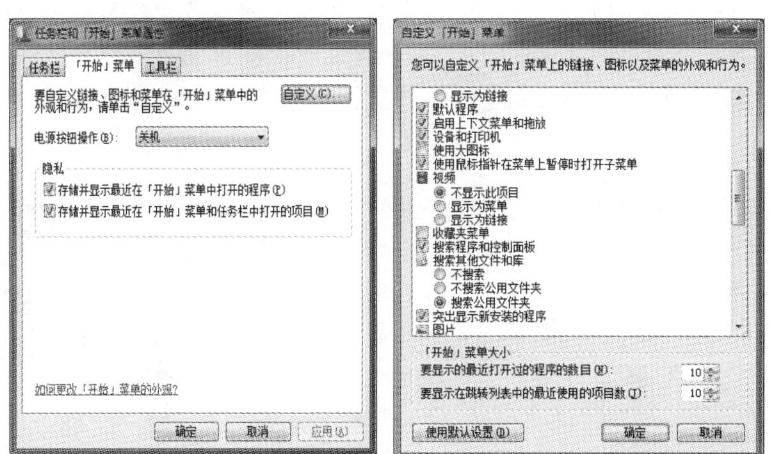

图 3-3 自定义【开始】菜单

在默认情况下，【开始】菜单左侧的分隔线上方的固定列表中显示 Internet Explorer 和 Outlook Express。用户可以根据需要，将常用的程序添加到固定列表中。

任务 4：将 360 杀毒软件添加到【开始】菜单的固定列表中。

在【计算机】窗口中选择要添加的程序，单击鼠标右键，在弹出的快捷菜单中选择【附到「开始」菜单】命令，该程序就显示在【开始】菜单的固定列表中，如图 3-4 所示。

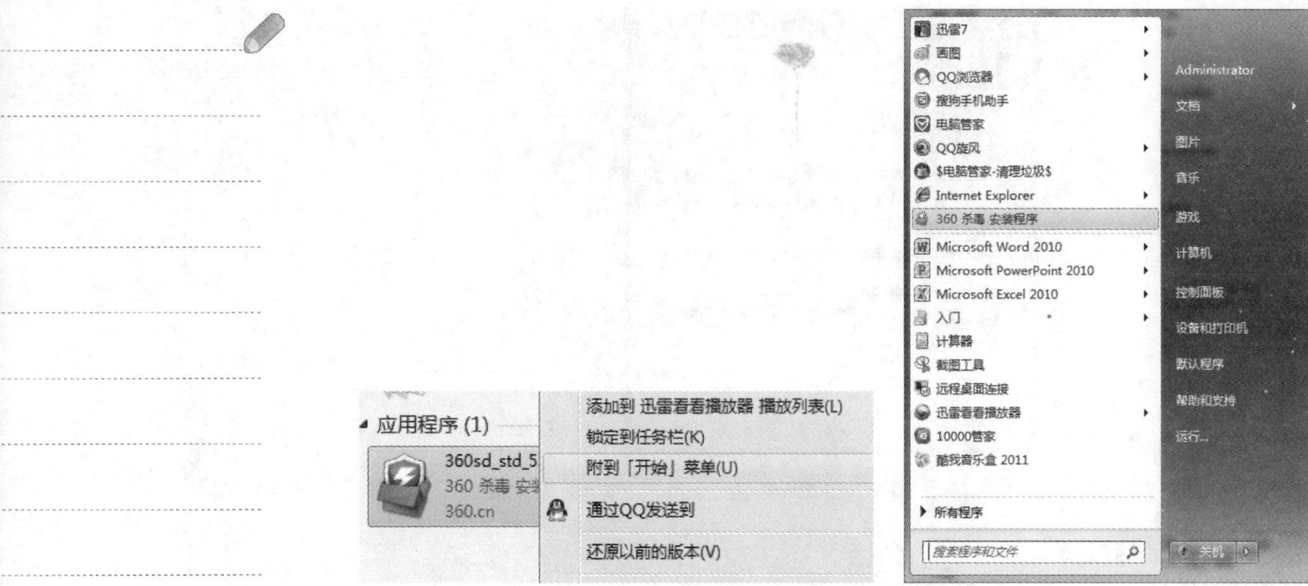

图 3-4 向固定列表中添加程序

提示：

Windows 7 将系统设置与管理功能集中在【控制面板】中。选择【开始】|【控制面板】命令打开【控制面板】窗口，在该窗口中，单击各个图标可以进行相应的参数设置。

3.2.2 设置显示属性

在【控制面板】中，单击【个性化】链接，或在桌面空白处右击，在快捷菜单中选择【个性化】命令，可以设置系统主题、桌面背景图片、屏幕保护程序、窗口外观等。单击【控制面板】中的【显示】链接，或在桌面空白处右击，在快捷菜单中选择【屏幕分辨率】命令，可以设置显示器的分辨率、连接投影仪方式等。

任务 5：更新桌面背景图片，当 5 分钟内计算机无操作时，启动屏幕保护程序。

见多识广：*屏幕保护程序是指在限定的时间内无鼠标和键盘操作时，系统自动运行指定的程序。设置屏保的目的一方面是保护显示器的荧光屏；另一方面是在用户暂时离开而又没有关闭计算机时，启动屏保程序可以在一定程度上提供安全保护。*

（1）打开【控制面板】窗口，在小图标查看方式下，单击【个性化】链接，如图 3-5 所示，打开【个性化】窗口。

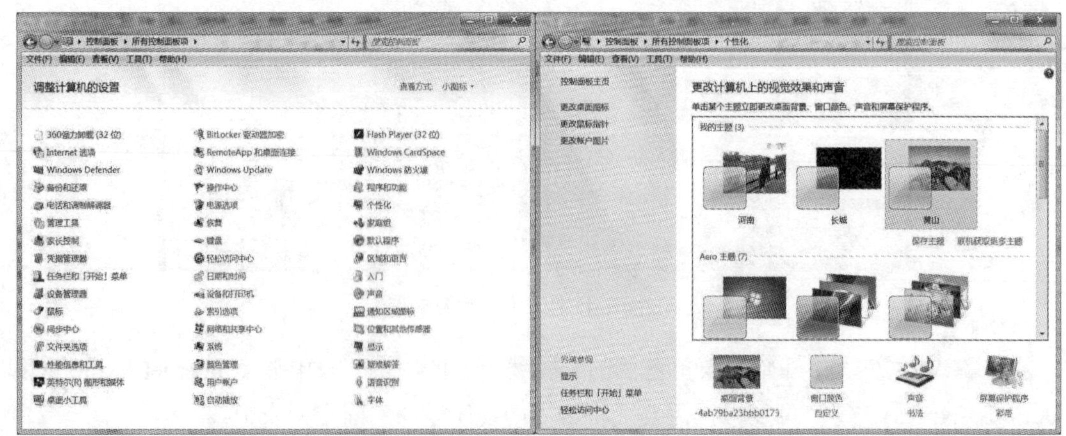

图 3-5 打开【个性化】窗口

（2）在打开的窗口中单击下方的【桌面背景】项，打开【桌面背景】窗口，选择一幅背景图片。如果图片的尺寸大小不符合要求，可以单击下方的【图片位置】图标，选择一个合适的选项以调整图片的显示方式，然后单击【保存修改】按钮，如图 3-6 所示。

图 3-6 选择桌面背景图片

（3）在【个性化】窗口中单击右下角的【屏幕保护程序】项，打开【屏幕保护程序设置】对话框，如图 3-7 所示，在【屏幕保护程序】下拉列表中选择一个保护程序，通过上方的预览窗口，能够浏览选中的屏幕保护程序的显示效果。单击【预览】按钮，可以全屏方式显示屏幕保护程序的运行效果。

（4）在图 3-7 的【等待】组合框中，将运行屏幕保护程序之前的系统闲置时间设置为“5 分钟”。单击【设置】按钮，可在弹出的对话框中对所选的屏幕保护程序属性进行设置。

图 3-7 【屏幕保护程序设置】对话框

任务 6：设置显示器的分辨率。

（1）单击【控制面板】中的【显示】链接，在出现的【显示】窗口中单击左侧的【调整分辨率】标签，打开【显示器分辨率】窗口，如图 3-8 所示。

（2）单击【分辨率】后的下三角，用鼠标指针拖动显示器分辨率对应的滑块（图 3-8），可以改变显示器分辨率。

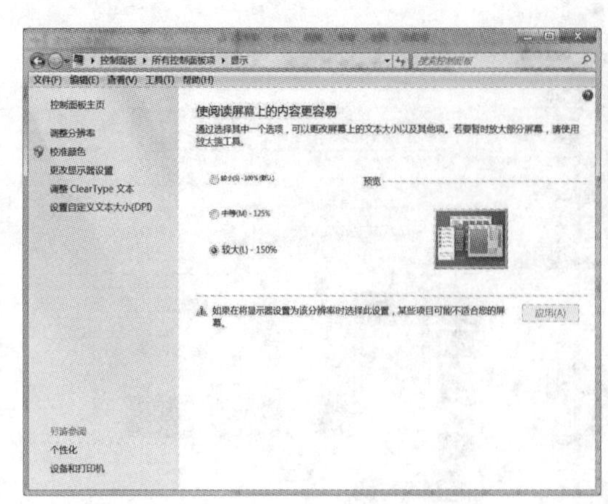

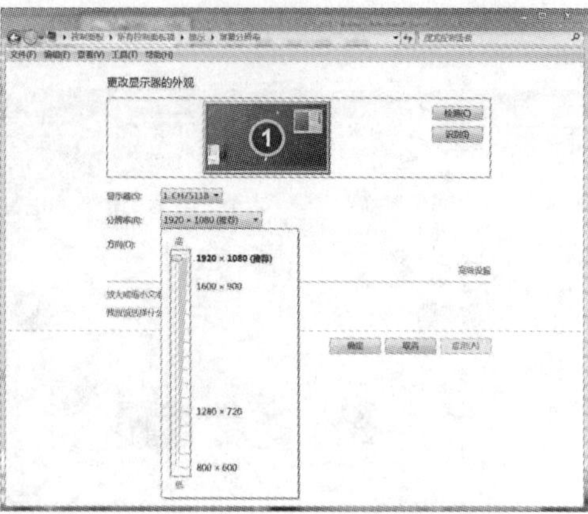

图 3-8 设置显示器分辨率

提示：
默认状态下，系统的当前日期和时间显示在任务栏的右侧，是从计算机的 CMOS 中得到的。

3.2.3 设置日期 / 时间

任务 7：手动调整系统时间。

（1）单击任务栏右侧的时间区，选择【更改日期和时间设置】命令打开【日期和时间】对话框，在【日期和时间】选项卡中单击【更改日期和时间】按钮，打开【日期和时间设置】对话框，如图 3-9 所示。

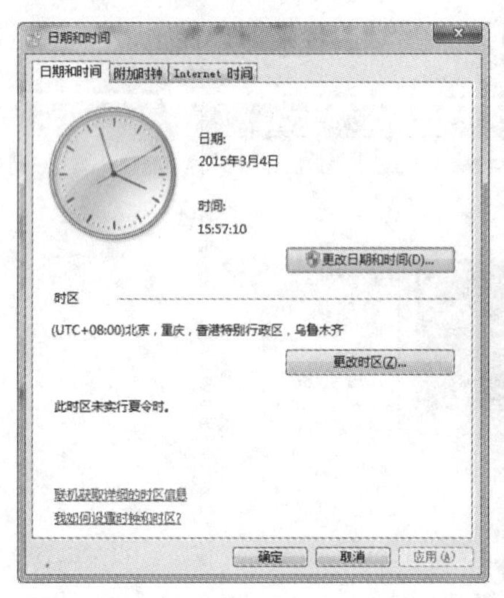

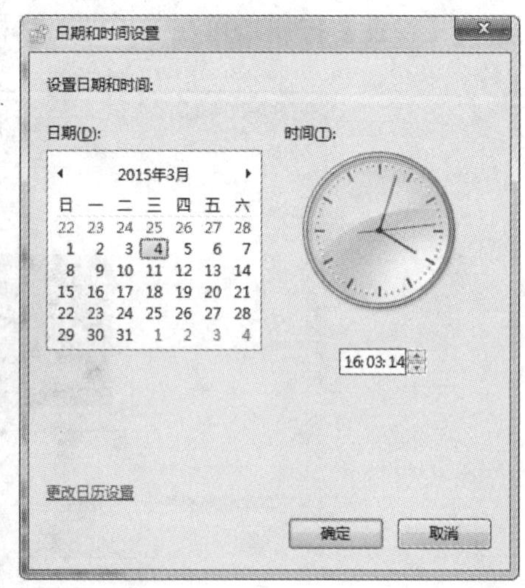

图 3-9 设置日期和时间

（2）单击【日期】下方日历两侧的三角按钮，可以按月份进行调整；单击【日期】下方的日期，可以对日期进行具体设置。

（3）选中【时间】下方的组合框中的小时、分或秒，可以调节时间。

（4）单击【确定】按钮，保存调整后的日期和时间。

任务 8：利用 Internet 调整计算机系统时间。

（1）将计算机连入 Internet。

（2）打开【日期和时间】对话框，单击【Internet 时间】标签，单击【更改设置】按钮打开【Internet 时间设置】对话框，选中【与 Internet 时间服务器同步】复选框，在【服务器】下拉列表中选择一个时间服务器，单击【立即更新】按钮，计算机将与所指定的时间服务器连接，更新计算机的系统时间，如图 3-10 所示。

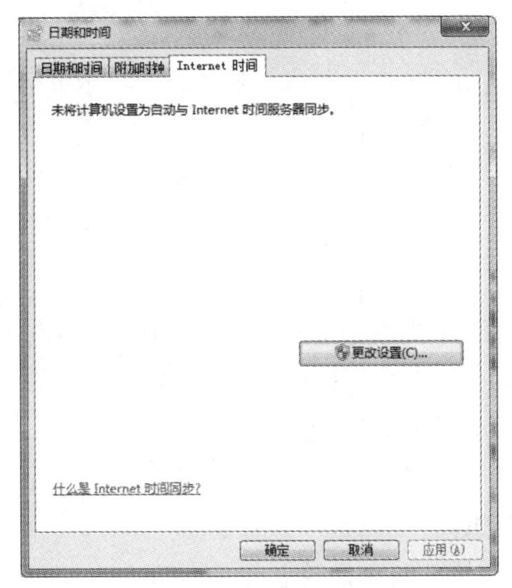

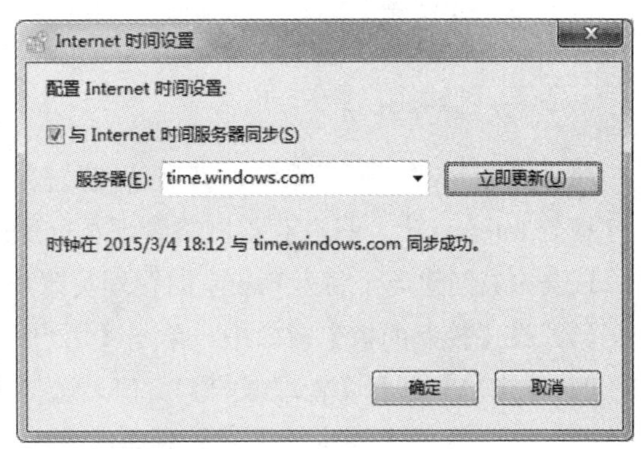

图 3-10　与 Internet 时间服务器同步

提示：
如果个人使用的计算机已经连接到企业的内部网，也可以按照企业网络中的服务器更新系统时间。

3.2.4　设置键盘和鼠标

1. 设置键盘

在【控制面板】窗口中，单击【键盘】链接打开【键盘属性】对话框，如图 3-11 所示。

（1）单击【速度】标签，可以通过拖动滑块改变键盘的响应速度。

- 【重复延迟】：表示按下一个键后多长时间等同于再次按了该键。
- 【重复速度】：表示长时间按住一个键后重复录入该字符的速度。
- 【光标闪烁速度】：表示光标显示的快慢。

（2）单击【硬件】标签，可以显示键盘的信息和驱动程序等。

2. 设置鼠标

在【控制面板】窗口中，单击【鼠标】链接打开【鼠标属性】对话框，如图 3-12 所示。

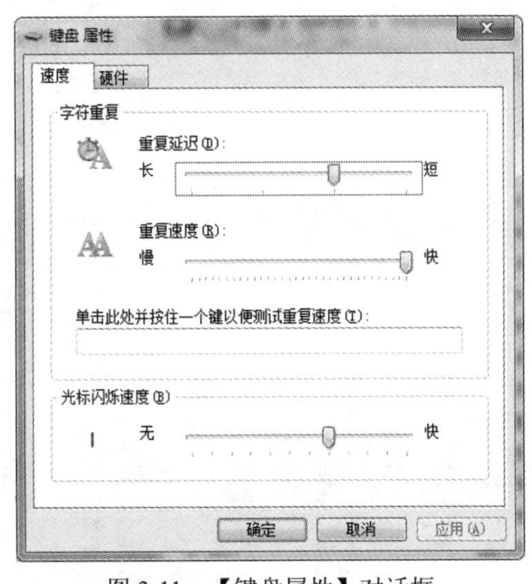

图 3-11　【键盘属性】对话框

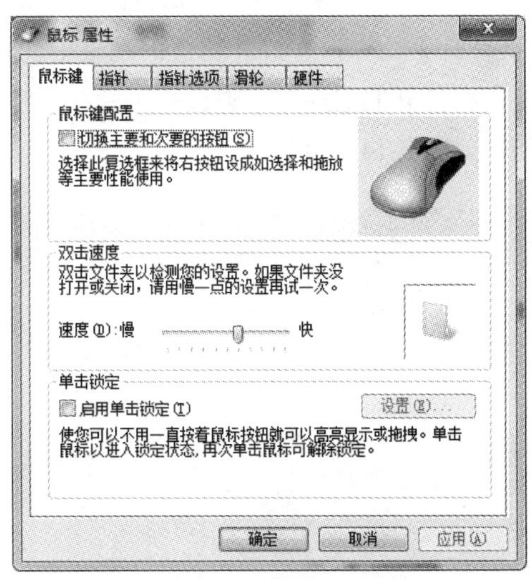

图 3-12　【鼠标属性】对话框

（1）单击【鼠标键】标签，可以通过拖动滑块改变双击的时间间隔，并在右侧的文件夹图标上进行测试。

（2）单击【指针】标签，可以更改鼠标指针方案。

（3）单击【指针选项】标签，可以设置指针移动的速度和精度，设置是否显示鼠标指针移动的轨迹等。

（4）单击【滑轮】标签，可以设置滚动滑轮一个齿格时，屏幕滚动的行数。

3.2.5 创建用户账户

创建账户

对于 Windows 7 操作系统，拥有管理员权限的用户有权建立新的用户账户。如果计算机连接到 Internet 上，只有获得网络管理员分配的相应权限，才能进行添加用户的操作。

任务 9：创建一个名为 Fanny 的管理员账户，并更改其图标的图片。

（1）在【控制面板】窗口中，单击【用户账户】链接打开【用户账户】窗口，再单击【管理其他账户】打开【管理账户】窗口，选择【创建一个新账户】命令。

（2）在打开的【创建新账户】界面的文本框中输入新账户的名称——Fanny，设置用户类型为“管理员”（选中“管理员”单选按钮），然后单击【创建账户】按钮，如图 3-13 所示。

提示：
受限账户只被允许访问自己账户范围内的文件，在安装新软件时，可能会因为不具备相应的权限而无法完成操作。

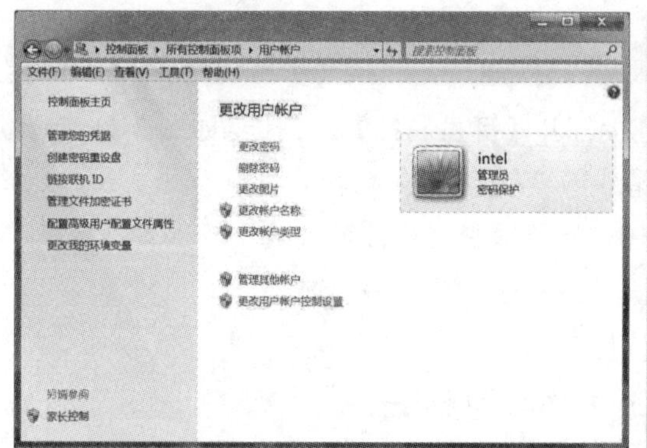

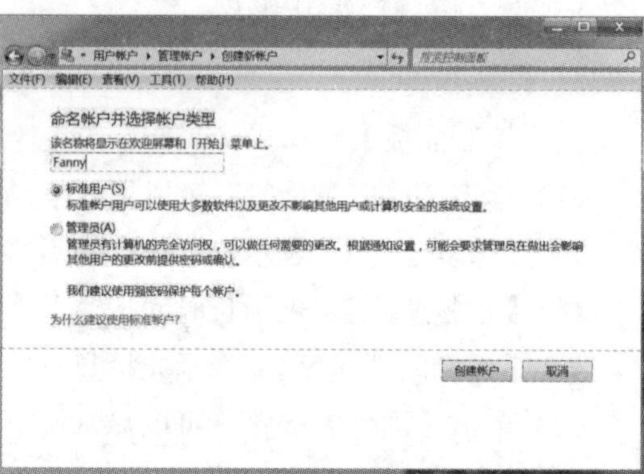

图 3-13 设置账户名称

（3）打开【管理账户】窗口，单击“Fanny”账户打开【更改账户】窗口，选择窗口左侧【更改图片】命令，在打开的窗口列表中选择自己喜欢的图片，或者单击【浏览更多图片】链接，在打开的文件窗口中选择图片，最后单击【更改图片】按钮，完成更改图标图片的操作，如图 3-14 所示。

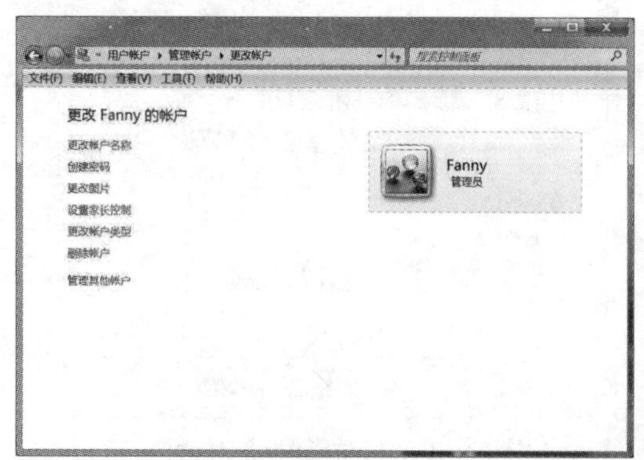

图 3-14 更改账户图标的图片

讨论：
设置不同账户有什么好处？

系统中的注册账户也可以进行更改账户名称、创建密码、更改账户类型等操作。

3.2.6　更改计算机名称

更改计算机名称

每台计算机都有一个名称，它是在安装 Windows 7 软件时设定的。计算机的名称对于家庭计算机用户来说用处不是很大。但是，在一个企业网络中，可以通过计算机名称访问网络的共享资源。

任务 10：将计算机名称更改为“Fanny PC”。

（1）右键单击【计算机】图标，在弹出的快捷菜单中选择【属性】命令，打开【系统】窗口，单击计算机名后的【更改设置】按钮打开【系统属性】对话框。

（2）单击【计算机名】标签，在【计算机描述】文本框中输入新的计算机名称“Fanny PC”，如图 3-15 所示，然后单击【应用】或【确定】按钮，完成计算机更名操作。

提示：计算机名称更改后，只有重新启动计算机，新的计算机名才能起作用。

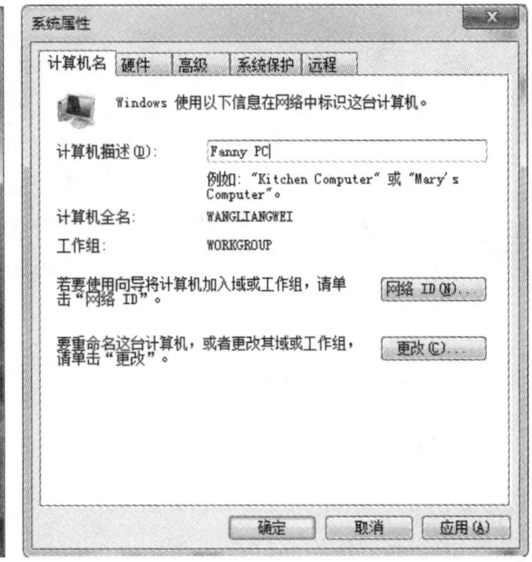

图 3-15　更改计算机名称

3.2.7　添加 / 删除程序

在 Windows 7 中，要想使用一个程序必须事先进行安装，同样，如果不想使用某个应用软件了，就可以将其删除。

任务 11：安装 C++ 程序语言的编辑软件 VC++ 6.0。

（1）打开 D 盘，找到提前下载好的 VC++ 6.0 软件，双击 SETUP.exe 文件，开始运行安装文件。

（2）根据 VC++ 6.0 的安装向导，依次单击【下一步】按钮，输入用户名和序列号、选择目标文件的安装路径等，最后单击【安装】按钮，开始安装。

提示：安装应用程序，一般是双击其安装程序图标；或者使用应用程序安装光盘的自动安装功能。

任务 12：删除计算机中很少使用的软件“QQ 游戏”。

（1）在【控制面板】窗口中，单击【程序和功能】链接打开【程序和功能】窗口。

（2）在【当前安装的程序】列表中，选中要删除的软件“QQ 游戏”，单击【卸载 / 更改】按钮，在弹出的该软件的卸载对话框中单击【是】按钮，完成删除软件的操作，如图 3-16 所示。

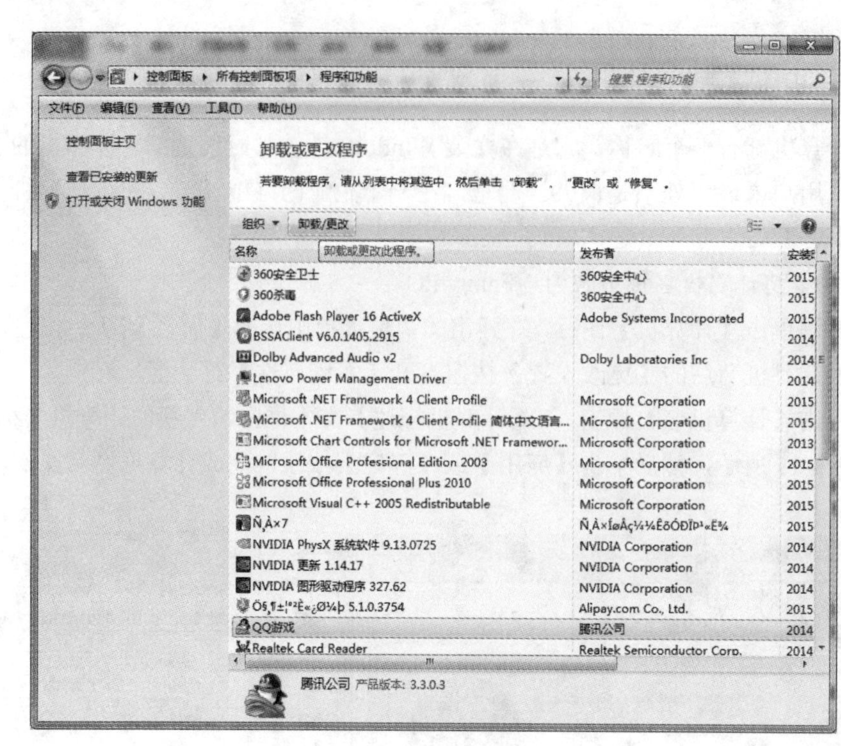

图 3-16　删除“QQ 游戏”软件

3.2.8　安装打印机

Windows 7 几乎支持所有厂商生产的不同类型的打印机。使用打印机之前，需要将打印机连接到计算机上，并安装相应的打印机驱动程序。安装打印机包括安装本地打印机和安装网络打印机。

任务 13：安装本地打印机。

在连接打印机之前，首先把计算机关掉。打印机一般有两根线，一根是电源线，用于插到电源插座上，另一根线与计算机相连。现在有许多打印机已不再使用如图 3-17 所示的 LPT 接口，而是用 USB 接口。USB 接口支持热插拔，所以当与计算机连接时，不必关闭计算机，只要在主机上找到对应的 USB 插口，将打印机的 USB 插头与主机的 USB 插口直接连接即可。

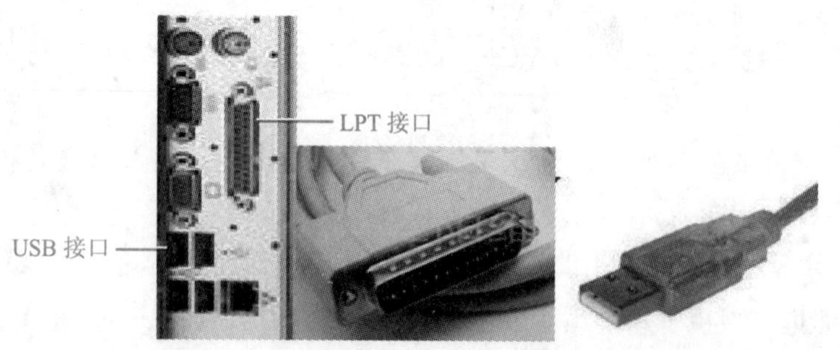

图 3-17　打印机 LPT 插头、计算机对应的插孔和 USB 接口

连接好打印机后，在计算机任务栏右端的【系统提示区】会显示“发现新硬件”的提示信息，此时系统在驱动程序库中搜索相匹配的打印机驱动程序，自行完成安装。如果 Windows 没有提示找到打印机，那就必须先检查连接是否正确，打印机的电源是否打开，

然后按下面的步骤手动安装打印机。

（1）选择【开始】|【设备和打印机】命令，打开【设备和打印机】窗口。

（2）单击【添加打印机】按钮，在弹出的【要安装什么类型的打印机？】对话框中选中【添加本地打印机】单选按钮。

（3）选择打印机端口。注意所选择的端口必须与连接打印机的端口一致，否则打印机将无法工作。如果用户的打印机接口与图 3-17 所示的 LPT 接口一样，一般选择“LPT1（打印机端口）”即可，如图 3-18 所示，选择完成单击【下一步】按钮。

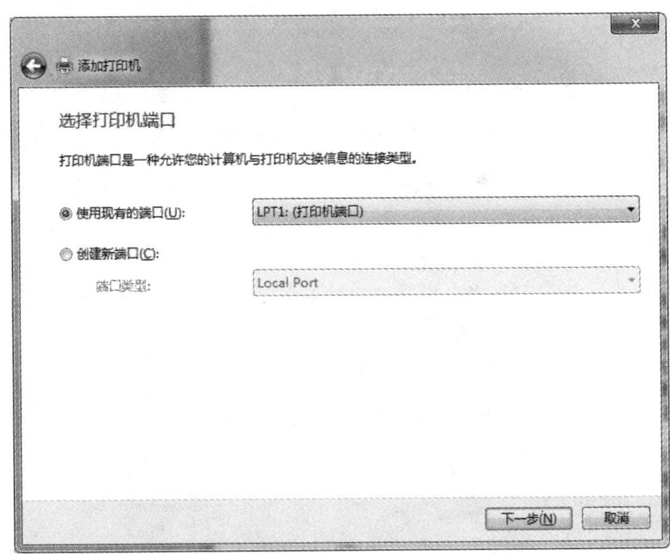

图 3-18 选择打印机端口

（4）选择打印机型号。从【厂商】列表中选择打印机的生产厂商（例如 Canon），并从【打印机】型号列表中选择该打印机的型号（例如 Canon Inkjet MP530 FAX），如图 3-19 所示。

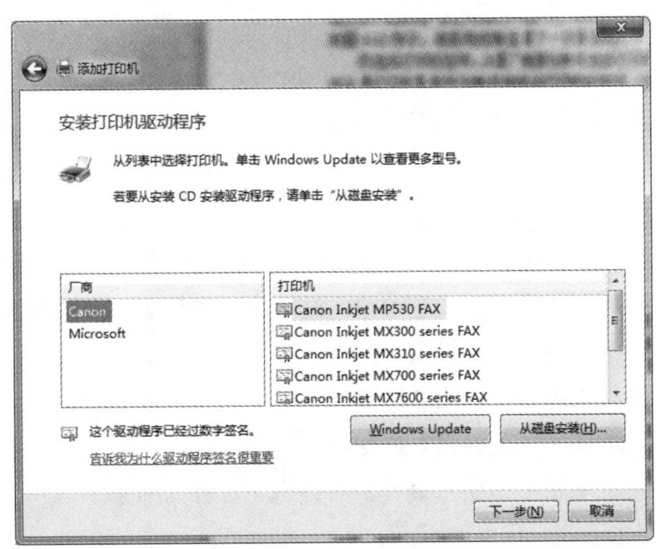

图 3-19 指定打印机型号

（5）单击【从磁盘安装】按钮，按照安装向导的提示继续完成后续的驱动程序安装过程。

（6）打印机安装完成后，打印机的图标会出现在【设备和打印机】窗口中。

3.2.9 添加 Windows 组件

在初始安装 Windows 7 时，如果一些组件没有安装，还可以在后来进行安装。

任务 14：安装 Windows 组件——Internet 信息服务。

（1）在【控制面板】窗口中，单击【程序和功能】链接，打开【程序和功能】窗口。

（2）单击窗口左侧的【打开或关闭 Windows 功能】链接，打开【Windows 功能】对话框，如图 3-20 所示。

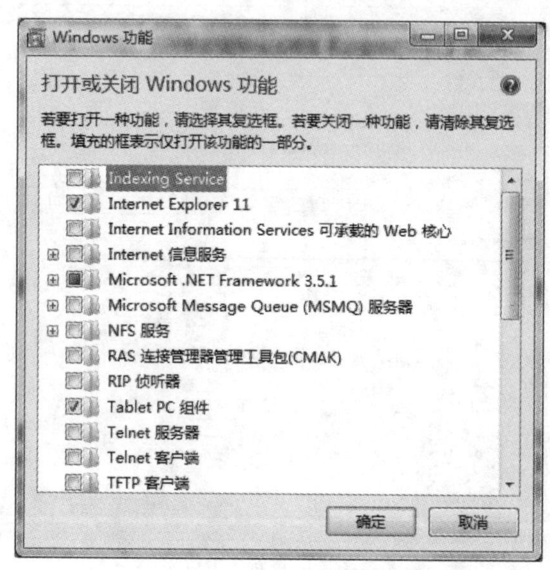

图 3-20 【Windows 功能】对话框

（3）在列表框中列出了 Windows 的所有组件，复选框中有“√”表示已选择安装的项目，否则表示没有安装的项目，有阴影的方框表示只安装了部分的项目。

（4）选中【Internet 信息服务】复选框，单击【确定】按钮，系统就开始安装组件。复制文件结束后，即可完成组件的添加。

如果要删除已经安装的组件，只需在图 3-20 中取消选中组件名称前面的复选框，继续进行后续操作，系统即可将选定的组件删除。

3.2.10 输入法的安装和设置

Windows 7 操作系统提供了多种中文输入法，比如“微软拼音”“郑码”“智能 ABC”等。在使用过程中，可以根据需求添加或删除输入法，也可以设置中文输入法的快捷键。

任务 15：安装“简体中文郑码”输入法。

（1）在【控制面板】窗口中单击【区域和语言】链接，在打开的窗口中，单击【键盘和语言】选项卡，再选择【更改键盘】命令。

安装输入法

（2）在弹出的【文本服务和输入语言】对话框中选择【常规】选项卡，单击右下方的【添加】按钮。

（3）在打开的【添加输入语言】对话框中，从图 3-21 所示的下拉列表中选择“简体中文郑码”，单击【确定】按钮完成输入法的添加。此时，在【文本服务和输入语言】对话框的【已安装的服务】列表框中可以看见新添加的输入法。

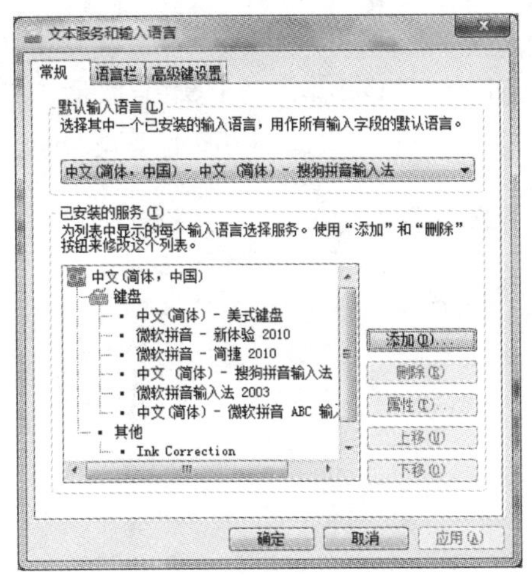

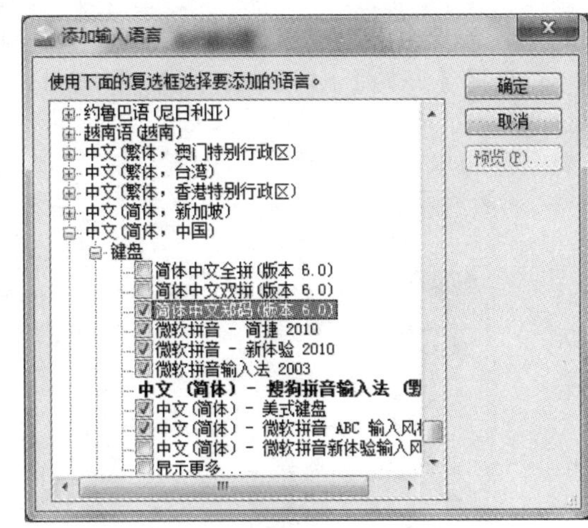

图 3-21 【文本服务和输入语言】和【添加输入法语言】对话框

如果要删除某种输入法，在【已安装的服务】列表框中选中要删除的输入法，单击【删除】按钮即可。

任务 16：为“微软拼音输入法 2003”设置切换的组合键。

（1）在图 3-21 所示的【文本服务和输入语言】对话框中单击【高级键设置】标签，打开【高级键设置】选项卡。

（2）在选项卡的【输入语言的热键】列表框中选择“微软拼音输入法 2003”，如图 3-22 所示。单击【更改按键顺序】按钮，打开【更改按键顺序】对话框。

（3）在对话框中选中【启用按键顺序】复选框，然后选中左侧下拉列表框中的【左 Alt+Shift】选项，并在右侧下拉列表框中选择“1”，如图 3-23 所示，最后单击【确定】按钮。以后，按键盘左边的 Alt+Shift+1 组合键即可切换到“微软拼音输入法 2003”。

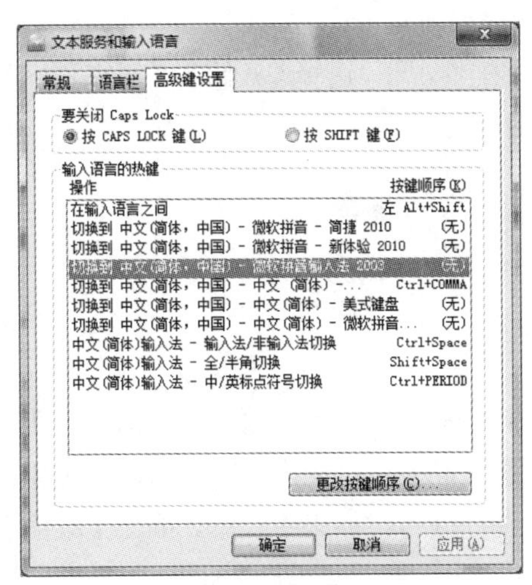

图 3-22 【高级键设置】选项卡

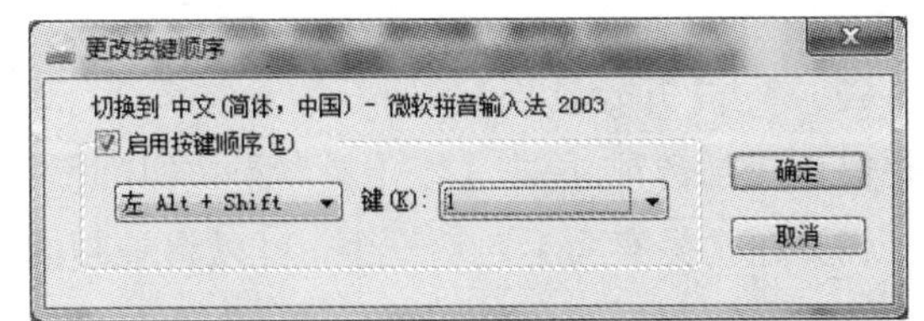

图 3-23 【更改按键顺序】对话框

3.2.11 多媒体功能的应用

1. 使用媒体播放器——Windows Media Player

在 Windows 7 中，Windows Media Player 是一个通用的多媒体播放器，可用于播放几乎所有格式的多媒体文件，还能够收听 Internet 广播。

任务 17：使用 Windows Media Player 播放歌曲。

（1）选择【开始】|【所有程序】|【Windows Media Player】命令打开播放器，如图 3-24 所示。

图 3-24 Windows Media Player 播放器

（2）选择【组织】|【管理媒体库】命令，选择媒体类型，然后在窗口中选择要播放的文件，将文件拖动到右侧的播放列表区，所选文件显示在播放器窗口右侧的【正在播放】列表中。使用【刻录】命令可以对所选择的项目进行刻录。

2. 录音机

任务 18：使用 Windows XP 自带的【录音机】程序录制声音。

（1）在有音频输入设备（如麦克风）连接到计算机的情况下，选择【开始】|【所有程序】|【附件】|【录音机】命令启动【录音机】程序，如图 3-25 所示。

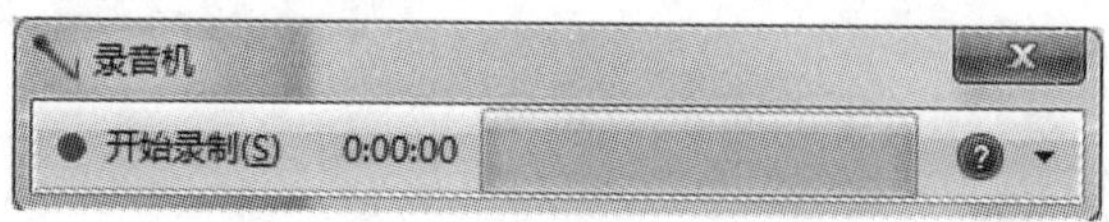

图 3-25 【录音机】程序

（2）单击【开始录制】按钮开始录制声音，此时，【开始录制】按钮变为【停止录制】按钮。若要停止录制音频，单击【停止录制】按钮，此时，【停止录制】按钮变为【继续录制】按钮。

（3）在【另存为】对话框中，可以将录制的声音进行保存。如果不满意，单击【取消】按钮，放弃保存，然后单击【继续录制】按钮，继续录制声音，直至满意为止。

3.2.12 附件的应用

1. 记事本

记事本是用来加工处理纯文本文件的工具。在记事本中，不能设置文字的字体、字形，不能插入图形图像，只能输入文本。记事本只能用于编辑纯文本格式的文件，如批处理文件、源程序代码、网页文件等。

任务 19：使用记事本编辑一段文字，并以“练习”为文件名保存在 D 盘中。

（1）选择【开始】|【所有程序】|【附件】|【记事本】命令打开【记事本】窗口。

（2）在窗口中录入如图 3-26 所示的文字内容。选择【文件】|【保存】命令，在打开的【另存为】对话框中，选择保存路径为 D 盘，文件名为“练习”，文件类型为 txt。设置完成后，单击【保存】按钮。

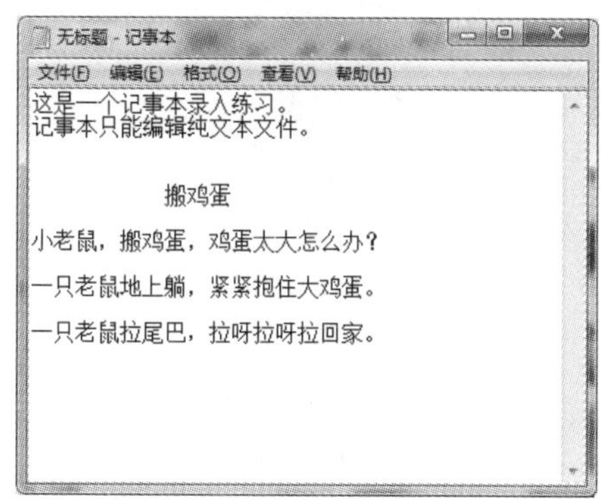

图 3-26　记事本录入练习

2. 画图

Windows 7 系统中的【画图】程序是一个绘图工具，它提供了完整的绘图工具和选择颜色的调色板。使用【画图】程序可以创建简单的图形，也可以在图中添加文字。

任务 20：使用【画图】程序绘制月牙。

（1）选择【开始】|【所有程序】|【附件】|【画图】命令打开【画图】窗口。

（2）窗口上面是工具、形状和调色板等，下面是绘图区。

（3）在调色板中单击“黄色”作为前景色，在【形状】组中单击【椭圆】图标，单击【轮廓】和【填充】右侧的下拉按钮并选择纯色。然后按住 Shift 键，同时在绘图区拖动鼠标指针，即可绘制出一个黄色的正圆，再选择【工具】组中的填充图标，单击绘图区的正圆，如图 3-27 所示。

（4）在调色板中单击“白色”作为前景色，再画一个圆，并且用该圆覆盖第一个黄色的圆，直到留下满意的黄色月牙为止，如图 3-28 所示。

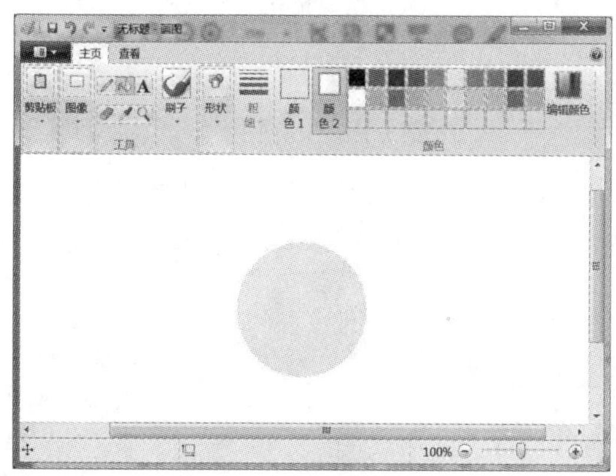

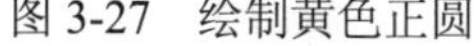
图 3-27　绘制黄色正圆

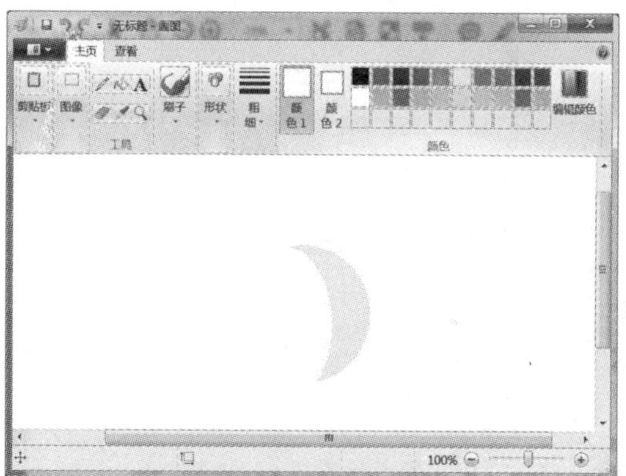

图 3-28　绘制月牙

绘制月牙

（5）在【工具】组中单击【文字】图标，按住鼠标左键，在绘图区拖出一个矩形文本框。单击调色板中的“黑色”作为前景色，然后在文本框中输入文字“弯弯的月亮”，最后调整文字的字形和字号，效果如图 3-29 所示。

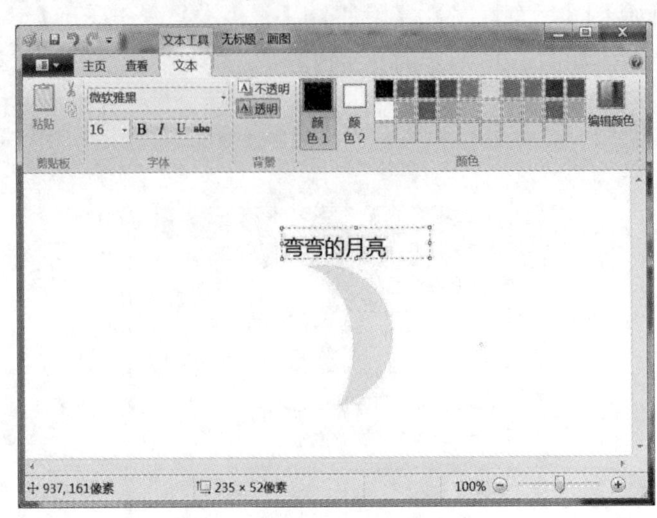

图 3-29 添加文字效果

提示：
由【画图】程序生成的图像文件的扩展名是bmp，也可以保存为jpg、gif、png等格式。

3. 计算器

计算器是 Windows 7 在附件中的一个计算工具，可以代替日常生活中的计算器。它不仅可以进行基本的算术计算，而且可以进行高级的科学计算和统计计算。

选择【开始】|【所有程序】|【附件】|【计算器】命令，即可打开如图 3-30 所示的计算器界面。选择【查看】|【科学型】命令，可以将计算器切换到科学型界面，使用相应的函数按钮进行相关运算。选择【查看】|【程序员】命令，可以将计算器切换到如图 3-31 所示的程序员界面，进行整数的数制转换运算，例如，输入十进制整数 100，再选中【八进制】单选按钮，可得到 100 的八进制数值为 144。

图 3-30 标准型界面

图 3-31 程序员界面

3.3 本章小结

本章以 Windows 7 操作系统为例，重点学习了操作系统的使用。通过本章的学习，读者可以熟练掌握使用控制面板进行系统设置和管理的方法，能够独立解决操作中的问题。此外，本章还讲解了 Windows 7 自带的一些实用工具的使用方法。

3.4 习题

3.4.1 理论练习

选择题

（1）在 Windows 7 中，要把选定的文件剪切到剪贴板中，可以按（　　）组合键。

A. Ctrl+X　　B. Ctrl+Z　　C. Ctrl+V　　D. Ctrl+C

（2）在 Windows 7 环境中，鼠标是重要的输入工具，而键盘（　　）。

A. 无法起作用

B. 仅能配合鼠标在输入中起辅助作用（如输入字符）

C. 仅能在菜单操作中运用，不能在窗口的其他地方操作

D. 也能完成几乎所有操作

（3）在 Windows 7 的桌面上单击鼠标右键，将弹出一个（　　）。

A. 窗口　　B. 对话框　　C. 快捷菜单　　D. 工具栏

（4）在 Windows 7 的桌面上，若任务栏上的按钮呈凸起形状，表示相应的应用程序处在（　　）。

A. 后台　　B. 前台　　C. 非运行状态　　D. 空闲状态

（5）Windows 7 中的菜单有窗口菜单和（　　）菜单两种。

A. 对话　　B. 查询　　C. 检查　　D. 快捷

3.4.2 上机操作

1. 设置分辨率

在桌面的空白处单击鼠标右键，在弹出的快捷菜单中选择【屏幕分辨率】命令，在弹出的对话框中，用鼠标指针拖动滑块，设置屏幕的分辨率为 1440×900 像素。

2. 个性化设置

（1）在桌面的空白处单击鼠标右键，在弹出的快捷菜单中选择【个性化】命令，在弹出的【个性化】窗口中单击【桌面背景】，选择列表框中的任一图案，设置图片位置为“拉伸”。

（2）在【个性化】窗口中单击【屏幕保护程序】，在【屏幕保护程序】下拉列表中选择【三维文字】，设置等待时间为“5 分钟”，单击【设置】按钮，弹出【三维文字设置】对话框，在【自定义文字】输入框中输入“计算机应用基础”，将“动态旋转类型”设置为“滚动”，分别单击【确定】按钮。

3. 设置系统时间

单击任务栏右侧的时间区，选择【更改日期和时间设置】命令打开【日期和时间】对话框，在【日期和时间】选项卡中单击【更改日期和时间】按钮，打开【日期和时间设置】对话框，设置时区为“北京”，调节年、月、日和时钟，最后单击【确定】按钮。

4. 创建用户账户

创建一个新的计算机管理员账户，账户名为 JSJYH。

（1）在【控制面板】窗口中单击【用户账户】链接，打开【用户账户】窗口，再单击

【管理其他账户】打开【管理账户】窗口，选择【创建一个新账户】命令。

（2）在打开的【创建新账户】对话框的文本框中输入新账户的名称 JSJYH，设置用户类型为“管理员”，然后单击【创建账户】按钮。

（3）创建完用户后，可以更改用户账户的密码、图片等信息。

5. 输入文本

运行【写字板】程序，并输入以下内容：

西藏的天是湛蓝的，它犹如一块巨大的蓝布，紧紧地包裹着这块神秘的土地。在蓝天的映衬下，一切显得是那样的清晰明快，即使是远方的物体亦可一览无余。我们来到西藏，突然进入这明亮的世界，着实有些不大适应，似乎一切都暴露在光天化日之下，就连一点点小小的隐私也无法避免阳光的照射。这是我们这些身处闹市的人来到西藏的第一反应，更是西藏这块神奇的土地赐予我们的第一印象。

西藏的云是洁白的，它犹如一朵朵巨大的棉团悬挂在天空，时而聚集，时而分散，时而融进雪山，时而落在草原；它又像洁白的哈达，带着吉祥，散布在离天最近的地方。我们这些人久违了这如画的白云，以至于眼看着云朵，心中还在猜测这是真还是假，我常常为此感到尴尬，同时也为此感到幸运，因为在这里看到了真正的祥云。

西藏的山是真正的高山，即使是那些像山不是山的土丘，都有可观的海拔。西藏的山大抵可分三类：一为洁白的雪山；二为苍凉的秃山；三为生机盎然的青山。这次我们有幸领略了它们各自的风采。

第 4 章　Word 基本应用——制作个人简历

教学目标

- 掌握字符格式的设置和格式刷的应用
- 掌握段落格式的设置
- 掌握表格的制作和图片的插入
- 掌握制表位的使用
- 掌握页面边框的设置
- 掌握文档的打印输出

4.1　制作个人简历案例分析

4.1.1　任务的提出

个人简历一直以来都是用人单位招聘人才的一个重要手段，所以个人简历是求职材料中最重要的部分。一般个人简历由求职自荐信和个人简历表组成。求职自荐信是毕业生向用人单位自我推荐的书面材料，是毕业生所有求职材料中至为关键的部分，因此，自荐信被称为毕业生求职的“敲门砖”。简历表是求职者全面素质和能力体现的缩影。个人简历的主要任务是争取让用人单位和求职者联系，争取面试的机会。一份简历，就好像产品的广告和说明书，要在短短几页纸中把求职者的竞聘优势体现出来。

小刘是一名刚毕业的大学生，正在找工作，现在要制作一份个人简历。他请教老师如何制作一份精美的简历，老师根据小刘的自身情况给出了建议。

4.1.2　解决方案

老师给小刘提出了如下建议：

（1）个人简历可以用表格的形式完成。根据个人情况的不同，个人简历中包括的信息是不同的。个人简历的制作要清晰、整洁并且有条理。

（2）制作自荐信。根据自荐信的内容对页面进行调整，使页面的布局合理，不要太紧凑也不要太分散。

（3）制作封面。个人简历的封面要尽量美观，可以插入图片或用艺术字进行点缀。

通过老师的指导，小刘制作了一份自己满意的个人简历，如图 4-1 所示。

个 人 简 历

姓　　名：

E-mail：

联系电话：

联系地址：

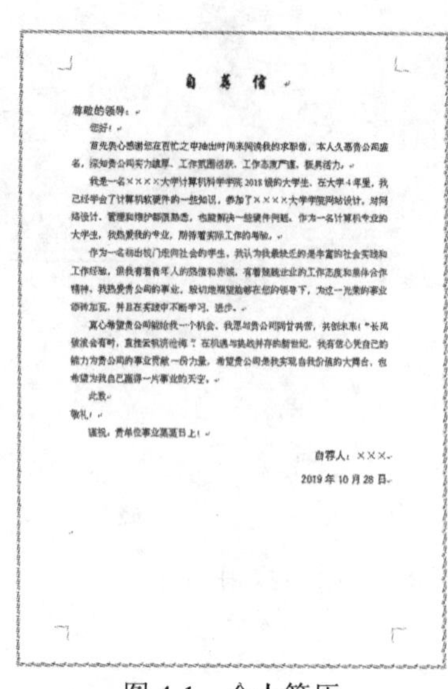

自 荐 信

尊敬的领导：

您好！

首先真心感谢您在百忙之中抽出时间来阅读我的求职信，本人久慕贵公司盛名，深知贵公司实力雄厚、工作氛围活跃、工作态度严谨，极具活力。

我是一名××××大学计算机科学学院2018级的大学生，在大学4年里，我已经学会了计算机软硬件的一些知识，参加了××××大学学院网站设计，对网络设计、管理和维护都很熟悉，也能解决一些硬件问题。作为一名计算机专业的大学生，我热爱我的专业，期待着实际工作的考验。

作为一名刚出校门走向社会的学生，我认为我最缺乏的是丰富的社会实践和工作经验，但我有着青年人的热情和赤诚，有着勤勉敬业的工作态度和集体合作精神，我热爱贵公司的事业，殷切地期望能够在您的领导下，为这一光荣的事业添砖加瓦，并且在实践中不断学习、进步。

真心希望贵公司能给我一个机会，我愿与贵公司同甘共苦，共创未来！“长风破浪会有时，直挂云帆济沧海”！在机遇与挑战并存的新世纪，我有信心凭自己的能力为贵公司的事业贡献一份力量，希望贵公司是我实现自我价值的大舞台，也希望为我自己赢得一片事业的天空。

此致

敬礼！

谨祝：贵单位事业蒸蒸日上！

自荐人：×××

2019年10月28日

个人简历			
个人信息	手机号：135xxxx9999	姓名：张三	照片
	现住城市：呼和浩特市	年龄：25	
	邮箱：xxxx@xxx.com	工作经验：2年	
求职意向	从事岗位：网站设计与维护	期望薪金：5k—6k	
教育背景	就读时间：2016.09—2019.07	学校名称：内蒙古化工职业学院	所学专业：计算机网络技术
获奖情况	荣誉奖项： 2017—2018学年　院级一等奖学金 2018—2019学年　国家励志奖学金		
实习经历	公司名称：北京杰克科技有限公司	税前月薪：3k—5k	
	在职时间：2018.03至今	职位名称：网页设计/制作	
	工作职责： 1. 熟悉Web前端设计，能进行简单修改； 2. 负责网站平台的策划、设计、排版、改版； 3. 负责对网页的风格、色彩、布局等的具体设计； 4. 负责门户网站、App及手机版页面的视觉、交互设计及美观优化。		
自我评价	大学期间积极参加各种社会实践活动，不但使我学会如何做人与做事，更让我知道不断学习的重要。班级中任学习委员一职，责任心强，有奉献精神和团结意识，做人以诚信为本，做事认真踏实，有责任心，能吃苦耐劳，热心助人；平时善于与人沟通，注重团队精神，可塑性较强，有较强的接受新事物的能力、自学能力和敏锐的洞察力。		

图 4-1　个人简历

4.1.3　相关知识点

1. 字符和段落的格式化

字符的格式化，包括对字符的大小、字体、字形、颜色、字符间距、字符之间的上下位置、文字效果等进行设置。

段落的格式化，包括对段落左右边界的定位、段落的对齐方式、缩进方式、行间距、段间距等进行设置。

2. 表格的制作

表格是由若干行和列组成的，行列的交叉处称为“单元格”，单元格中可以填入文字、数字以及图形。

文档中经常需要使用表格来组织有规律的文字和数字，有时还需要用表格将文字段落并行排列。文字在单元格中的换行形式与在正文中的方式类似。对表格的编辑，一是以表格为对象进行编辑，包括表格的移动、合并、拆分等；二是以单元格为对象进行编辑，包括选定单元格区域，单元格的插入、删除、移动和复制，单元格的合并和拆分，单元格的列宽 / 行高的调整，以及单元格中对象的对齐方式的调整等。

3. 表格边框和底纹

在 Word 表格中，通过设置边框，可以使表格层次更加清晰、更加美观，若存在多行数据内容的情况下，可以设置表格底纹颜色，使表格易于识别。

设置表格的边框包括样式、颜色、宽度等相关设置；设置表格的底纹则包括填充、图案样式、颜色等相关设置。

4. 页面边框

页面边框是在页面四周的一个矩形边框，可以对页面边框的样式、颜色和应用范围进行设置。

5. 打印

在打印文档之前，可以使用“打印预览”功能预先观看文件的打印效果，并且可以对打印的范围、份数、纸张和是否双面打印等进行设置。

4.2 实现方法

制作如图 4-1 所示的“个人简历”，操作步骤如下：

（1）制作“自荐信”，输入内容并进行排版。

（2）制作“个人简历”表格，并设置相应的单元格属性。

（3）制作个人简历的封面页，插入图片并用制表符来对齐封面的文字。

（4）在“个人简历”的自荐信页中添加页面边框。

（5）对“个人简历”进行打印预览，确定后进行打印。

4.2.1 制作“自荐信”

1. 建立 Word 文档并输入内容

任务 1：在桌面上新建一个 Word 文档，以“个人简历”命名并保存，然后在该文档中输入自荐信的内容，在结尾处插入日期。

（1）启动 Word，选择【文件】|【另存为】命令，或单击快速访问工具栏中的【保存】按钮，打开【另存为】对话框。

（2）在【保存位置】列表框中选择【桌面】选项，在【文件名】文本框中输入“个人简历”，如图 4-2 所示，单击【保存】按钮即可。

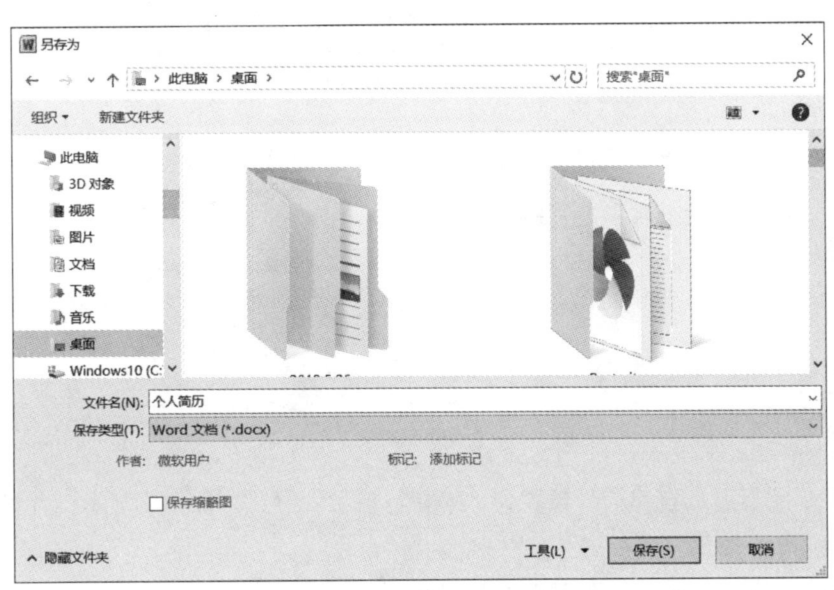

图 4-2 【另存为】对话框

（3）输入如图 4-3 所示的自荐信内容。在自荐信的最后输入日期时，选择【插入】|【日期和时间】命令打开【日期和时间】对话框，如图 4-4 所示，选择日期和时间的格式即可。

2. 设置字符格式

对已有文字设置字符格式，先选定需要改变格式的文字，再执行相应的字体格式命令。如果没有选定就进行了设置，表示为将要输入的文字预设格式。

字符格式包括字符的颜色、字形、大小以及字符间距等属性。可以使用【开始】选项卡【字体】组中的按钮，也可以通过【字体】对话框来设置字符格式。

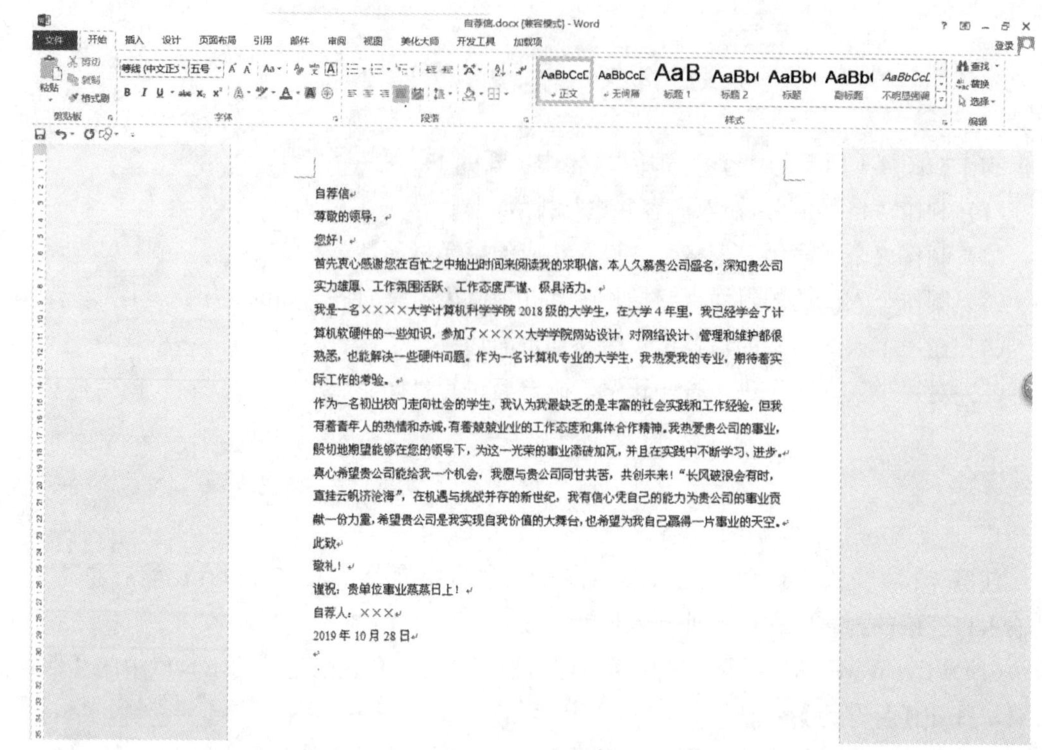

自荐信

尊敬的领导：

您好！

首先衷心感谢您在百忙之中抽出时间来阅读我的求职信，本人久慕贵公司盛名，深知贵公司实力雄厚、工作氛围活跃、工作态度严谨、极具活力。

我是一名××××大学计算机科学学院 2018 级的大学生，在大学 4 年里，我已经学会了计算机软硬件的一些知识，参加了××××大学学院网站设计，对网络设计、管理和维护都很熟悉，也能解决一些硬件问题。作为一名计算机专业的大学生，我热爱我的专业，期待着实际工作的考验。

作为一名初出校门走向社会的学生，我认为我最缺乏的是丰富的社会实践和工作经验，但我有着青年人的热情和赤诚，有着兢兢业业的工作态度和集体合作精神。我热爱贵公司的事业，殷切地期望能够在您的领导下，为这一光荣的事业添砖加瓦，并且在实践中不断学习、进步。

真心希望贵公司能给我一个机会，我愿与贵公司同甘共苦，共创未来！“长风破浪会有时，直挂云帆济沧海”，在机遇与挑战并存的新世纪，我有信心凭自己的能力为贵公司的事业贡献一份力量，希望贵公司是我实现自我价值的大舞台，也希望为我自己赢得一片事业的天空。

此致

敬礼！

谨祝：贵单位事业蒸蒸日上！

自荐人：×××

2019 年 10 月 28 日

图 4-3　自荐信内容

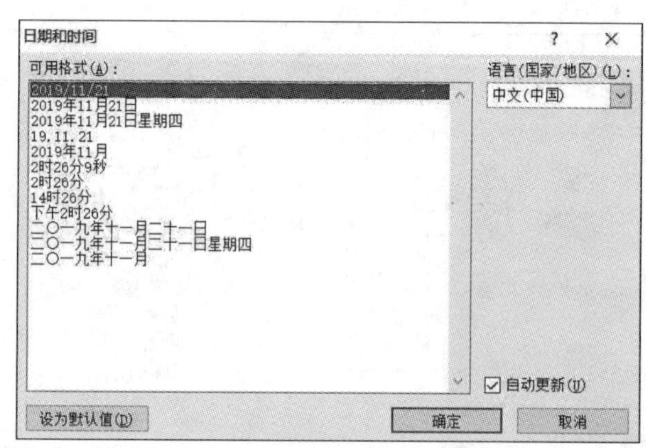

图 4-4　【日期和时间】对话框

制作自荐信——任务 2

任务 2：将标题“自荐信”设置为“华文行楷”“二号”“加粗”显示，并设置字符间距为“加宽”“10 磅”。

（1）选中标题“自荐信”，在【开始】选项卡的【字体】组中的字体下拉列表中选择“华文行楷”，在字号下拉列表中选择“二号”，如图 4-5 所示。

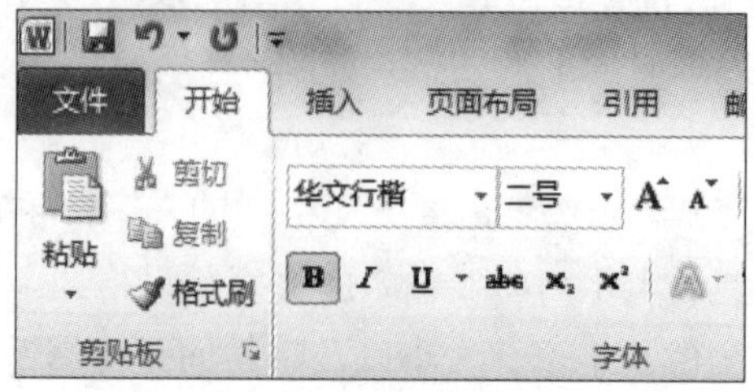

图 4-5　设置字符格式

（2）单击【开始】选项卡【字体】组中的加粗按钮 **B** 。

（3）单击【开始】选项卡【字体】组中的右下角的对话框启动器按钮打开【字体】对话框，单击【高级】选项卡，在【间距】下拉列表中选择“加宽”选项，对应的【磅值】组合框中输入“10 磅”，如图 4-6 所示，单击【确定】按钮即可。

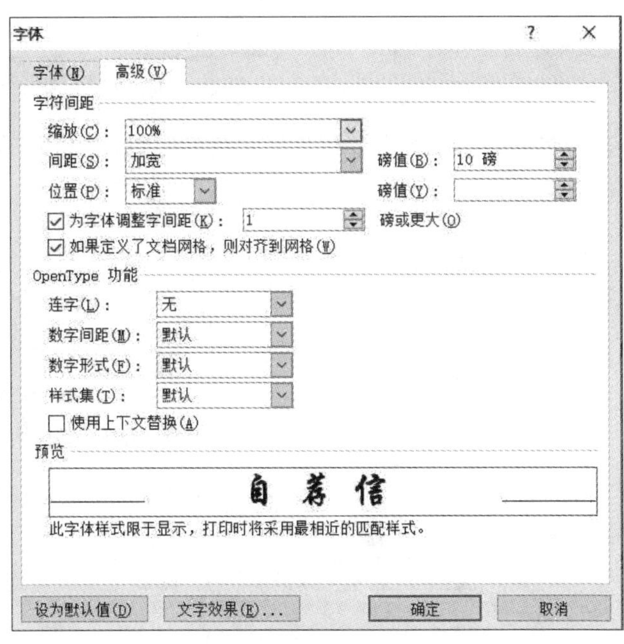

图 4-6　字体高级设置

按照上述步骤设置标题的字符格式后，标题“自荐信”的显示效果如图 4-7 所示。

图 4-7　标题设置后的效果

【剪贴板】组上的格式刷按钮 格式刷 是一种快速复制格式的好工具。在文档中，会有许多不连续的文本需要设置相同的格式，此时可以使用“格式刷”进行格式复制。具体操作是先选定设置好格式的源文本，单击或双击格式刷按钮（单击只能使用一次，双击可以使用多次），此时的鼠标指针变成刷子形状，在刷子上已经附着了源文本的格式，用它选中需要设置相同格式的文本即可。当不再使用格式刷时，需要再次单击格式刷按钮。

任务 3：将自荐信中的“尊敬的领导”“自荐人：×××”和“×××× 年 ×× 月 × 日”设置为“黑体”“四号”；将其余的正文内容设置为“新宋体”“小四”。

（1）选中“尊敬的领导”，在【开始】选项卡【字体】组中的字体下拉列表中选择“黑体”，在字号下拉列表中选择“四号”，如图 4-8 所示。

（2）单击【开始】选项卡【字体】组中的【格式刷】按钮 格式刷 。

（3）选中目标文本“自荐人：×××”和“×××× 年 ×× 月 × 日”，即可完成字符格式的复制。

（4）选中正文内容，在【开始】选项卡【字体】组中的字体下拉列表中选择“新宋体”，在字号下拉列表中选择“小四”，如图 4-9 所示。

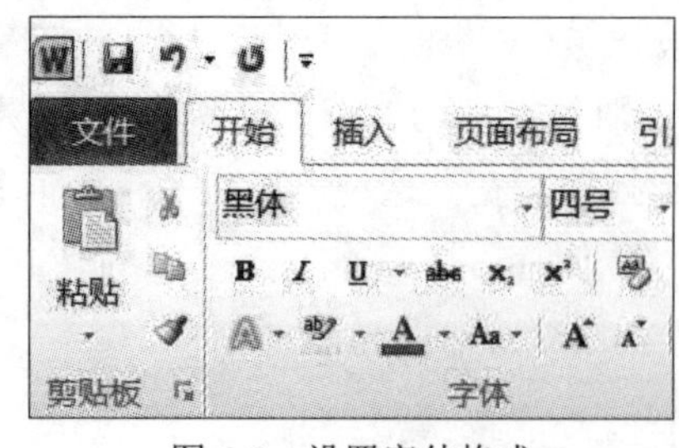

图 4-8 设置字体格式

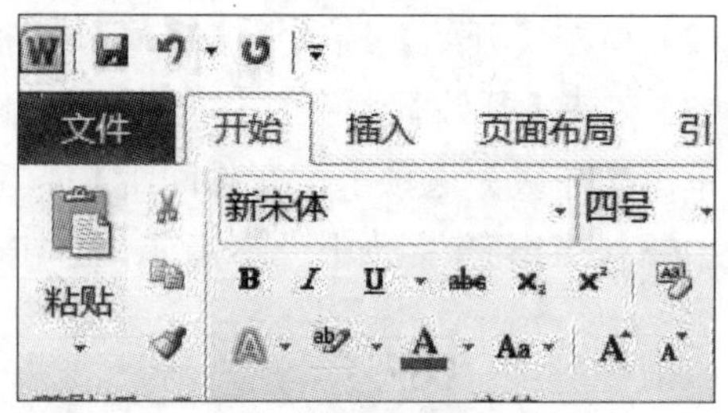

图 4-9 正文字符设置

按照上述操作设置字符格式后，“自荐信”显示效果如图 4-10 所示。

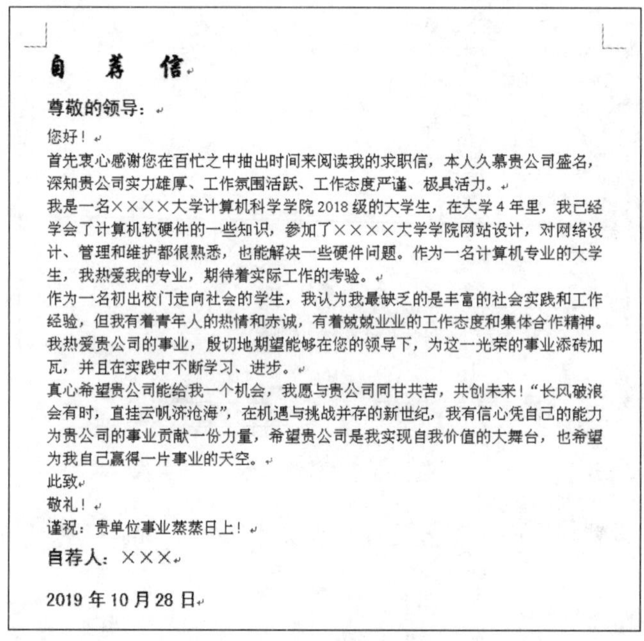

自 荐 信

尊敬的领导：

您好！

首先衷心感谢您在百忙之中抽出时间来阅读我的求职信，本人久慕贵公司盛名，深知贵公司实力雄厚、工作氛围活跃、工作态度严谨、极具活力。

我是一名××××大学计算机科学学院 2018 级的大学生，在大学 4 年里，我已经学会了计算机软硬件的一些知识，参加了××××大学学院网站设计，对网络设计、管理和维护都很熟悉，也能解决一些硬件问题。作为一名计算机专业的大学生，我热爱我的专业，期待着实际工作的考验。

作为一名初出校门走向社会的学生，我认为我最缺乏的是丰富的社会实践和工作经验，但我有着青年人的热情和赤诚，有着兢兢业业的工作态度和集体合作精神。我热爱贵公司的事业，殷切地期望能够在您的领导下，为这一光荣的事业添砖加瓦，并且在实践中不断学习、进步。

真心希望贵公司能给我一个机会，我愿与贵公司同甘共苦，共创未来！“长风破浪会有时，直挂云帆济沧海”，在机遇与挑战并存的新世纪，我有信心凭自己的能力为贵公司的事业贡献一份力量，希望贵公司是我实现自我价值的大舞台，也希望为我自己赢得一片事业的天空。

此致

敬礼！

谨祝：贵单位事业蒸蒸日上！

自荐人：×××

2019 年 10 月 28 日

图 4-10 设置字符格式后的效果

3. 设置段落格式

段落是一个文档的基本组成单位，是指以段落标记 ↵ 作为结束的一段文字。段落可以由任意数量的文字、图形、对象及其他内容组成。每次按 Enter 键时，就产生一个段落标记。段落标记不仅标识一个段落的结束，还保存段落的格式信息，包括段落对齐方式、缩进设置、段落间距等。

在设置段落格式前，必须先选中要设置格式的段落。如果只设置一个段落，可以将插入点移到该段落中，然后再开始对此段落进行格式设置。可以使用【段落】对话框和水平标尺来设置段落的格式。

制作自荐信——任务 4

任务 4：将标题“自荐信”设置为“居中”显示；正文部分设置为“两端对齐”“首行缩进 2 个字符”并且以“1.5 倍行距”显示。

（1）选中标题段落，将光标置于标题行“自荐信”段落中，单击【开始】选项卡【段落】组中的居中按钮。

（2）选中正文部分，单击【段落】组的对话框启动器按钮打开【段落】对话框，选择【缩进和间距】选项卡，在【对齐方式】下拉列表中选择“两端对齐”选项，在【特殊格式】下拉列表中选择“首行缩进”选项，在【磅值】组合框中输入“2 字符”，在【行距】下拉列表中选择“1.5 倍行距”选项，如图 4-11 所示。

（3）单击【确定】按钮，设置好段落格式后的显示效果如图 4-12 所示。

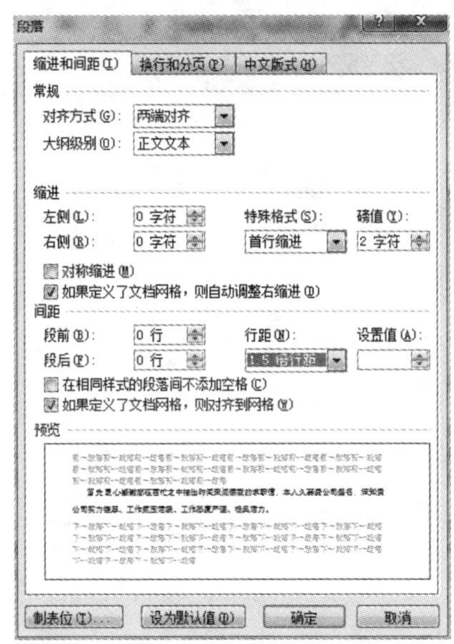

图 4-11　设置正文段落格式

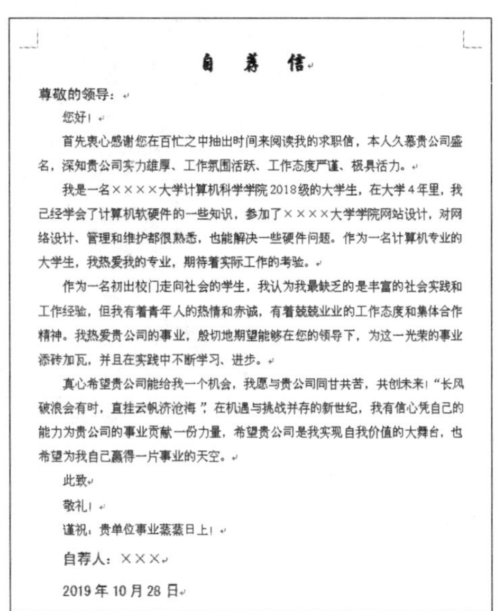

自　荐　信

尊敬的领导：

您好！

首先衷心感谢您在百忙之中抽出时间来阅读我的求职信，本人久慕贵公司盛名，深知贵公司实力雄厚、工作氛围活跃、工作态度严谨、极具活力。

我是一名××××大学计算机科学学院 2018 级的大学生，在大学 4 年里，我已经学会了计算机软硬件的一些知识，参加了××××大学学院网站设计，对网络设计、管理和维护都很熟悉，也能解决一些硬件问题。作为一名计算机专业的大学生，我热爱我的专业，期待着实际工作的考验。

作为一名初出校门走向社会的学生，我认为我最缺乏的是丰富的社会实践和工作经验，但我有着青年人的热情和赤诚，有着兢兢业业的工作态度和集体合作精神。我热爱贵公司的事业，殷切地期望能够在您的领导下，为这一光荣的事业添砖加瓦，并且在实践中不断学习、进步。

真心希望贵公司能给我一个机会，我愿与贵公司同甘共苦，共创未来！“长风破浪会有时，直挂云帆济沧海”，在机遇与挑战并存的新世纪，我有信心凭自己的能力为贵公司的事业贡献一份力量，希望贵公司是我实现自我价值的大舞台，也希望为我自己赢得一片事业的天空。

此致

敬礼！

谨祝：贵单位事业蒸蒸日上！

自荐人：×××

2019 年 10 月 28 日

图 4-12　设置段落格式后的显示效果

使用水平标尺也可以快速和直观地设置段落的缩进，如图 4-13 所示，左缩进控制段落左边界的位置；右缩进控制段落右边界的位置；首行缩进控制段落的首行第一个字符的起始位置；悬挂缩进控制段落中除了第一行的其他行的起始位置。

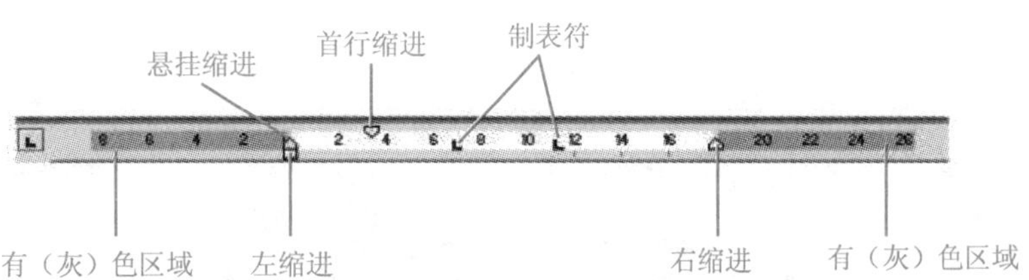

图 4-13　段落缩进标志

拖动标尺上的缩进标记，会有一条垂直虚线随着缩进标记的拖动而移动，指示出缩进位置，确定缩进位置后松开鼠标即可。

制作自荐信——任务 5

任务 5：利用水平标尺，将正文中“敬礼！”段落的首行缩进设置取消。将“自荐人：×××”和“×××× 年 ×× 月 × 日”两个段落设置为“右对齐”，并且将“自荐人：×××”所在段落设置为“段前间距 25 磅”。

（1）将光标定位在“敬礼！”段落任意处，向左拖动水平标尺中的【首行缩进】标记，拖到与【左缩进】标记重叠即可，如图 4-14 所示。

拖动【首行缩进】与【左缩进】重合

8 6 4 2 | 2 4 6 8 10 12 14 16 18 20 22 24 26 28 30 32 34 36 38 | 42 44 46 48

图 4-14　利用水平标尺取消首行缩进

（2）选定“自荐人:×××”和“×××× 年 ×× 月 × 日”两个段落，单击【开始】选项卡的【段落】组中的右对齐按钮。

（3）将光标定位在“自荐人：×××”段落任意处，打开【段落】对话框，在【段前】组合框中输入“25 磅”，如图 4-15 所示，单击【确定】按钮即可。

讨论：
方法一：利用【段落】|【缩进】设置首行缩进；方法二：利用水平标尺手动调整首行缩进。
这两种方法哪一种更为精准？

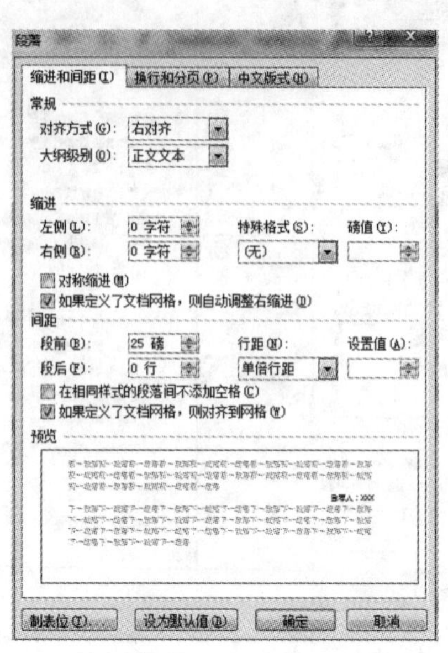

图 4-15　设置段前间距

字符格式和段落格式设置完成后，“自荐信”的显示效果如图 4-16 所示。

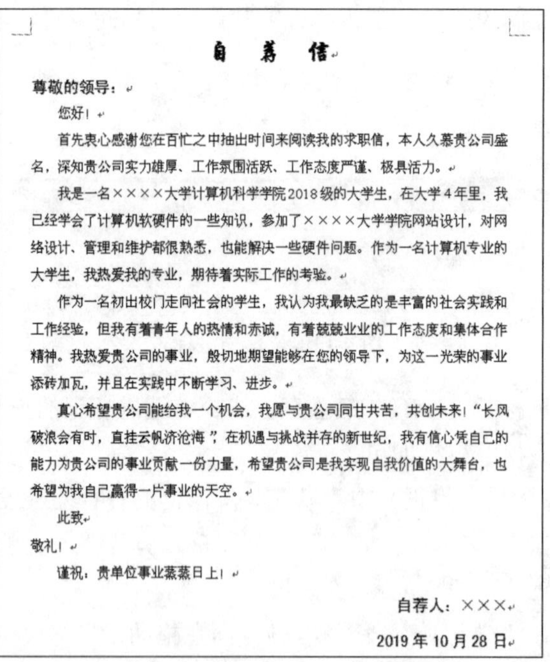

自 荐 信

尊敬的领导：

您好！

首先衷心感谢您在百忙之中抽出时间来阅读我的求职信，本人久慕贵公司盛名，深知贵公司实力雄厚、工作氛围活跃、工作态度严谨、极具活力。

我是一名××××大学计算机科学学院2018级的大学生，在大学4年里，我已经学会了计算机软硬件的一些知识，参加了××××大学学院网站设计，对网络设计、管理和维护都很熟悉，也能解决一些硬件问题。作为一名计算机专业的大学生，我热爱我的专业，期待着实际工作的考验。

作为一名初出校门走向社会的学生，我认为我最缺乏的是丰富的社会实践和工作经验，但我有着青年人的热情和赤诚，有着兢兢业业的工作态度和集体合作精神。我热爱贵公司的事业，殷切地期望能够在您的领导下，为这一光荣的事业添砖加瓦，并且在实践中不断学习、进步。

真心希望贵公司能给我一个机会，我愿与贵公司同甘共苦，共创未来！“长风破浪会有时，直挂云帆济沧海”，在机遇与挑战并存的新世纪，我有信心凭自己的能力为贵公司的事业贡献一份力量，希望贵公司是我实现自我价值的大舞台，也希望为我自己赢得一片事业的天空。

此致

敬礼！

谨祝：贵单位事业蒸蒸日上！

自荐人：×××

2019 年 10 月 28 日

图 4-16　设置字符和段落格式后的效果

4.2.2　制作“个人简历”表格

利用表格的形式来制作个人简历，可以使内容更加整洁、条理更加清晰。

一般表格形式的个人简历会包含一些不规则的单元格，对齐方式和边框底纹的设置也会不同。要制作个人简历的表格，就要用到合并和拆分单元格、单元格对齐方式以及边框和底纹的设置等。

按照本小节的操作将制作出如图 4-17 所示的个人简历。

<table>
<tr><td colspan="4">个人简历</td></tr>
<tr><td rowspan="3">个人信息</td><td>手机号：
135xxxx9999</td><td>姓名：张三</td><td rowspan="3">照片</td></tr>
<tr><td>现住城市：呼和浩特市</td><td>年龄：25</td></tr>
<tr><td>邮箱：xxxx@xxx.com</td><td>工作经验：2 年</td></tr>
<tr><td>求职意向</td><td>从事岗位：网站设计与维护</td><td colspan="2">期望薪金：5k－6k</td></tr>
<tr><td>教育背景</td><td>就读时间：
2016.09－2019.07</td><td>学校名称：内蒙古化工职业学院</td><td>所学专业：计算机网络技术</td></tr>
<tr><td>获奖情况</td><td colspan="3">荣誉奖项：
2017－2018 学年　院级一等奖学金
2018－2019 学年　国家励志奖学金</td></tr>
<tr><td rowspan="3">实习经历</td><td>公司名称：北京杰克科技有限公司</td><td colspan="2">税前月薪：3k－5k</td></tr>
<tr><td>在职时间：
2018.03 至今</td><td colspan="2">职位名称：网页设计/制作</td></tr>
<tr><td colspan="3">工作职责：
1. 熟悉 Web 前端设计，能进行简单修改；
2. 负责网站平台的策划、设计、排版、改版；
3. 负责对网页的风格、色彩、布局等的具体设计；
4. 负责门户网站、App 及手机版页面的视觉、交互设计及美观优化。</td></tr>
<tr><td>自我评价</td><td colspan="3">大学期间积极参加各种社会实践活动，不但使我学会如何做人与做事，更让我知道不断学习的重要。班级中任学习委员一职，责任心强，有奉献精神和团结意识，做人以诚信为本，做事认真踏实，有责任心，能吃苦耐劳，热心助人；平时善于与人沟通，注重团队精神，可塑性较强，有较强的接受新事物的能力、自学能力和敏锐的洞察力。</td></tr>
</table>

图 4-17　个人简历

1. 输入表格标题，创建表格的结构

制作个人简历表格——任务 6

任务 6：创建个人简历表格的结构，并输入表格的标题“个人简历”及表格内容。

（1）将光标定位到文档的最后，可以按 Ctrl+End 组合键。

（2）选择【页面布局】|【页面设置】|【分节符】命令，打开【分节符】下拉菜单，在分节符类型列表中，选择【下一页】项，如图 4-18 所示。

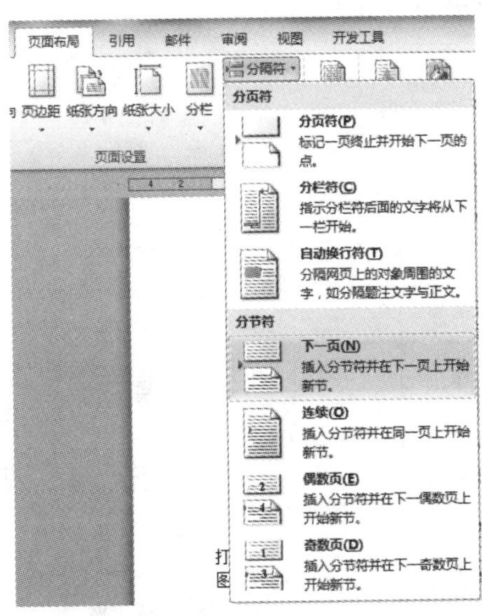

图 4-18　【分节符】命令

（3）创建简单表格。将光标自动定位在新的一页开头位置，选择【插入】|【表格】|【表格】命令打开【插入表格】对话框，在【列数】组合框中输入“4”，在【行数】组合框中输入“11”，如图 4-19 所示，单击【确定】按钮，创建出如图 4-20 所示的简单表格。

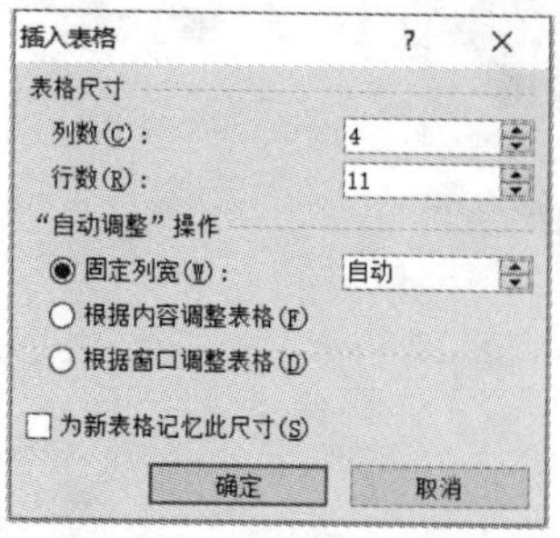

图 4-19　设置表格

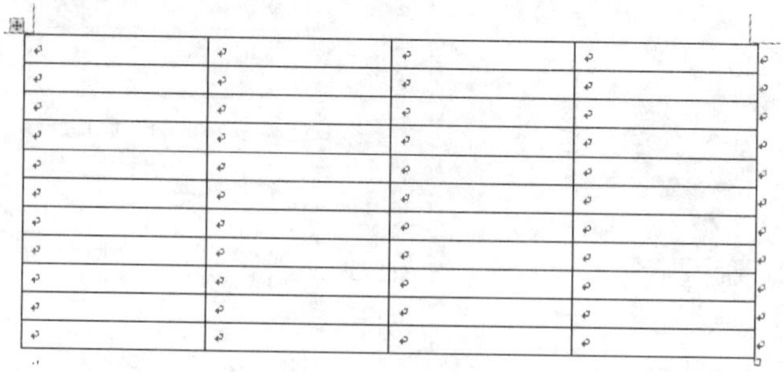

图 4-20　简单表格

（4）合并单元格。选中单元格区域 A1:D1 并右击，在弹出的快捷菜单中选择【合并单元格】命令，如图 4-21 所示。重复使用上述方法，合并单元格区域 A2:A4、D2:D4、B5:D5、B7:D7、C8:D8、C9:D9、B10:D10、B11:D11 和 A8:A10。

（5）拆分单元格。选中单元格区域 B5 右击，选择【拆分单元格】命令，打开【拆分单元格】对话框，在【列数】组合框中输入 2，如图 4-22 所示，单击【确定】按钮，并将单元格调整合适列宽，如图 4-23 所示。

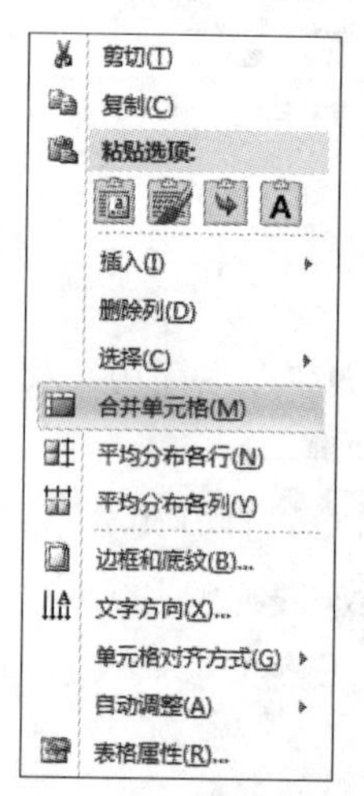

图 4-21　合并单元格

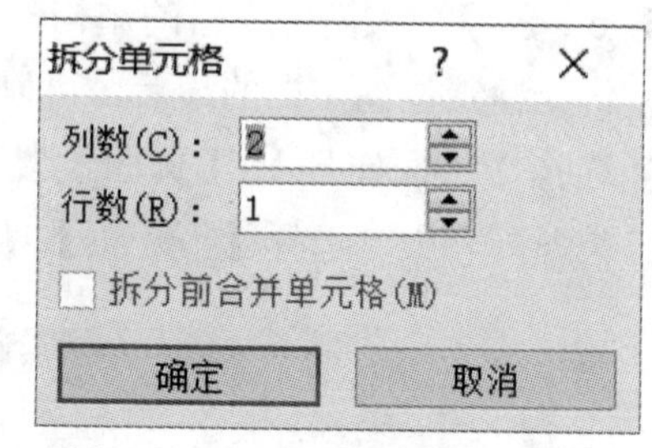

图 4-22　【拆分单元格】对话框

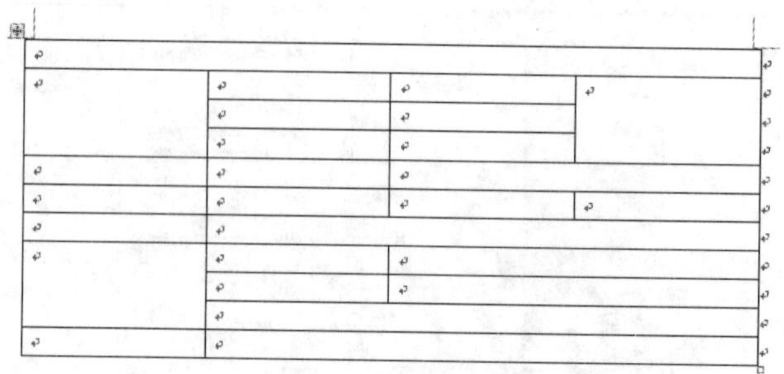

图 4-23　复杂表格

（6）输入表格标题（个人简历），在对应的单元格中输入简历内容，如图 4-24 所示。

个人简历			
个人信息	手机号：135xxxx9999	姓名：张三	照片
	现住城市：呼和浩特市	年龄：25	
	邮箱：xxxx@xxx.com	工作经验：2 年	
求职意向	从事岗位：网站设计与维护	期望薪金：5k—6k	
教育背景	就读时间：2016.09—2019.07	学校名称：内蒙古化工职业学院	所学专业：计算机网络技术
获奖情况	荣誉奖项： 2017—2018 学年　院级一等奖学金 2018—2019 学年　国家励志奖学金		
实习经历	公司名称：北京杰克科技有限公司	税前月薪：3k—5k	
	在职时间：2018.03 至今	职位名称：网页设计/制作	
	工作职责： 1．熟悉 Web 前端设计，能进行简单修改； 2．负责网站平台的策划、设计、排版、改版； 3．负责对网页的风格、色彩、布局等的具体设计； 4．负责门户网站、App 及手机版页面的视觉、交互设计及美观优化。		
自我评价	大学期间积极参加各种社会实践活动，不但使我学会如何做人与做事，更让我知道不断学习的重要。班级中任学习委员一职，责任心强，有奉献精神和团结意识，做人以诚信为本，做事认真踏实，有责任心，能吃苦耐劳，热心助人;平时善于与人沟通，注重团队精神，可塑性较强，有较强的接受新事物的能力、自学能力和敏锐的洞察力。		

图 4-24　输入表格内容

2. 设置字体格式、对齐方式和单元格底纹

输入表格中的内容后，接着对表格的底纹、文字的格式和对齐方式进行设置。

任务 7：按照图 4-17 所示的个人简历表格，将标题字体设置为“黑体”“小初”“水平居中”，并将标题单元格的底纹设置为“蓝色，强调文字颜色 1，淡色 60%”；将其他设置了底纹的单元格中的字符格式设置为“黑体”“小二”和“水平居中”显示，并将其单元格的底纹设置为“蓝色，强调文字颜色 1，淡色 80%”；其他单元格中的字符格式均设置为“幼圆”“五号”和“两端对齐”显示。

制作个人简历表格——任务 7

（1）将鼠标指针移动到单元格 A1 的左边，鼠标指针变为 ↗ 时，单击鼠标左键选中单元格，这样就选中了标题。

（2）在【开始】选项卡中的【字体】组中的字体下拉列表中选择“黑体”，在字号下拉列表中选择“小初”，在【段落】组中选择“居中”。

（3）选择【页面布局】|【页面背景】|【页面边框】命令打开【边框和底纹】对话框，选择【底纹】选项卡，在填充下拉列表框中选择“蓝色，强调文字颜色 1，淡色 60%”，如图 4-25 所示。

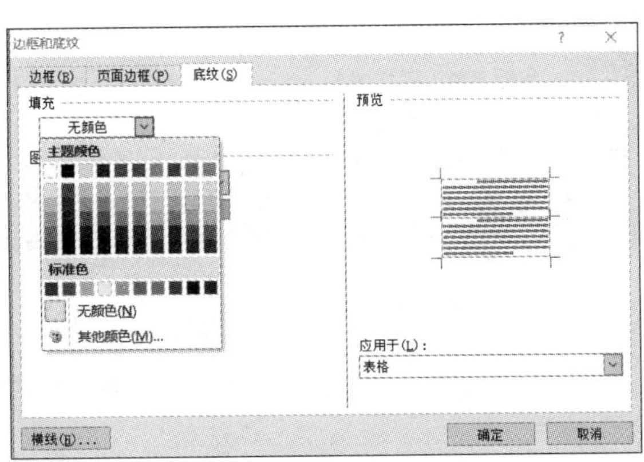

图 4-25　【底纹】选项卡

（4）选中其他有底纹的单元格，在【开始】选项卡的【字体】组中的字体下拉列表中选择“黑体”，在字号下拉列表中选择“小二”，然后选择【布局】选项卡中【对齐方式】组中的“水平居中”项，如图 4-26 所示。

（5）选择【页面布局】|【页面背景】|【页面边框】命令打开【边框和底纹】对话框，选择【底纹】选项卡，在【填充】下拉列表框中选择“蓝色，强调文字颜色 1，淡色 80%”。

（6）选中除了设置了底纹的全部单元格，在【开始】选项卡的【字体】组中的字体下拉列表中选择“幼圆”，在字号下拉列表中选择“五号”，如图 4-27 所示，单击两端对齐按钮▤。

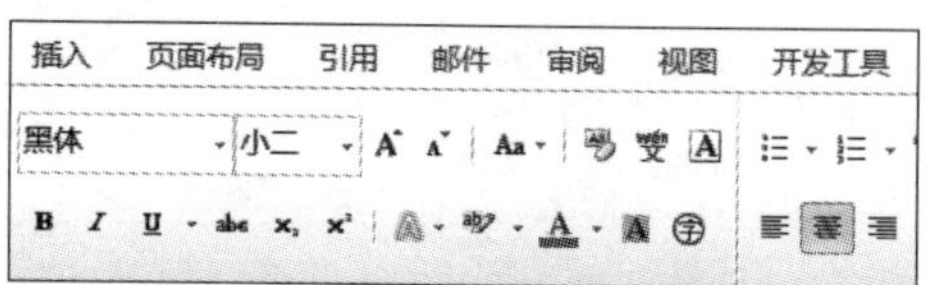

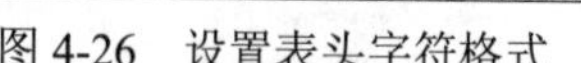
图 4-26 设置表头字符格式

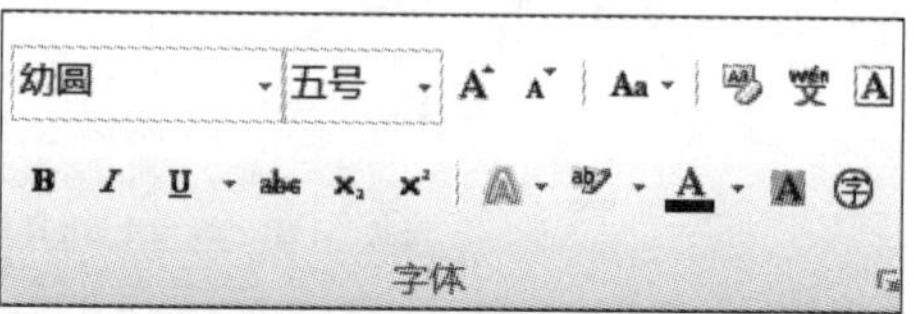

图 4-27 设置正文字符格式

单元格的底纹和字符的格式设置完成后的效果如图 4-28 所示。

个人简历			
个人信息	手机号：135xxxx9999	姓名：张三	照片
	现住城市：呼和浩特市	年龄：25	
	邮箱：xxxx@xxx.com	工作经验：2 年	
求职意向	从事岗位：网站设计与维护	期望薪金：5k—6k	
教育背景	就读时间：2016.09—2019.07	学校名称：内蒙古化工职业学院	所学专业：计算机网络技术
获奖情况	荣誉奖项： 2017—2018 学年　院级一等奖学金 2018—2019 学年　国家励志奖学金		
实习经历	公司名称：北京杰克科技有限公司	税前月薪：3k—5k	
	在职时间：2018.03 至今	职位名称：网页设计/制作	
	工作职责： 1. 熟悉 Web 前端设计，能进行简单修改； 2. 负责网站平台的策划、设计、排版、改版； 3. 负责对网页的风格、色彩、布局等的具体设计； 4. 负责门户网站、App 及手机版页面的视觉、交互设计及美观优化。		
自我评价	大学期间积极参加各种社会实践活动，不但使我学会如何做人与做事，更让我知道不断学习的重要。班级中任学习委员一职，责任心强，有奉献精神和团结意识，做人以诚信为本，做事认真踏实，有责任心，能吃苦耐劳，热心助人；平时善于与人沟通，注重团队精神，可塑性较强，有较强的接受新事物的能力、自学能力和敏锐的洞察力。		

图 4-28 字符格式和底纹效果设置完成后的效果

3. 调整行高和列宽

为了让表格看起来更美观，根据单元格中输入内容的不同，对单元格的行高和列宽进行设置。

任务 8：根据表 4-1 所示参数设置单元格的行高，并使用标尺调整为合适的列宽。

制作个人简历表格——任务 8

表 4-1 “个人简历”行高参数

行号	指定高度 / 厘米	行高值	行号	指定高度 / 厘米	行高值
1 行	2	最小值	7 行	2.5	最小值
2—6 行和 8—9 行	1.5	最小值	10—11 行	4.5	最小值

（1）选中个人简历第 1 行，选择【表格工具 / 布局】|【表】|【属性】命令打开【表格属性】对话框，单击【行】选项卡，在【尺寸】区域选中【指定高度】复选框，在对应的组合框中输入“2 厘米”，如图 4-29 所示。

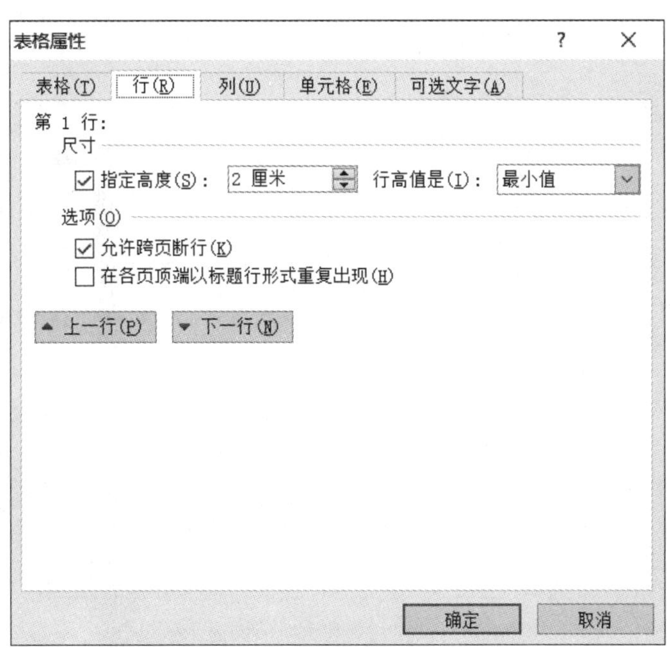

图 4-29 【表格属性】对话框

（2）单击【确定】按钮。

按照上述操作步骤，根据表 4-1 的要求，设置其他行的行高。

使用水平标尺调整列宽，将鼠标指针停留在要调整列宽单元格的右边框线上，按住鼠标左键向左或向右拖动边框改变列宽，到合适的位置时释放鼠标即可。

按照要求调整好行高和列宽后，“个人简历”显示效果如图 4-30 所示。

任务 9：将“实习经历”单元格中的文字方向改为“竖排”“中部居中”显示。

（1）选定表格中“实习经历”单元格。

（2）选择【页面布局】|【页面设置】|【文字方向】|【文字方向选项】命令，打开【文字方向 - 表格单元格】对话框。

（3）在【方向】区域中选择竖排文字选项，如图 4-31 所示。

制作个人简历表格——任务 9

<table>
<tr><th colspan="4">个人简历</th></tr>
<tr><td rowspan="3">个人信息</td><td>手机号：
135xxxx9999</td><td>姓名：张三</td><td rowspan="3">照片</td></tr>
<tr><td>现住城市:呼和浩特市</td><td>年龄：25</td></tr>
<tr><td>邮箱：xxxx@xxx.com</td><td>工作经验：2 年</td></tr>
<tr><td>求职意向</td><td>从事岗位:网站设计与维护</td><td colspan="2">期望薪金：5k—6k</td></tr>
<tr><td>教育背景</td><td>就读时间：
2016.09—2019.07</td><td>学校名称:内蒙古化工职业学院</td><td>所学专业：计算机网络技术</td></tr>
<tr><td>获奖情况</td><td colspan="3">荣誉奖项：
2017—2018 学年　院级一等奖学金
2018—2019 学年　国家励志奖学金</td></tr>
<tr><td rowspan="3">实习经历</td><td>公司名称：北京杰克科技有限公司</td><td colspan="2">税前月薪：3k—5k</td></tr>
<tr><td>在职时间：
2018.03 至今</td><td colspan="2">职位名称：网页设计/制作</td></tr>
<tr><td colspan="3">工作职责：
1. 熟悉 Web 前端设计，能进行简单修改；
2. 负责网站平台的策划、设计、排版、改版；
3. 负责对网页的风格、色彩、布局等的具体设计；
4. 负责门户网站、App 及手机版页面的视觉、交互设计及美观优化。</td></tr>
<tr><td>自我评价</td><td colspan="3">大学期间积极参加各种社会实践活动，不但使我学会如何做人与做事，更让我知道不断学习的重要。班级中任学习委员一职，责任心强，有奉献精神和团结意识，做人以诚信为本，做事认真踏实，有责任心，能吃苦耐劳，热心助人；平时善于与人沟通，注重团队精神，可塑性较强，有较强的接受新事物的能力、自学能力和敏锐的洞察力。</td></tr>
</table>

图 4-30　设置行高和列宽后的显示效果

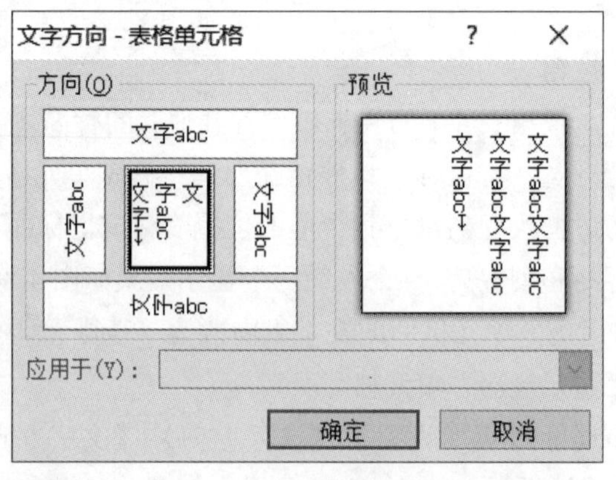

图 4-31　【文字方向 - 表格单元格】对话框

使用同样的方法，将“自我评价”单元格中的文字方向也更改为“竖排”。设置后的效果如图 4-32 所示。

实习经历	公司名称：北京杰克科技有限公司	税前月薪：3k—5k
	在职时间：2018.03 至今	职位名称：网页设计/制作
	工作职责： 1. 熟悉 Web 前端设计，能进行简单修改； 2. 负责网站平台的策划、设计、排版、改版； 3. 负责对网页的风格、色彩、布局等的具体设计； 4. 负责门户网站、App 及手机版页面的视觉、交互设计及美观优化。	
自我评价	大学期间积极参加各种社会实践活动，不但使我学会如何做人与做事，更让我知道不断学习的重要。班级中任学习委员一职，责任心强，有奉献精神和团结意识，做人以诚信为本，做事认真踏实，有责任心，能吃苦耐劳，热心助人；平时善于与人沟通，注重团队精神，可塑性较强，有较强的接受新事物的能力、自学能力和敏锐的洞察力。	

图 4-32 竖排文字的显示效果

4. 设置表格边框

默认情况下表格的边框是 0.5 磅的黑色直线。为达到美化表格的目的，可以根据需要对边框的线型、粗细和颜色等进行设置。

制作个人简历表格——任务 10

任务 10：将个人简历表格的内外侧框线均设置为“单线”，格式为“0.5 磅”“水绿色，强调文字颜色 5，淡色 40%”。

（1）选中整个表格。

（2）单击【表格工具 / 设计】|【绘图边框】中的【笔样式】下拉箭头，在弹出的下拉列表中选择第一种样式，如图 4-33 所示。在【笔划粗细】下拉选项中选择“0.5 磅”，如图 4.34 所示。在【笔颜色】下拉选项中选择“蓝色，强调文字颜色 1，淡色 40%”。

（3）单击【表格工具 / 设计】|【表格样式】|【边框】的下三角按钮，在弹出的下拉列表中选择【外侧框线】，如图 4-35 所示。

表格设置效果如图 4-17 所示。

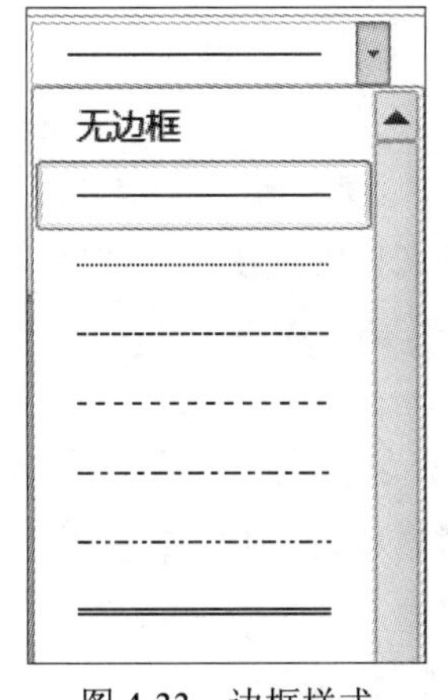

图 4-33 边框样式

0.5 磅
0.25 磅
0.5 磅
0.75 磅
1.0 磅
1.5 磅
2.25 磅
3.0 磅
4.5 磅
6.0 磅

图 4-34 笔划粗细

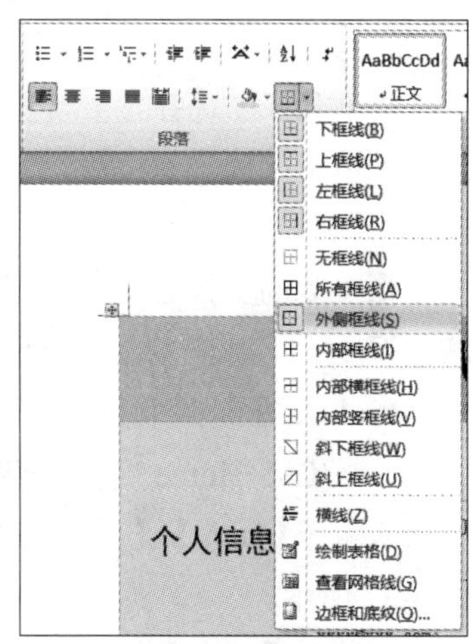

图 4-35 边框型

4.2.3 美化个人简历的封面

制作个人简历的封面除了输入必要的文字，还少不了图片的衬托。这里计划创建的封面效果如图 4-36 所示。

个 人 简 历

姓　　名：____________

E-mail　：____________

联系电话：____________

联系地址：____________

图 4-36　个人简历封面

1. 插入分节符

任务 11：利用插入分隔符在“自荐信”之前插入一页作为封面。

美化简历封面
——任务 11—13

（1）按 Ctrl+Home 组合键将插入点移到文档的开始处。

（2）选择【页面布局】|【页面设置】|【分节符】命令打开【分节符】下拉菜单，在分节符类型列表中选择【下一页】项。

（3）单击【确定】按钮。

2. 插入图片

一篇美观的文档必然在使用图片方面有其独到之处，学会在文档中使用图片，能使文档增色不少。

任务 12：在封面中插入一张准备好的图片。

（1）按 Ctrl+Home 组合键将插入点移到文档的起始位置。

（2）选择【插入】|【插图】|【图片】命令打开【插入图片】对话框，选中准备好的图片，如图 4-37 所示。

（3）单击【插入】按钮，选中的图片被插入到文档中，如图 4-38 所示。

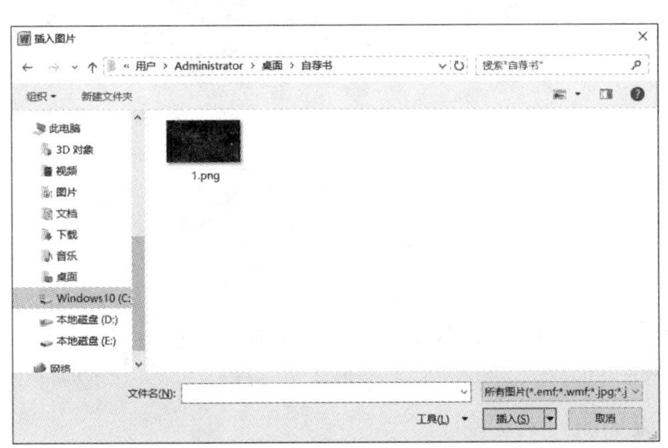

图 4-37 【插入图片】对话框

图 4-38 插入图片

3. 调整图片大小和位置

插入 Word 文档中的图片，一般会保持原始尺寸显示。如果图片的原始尺寸超过了文档版心的尺寸，会自动把图片的长度和宽度两个参数中最大的设置为版心的相应尺寸，并按照比例将图片缩小，以适应版面的大小。

任务 13：调整封面图片的大小并将其放在文档中适当的位置。

（1）单击插入的图片，图片周围出现 8 个尺寸控点。

（2）将鼠标指针移到图片 4 个角的任意一个尺寸控点上，鼠标指针变成双向箭头，按住鼠标左键并拖动直到虚线方框大小合适为止，如图 4-39 所示。

（3）将鼠标指针定位在图片的上面，按 Enter 键将图片向下移动，直到将图片放在文档中合适的位置，如图 4-40 所示。

提示：插入的图片默认的环绕方式为“嵌入型”。该方式插入的图片无法移动位置，若要移动，只能通过增减段落来控制图片的移动。

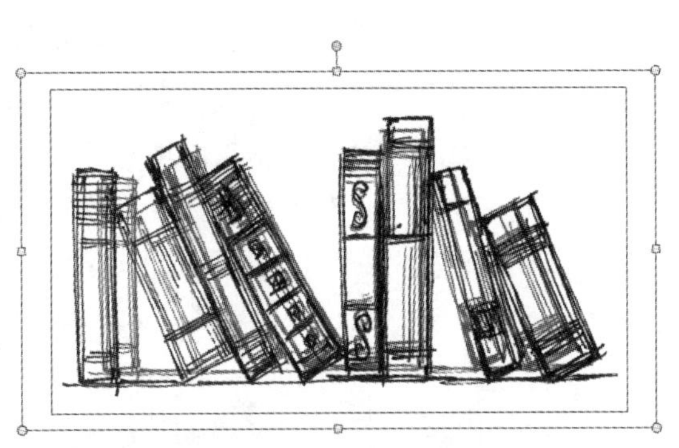

图 4-39 拖动鼠标改变图片大小

图 4-40 移动图片至合适的位置

4. 输入文字

任务 14：在封面页中图片的上方输入标题“个人简历”，设置字体为“黑体”、字号为“小初”、对齐方式为“居中对齐”，并将字符间距设置为“加宽 12 磅”。

（1）将插入点定位在插入图片的上方，输入文字“个人简历”。

美化简历封面——任务 14

（2）选中输入的文字，设置字体为“黑体”、字号为“小初”，如图 4-41 所示。执行【开始】|【段落】|【居中】命令。

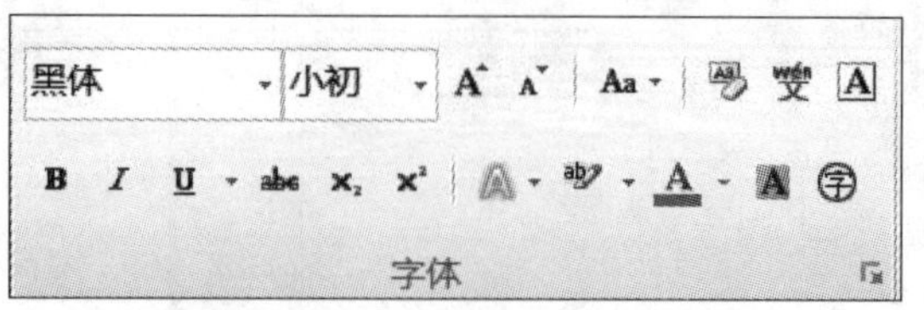

图 4-41　封面标题字体字号设置

（3）单击【开始】|【字体】组右下角的对话框启动器按钮打开【字体】对话框，选中【高级】选项卡，在【间距】下拉列表中选择“加宽”选项，在【磅值】组合框中输入“12 磅”，如图 4-42 所示。设置字符格式后的效果如图 4-43 所示。

字体
字体(N)　高级(V)
字符间距
缩放(C)：100%
间距(S)：加宽　磅值(B)：12磅
位置(P)：标准　磅值(Y)：
为字体调整字间距(K)：1　磅或更大(O)
如果定义了文档网格，则对齐到网格(W)
OpenType 功能
连字(L)：无
数字间距(M)：默认
数字形式(F)：默认
样式集(T)：默认
使用上下文替换(A)
预览
个 人 简 历
这是一种 TrueType 字体，同时适用于屏幕和打印机。
设为默认值(D)　文字效果(E)...　确定　取消

图 4-42　【高级】选项卡

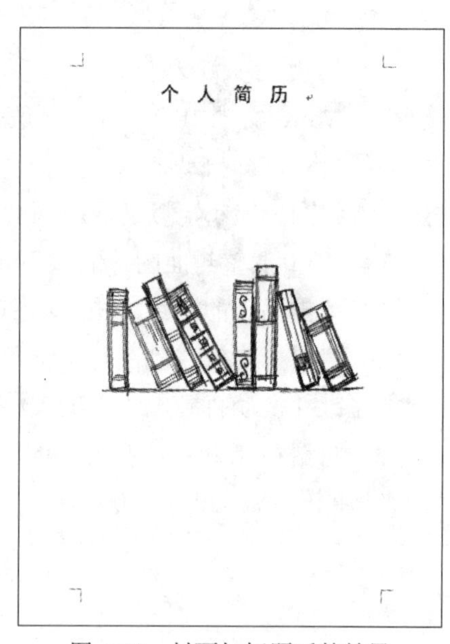

图 4-43　封面加标题后的效果

5. 制表位的使用

调整文字的位置一般习惯用空格来完成，在 Word 中由于设置字体大小不同，所以每个空格所占的位置是不同的，难以精确对齐。制表位是对齐文本的有力工具，其作用是将文字向右移动一个特定的位置。制表位的移动距离是固定的，能够非常精确地对齐文本。

美化简历封面——任务 15

任务 15：在封面页中图片下方的适当位置插入文本框，文本框宽度为 8 厘米，高度为 5 厘米，输入文本“姓名：”“E-mail：”“联系电话：”和“联系地址：”，将字体设置为“黑体”“四号”，并按照图 4-44 所示对齐文本。

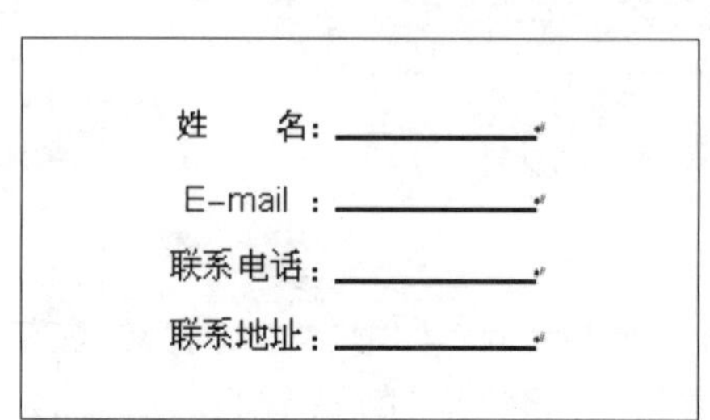

图 4-44　对齐文本

（1）选择【插入】|【文本】|【文本框】|【简单文本框】命令，如图 4-45 所示。单击文档区域内任意位置，即可绘制出一个文本框。

（2）在文本框中输入“姓名：”，将字体设置为“黑体”“四号”，按 Enter 键，设置的制表符格式自动复制到下一段。

（3）重复（2）中的操作，在后三段中输入“E-mail：”“联系电话：”和“联系地址：”文本，并进行相应设置。

（4）调整字符宽度。选中“联系电话：”，然后选择【开始】|【段落】中的中文版式命令，在弹出的下拉列表中选择【调整宽度】命令弹出【调整宽度】对话框，可以看到当前选中的“联系电话：”的【当前文字宽度】是“4 字符”。然后用同样的方法分别对“姓名：”“E-mail：”“联系地址：”设置【新文字宽度】为“4 字符”。

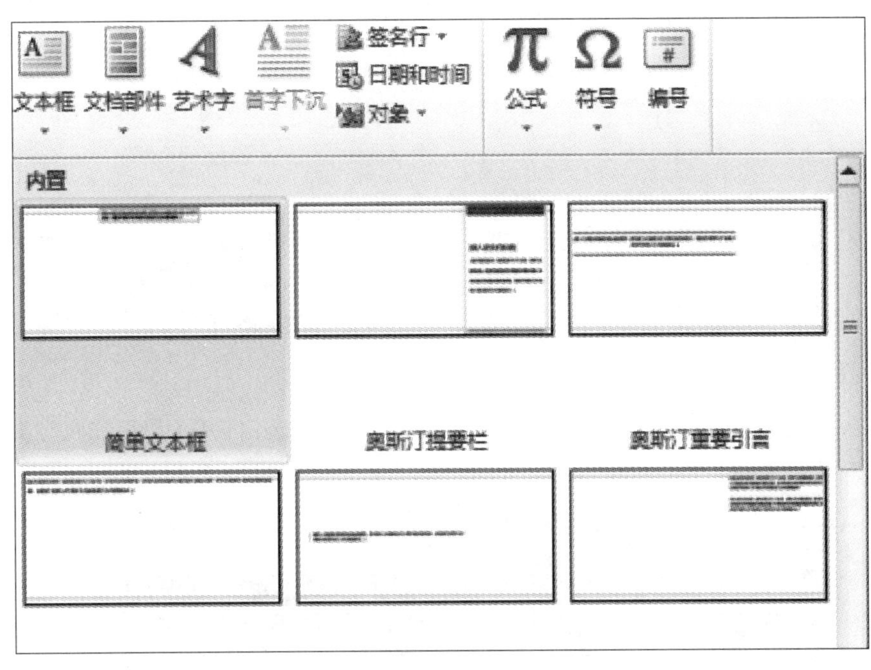

图 4-45　插入文本框

（5）将光标定位在“姓名：”之后选择【开始】|【字体】命令，在【字体】组中单击按钮，然后输入自己的姓名即可。用相同的方法输入其他三项内容。

（6）选中文本框，选择【绘图工具 / 格式】|【形状样式】|【形状填充】命令，将文本框填充颜色设置为“无填充颜色”；选择【绘图工具 / 格式】|【形状样式】|【形状轮廓】命令，将文本框轮廓设置为“无轮廓”。

4.2.4　设置页面边框

Word 文档中页面的四周有一个矩形的边框，一般这个边框是由多种线条样式和颜色组合而成的。既可以为文档每页的任意边或所有边添加边框，也可以只为某节中的页面、首页或其他页添加边框。

设置页面边框
——任务 16

任务 16：为“自荐信”页添加艺术型边框，效果如图 4-46 所示。

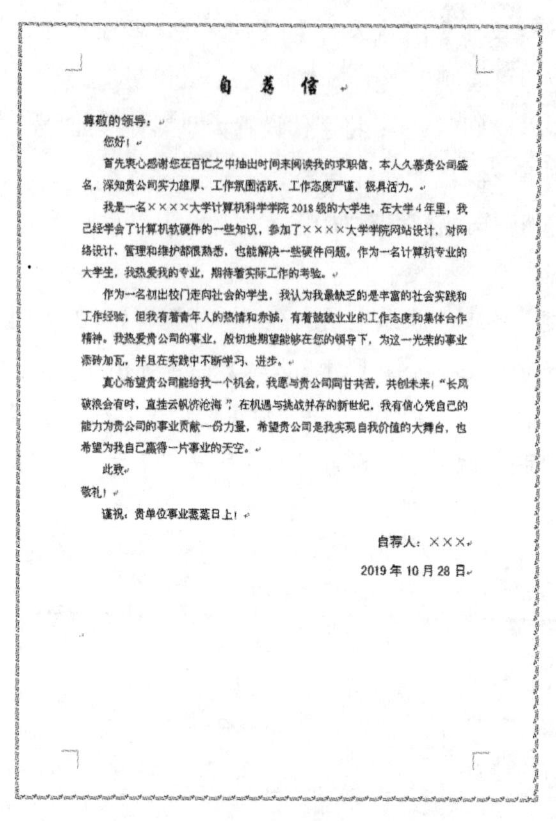

自荐信

尊敬的领导：

您好！

首先衷心感谢您在百忙之中抽出时间来阅读我的求职信，本人久慕贵公司盛名，深知贵公司实力雄厚、工作氛围活跃、工作态度严谨、极具活力。

我是一名××××大学计算机科学学院2018级的大学生，在大学4年里，我已经学会了计算机软硬件的一些知识，参加了××××大学学院网站设计，对网络设计、管理和维护都很熟悉，也能解决一些硬件问题。作为一名计算机专业的大学生，我热爱我的专业，期待着实际工作的考验。

作为一名初出校门走向社会的学生，我认为我最缺乏的是丰富的社会实践和工作经验，但我有着青年人的热情和赤诚，有着兢兢业业的工作态度和集体合作精神。我热爱贵公司的事业，殷切地期望能够在您的领导下，为这一光荣的事业添砖加瓦，并且在实践中不断学习、进步。

真心希望贵公司能给我一个机会，我愿与贵公司同甘共苦，共创未来！“长风破浪会有时，直挂云帆济沧海”，在机遇与挑战并存的新世纪，我有信心凭自己的能力为贵公司的事业贡献一份力量，希望贵公司是我实现自我价值的大舞台，也希望为我自己赢得一片事业的天空。

此致

敬礼！

谨祝：贵单位事业蒸蒸日上！

自荐人：×××

2019年10月28日

图 4-46 自荐信添加页面边框后的效果

（1）将插入点定位在“自荐信”所在节的任意位置。

（2）选择【页面布局】|【页面设置】|【页面边框】命令，打开【边框和底纹】对话框，选中【页面边框】选项卡，如图 4-47 所示，在【艺术型】下拉列表中选择图 4-47 所示的页面边框，在【应用于】下拉列表中选择“本节”。单击【确定】按钮，页面边框添加成功。

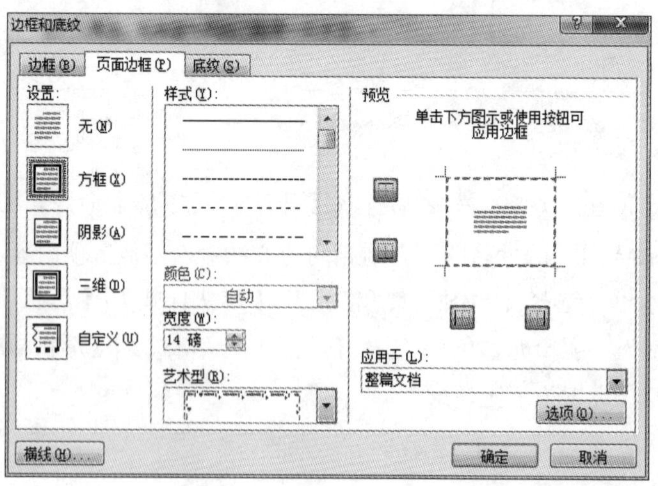

图 4-47 【页面边框】选项卡

（3）单击【保存】按钮进行保存。

4.2.5 打印文档

完成个人简历的排版后，要将简历投递给用人单位，因此必须将文件打印出来。

（1）选择【文件】|【打印】命令打开【打印】窗口，如图4-48所示。

（2）在【打印机】下拉列表中选择使用的打印机。

（3）在【打印所有页】区域中，选择要打印内容的范围。

（4）在【打印】区域的【份数】框中设置此次要打印的份数。

（5）确认打印机中的纸张已放置好后，单击【打印】按钮开始打印文档。

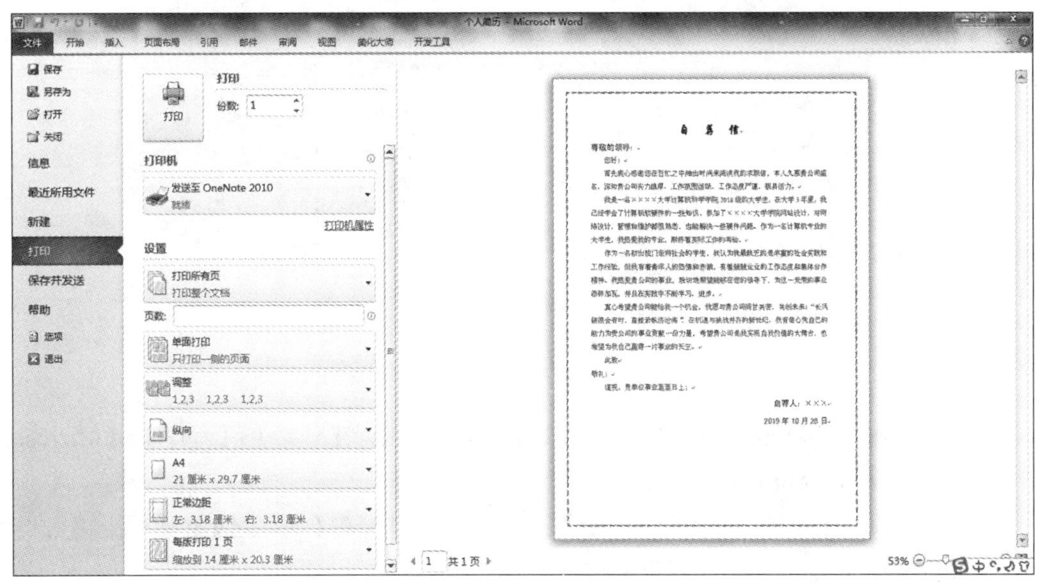

图4-48 【打印】窗口

4.3 本章小结

本章主要介绍了在Word文档中，字符格式、段落格式和页面格式的设置，图片的处理，表格的制作和文档的分节以及制表位的使用。

通过【字体】和【段落】组的命令能够对字符和段落格式进行基本设置。对字符和段落的一些复杂设置，应使用【开始】选项卡下的【字体】和【段落】对话框。

图片的插入和编辑可以通过【插入】|【插图】|【图片】命令或【图片工具/格式】选项卡来进行。在进行图文混排时，正确设置图片的文字环绕方式能自如地美化Word文档。

编辑Word文档中的表格时，要注意对象的选择。以表格为对象的编辑，包括表格的移动、缩放、合并和拆分；以单元格为对象的编辑，包括单元格的插入、删除、移动和复制、合并和拆分，对单元格的高度和宽度以及对齐方式的设置等。

对版面进行设计时是有一定技巧性和规范性的，应多观察各种出版物的版面风格，以便设计出更具实用性的文档。

4.4 习题

4.4.1 上机操作

本实例要求完成“女排英雄获感动中国提名”喜报，最终效果如图4-49所示。

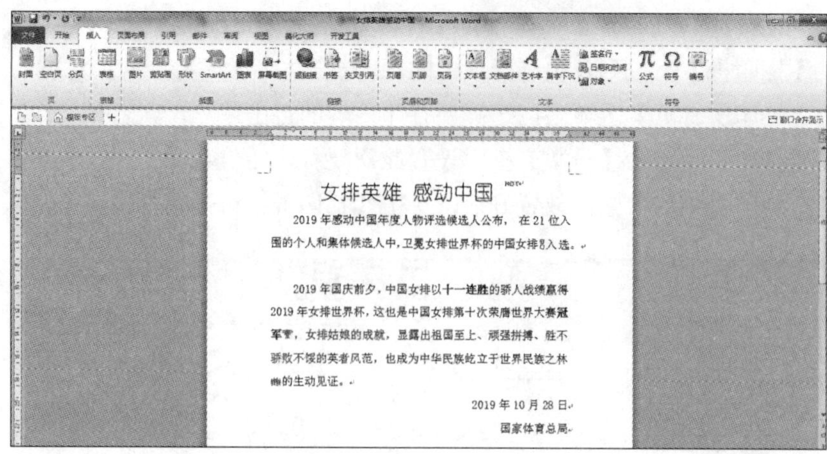

图 4-49 喜报实例效果图

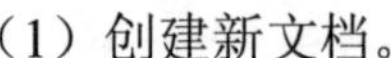

4.4.2 操作步骤

习题操作（1）—（4）

（1）创建新文档。

1）双击桌面上的 Word 2010 的快捷方式图标，或者执行【开始】|【程序】|【Microsoft Office】|【Microsoft Word 2010】命令，启动 Word 2010。

2）执行【文件】|【另存为】命令弹出【另存为】对话框，在【文件名】文本框中输入“女排英雄感动中国”，然后单击【保存】按钮。

（2）输入标题。在光标处输入标题“女排英雄感动中国”，如图 4-50 所示。

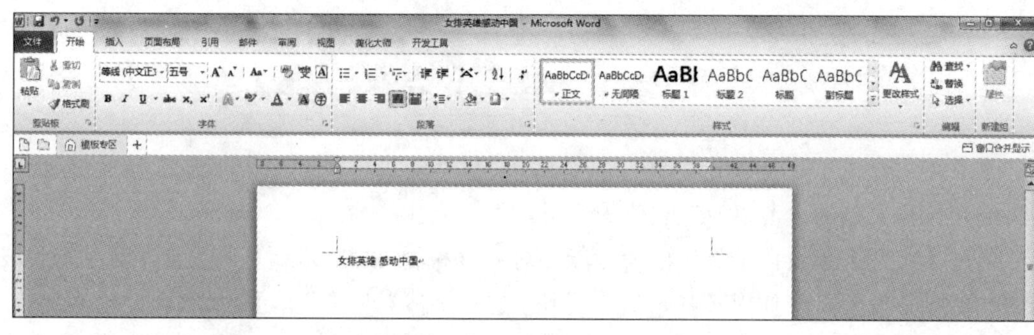

图 4-50 输入标题

（3）设置标题格式。选中标题文字后，选择【开始】|【字体】命令，在【字体】下拉列表框中选择“幼圆”，在【字号】下拉列表框中设置字号大小为 28，然后单击【居中】按钮，使标题居中，效果如图 4-51 所示。

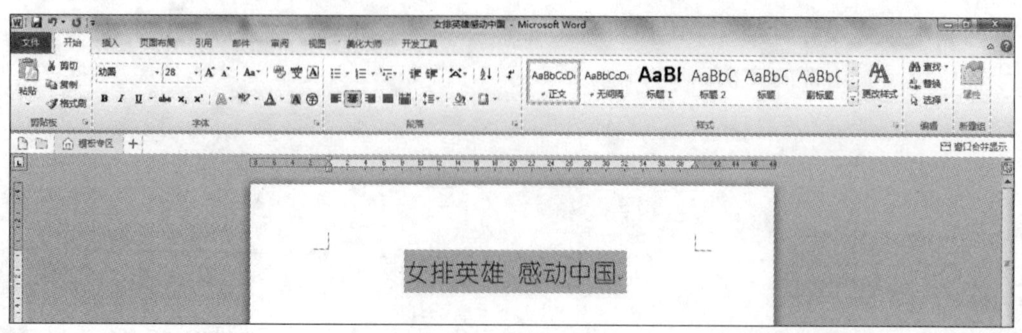

图 4-51 设置标题格式

（4）输入标题上标文字 HOT，并设置格式。

1）在标题的末尾输入一个空格，然后输入 HOT 并选中它，再将字体设置为 Verdana，字号设置为“小四”并单击【粗体】按钮，使文字加粗显示，最后将字体颜色设置成“红色”。

2）单击【开始】选项卡的【字体】组中的右下角的对话框启动器按钮打开【字体】对话框，选中【字体】选项卡的【效果】栏中的【上标】复选框，再单击【高级】选项卡，在【位置】下拉列表框中选择“提升”，最后将磅值设置为“14 磅”，如图 4-52 所示。在下面的预览栏中，可以看到设置后的效果。单击【确定】按钮，返回主文档。

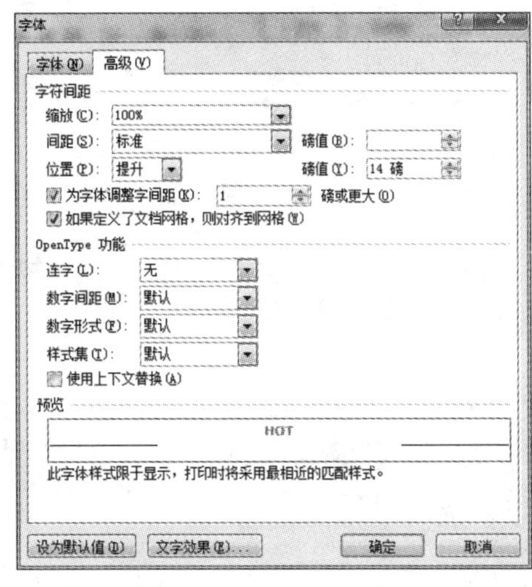

图 4-52 设置字体格式

（5）设置段落格式。

1）设置文字为“左对齐”，设置字体为“宋体”，设置字号为“三号”。

2）选择【开始】|【段落】命令打开【段落】对话框。在【缩进】区域的【特殊格式】下拉列表中选择“首行缩进”，磅值设置为“2 字符”，然后回到编辑状态。

习题操作（5）—（7）

（6）输入正文内容。输入喜报的具体内容，将喜报中的“十一连胜”和“冠军”设置为“加粗”；然后将光标定位在要插入符号的位置，执行【插入】|【符号】|【其他符号】命令，弹出如图 4-53 所示的【符号】对话框，在【符号】选项卡中，设置字体为 Webdings，插入正文中相应的 3 个符号；最后将这 3 个符号设置为“红色”，效果如图 4-54 所示。

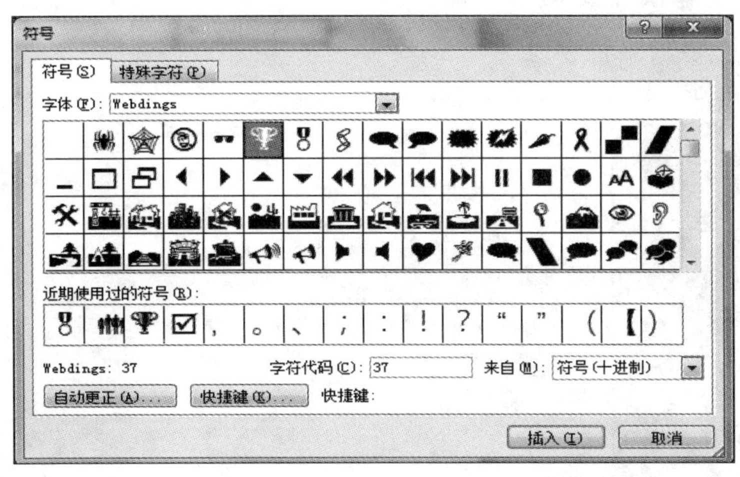

图 4-53 【符号】对话框

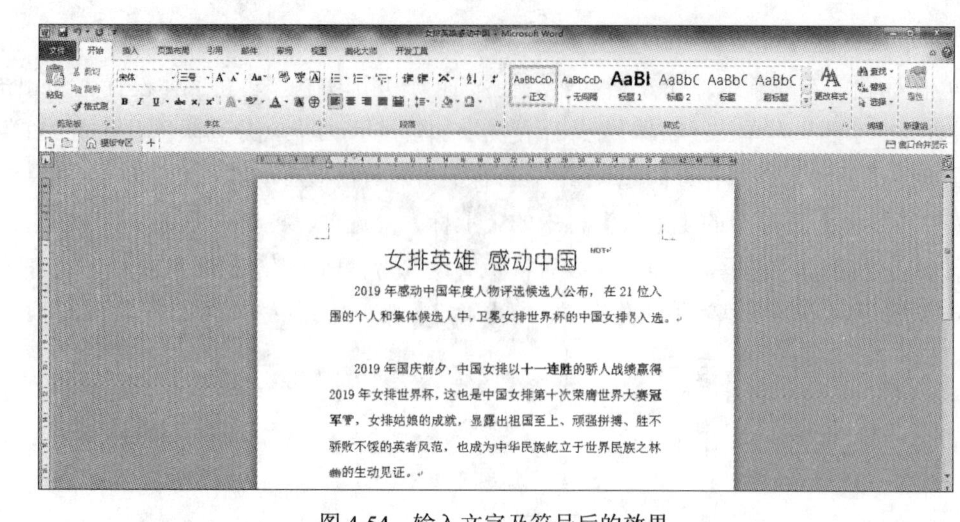

图 4-54 输入文字及符号后的效果

（7）插入日期和时间。内容输入完后，另起一行，设置文字输入为“右对齐”。选择【插入】|【文本】|【日期和时间】命令，在【日期和时间】对话框中选择一种可用格式，如图 4-55 所示。

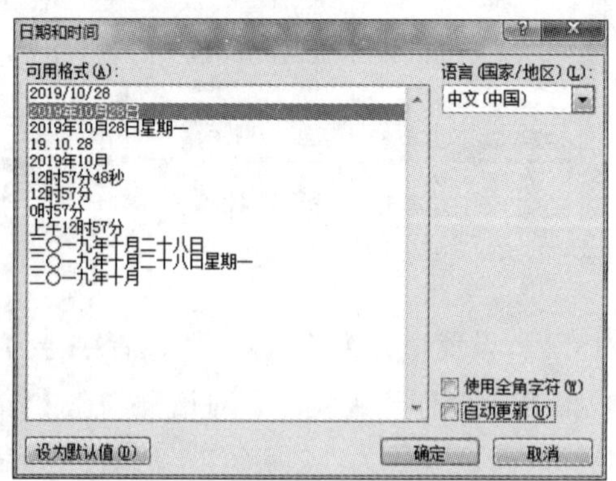

图 4-55 插入时间和日期

最后输入喜报的发布者，按 Enter 键另起一行，输入“国家体育总局”，最终完成的效果如图 4-56 所示。

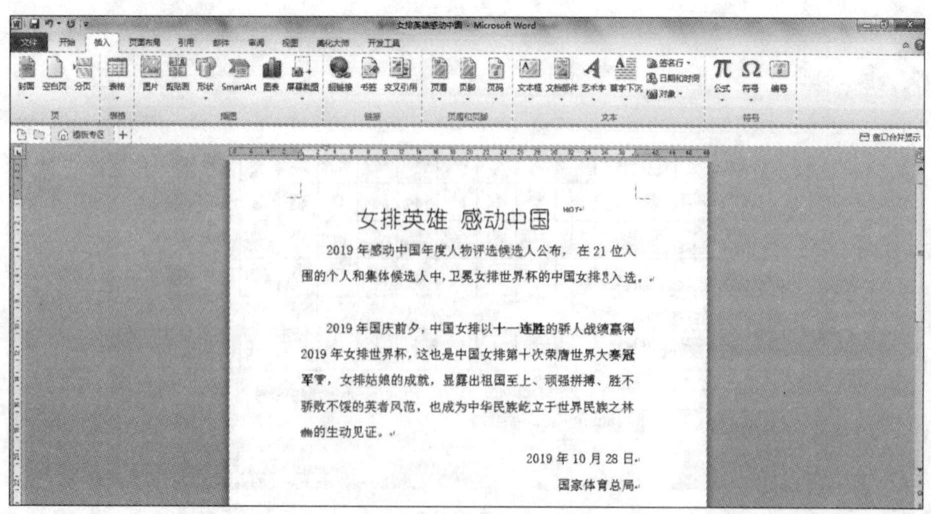

图 4-56 完成效果

第 5 章　Word 综合应用
——制作安全生产宣传单

教学目标

- 掌握页面背景的设置
- 掌握图形的插入
- 掌握艺术字的插入和编辑
- 掌握文本框的插入和编辑
- 了解自定义项目符号的添加

5.1　制作安全生产宣传单案例分析

5.1.1　任务的提出

本月是天野化工厂的安全生产宣传月，小李在企划部工作，他将为工厂制作新一期的“化工厂安全生产”宣传单。

5.1.2　解决方案

宣传单是广告宣传中最大众化的媒介形式，是企业在宣传产品或服务时经常用到的一种印刷品。如果掌握一定的设计知识和制作技巧，在 Word 中也可以设计出比较简洁且具有吸引力的宣传单。

在 Word 中，不仅可以插入图片、形状等元素，而且可以对宣传口号等文本信息应用艺术字和文本框，从而制作出比较精美的宣传单。制作完成的宣传单效果如图 5-1 所示。

图 5-1　宣传单效果图

5.1.3 相关知识点

1. 页面背景

默认情况下，新建的 Word 文档背景都是单调的白色，可以执行【页面布局】|【主题】|【颜色】命令，然后选用下列任一操作即可改变页面背景的颜色。

（1）在【颜色】板内直接单击所需颜色。

（2）如果上面的颜色不合要求，单击【其他颜色】选取合适的颜色。

（3）单击【效果】可添加渐变、纹理、图案或图片。

2. 插入图形

可以对插入的图形进行调整大小、旋转、翻转、着色以及组合以生成更复杂的图形等操作。【形状】项下包括矩形、圆形、三角形等基本形状，以及各种线条、连接符、箭头、流程图符号、星与旗帜符号和标注符号等。

可将文本添加到图形中，添加的文本将成为图形的一部分，如果旋转或翻转该图形，文本将与其一起旋转或翻转。

3. 插入和编辑艺术字

选择【插入】|【文本】|【艺术字】命令可以插入艺术文字。可以创建带阴影的、扭曲的、旋转的和拉伸的文字，也可以按预定义的形状创建文字。

特殊文字效果是图形对象，可以使用【绘图工具 / 格式】选项卡中的其他按钮来改变效果。例如，用图片填充文字效果。

4. 文本框

文本框是可以移动和调整大小的文字或图形容器。使用文本框可以在一页上放置多个文字块，或者使文字按与文档中其他文字不同的方向排列。文本框可作为图形处理，可以用与设置图形格式相同的方式进行格式设置，包括填充颜色、填充文本及设置边框等。

5. 项目符号和编号

可以快速地将项目符号或编号添加到现有的行或文字中，也可以在输入内容时自动创建列表。

在 Word 中不仅可以创建仅有一级的符号列表，还可以创建多级符号列表。多级符号列表是用于为列表或文档设置层次结构而创建的。文档最多可有 9 个级别，Word 不能对列表中的项目应用内置标题样式。

5.2 实现方法

在制作宣传单之前，要收集好宣传单所需的文本资料及图片素材等，然后根据实际需要确定宣传单的版式。宣传单的版式有单页、折页、多页等。

5.2.1 版面设置

版面设置——任务 1

不同的纸张和页边距，最终打印出宣传单的效果是完全不同的。对于宣传单版面的设置，主要就是根据对版面的不同要求对纸张大小和页边距等进行设置。

任务 1：新建 Word 文档，上下左右的页边距均为“0.5 厘米”，纸张大小为“A4”，宽度为“30 厘米”，高度为“15 厘米”，并且纸张方向为“横向”;添加上下页面边框为“实线”“3 磅”“浅蓝色”。版面设置完成后，以“安全生产宣传单”命名文档保存到桌面。

（1）启动 Word 应用程序。

（2）选择【页面布局】|【页面设置】|【页边距】命令，出现普通、窄、适中、宽、镜像等几种选择。单击【自定义边距】，在【页边距】区域的上、下、左、右数值框中均输入“0.5 厘米”，在【纸张方向】区域中选择“横向”，如图 5-2 所示。

（3）单击【纸张】选项卡，在【纸张大小】区域中的【宽度】和【高度】组合框中分别输入“30 厘米”和“15 厘米”，如图 5-3 所示。单击【确定】按钮。

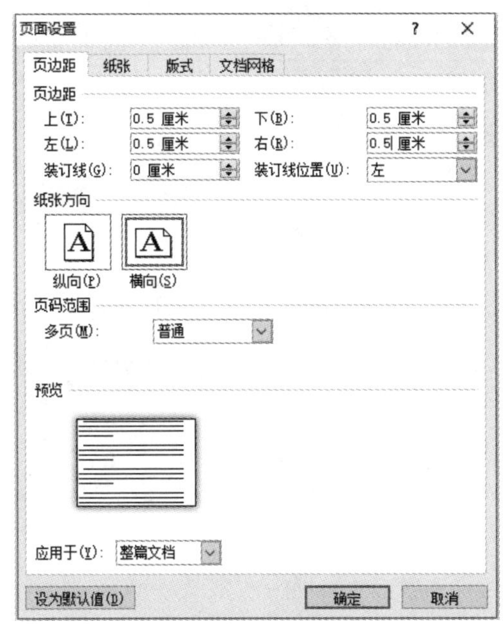

图 5-2 【页边距】选项卡

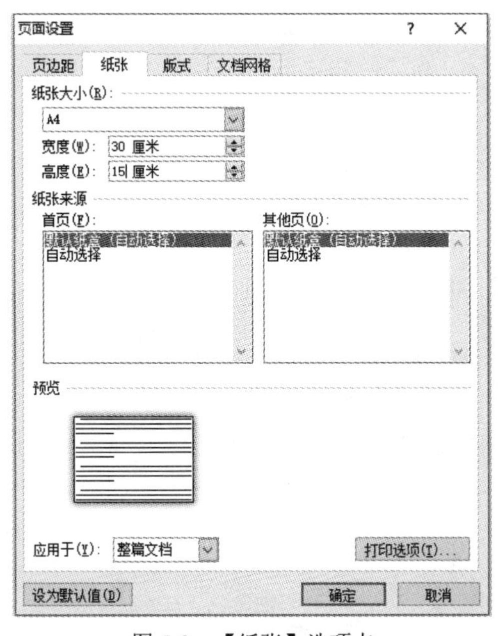

图 5-3 【纸张】选项卡

（4）选择【页面布局】|【页面背景】|【页面边框】命令，设置样式为“实线”，颜色为“浅蓝色”，宽度为“3 磅”，并在预览区域内单击下方的“上边框”和“下边框”应用此设置

（5）选择【文件】|【另存为】命令，或单击快速访问工具栏中的【保存】按钮，打开【另存为】对话框。

（6）在【保存位置】选择“桌面”选项，在【文件名】文本框中输入“安全生产宣传单”，单击【保存】按钮即可保存该文档。

5.2.2 设置页面背景

为文档设置页面背景时，可以选择 Word 应用程序自带的一些背景颜色，也可以将用户准备好的图片作为文档的背景。

设置页面背景——任务 2

任务 2：将“蓝色面巾纸”的纹理效果设置为“安全生产宣传单”文档的背景。

（1）打开“安全生产宣传单”文档，选择【页面布局】|【页面背景】|【页面颜色】|【填充效果】命令，如图 5-4 所示。

（2）在弹击的【填充效果】对话框中选择【纹理】选项卡，如图 5-5 所示。在纹理效果选项中选择“蓝色面巾纸”项。

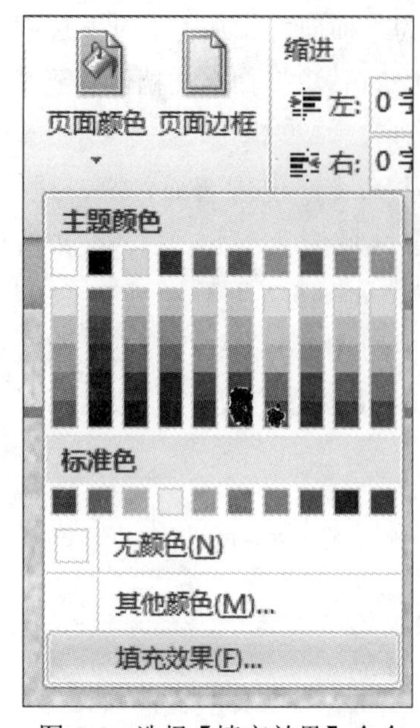

图 5-4 选择【填充效果】命令

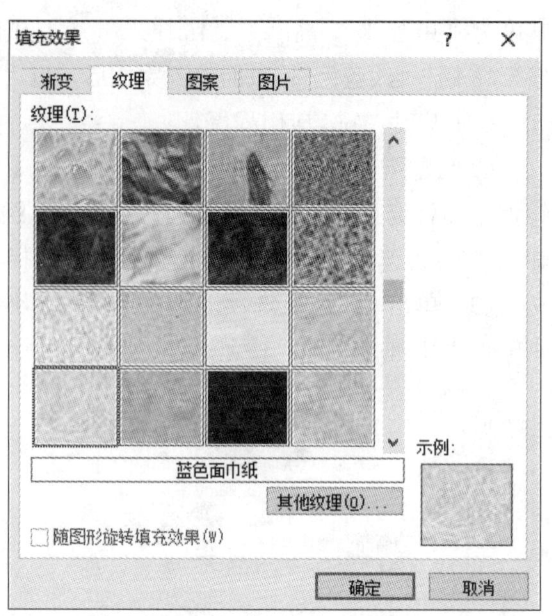

图 5-5 【纹理】选项卡

(3)设置好纹理效果之后,单击【确定】按钮,完成页面背景的设置。效果如图 5-6 所示。

图 5-6 设置纹理背景效果

5.2.3 插入图形

插入图形——任务 3

为了使宣传单的形式比较生动,可以插入一些图形达到美化的效果。

任务 3:在宣传单中插入"笑脸"图形,图形填充颜色是"浅蓝色",线条是"深蓝色",按照要求调整图形大小和位置。

(1)选择【插入】|【插图】|【形状】命令,如图 5-7 所示。

(2)在下拉菜单的【基本形状】中选择"笑脸"图形,如图 5-8 所示。释放鼠标后,光标呈十字形。拖拽光标,在页面中绘制出一个笑脸,如图 5-9 所示。

(3)设置图形的颜色。选中图形单击鼠标右键,从弹出的快捷菜单中选择【设置形状格式】命令打开【设置形状格式】对话框,选择【填充】选项卡,选中【填充】区域中的"纯色填充"单选按钮,在【颜色】下拉列表中选择浅蓝色,如图 5-10 所示。

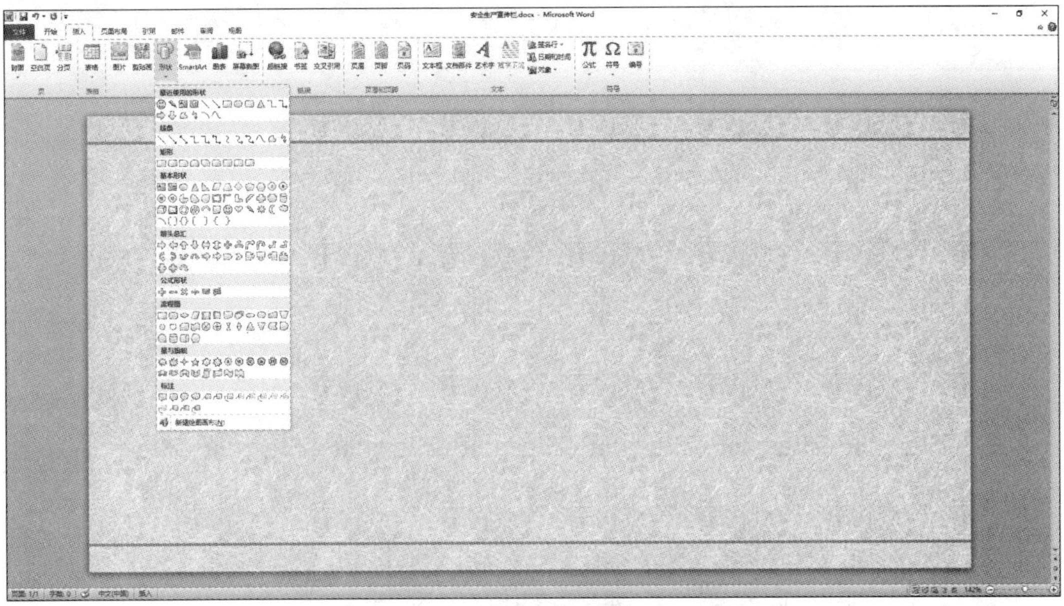

图 5-7 选择【形状】命令

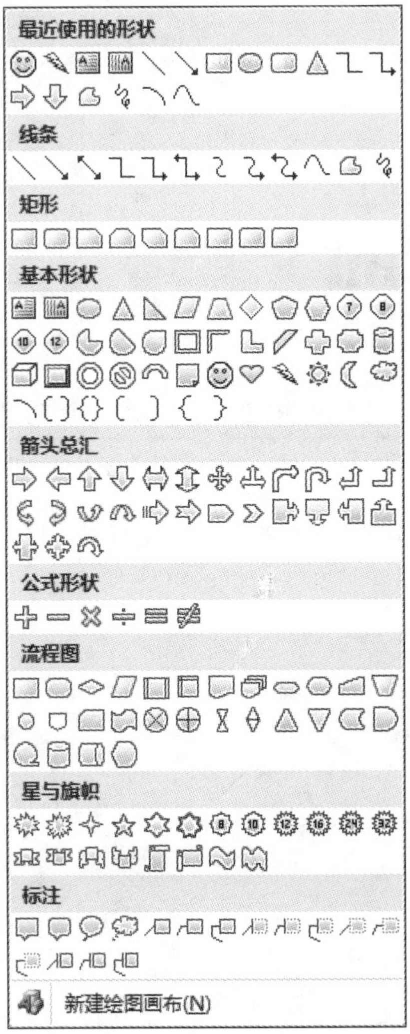

最近使用的形状

线条

矩形

基本形状

箭头总汇

公式形状

流程图

星与旗帜

标注

新建绘图画布(N)

图 5-8 选择【笑脸】图形

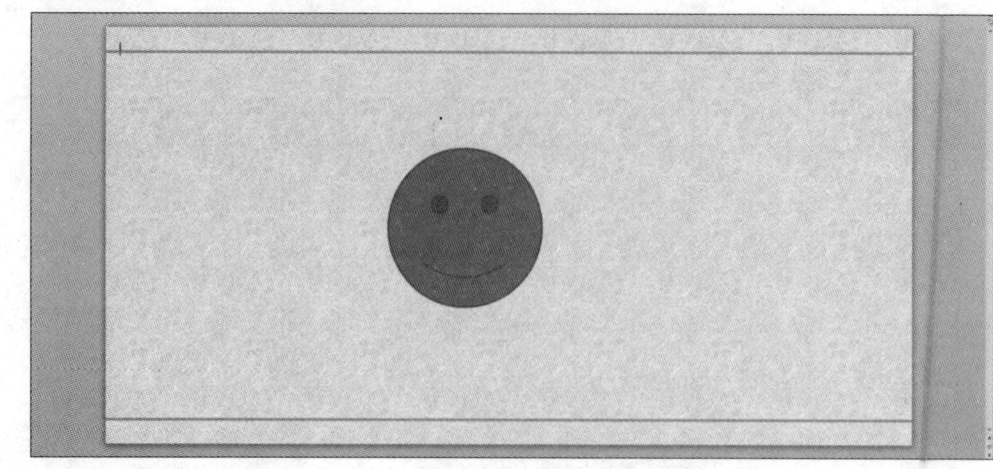

图 5-9 绘制笑脸

（4）在图 5-10 中选择【线条颜色】选项卡，在【线条颜色】区域中选中“实线”单选按钮，在【颜色】下拉列表中选择深蓝色，如图 5-11 所示。

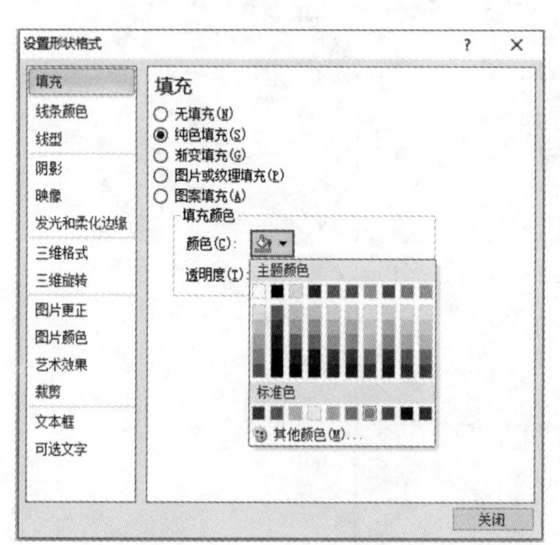

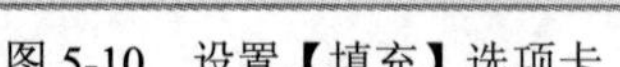

图 5-10 设置【填充】选项卡

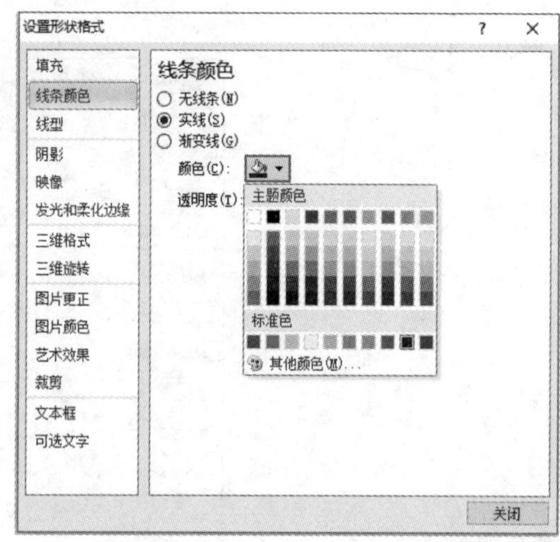

图 5-11 设置【线条颜色】选项卡

（5）单击【关闭】按钮，然后拖动图形周围的控制点调整图形的大小和位置。调整后的效果如图 5-12 所示。

图 5-12 调整图形后的效果

5.2.4 设置主题

为了达到预期的宣传目的，要在宣传单中使用图片和艺术字来突出主题。

设置主题——任务 4

1. 插入主题图片

任务 4：在宣传单中插入准备好的“安全生产宣传单”图片，设置图片高度为“4.5 厘米”，宽度为“3.4 厘米”，环绕方式为“浮于文字上方”，图片样式设置为“简单框架，白色”，并使用同样方法插入另外两组图片。

（1）在当前的文档中，选择【插入】|【插图】|【图片】命令，如图 5-13 所示，打开【插入图片】对话框，选择准备好的图片，单击【插入】按钮。

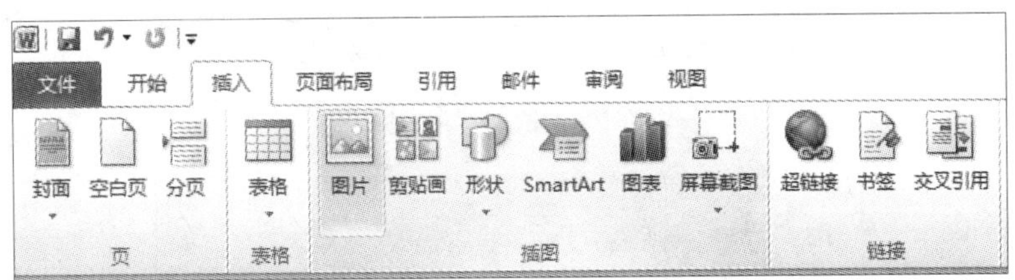

图 5-13 插入图片过程

（2）在图片上单击右键，在弹出的快捷菜单中选择【大小和位置】命令，如图 5-14 所示。在弹出的【布局】对话框中选择【大小】选项卡，设置高度的“绝对值”为“4.5 厘米”，设置宽度的“绝对值”为“3.4 厘米”，并取消勾选【锁定纵横比】前的复选框，如图 5-15 所示。

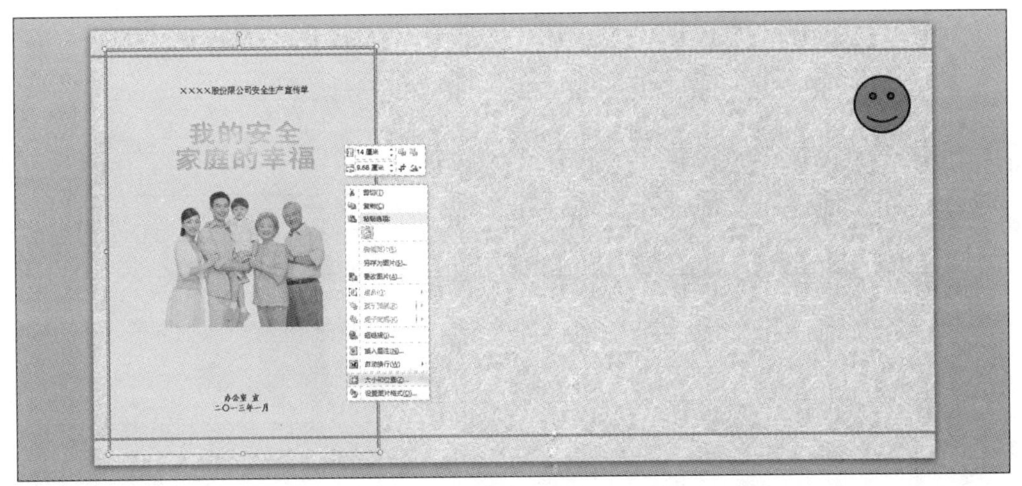

图 5-14 设置大小和位置效果

（3）在【布局】对话框中选择【文字环绕】选项卡，设置文字环绕方式为“浮于文字上方”，如图 5-16 所示。

（4）选择【图片工具 / 格式】|【图片样式】命令，选择“简单框架，白色”效果，如图 5-17 所示。

使用同样方法，插入四幅“安全生产小图”图片，设置高度为“2.5 厘米”，宽度为“3.4 厘米”，版式为“浮于文字上方”；插入“安全生产图标”图片，高度为“4 厘米”，宽度为“9.3 厘米”，版式为“浮于文字上方”。把上述图片拖动到适当位置即可。插入图片后的效果如图 5-18 所示。

讨论：
各种环绕方式的区别和作用是什么？

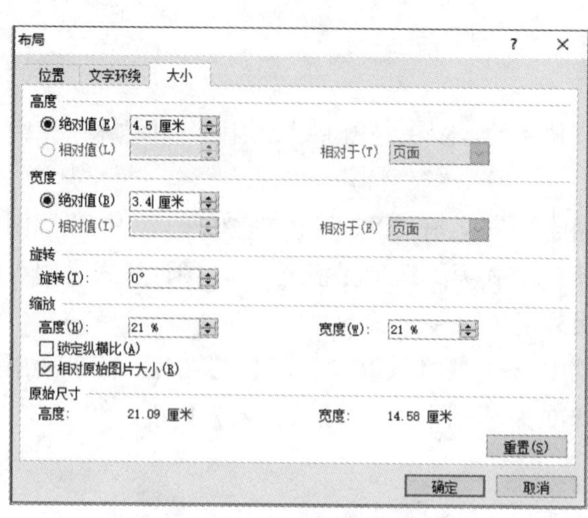

图 5-15 设置高度和宽度

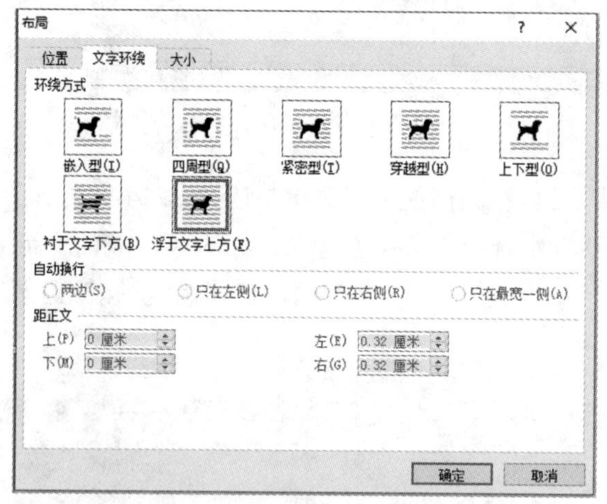

图 5-16 设置文字环绕方式

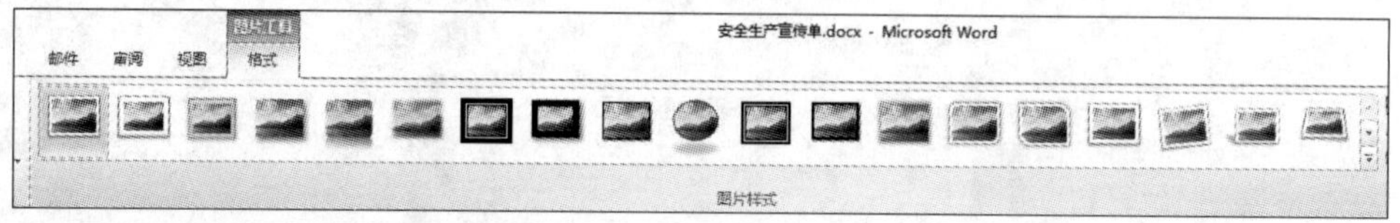

图 5-17 设置图片样式

图 5-18 插入图片后的效果

2. 插入艺术字

标题是宣传单设计成功与否的关键。标题的内容不仅要独具匠心，而且字体设计上也要别出心裁。为了使标题突出、醒目，吸引人们阅读详细的文字内容，可以将 Word 艺术字应用到标题中。

设置主题——任务 5

任务 5：插入艺术字文本“安全在心中 生命在手中”作为宣传单的标题，选择艺术字库中“填充 - 红色，强调文字颜色 2，暖色粗糙棱台”的艺术字样式，字体设置为“黑体”，字号设置为 40 并“加粗”显示。

（1）选择【插入】|【文本】|【艺术字】命令，如图 5-19 所示，打开【艺术字库】。

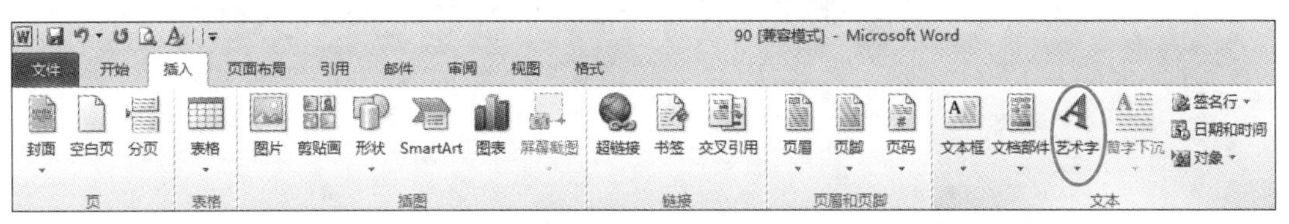

图 5-19　插入艺术字

（2）选择“填充 - 红色，强调文字颜色 2，暖色粗糙棱台”的艺术字样式，如图 5-20 所示。

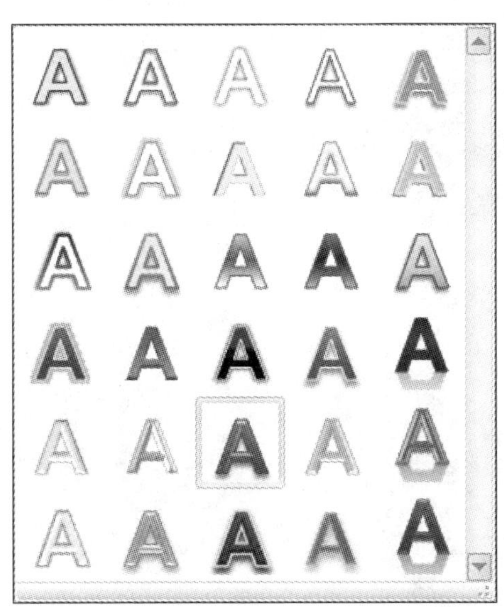

图 5-20　【艺术字库】

（3）在输入文字的文本框中输入名称“安全在心中 生命在手中”，如图 5-21 所示。

图 5-21　艺术字文字输入文本框

（4）选中艺术字，设置字体为“黑体”，字号设置为 40 并“加粗”显示。单击【确定】按钮，设置后的艺术字效果如图 5-22 所示。

图 5-22 艺术字效果

用同样的方法，在当前文档中插入“安全生产十大禁令”和“认真学习安全生产知识”艺术字，效果如图 5-23 所示。设置完成后，如果对位置不满意，可以自由拖动艺术字边框至合适位置。

图 5-23 设置艺术字后的宣传单效果

5.2.5 制作详细内容

图片和艺术字的应用是为了吸引人们继续浏览宣传单，而宣传单中的详细内容才是宣传的主体。可以使用文本框来输入详细内容。为了使页面布局清晰，可以随意调整文本的位置。

制作详细内容——任务 6

1. 插入文本框

任务 6：创建一个文本框，文本框宽度为 9 厘米，高度为 5.9 厘米。输入“安全生产十大禁令”文本内容，设置字体为“黑体”，字号为“五号”，行距为“固定值 16 磅”。

(1) 选择【插入】|【文本】|【文本框】|【简单文本框】命令插入文本框，如图 5-24 所示。单击文档区域内任意位置，即可绘制出一个文本框。

(2) 在文本框中输入“安全生产十大禁令”文本内容，并对其字体等进行设置，如图 5-25 所示。

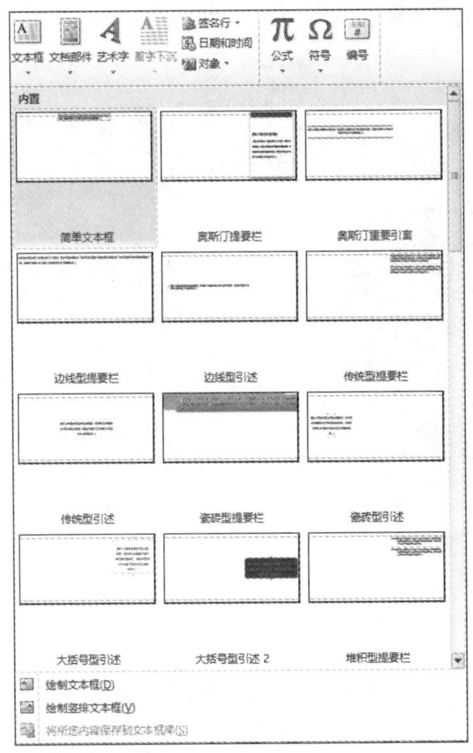

图 5-24　插入文本框

图 5-25　在文本框中输入内容

如果文本框的位置不合适，可以通过选中文本框然后拖动的方法进行调整。

2. 设置文本框

默认情况下，插入的文本框背景为白色、边框为黑色。为了和整体协调，可以重新进行设置。

任务 7：将文本框的形状填充设置为“浅蓝色”，渐变效果设置为“浅色变体”“线性向下”，形状轮廓设置为“浅蓝色”“实线”“0.75 磅”，将文本框调整到合适的位置。

（1）选择【绘图工具 / 格式】|【形状样式】|【形状填充】命令，在“主题颜色”区域选择“浅蓝色”，在【渐变】下拉菜单中选择“浅色变体”“线性向下”，如图 5-26 所示。选择【绘图工具 / 格式】|【形状样式】|【形状轮廓】命令，在“主题颜色”区域选择“浅蓝色”，线型选择“实线”，粗细选择“0.75 磅”。将文本框应用设置样式并调整显示位置，效果如图 5-27 所示。

制作详细内容——任务 7

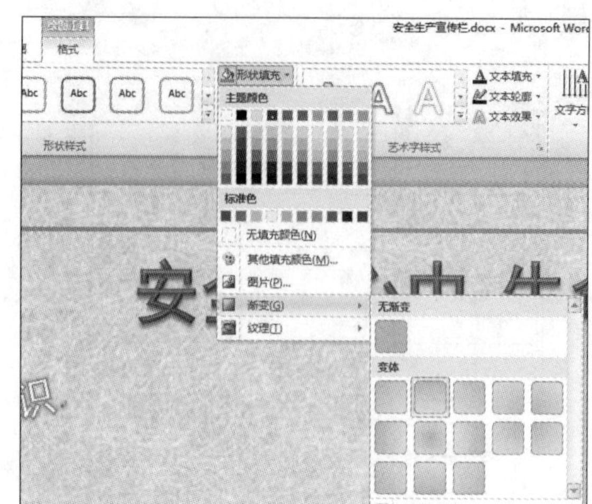

图 5-26 设置文本框样式

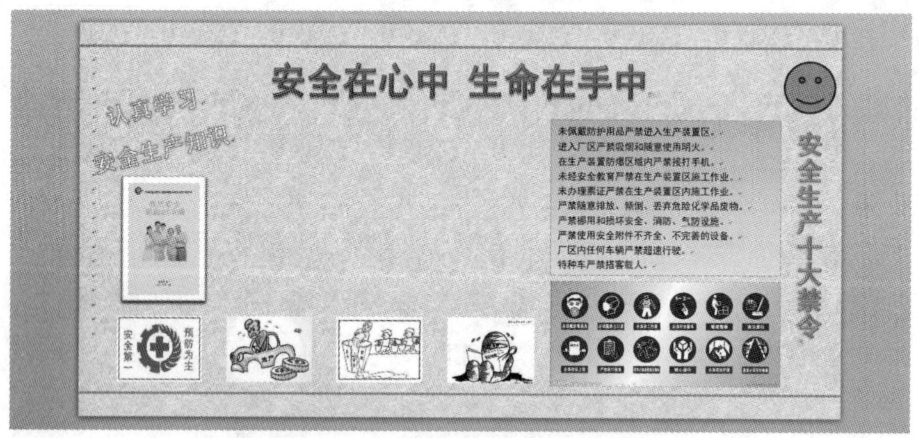

图 5-27 应用文本框样式后的效果

（2）用同样的方法，在当前文档中再插入文本框，文本框宽度为 11.6 厘米，高度为 7 厘米。设置文本框格式如下：形状填充为“无填充颜色”，形状轮廓为“蓝色”“1.5 磅”“短划线”。输入“安全生产的重要性”文字，设置格式如下：“黑体”“五号”“粗体”“蓝色”。适当调整文本框位置，宣传单的效果如图 5-28 所示。

图 5-28 输入详细内容的宣传单

5.2.6 使用项目符号

在介绍安全生产十大禁令时，列举了很多条目。为了使其条理清晰且美观大方，可以添加项目符号。

使用项目符号——任务 8

任务 8：为宣传单文本框中的内容添加项目符号。

（1）选中要设置项目符号的文本，选择【开始】|【段落】|【项目符号】命令，打开【项目符号】下拉框（项目符号库），选择第二行第一个项目符号，如图 5-29 所示。

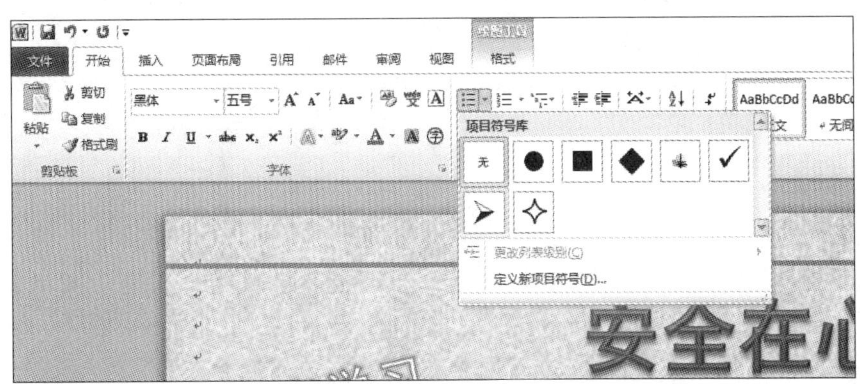

图 5-29 【项目符号】下拉框

（2）选择【定义新项目符号】命令，打开【定义新项目符号】对话框，可以选择【符号】【图片】或【字体】作为项目符号，如图 5-30 所示。

如果选择图片作为项目符号，单击【图片】按钮，打开【图片项目符号】对话框。该对话框 列出了多种可供选择的项目符号图片，如图 5-31 所示。

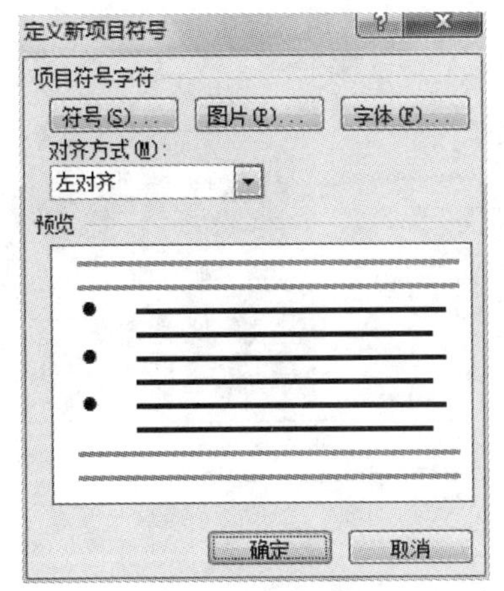

图 5-30 【定义新项目符号】对话框

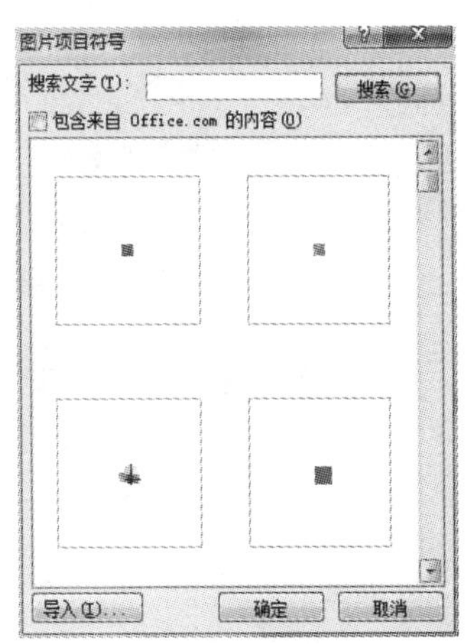

图 5-31 【图片项目符号】对话框

（3）选择需要的项目符号，依次单击【确定】按钮，即可完成项目符号的添加。

调整图片、艺术字、文本框等元素的大小和位置，完成宣传单的制作。宣传单的效果如图 5-1 所示。

5.2.7 打印宣传单

企业制作的宣传单通常是正反面两版宣传页，在打印的时候就需要双面打印宣传单。方法如下：

（1）选择【文件】|【打印】命令打开【打印】窗口，如图 5-32 所示。根据打印需要设置相应的参数。

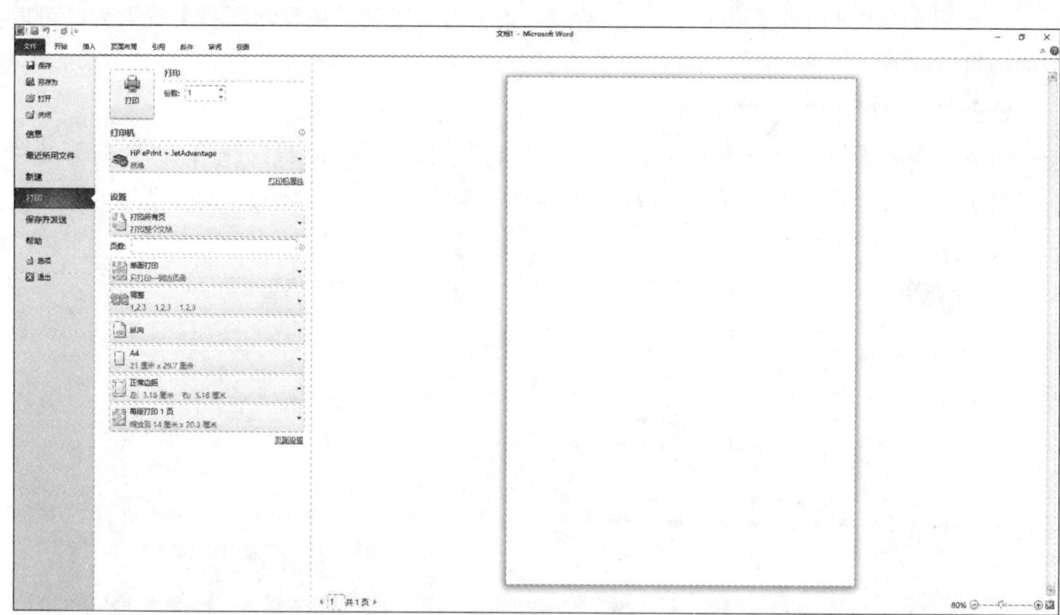

图 5-32　【打印】窗口

> 提示：
> 设置好纹理背景后，在打印预览时是无法打印和预览纹理效果的，若要显示纹理，选择【文件】|【选项】|【显示】命令，在【打印选项】中勾选“打印背景色和图像”复选框即可。

（2）选择【双面打印】命令，如图 5-33 所示。

图 5-33　设置双面打印

（3）单击【打印】按钮，开始打印文档。

5.3　本章小结

本章结合宣传单的制作，介绍了图片、艺术字和文本框的插入与编辑。其中，艺术字和文本框的使用是学习的重点。

艺术字和文本框的使用能使 Word 作出的文档更加丰富多彩、灵活多变。因为艺术字可以使我们像处理图片那样去处理文字，可以实现许多仅通过改变字体而无法达到的效果。而文本框的可随意移动性，使文档的排版变得特别灵活，可使文字出现在页面的任何位置而不影响排版。因此，在制作宣传单时，使用艺术字和文本框是非常方便的。

5.4　习题

5.4.1　上机操作

制作如图 5-34 所示的宣传单。

图 5-34　实例效果

5.4.2　操作步骤

（1）设置版面。

1）打开 Word 2010 软件，新建一个文档，文件名为“公司宣传海报”。

2）选择【页面布局】|【页面设置】|【页边距】命令，在打开的【页面设置】对话框中设置上、下、左、右、边距均为“1.78 厘米”，纸张方向为“纵向”，纸张大小为 A4（在【纸张】选项卡下），如图 5-35 所示。

3）打开【填充效果】对话框，选择【图片】选项卡，单击【选择图片】按钮，将准备好的图片设置为页面背景，如图 5-36 所示。

上机操作（1）—（2）

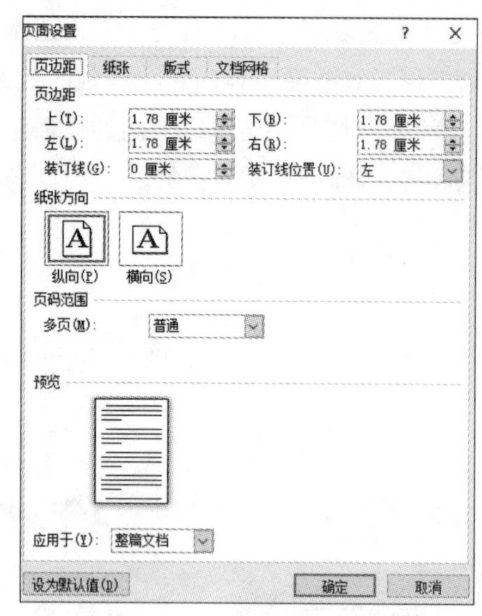

图 5-35 【页面设置】对话框

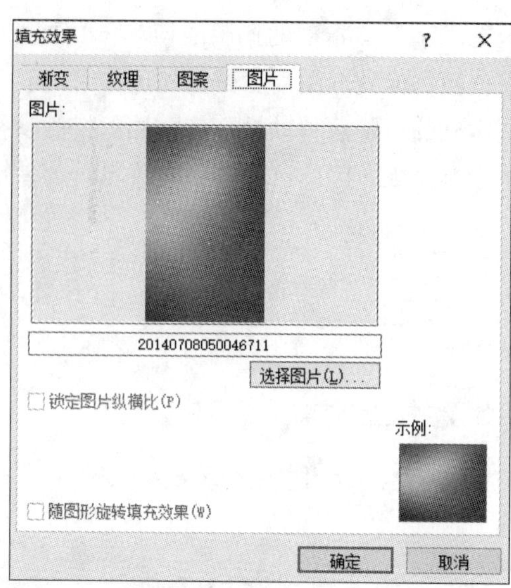

图 5-36 【图片】选项卡

4）单击【确定】按钮，完成页面背景的设置。效果如图 5-37 所示。

图 5-37 插入背景效果

（2）插入图片。

1）在当前文档中选择【插入】|【插图】|【图片】命令，如图 5-38 所示，打开【插入图片】对话框。选择准备好的图片，单击【插入】按钮。在【图片工具 / 格式】|【排列】组将图片位置设置为“中间居中，四周型文字环绕”，在【图片样式】组将图片效果设置为“预设 3”。插入图片后的效果如图 5-39 所示。然后把图片拖动到适当的位置即可。

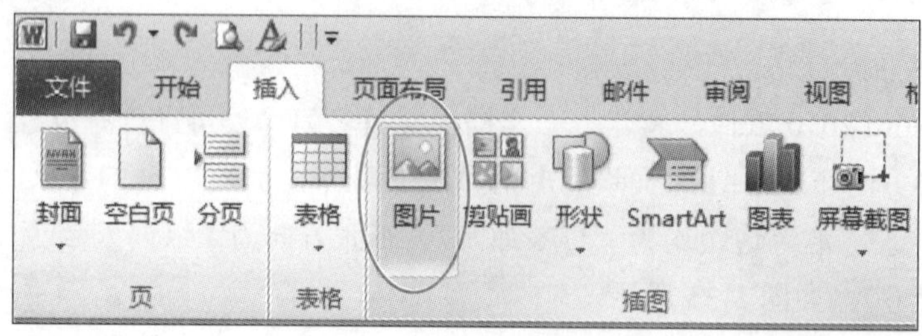

图 5-38 插入图片

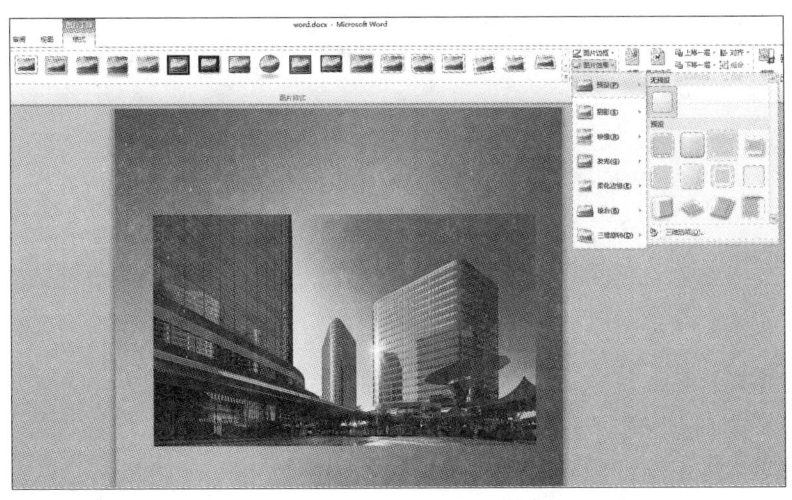

图 5-39　设置图片效果

2）用以上方法插入另外一幅图片。并设置图片的位置为“中间居中，四周型文字环绕”；调整图片位置及大小，并选中图片；在【图片工具 / 格式】选项卡中分别对图片设置“映像棱台，黑色”效果，如图 5-40 所示。插入图片后的效果如图 5-41 所示。然后把图片拖动到适当的位置即可。

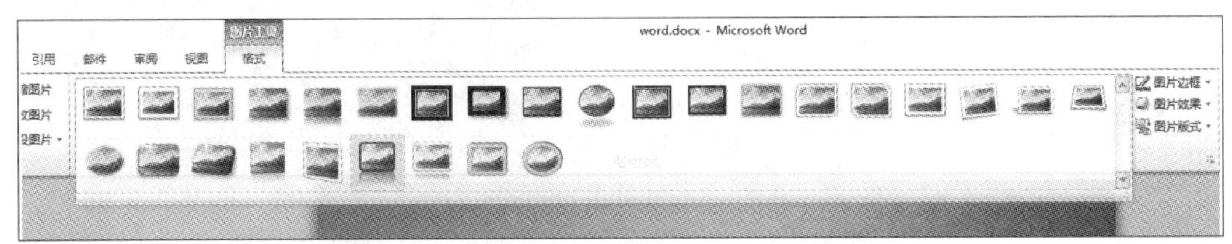

图 5-40　设置“映像棱台，黑色”效果

图 5-41　插入图片后的效果

（3）插入艺术字。

上机操作（3）—（4）

1）选择【插入】|【文本】|【艺术字】命令，如图 5-42 所示。

图 5-42　插入艺术字

2）打开【艺术字库】，选择第三行第一列的艺术字样式，如图 5-43 所示。

3）在输入文字的文本框中输入文本“来”。

4）设置字体格式为“微软雅黑”“230 磅”“加粗”，效果如图 5-44 所示。

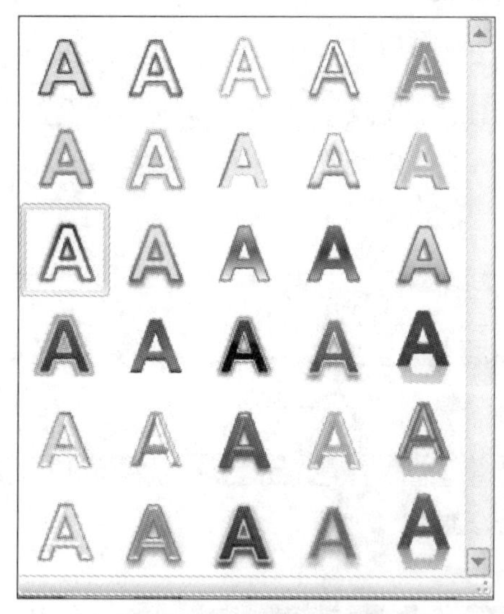

图 5-43　【艺术字库】

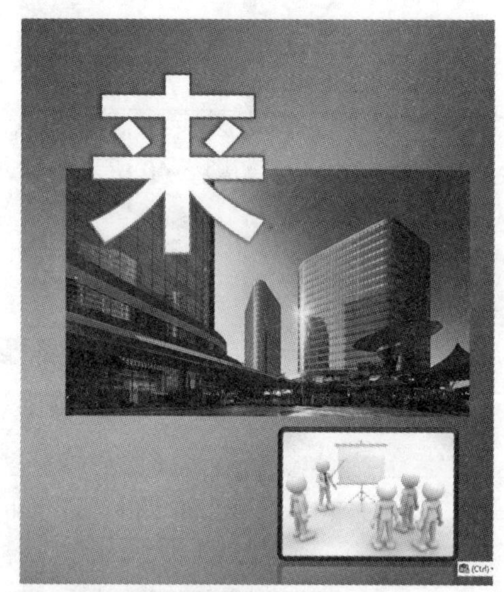

图 5-44　插入艺术字后的效果

5）再在文本框中输入文本“一起”，为了使插入的艺术字与整个宣传单的颜色格调相符，对艺术字做进一步设置。使用同样方法，将文本“一”的字体格式设置为“微软雅黑”“190 磅”“加粗”；文本“起”的字体格式设置为“微软雅黑”“170 磅”“加粗”。

6）设置后的艺术字效果如图 5-45 所示。设置完成后，如果对其位置不满意，可以自由拖动艺术字边框至合适位置。

图 5-45　插入所有艺术字后的效果

上机操作（5）—（6）

（4）插入图形。

1）选择【插入】|【插图】|【形状】命令，如图 5-46 所示。

图 5-46　选择【形状】命令

2）在打开的【形状】列表中单击【矩形】中的“矩形”，如图 5-47 所示。释放鼠标后，光标呈十字形。拖动光标，在页面中绘制一个矩形。

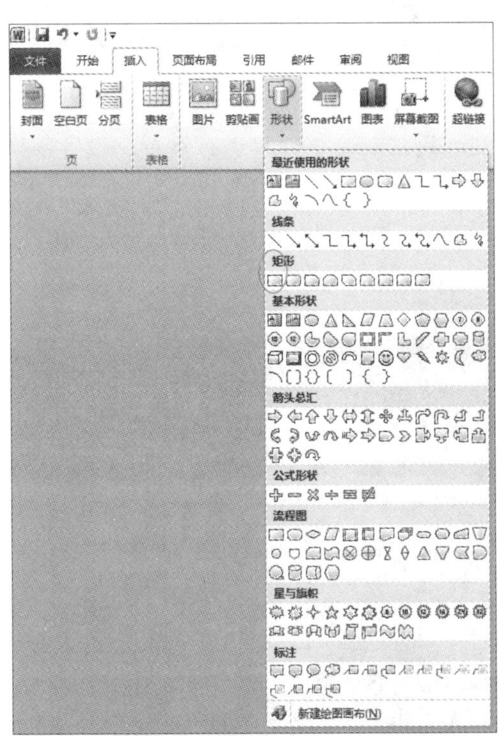

图 5-47　选择“矩形”形状

3）选择【绘图工具 / 格式】|【形状填充】命令，在【渐变】|【深色变体】中选择“线性向上”，如图 5-48 所示。

（5）插入文本框。创建一个文本框，将准备好的文本素材粘贴到文本框中，并对其字体等进行设置。

1）选择【插入】|【文本】|【文本框】|【简单文本框】命令，单击文档区域内任意位置，即可绘制出一个文本框。

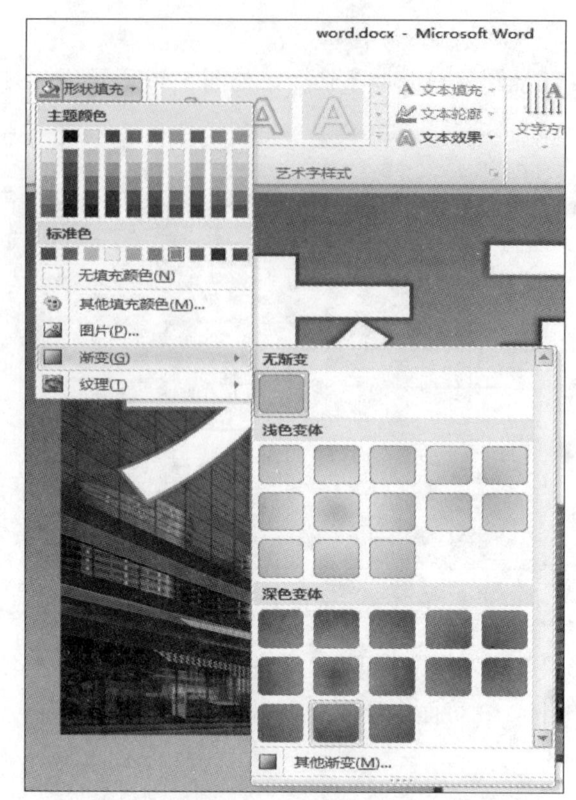

图 5-48　设置“线性向上”

2）在文本框中输入文本后，对其字体等进行设置。设置字体为“黑体”、字号为“12 磅”、字体颜色为“白色”。

使用同样方法，插入另外两个文本框，分别输入公司的电话和网址等相应文本内容，并对其字体等进行设置，效果如图 5-49 所示。

图 5-49　插入文本框后的效果

如果文本框的位置不合适，可以通过拖动鼠标指针的方法进行调整。最后插入广告图标及二维码等小图标。

（6）在宣传单中添加项目符号。为页面最下方的两个文本框内容添加项目符号。

选中要设置项目符号的文本，选择【开始】|【段落】|【项目符号】命令，选择第二行第二个项目符号，如图 5-50 所示。调整图片、艺术字、文本框等元素的大小和位置，完成宣传单的制作。最终效果如图 5-34 所示。

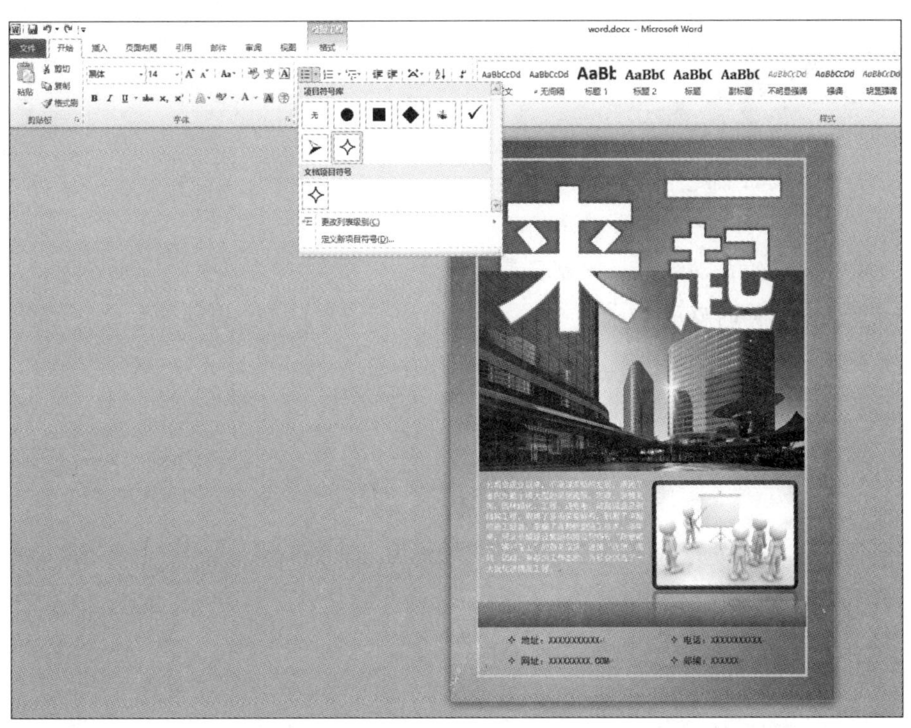

图 5-50 【项目符号】列表

第6章　Word高级应用
——制作毕业论文

教学目标

- 掌握文档属性的设置
- 掌握样式的创建和使用
- 掌握多级符号的创建和应用
- 理解图表的自动编号及图表目录的创建
- 掌握分节符的应用
- 掌握页眉和页脚的创建
- 掌握修订和批注的创建和编辑
- 掌握文档目录的创建

6.1　毕业论文排版案例分析

6.1.1　任务的提出

小赵即将大学毕业，他已经完成了毕业论文的撰写，接下来将对写好的毕业论文进行排版。毕业论文排版需遵照学校的毕业论文格式要求，毕业论文格式是指毕业论文写作时的样式要求。

毕业论文文档不仅篇幅长，而且格式比较多且处理起来比一般文档复杂，如，为章、节和正文等快速设置相应的格式、自动生成目录、为奇偶页创建不同的页眉和页脚等。小赵在毕业论文排版过程中碰到了很多问题，于是请教老师。经过老师的讲解，他顺利完成了毕业论文排版。

6.1.2　解决方案

小赵按照老师的指点，利用样式来快速设置相应的格式、利用大纲级别的标题自动生成目录、利用域命令灵活插入页眉和页脚等方法，对毕业论文进行了有效的编辑排版。

6.1.3　相关知识点

1. 文档属性

文档属性包含了文件的详细信息，包括标题、主题、作者、类别、关键词、文件长度、创建日期、最后修改日期和统计信息等。

2. 样式

样式是一组已经命名的字符格式或段落格式，可以应用于一个段落或者段落中选定的字符，能够批量完成段落或字符的格式设置。

3. 节

节是 Word 用来划分文档的一种方式。节的创建可以为同一个文档中设置不同的页面格式。节用分节符标识，在普通视图中分节符是两条横向平行的虚线。

4. 页眉和页脚

页眉和页脚是页面中的两个特殊的区域，位于文档的每个页面页边距的顶部和底部区域。通常文档的标题、页码、公司徽标、作者名等信息显示在页眉或页脚上。

5. 修订和批注

修订是对文档进行插入、删除、替换以及移动等编辑操作时，使用一种特殊的标记来记录所做的修改，以便于其他用户或者原作者了解对文档所做的修改，可以根据实际情况决定是否接受修订。

批注是作者或审阅者为文档添加的注释或批注，在文档的页边距或审阅窗格中的“气球”上显示。

6. 目录

目录是长文档中不可缺少的部分。通过目录能够很容易地了解文档的结构内容，并快速定位查找的内容。在目录中，左侧是目录标题，右侧是标题对应的页码。

6.2　实现方法

6.2.1　页面设置

毕业论文的撰写规范通常会规定页边距、装订线、纸张方向、纸型、页眉和页脚距边界的距离以及文章的行间距等，这些都是在【页面设置】对话框中进行设置。

页面设置——任务 1

任务 1：将毕业论文文档的页面大小设置为 16 开（18.4 厘米 ×26 厘米），设置文档每行输入 25 个字符，每页 20 行。

（1）打开毕业论文 Word 文档后，单击【页面布局】|【页面设置】组右下角的对话框启动器按钮，打开【页面设置】对话框，选择【纸张】标签，在【纸张大小】下拉列表中选择“16 开（18.4 厘米 ×26 厘米）”选项，如图 6-1 所示。

图 6-1　设置纸张大小

（2）在【页面设置】对话框中，单击【文档网格】选项卡。选中【网格】区域中的【指定行和字符网格】单选按钮，在【字符数】中的【每行】组合框输入 25，在【行数】中的【每页】组合框输入 20，如图 6-2 所示。

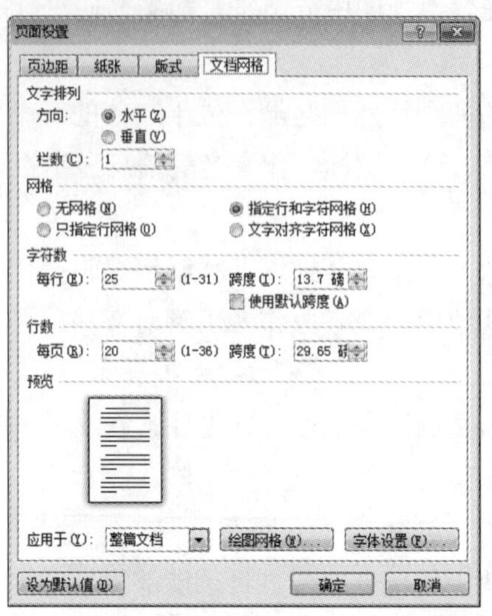

图 6-2 【文档网格】选项卡

（3）单击【确定】按钮，页面设置完毕。

6.2.2 属性设置

文档属性有助于了解文档的相关信息，如文档的标题、作者、文档大小、创建日期、最后修改日期等。

属性设置——任务 2

任务 2：将毕业论文文档标题设置为“毕业论文”、作者输入“学号 + 姓名”、单位设置为所在班级。

（1）选择【文件】|【信息】|【属性】|【高级属性】命令，打开【属性】对话框。

（2）选择【摘要】选项卡，在【标题】文本框中输入“毕业论文”，在【作者】文本框中输入“0001 李四”，在【单位】文本框中输入“×××× 班”，如图 6-3 所示。

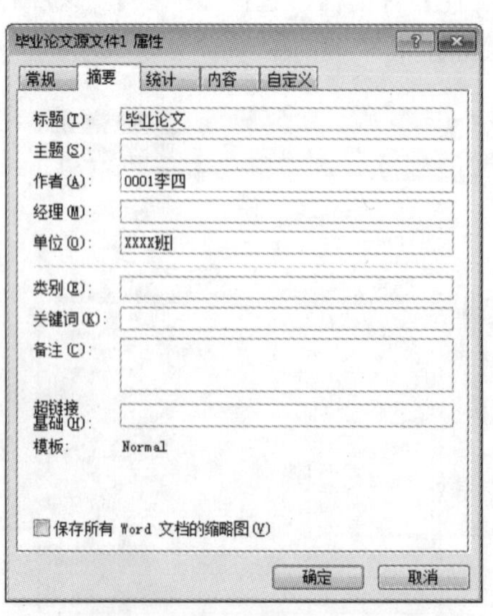

图 6-3 输入文档属性信息

（3）单击【确定】按钮，设置完毕。

6.2.3 使用样式

使用样式——任务 3

毕业论文通常由题目、摘要、目录、绪论、正文、结论、参考文献和附录等部分构成。文档长且各部分内容格式复杂，所以在输入文字之前，先创建好样式再应用会事半功倍。同时，应用样式后文档也方便在大纲视图中进行结构的调整和内容的移动。论文中标题多级符号的应用也使增、删、改后的标题能自动调整编号。

论文标题的多级符号可以采用 Word 中 Normal 模板的内置样式的“标题 1”“标题 2”或“标题 3”等样式，也可以自己新建样式。样式可以根据论文排版的要求进行修改。

任务 3：根据论文标题使用多级符号的要求，按照表 6-1 所示参数，对 Word 模板内置样式进行修改。

表 6-1 毕业论文格式要求

名称	字体	字号	间距	对齐方式
标题 1	黑体	小三	固定行距 20 磅，段后间距 30 磅	居中
标题 2	黑体	四号	固定行距 20 磅，段后间距 20 磅	左对齐
标题 3	黑体	小四	固定行距 20 磅，段后间距 18 磅	左对齐
正文	宋体	小四	固定行距 20 磅	首行缩进两个字符

（1）单击【开始】|【样式】组右下角的对话框启动器按钮，打开【样式】任务窗格。将鼠标指针移到“标题 1”样式名处，单击其右边的下三角按钮，在弹出的菜单中选择【修改】命令，如图 6-4 所示，打开【修改样式】对话框。

（2）在打开的【修改样式】对话框中，在字体下拉列表中选择“黑体”，在字号下拉列表中选择“小三”，单击居中按钮，如图 6-5 所示。

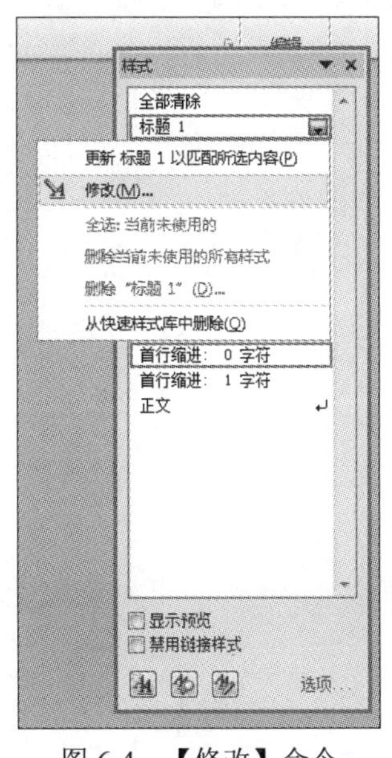

图 6-4 【修改】命令

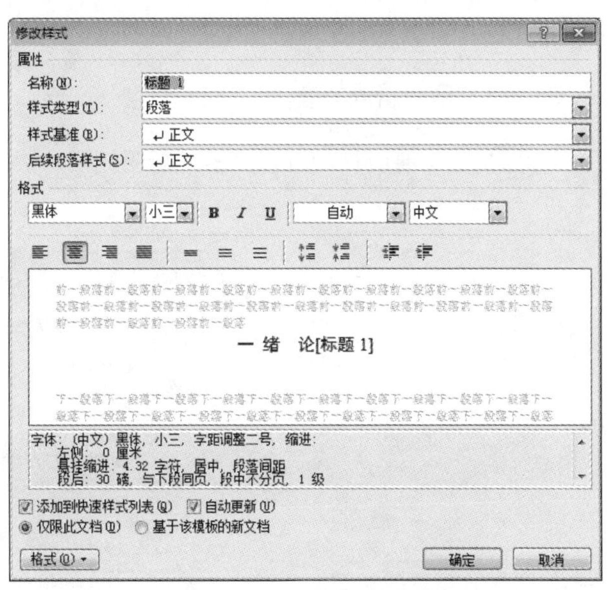

图 6-5 【修改样式】对话框

（3）在【修改样式】对话框中，选择【格式】下拉菜单中的【段落】选项，打开【段落】对话框。选择【缩进和间距】标签，在【行距】下拉列表中选择【固定值】；在【设置值】

组合框中输入“20 磅”；在【段后】组合框中输入“30 磅”，如图 6-6 所示。

（4）依次单击【确定】按钮。

（5）按照上述方法，根据表 6-1 所示参数要求设置其他格式。

提示：按 Shift+F5 组合键，可以回到上次编辑的位置，重复按 Shift+F5 组合键，还可在最近三次编辑的文字位置之间循环切换。

样式修改后，即可应用样式。选中文档中要应用样式的文字，或将插入点置于要应用样式所在段落的任意位置，然后再单击【样式】组中相应的样式名称即可。

如果要为文档中的多处已经具有同一样式的文字，再应用其他的相同样式（例如，本来应该应用“标题 2”样式的文字，全部错误地应用了“标题 3”的样式），可以一次性完成。实现方法是首先将插入点置于要重新应用样式的段落的任意位置，例如某个错误地应用了“标题 3”样式的段落中，选中文字后右击，选择【样式】|【选择格式相似的文本】命令，如图 6-7 所示，这样即可将所有应用了“标题 3”样式的文本选中，然后再单击任务窗格中要应用样式的名称（如“标题 2”）即可。

图 6-6 【段落】对话框

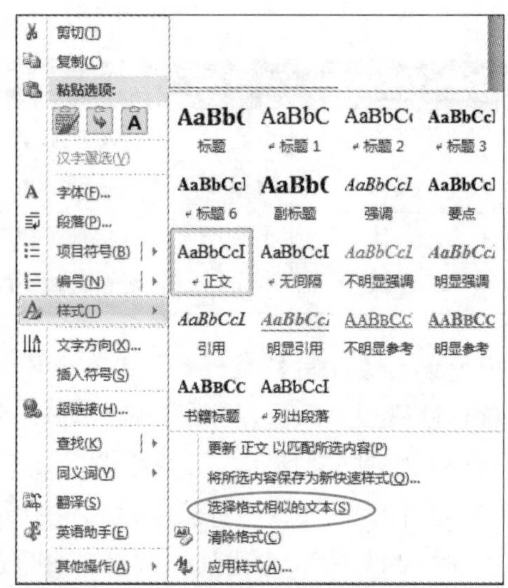

图 6-7 【选择格式相似的文本】命令

6.2.4 多级符号

多级符号——任务 4

标题是论文的眉目，应该突出，简明扼要，层次清楚，如图 6-8 所示。

一 绪 论[标题 1]
- 1.1 网站的总体规划[标题 2]
- 1.2 网站建设的需求和目的[标题 2]

二 开发工具[标题 1]
- 2.1 网页制作使用的技术[标题 2]
- 2.2 上网方案[标题 2]
- 2.3 申请域名[标题 2]

三 内容规划[标题 1]
- 3.1 栏目板块和结构[标题 2]
- 3.2 内容安排相互链接关系[标题 2]
- 3.3 交互性和用户友好设计[标题 2]

四 详细设计分析[标题 1]
- 4.1 各分页分析[标题 2]
- 4.2 各分页分析[标题 2]
  - 4.2.1 连锁体系[标题 3]
  - 4.2.2 新闻动态[标题 3]
  - 4.2.3 房源发布[标题 3]
  - 4.2.4 服务流程[标题 3]
  - 4.2.5 地产专栏[标题 3]
  - 4.2.6 诚聘英才[标题 3]
  - 4.2.7 服务监督[标题 3]
  - 4.2.8 联系我们[标题 3]

图 6-8 论文中的标题

任务 4：设置论文的标题层次格式如下：

一 ××××（居中）一级标题

1.1××××（顶头）二级标题

1.1.1××××（顶头）三级标题

具体设置方法如下所述。

（1）随意选中一个使用“标题 1”样式的段落，比如“绪论 [标题 1]”。

（2）选择【开始】|【段落】|【多级列表】命令，在快捷菜单中选择【定义新的多级列表】命令，如图 6-9 所示，打开【定义新多级列表】对话框。在【此级别的编号样式】下拉列表中选择“一，二，三（简）”样式；单击【设置所有级别】按钮，在弹出的快捷菜单中设置【第一级的文字位置】为 1.27 厘米，【每一级的附加缩进量】为 0 厘米；选择【定义新多级列表】对话框中的【单击要修改的级别】下的“1”项，在【将级别链接到样式】的下拉列表框中选择“标题 1”样式；接着选择【单击要修改的级别】下的“2”项，在【将级别链接到样式】下拉列表框中选择“标题 2”样式；选中【正规形式编号】复选框 (否则二级标题只能显示为“一 .1”)。同样方法，选择【单击要修改的级别】下的“3”项，在【将级别链接到样式】下拉列表框中选择“标题 3”样式，选中【正规形式编号】复选框，如图 6-10 所示。

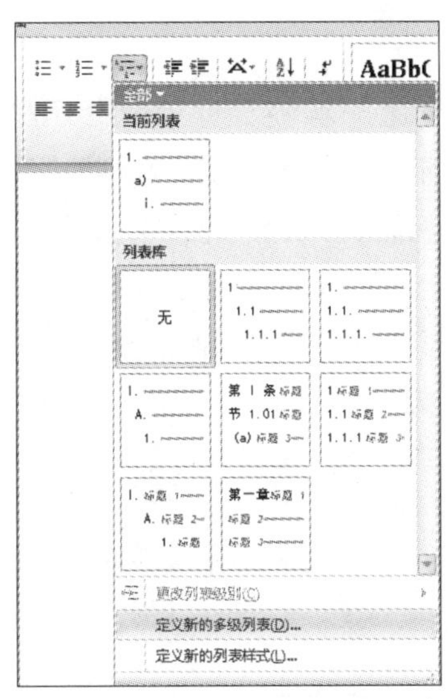

图 6-9　定义新的多级列表

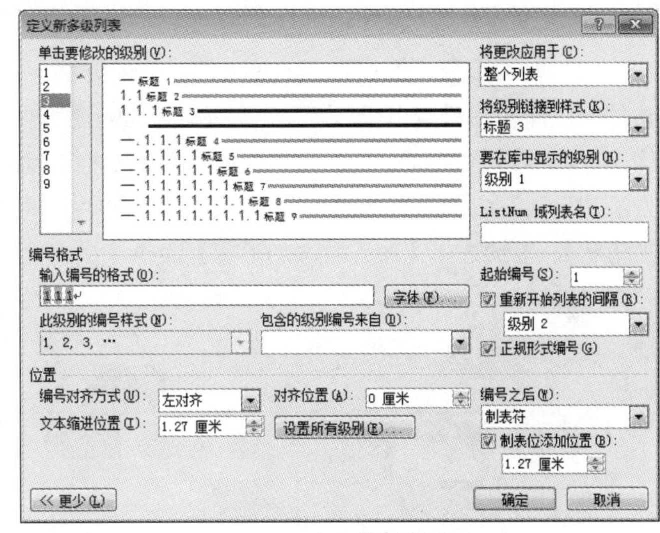

图 6-10　多级符号的设置

（3）依次单击【确定】按钮，即可设置好多级符号。

6.2.5　图表的创建和自动编号

1. 创建组织结构图

组织结构图以图形方式表示组织的管理结构，在论文中比较常用。虽然有专业的软件可以创建复杂的组织结构图，但在 Word 中可以使用“组织结构图”功能方便地创建组织结构图。

图表的创建和自动编号——任务 5

任务 5：在论文中创建组织结构图。

创建一个如图 6-11 所示的网站的组织结构图。具体操作步骤如下：

（1）插入图形。定位插入点，选择【插入】|【插图】|【SmartArt】命令，选择【层次结构】中第一行的第一个组织结构图，创建出如图 6-12 所示的组织结构图。

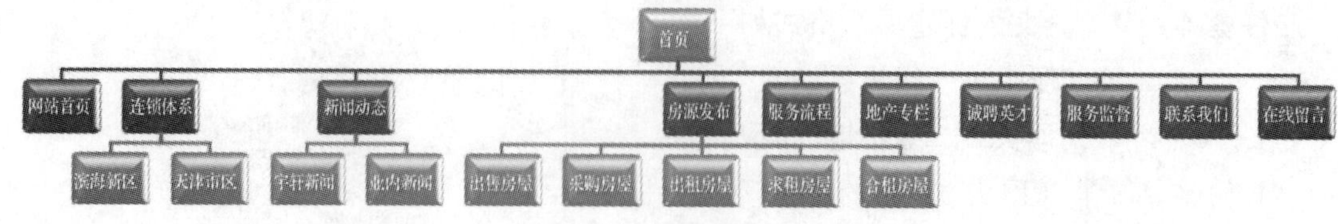

图 6-11　网站的组织结构图

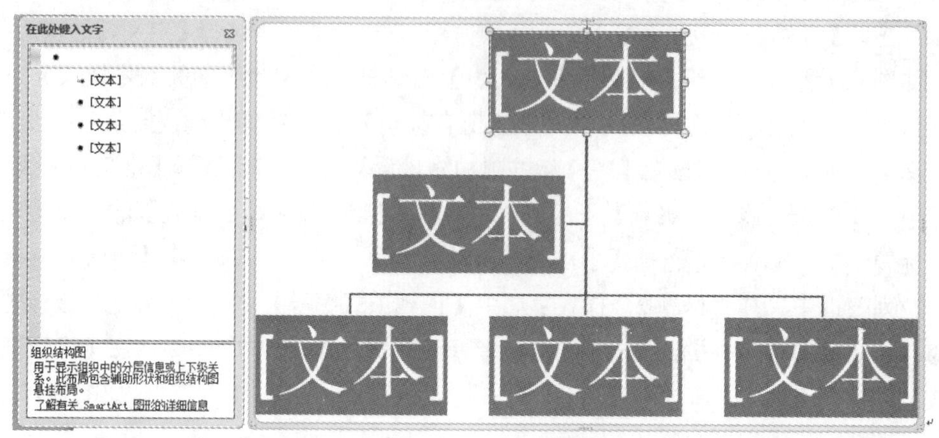

图 6-12　插入的组织结构图

（2）编辑图形。根据图 6-11 的结构，“首页”下方共有 10 个标签，而 Word 2010 默认的组织结构图只给出了三个“下属”，因此需要用户自己添加其余的标签。选中组织结构图上的“领导”形状（参考图 6-12），单击鼠标右键选择【添加形状】，连续选择【在下方添加形状】命令 7 次；或者选中该结构图上的“下属 1”文本框，单击鼠标右键选择【添加形状】，连续选择【在后面添加形状】命令 7 次。使用相同的方法添加其他部分的下属，并将“领导”下方的“助手”按 Delete 键删除，完成后的组织结构图如图 6-13 所示。

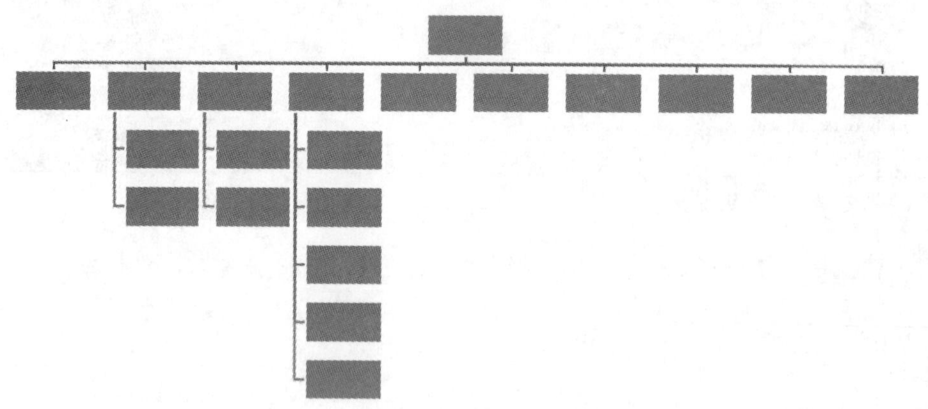

图 6-13　添加完所有分支后的组织结构图

温馨提示：若要删除组织结构图中的形状，先选定形状，再按 Delete 键。

（3）输入文字。选中形状，即可直接添加文字，或者选中形状，单击鼠标右键，选择【编辑文字】命令进行文字的书写；也可在左侧的窗格中按相应位置输入文字，输入的文字会根据形状自动调整大小，如图 6-14 所示。

（4）更改 SmartArt 样式。在组织结构图处双击，即可打开【SmartArt 工具 / 设计】选项卡，在【SmartArt 样式】列表中选择“优雅”选项，即可创建出如图 6-15 所示的组织结构图。

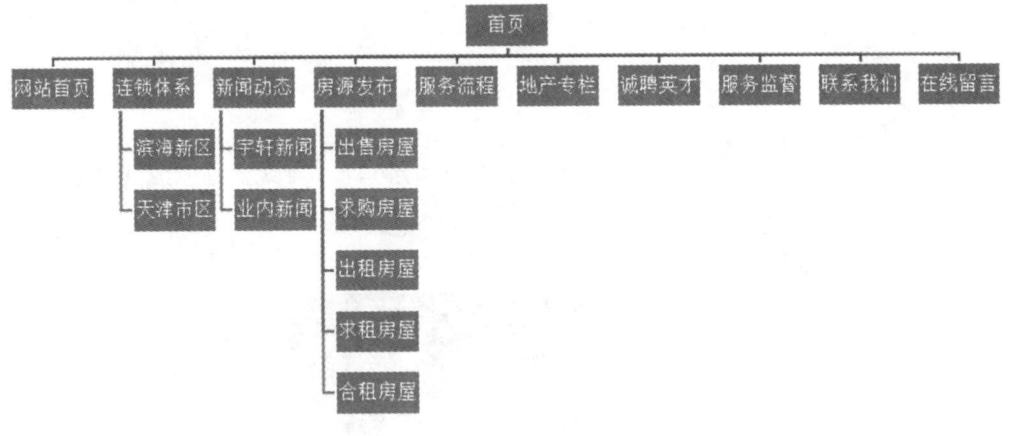

图 6-14　输入文字

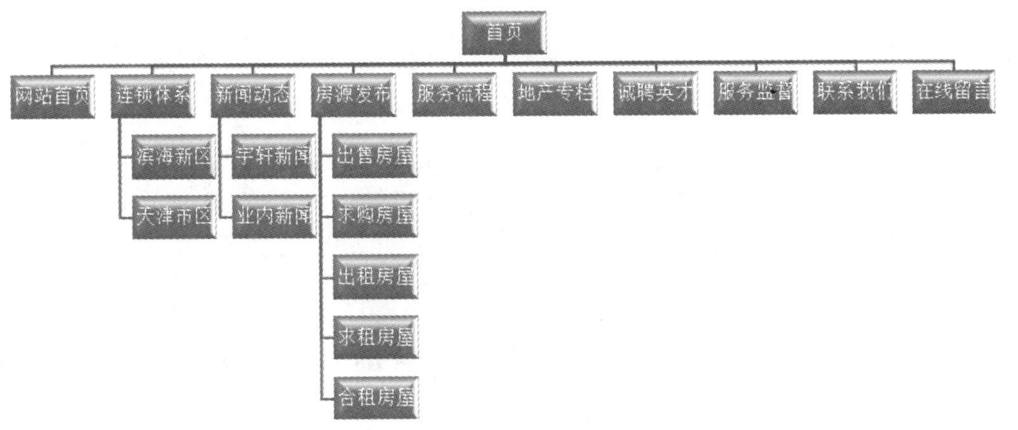

图 6-15　更改 SmartArt 样式

（5）更改布局和颜色。在组织结构图处双击，即可打开【SmartArt 工具 / 设计】选项卡，在【布局】列表中选择“标记的层次结构”选项；在【更改颜色】列表中选择“彩色填充强调文字颜色 4 至 5”，即可创建出如图 6-16 所示的组织结构图。

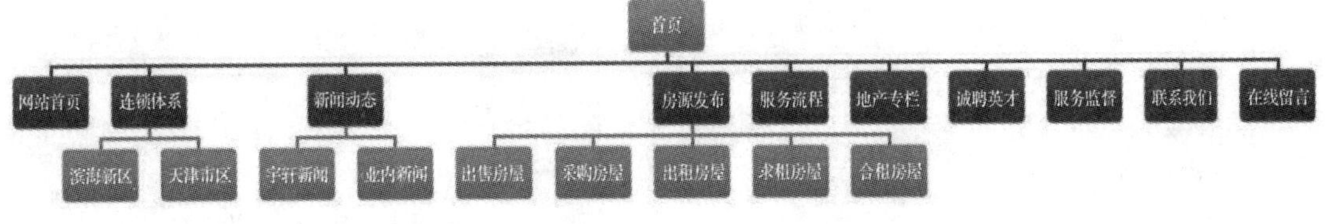

图 6-16　更改布局

2. 图、表的自动编号

论文中创建好图、表后要对其编号，例如，图 1.1、图 1.2、表 1.1、表 1.2 等。但如果图、表和对其引用较多，在插入或删除图、表时，手动修改图、表编号和对其的引用时就容易出错。因此，在进行包含大量图、表的论文编辑时，图、表一定要实现自动编号。

图表的创建和自动编号——任务 6

（1）插入题注。题注是可以添加到表格、图表、公式或其他项目上的编号标签，例如“图表 1”。

任务 6：为论文中的图添加题注，格式设置为“图 4.×”。

1）打开“论文图表”Word 文档，如图 6-17 所示。

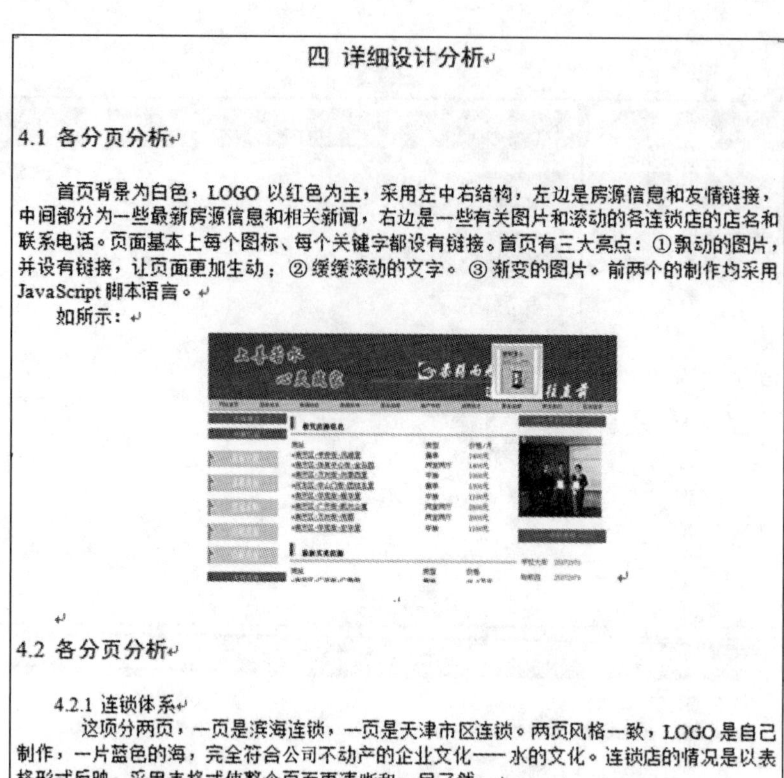

四 详细设计分析

4.1 各分页分析

首页背景为白色，LOGO 以红色为主，采用左中右结构，左边是房源信息和友情链接，中间部分为一些最新房源信息和相关新闻，右边是一些有关图片和滚动的各连锁店的店名和联系电话。页面基本上每个图标、每个关键字都设有链接。首页有三大亮点：①飘动的图片，并设有链接，让页面更加生动；②缓缓滚动的文字。③渐变的图片。前两个的制作均采用 JavaScript 脚本语言。

如所示：

4.2 各分页分析

4.2.1 连锁体系

这项分两页，一页是滨海连锁，一页是天津市区连锁。两页风格一致，LOGO 是自己制作，一片蓝色的海，完全符合公司不动产的企业文化—— 水的文化。连锁店的情况是以表格形式反映，采用表格式使整个页面更清晰和一目了然。

如所示：

图 6-17 “论文图表”文档

2）选中要设置编号的图，选择【引用】|【题注】|【插入题注】命令，打开【题注】对话框，如图 6-18 所示。

3）单击【新建标签】按钮，在【新建标签】对话框中的【标签】文本框中输入“图 4.”，如图 6-19 所示；单击【编号】按钮，打开【题注编号】对话框，选择【编号】格式为“1，2，3，…”，单击【确定】按钮；选择【位置】为“所选项目下方”，单击【确定】按钮。

图 6-18 【题注】对话框

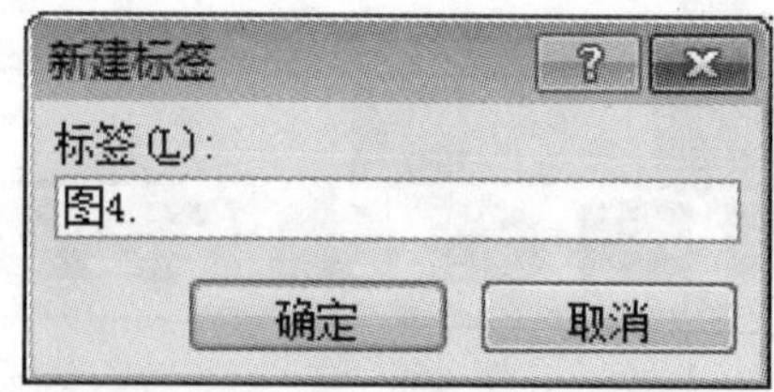

图 6-19 【新建标签】对话框

4）在【题注】对话框中单击【确定】按钮。这样，在图的下方就插入了一行文本，内容就是刚才新建标签的文字和自动生成的序号，此时可以在序号后输入文字说明“首页分析”。选中该行文字，可以利用【开始】|【字体】组中相应的按钮进行格式化。

5）用同样的方法插入其他图片题注，当再次插入同一级别的图片时，直接选择【引用】|【题注】|【插入题注】命令就可以了，Word 会自动按图在文档中出现的顺序为其编号。为图片插入题注后的效果如图 6-20 所示。

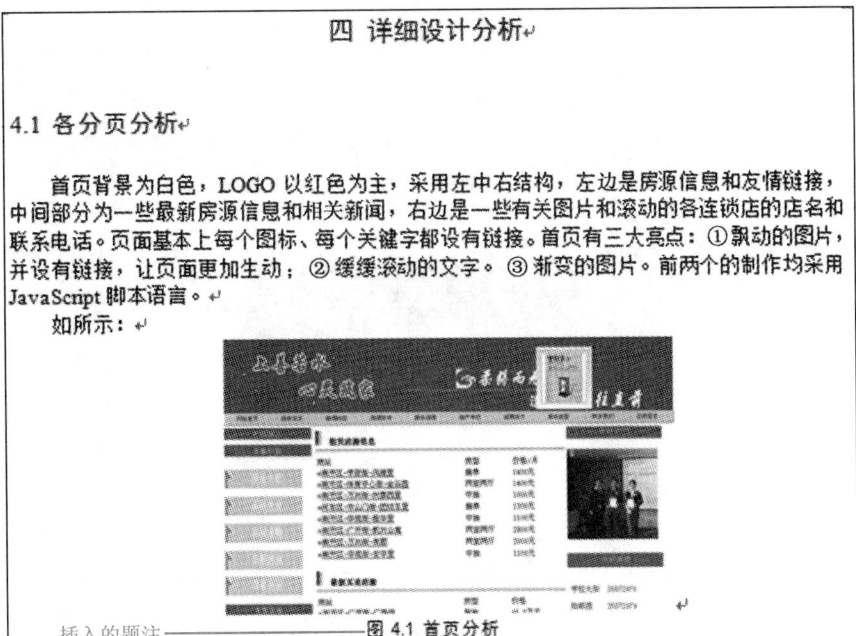

四 详细设计分析

4.1 各分页分析

首页背景为白色，LOGO 以红色为主，采用左中右结构，左边是房源信息和友情链接，中间部分为一些最新房源信息和相关新闻，右边是一些有关图片和滚动的各连锁店的店名和联系电话。页面基本上每个图标、每个关键字都设有链接。首页有三大亮点：①飘动的图片，并设有链接，让页面更加生动；②缓缓滚动的文字。③渐变的图片。前两个的制作均采用 JavaScript 脚本语言。

如所示：

插入的题注——图 4.1 首页分析

图 6-20 插入题注后的效果

（2）交叉引用。交叉引用是对文档中其他位置内容的引用，例如，“请参阅图表 1”。可为标题、脚注、书签、题注、段落编号等创建交叉引用。创建交叉引用之后，可以改变交叉引用的引用内容。例如，可将引用的内容从页码改为段落编号。

任务 7：对任务 6 中论文文档中的题注“图 4.1 首页分析”进行引用。

1）将光标定位到需要引用题注编号的地方，选择【引用】|【题注】|【交叉引用】命令打开【交叉引用】对话框。

图表的创建和自动编号——任务 7

2）在【交叉引用】对话框的【引用类型】下拉列表框中选择刚刚添加的题注标签“图 4.”，如图 6-21 所示。

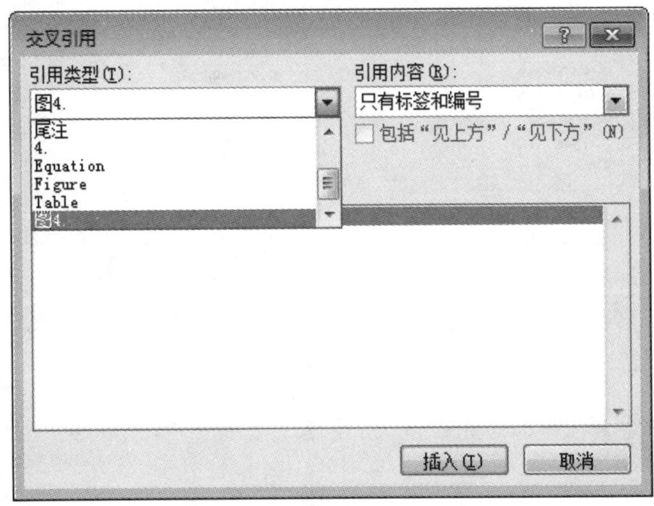

图 6-21 【交叉引用】对话框

3）在【引用内容】下拉列表框中选择“只有标签和编号”项，然后在下方的列表中选择要引用的题注，例如“图 4.1 首页分析”，然后单击【插入】按钮，即可将“图 4.1”插入到光标处，完成对题注的引用，如图 6-22 所示。

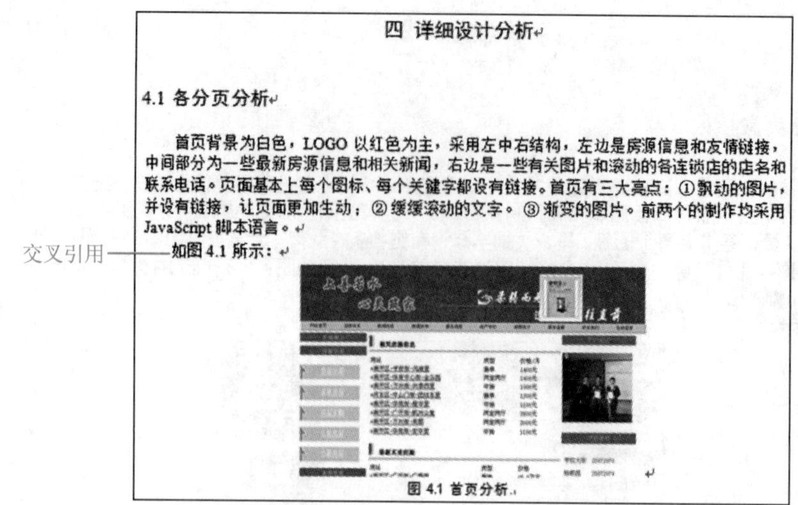

四 详细设计分析

4.1 各分页分析

首页背景为白色，LOGO 以红色为主，采用左中右结构，左边是房源信息和友情链接，中间部分为一些最新房源信息和相关新闻，右边是一些有关图片和滚动的各连锁店的店名和联系电话。页面基本上每个图标、每个关键字都设有链接。首页有三大亮点：①飘动的图片，并设有链接，让页面更加生动；②缓缓滚动的文字。③渐变的图片。前两个的制作均采用 JavaScript 脚本语言。

如图 4.1 所示：

图 4.1 首页分析

图 6-22 交叉引用显示

4）在其他需要引用题注的地方重复执行【引用】|【题注】|【交叉引用】命令，这时直接选择要引用的题注就可以了，不用再重复选择引用类型和引用内容。

3. 创建图、表的目录

根据排版要求，论文一般需要在文档末尾列一个图、表的目录。

图表的创建和自动编号——任务 8

任务 8：为论文文档创建图、表目录。

（1）将插入点定位在需要创建图、表目录的位置。

（2）选择【引用】|【题注】|【插入表目录】命令打开【图表目录】对话框，在【题注标签】下拉列表框中选择要创建索引的内容对应的题注“图 4.”，如图 6-23 所示。

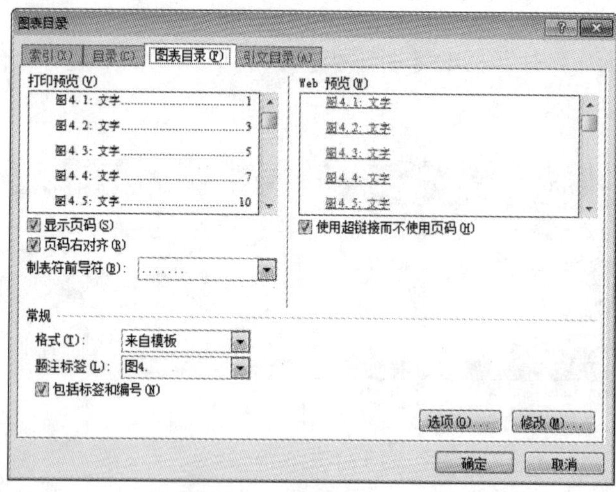

图 6-23 创建图表目录

（3）单击【确定】按钮即可完成目录的创建，如图 6-24 所示。

图表目录

图 6-24 图表目录

温馨提示：

- 将图的编号制作成题注，可实现图的自动编号。比如在第一张图前再插入一张图，Word会自动把原来第一张图的题注“图4.1”改为“图4.2”，后面图片的题注编号依次类推。
- 图的编号改变时，文档中的引用有时不会自动更新，可以右击引用文字，在弹出的菜单中选择【更新域】命令。
- 表格编号需要插入题注，也可以选中整个表格后单击右键，选择【题注】命令，但要注意表格的题注一般在表格上方。

6.2.6 分节符

如果文档的某一部分中间采用不同的格式设置，就需要创建一个节。节可小至一个段落，大至整篇文档。Word中用分节符来标识节。在普通视图中，分节符是用两条横向平行的虚线来显示的。分节符存储着当前节的文本边距、纸型、方向以及该节所有的格式化信息。如果对部分文档中的某些元素进行修改，可以创建一个节。有如下几种情况：

- 垂直对齐文本的方式。
- 页码的格式和位置。
- 报版样式的栏数。
- 页眉与页脚的文本、位置和格式。
- 页边距、纸型、页面方向。
- 背景、主题。

任务9：在论文的起始位置插入分节符，为插入目录做准备。

（1）将光标定位在论文的起始位置，即“绪论”二字之前。

（2）选择【页面布局】|【页面设置】|【分隔符】命令，在【分节符】类型中选择【下一页】，如图6-25所示。

温馨提示：由于在没有分节前，Word将整篇文档视为一节，所以文档中节的页面设置与整篇文档中的页面设置相同。论文的目录通常和正文格式不一样，因此我们需要在正文之前插入新的节。创建节后，可以对只属于该节的页面进行设置。只要在【页面布局】|【页面设置】对话框的【版式】选项卡中的【应用于】下拉列表框中选择【本节】项即可，如图6-26所示。

分节后的文档，可以设置不同的页码格式，还可以为该节的页码重新编号，并且能够设置新的页眉、页脚，不会影响文档中其他节的页眉和页脚。

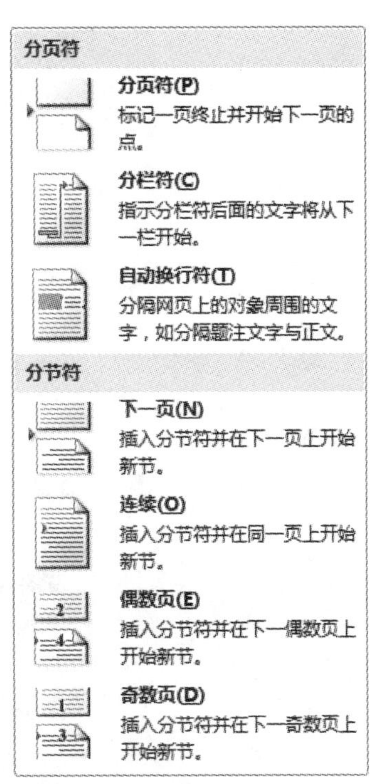

图6-25 【分隔符】对话框

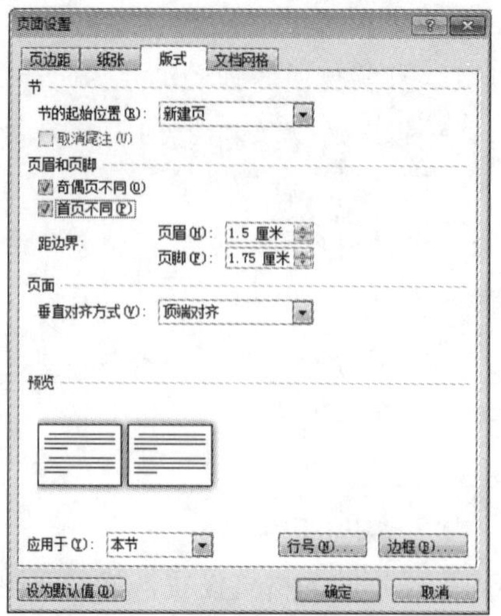

图 6-26　页面设置和节的使用

6.2.7　添加目录

论文内容确定下来后，还要为论文添加目录，以方便阅读。添加目录之前需要先为文档创建相应级别的标题。在 6.2.4 节中，我们已经设置了需要创建目录的一、二、三级标题的大纲级别。

添加目录——任务 10

任务 10：在文档的开始位置为论文文档添加论文目录，并对其进行更新。

（1）插入目录。将光标定位在论文的起始空白页，选择【引用】|【目录】|【目录】|【自动目录 1】命令，如图 6-27 所示。

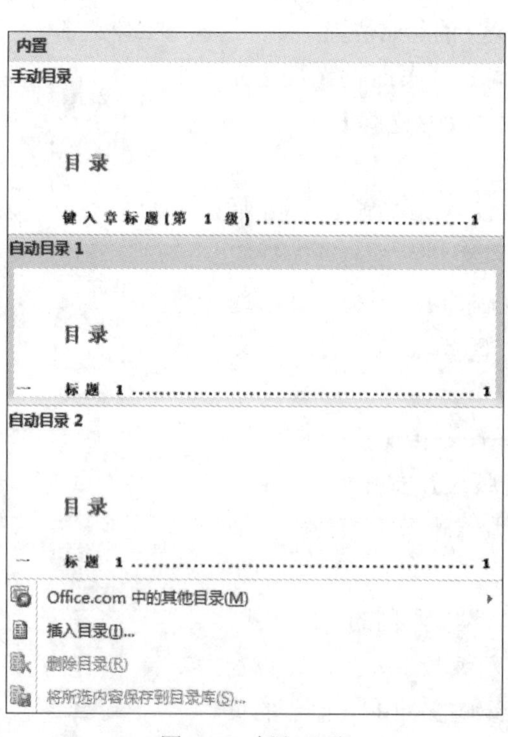

图 6-27　插入目录

（2）生成目录。自动生成的目录如图 6-28 所示。可根据实际情况对格式进行进一步的调整，同时，在目录相应的位置按 Ctrl 键并单击，可实现文档的链接。

（3）更新目录。若添加完目录后，又对正文内容进行了改动，并影响了目录中的页码，就需要更新目录。在目录区域内单击鼠标右键，从弹出的快捷菜单中选择【更新域】命令即可更新目录，如图 6-29 所示。

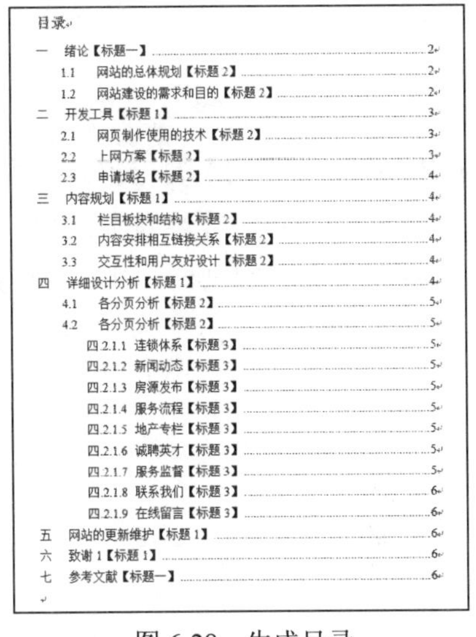

图 6-28 生成目录

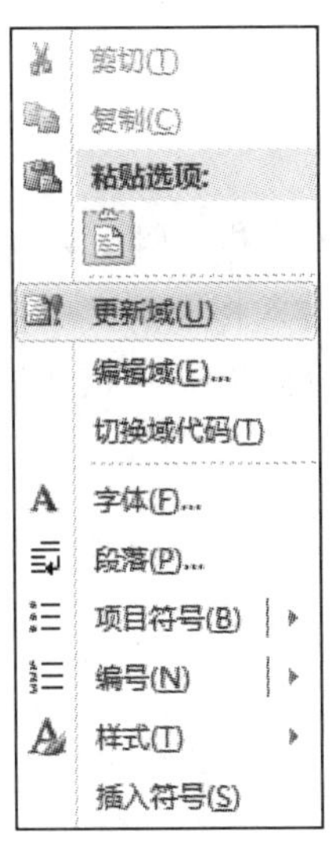

图 6-29 更新目录

6.2.8 添加页眉和页脚

在 Word 中建立的页眉和页脚，不仅可以包含页码，还可以包含日期、时间、文字和图形等。在文档的奇数页和偶数页中还可以设置不同的页眉和页脚。

任务 11：在论文文档中，为正文的奇偶页创建不同的页眉，目录页无页眉，并在页脚处添加页码，目录页和正文的页码不连续。

（1）在正文起始页，即文档第 2 节，选择【插入】|【页眉和页脚】|【页眉】命令，在弹出的快捷菜单中选择【编辑页眉】命令，如图 6-30 所示。此时文档中显示一个虚线框，表示页眉编辑区，如图 6-31 所示。

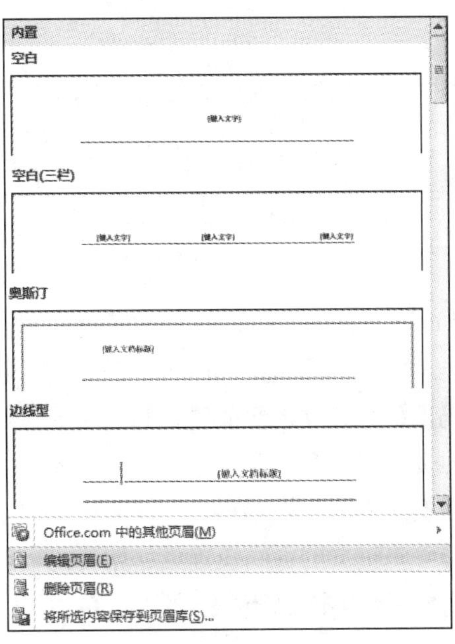

图 6-30 创建页眉

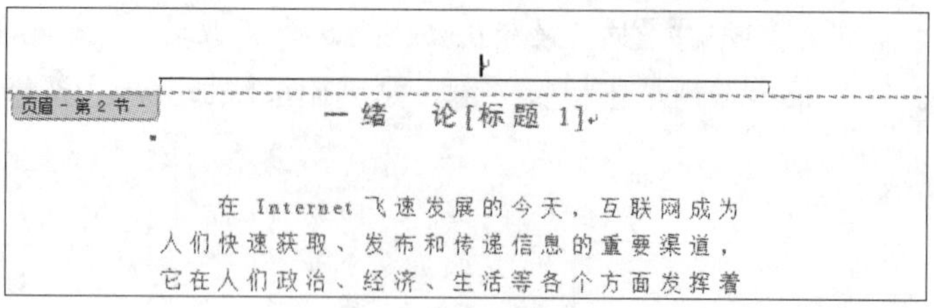

图 6-31 页眉编辑区

（2）在【页眉和页脚工具 / 设计】选项卡中，选中【奇偶页不同】复选框。分别在奇数页和偶数页输入相应的文字内容，如图 6-32、图 6-33 所示。单击【导航】组中的【链接到前一条页眉】按钮，将该功能取消，将不会在目录页显示奇偶页的页眉，如图 6-34 所示。

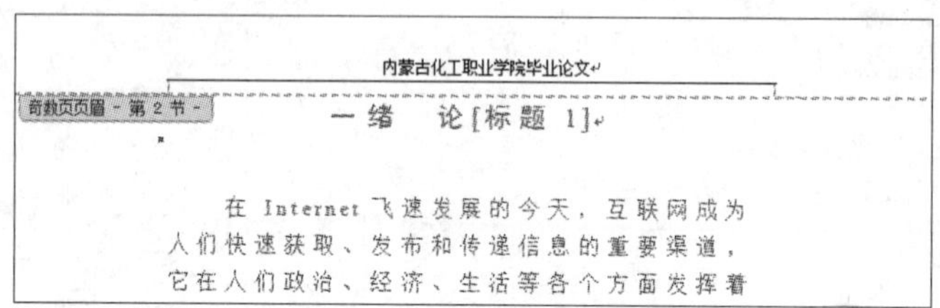

图 6-32 编辑奇数页页眉

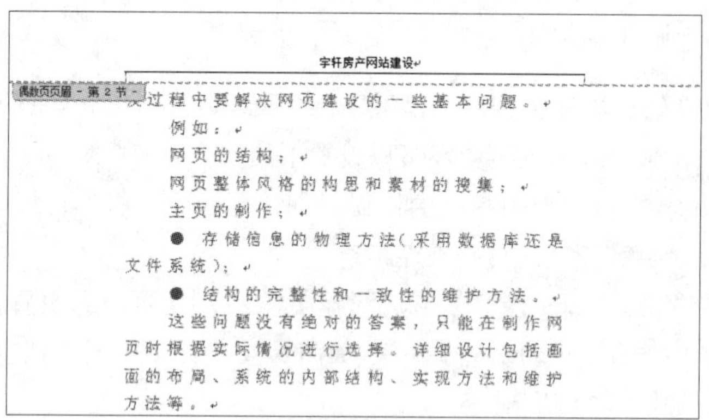

图 6-33 编辑偶数页页眉

图 6-34 【导航】组

（3）将光标定位到目录页页脚处即文档第 1 节，在【设计】选项卡的【选项】中，先将【奇偶页不同】复选框取消勾选，再选择【页眉和页脚】|【页码】|【页面底端】|【普通数字 2】命令，此时页脚处显示页码，但是正文的页码是从目录页延续下来的，现需在正文处设置起始页码。首先选中正文的页码，在【设计】选项卡中选择【页眉和页脚】|【页码】|【设置页码格式】命令，打开【页码格式】对话框，在【页码编号】中选中【起始页码】单选按钮，单击【确定】按钮即可将正文的页码设置成起始页码，如图 6-35、图 6-36 所示。

（4）页眉和页脚输入完成后，单击【设计】选项卡【关闭】组中的【关闭页眉和页脚】按钮即可完成页眉和页脚的创建。

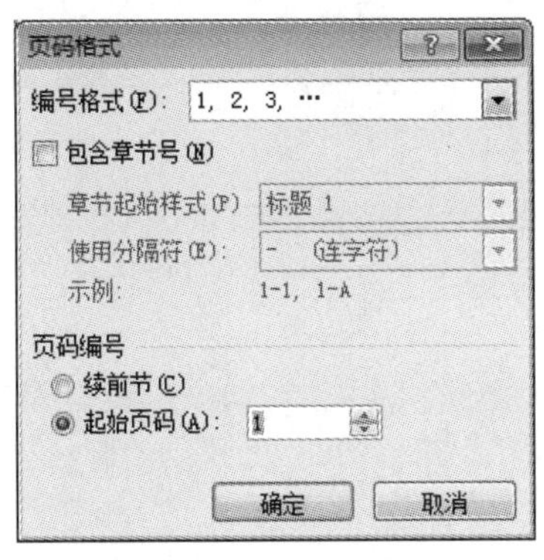

图 6-35 设置页码格式

图 6-36 设置正文起始页码

6.2.9 修订和批注

论文完成后，学生自己要阅读检查，导师要审阅，工作量非常大。此时，我们可以利用 Word 中的阅读版式、文档结构图和缩略图等功能对论文进行全文查阅，提高工作效率。在审阅过程中，导师可以方便地利用批注和修订功能对论文提出修改意见，学生可根据导师的意见进行修改。

1. 打开阅读版式，使用文档结构图

任务 12：将论文文档以阅读版式打开，并分别用文档结构图和缩略图两种样式来查阅文档。

修订和批注——任务 12

（1）以阅读版式打开文档。打开论文文档，选择【视图】|【文档视图】|【阅读版式视图】命令，或单击窗口右下角【阅读版式视图】按钮，切换到【阅读版式】视图，此时只显示【阅读版式】工具栏，如图 6-37 所示。

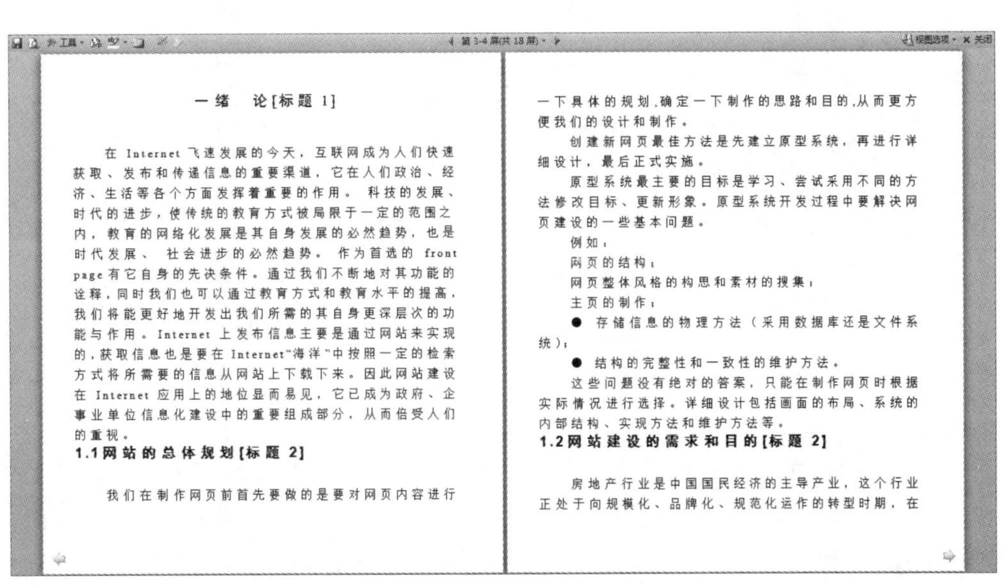

一 绪 论[标题 1]

在 Internet 飞速发展的今天，互联网成为人们快速获取、发布和传递信息的重要渠道，它在人们政治、经济、生活等各个方面发挥着重要的作用。科技的发展、时代的进步，使传统的教育方式被局限于一定的范围之内，教育的网络化发展是其自身发展的必然趋势，也是时代发展、社会进步的必然趋势。作为首选的 front page 有它自身的先决条件。通过我们不断地对其功能的诠释，同时我们也可以通过教育方式和教育水平的提高，我们将能更好地开发出我们所需的其自身更深层次的功能与作用。Internet 上发布信息主要是通过网站来实现的，获取信息也是要在 Internet"海洋"中按照一定的检索方式将所需要的信息从网站上下载下来。因此网站建设在 Internet 应用上的地位显而易见，它已成为政府、企事业单位信息化建设中的重要组成部分，从而倍受人们的重视。

1.1 网站的总体规划[标题 2]

我们在制作网页前首先要做的是要对网页内容进行一下具体的规划，确定一下制作的思路和目的，从而更方便我们的设计和制作。

创建新网页最佳方法是先建立原型系统，再进行详细设计，最后正式实施。

原型系统最主要的目标是学习、尝试采用不同的方法修改目标、更新形象。原型系统开发过程中要解决网页建设的一些基本问题。

例如：

网页的结构；

网页整体风格的构思和素材的搜集；

主页的制作；

● 存储信息的物理方法（采用数据库还是文件系统）；

● 结构的完整性和一致性的维护方法。

这些问题没有绝对的答案，只能在制作网页时根据实际情况进行选择。详细设计包括画面的布局、系统的内部结构、实现方法和维护方法等。

1.2 网站建设的需求和目的[标题 2]

房地产行业是中国国民经济的主导产业，这个行业正处于向规模化、品牌化、规范化运作的转型时期，在

图 6-37 【阅读版式】视图

（2）用文档结构图查阅文档。单击【视图】|【显示】，勾选【导航窗格】复选框，显示如图 6-38 所示的文档结构图效果。

（3）在打开的导航窗格中，单击【浏览您的文档中的页面】按钮显示如图 6-39 所示的缩略图效果，可以查看完整的文档页面。

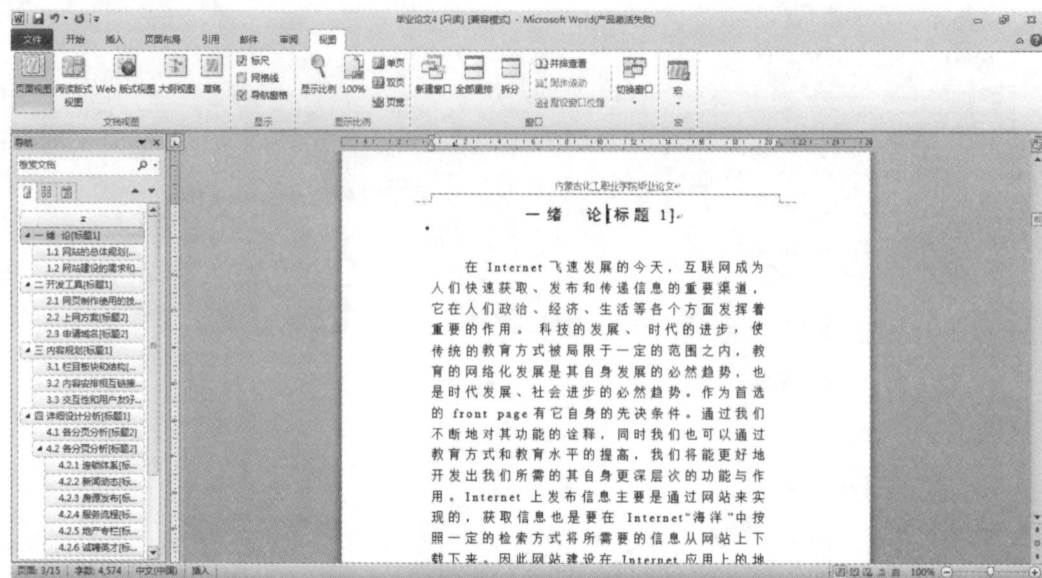

图 6-38 文档结构图效果

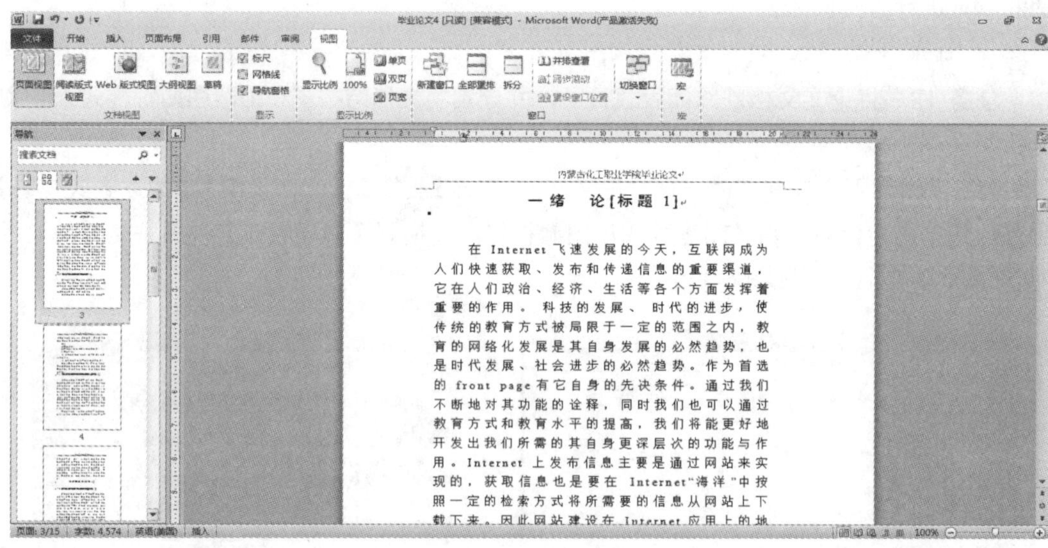

图 6-39 缩略图效果

温馨提示：如果想要取消显示导航窗格，则在【视图】功能区的【显示】组中取消【导航窗格】复选框即可。

2. 修订和批注

如果在阅读论文时需要修订，可以选择【审阅】|【修订】|【修订】命令，对文档添加修订标记。在修订状态下，所有的添加文字、删除文字、修改格式等操作都可以不用颜色进行标识，添加文字以加下划线的文字标记出来，左边文本选定区则标以穿线标记“|”，删掉的文字会出现在右边距中的批注框中。当鼠标指针指向这些批注时，会出现一个气泡，提示是谁在什么时间做了什么修改。

修订和批注——任务 13

任务 13：对论文进行修订，包括添加文字、删除文字和修改格式操作，对添加的批注进行接受或拒绝操作，添加并删除批注，修改审阅者姓名。

（1）修订论文。将插入点置于要修订的位置，选择【审阅】|【修订】|【修订】命令，即可进行修订操作。修订后的文档在文档右边距显示，如图 6-40 所示。

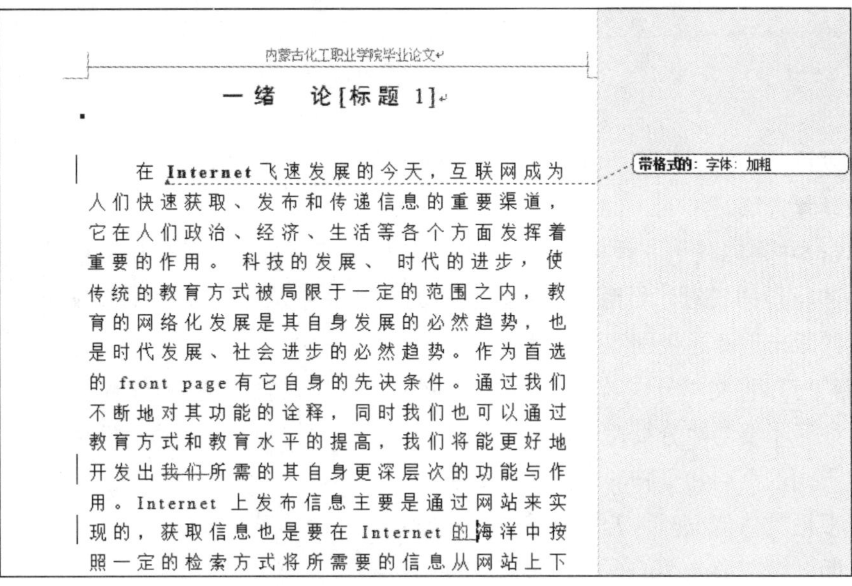

图 6-40 修订文档

提示：
如果文件需别人帮助进行修改，在发给对方之前，请启动“修订”功能。

（2）接受或拒绝修订。在【审阅】|【更改】组中，通过单击【上一条】或【下一条】按钮来选择要接受修订的位置，然后选择【接受】或【拒绝】命令，接受或拒绝对文档所做的修订。也可以在【接受】或【拒绝】的子命令中选择【接受对文档的所有修订】命令或【拒绝对文档的所有修订】命令，一次性接受或拒绝所有的修订，如图 6-41 所示。

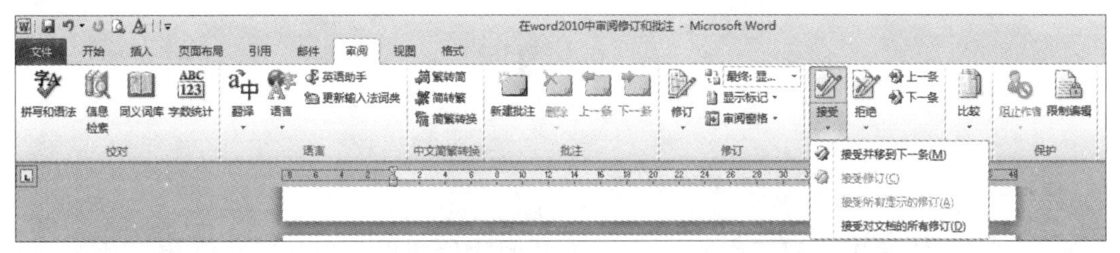

图 6-41 接受修订

（3）插入批注。将插入点置于要添加批注的位置，选择【审阅】|【批注】|【新建批注】命令，可以直接在批注框中输入批注意见，如图 6-42 所示。

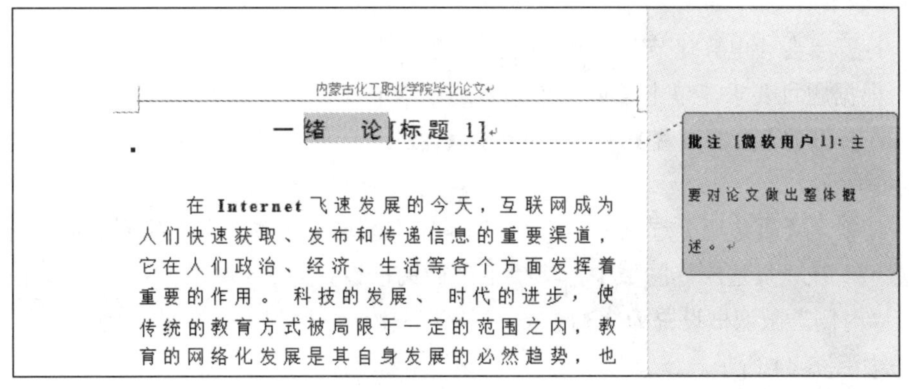

图 6-42 插入批注

（4）删除批注。将插入点置于批注的位置，选择【审阅】|【批注】|【删除】命令，即可删除批注的内容。

6.3 本章小结

本章以论文的排版为例，介绍了长文档的排版方法与技巧，重点掌握样式、节、页眉和页脚的设置方法。

在 Word 中可以使用三种样式：内置样式、自定义样式和其他文档或模板中的样式。

在创建标题样式时，要明确各级别之间的相互关系及正确设置标题编号格式，否则，将会导致排版出现标题级别混乱的状况。

分节符可以将文档分成若干“节”，不同的节可以设置不同的页面格式。在使用“分节符”时注意不要与“分页符”混淆。

设置不同的页眉和页脚的大致步骤如下：

- 根据具体情况插入若干分节符，将整篇文档分为若干节。
- 断开节与节之间的页眉或页脚链接。
- 在不同的节中分别插入相应的页眉和页脚。

Word 可以为文档自动创建目录，使目录的制作变得非常简便，但前提是要为标题设置样式。当目录标题或页码发生变化时，要注意及时更新目录。

通过本章的学习，读者应可以对调查报告、实用手册、讲义、小说等长文档进行有效的排版。

6.4 习题

上机操作（计算机二级考试模拟题）

习题上机操作 1

某高职院校学生小刘手中有一篇关于财务软件应用的书稿“会计电算化节节高升 .docx”，打开该文档，按下列要求帮助小刘对书稿进行排版操作并按原文件名进行保存。

（1）按下列要求进行页面设置：纸张大小 16 开，对称页边距，上边距 2.5 厘米、下边距 2 厘米，内侧边距 2.5 厘米、外侧边距 2 厘米，装订线 1 厘米，页脚距边界 1.0 厘米。操作步骤如下所述。

1）打开“会计电算化节节高升 .docx”素材文件。

2）根据题目要求，单击【页面布局】选项卡的【页面设置】组右下角的对话框启动器按钮，在打开的【页面设置】对话框中选择【纸张】选项卡，将“纸张大小”设置为 16 开，如图 6-43 所示。

3）切换至【页边距】选项卡，在“页码范围”区域的“多页”下拉列表框中选择“对称页边距”，在“页边距”区域中，将“上”微调框设置为 2.5 厘米、“下”微调框设置为 2 厘米、“内侧”微调框设置为 2.5 厘米、“外侧”微调框设置为 2 厘米、“装订线”设置为 1 厘米，如图 6-44 所示。

4）切换至【版式】选项卡，将“页眉和页脚”区域的“距边界”的“页脚”项设置为 1 厘米，如图 6-45 所示，单击【确定】按钮。

图 6-43 【纸张】选项卡

图 6-44 【页边距】选项卡

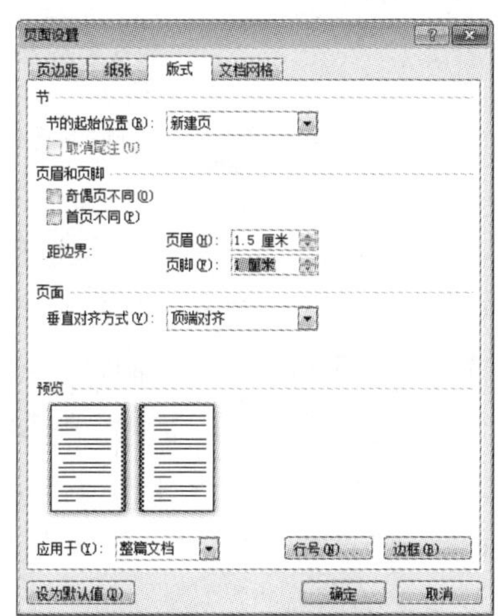
图 6-45 【版式】选项卡

（2）书稿中包含三个级别的标题，分别用“（一级标题）”“（二级标题）”“（三级标题）”字样标出。按表 6-2 所列要求对书稿应用样式、多级列表并对样式格式进行相应修改。具体操作步骤如下所述。

表 6-2 毕业论文格式要求

内容	样式	格式	多级列表
一级标题	标题 1	小二号字、黑体、不加粗，段前 1.5 行、段后 1 行，行距最小值 12 磅，居中	第 1 章、第 2 章、……第 n 章
二级标题	标题 2	小三号字、黑体、不加粗，段前 1 行、段后 0.5 行，行距最小值 12 磅	1-1、1-2、2-1、2-2、……n-1、n-2
三级标题	标题 3	小四号字、黑体、加粗，段前 12 磅、段后 6 磅，行距最小值 12 磅	1-1-1、1-1-2、……n-1-1、n-1-2 且与二级标题缩进位置相同
正文	正文	首行缩进 2 字符、1.25 倍行距、段后 6 磅、两端对齐	

1）在【开始】|【样式】组中右键单击“标题 1”，在弹出的快捷菜单中选择【修改】命令，在弹出的【修改样式】对话框中设置字体为“黑体”“小二”“不加粗”。再单击【格式】按钮，在弹出的快捷菜单中选择【段落】命令，在弹出的【段落】对话框中分别设置段前 1.5 行，

习题上机操作 2（上）

段后 1 行，行距最小值 12 磅，居中，如图 6-46、图 6-47 所示。单击【确定】按钮，关闭所有对话框。

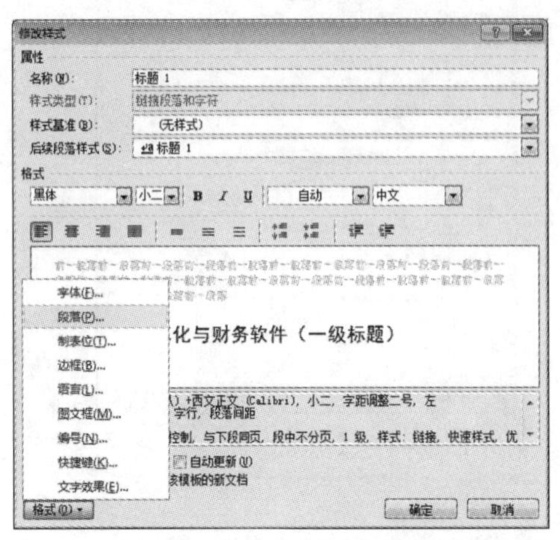

图 6-46 修改“标题 1”样式

图 6-47 修改“标题 1”的段落格式

2）依照步骤（1）的方法，按照题目表格中的具体要求，依次修改【样式】组中标题 2、标题 3 和正文的样式。

3）根据题意要求，选中正文第一段中的“（一级标题）”，选择【开始】|【编辑】组中单击【替换】命令打开【查找和替换】对话框，在【替换为】中输入“（一级标题）”，如图 6-48 所示。单击【更多】按钮，首先选择【搜索】下拉列表框中的“全部”，如图 6-49 所示，然后单击【格式】按钮，在弹出的格式列表中选择【样式】命令打开【替换样式】对话框，在样式列表中选择“标题 1”样式，如图 6-50 所示。再分别单击【确定】按钮和【全部替换】按钮，此时，所有“（一级标题）”的段落全部应用了“标题 1”样式。用上述方法继续为所有“（二级标题）”段落应用“标题 2”样式，为所有“（三级标题）”段落应用“标题 3”样式。

习题上机操作 2（中）

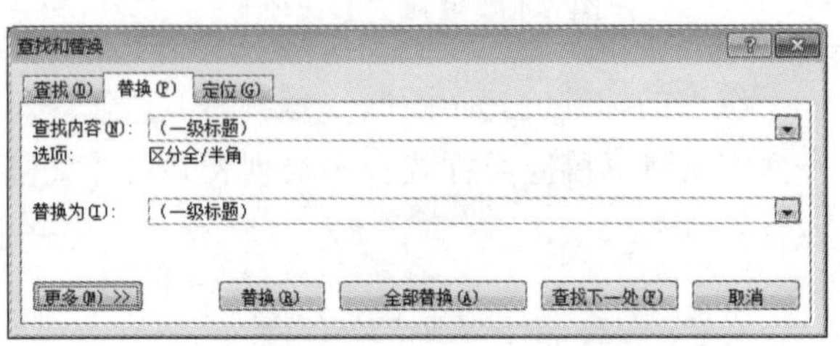

图 6-48 【查找和替换】对话框

4）在【开始】|【段落】组中单击【多级列表】按钮，在弹出的快捷菜单中选择【定义新的多级列表】命令打开【定义新多级列表】对话框，单击【更多】按钮。首先在【单击要修改的级别】列表框中选择“1”，在【将级别链接到样式】下拉列表框中选择“标题 1”，在【输入编号的格式】文本框中，在“1”前输入“第”，在“1”后输入“章”，如图 6-51 所示；再在【单击要修改的级别】列表框中选择“2”，在【将级别链接到样式】下拉列表框中选择“标题 2”，在【输入编号的格式】文本框中将“2.1”中间的“.”修改为“-”，如图 6-52 所示；最后在【单击要修改的级别】列表框中选择“3”，在【将级别链接到样式】下拉列表框中选择“标题 3”，在【输入编号的格式】文本框中将“2.1.1”中间的两个“.”分别修改为“-”，并设置“对齐位置”为“0.75 厘米”，设置“文本缩进位置”为“1.75 厘米”，如图 6-53 所示。单击【确定】按钮。

习题上机操作 2（下）

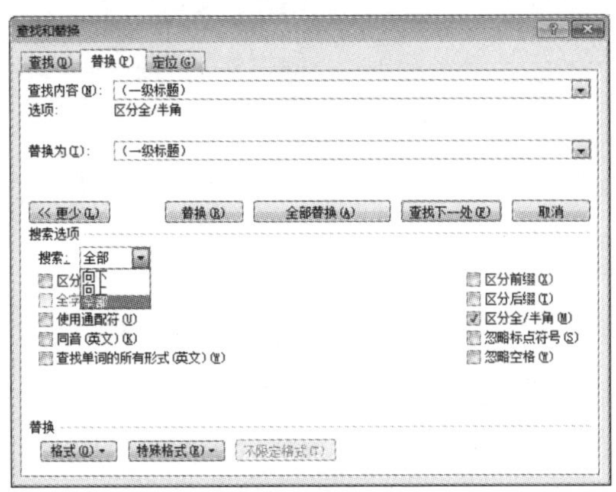

图 6-49 【搜索】下拉列表

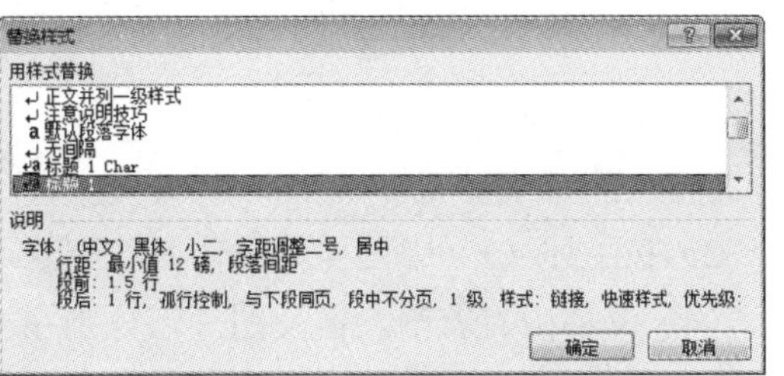

图 6-50 【替换样式】对话框

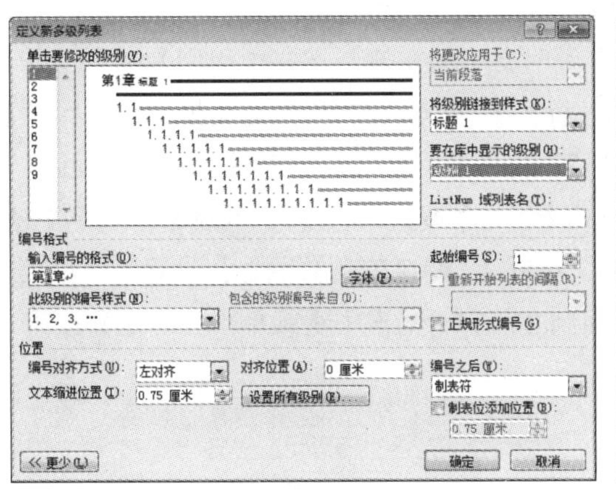

图 6-51 【一级标题】的设置

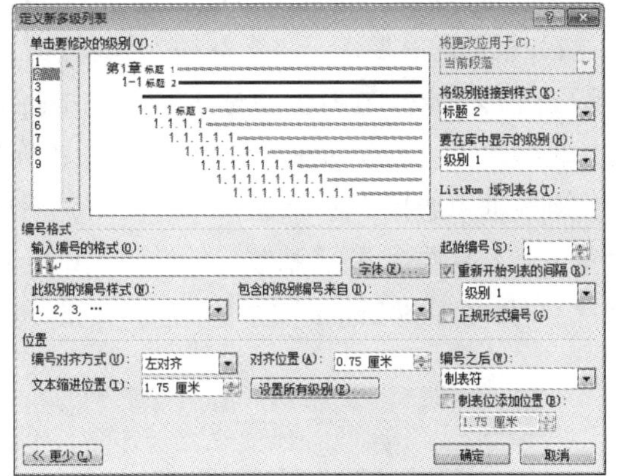

图 6-52 【二级标题】的设置

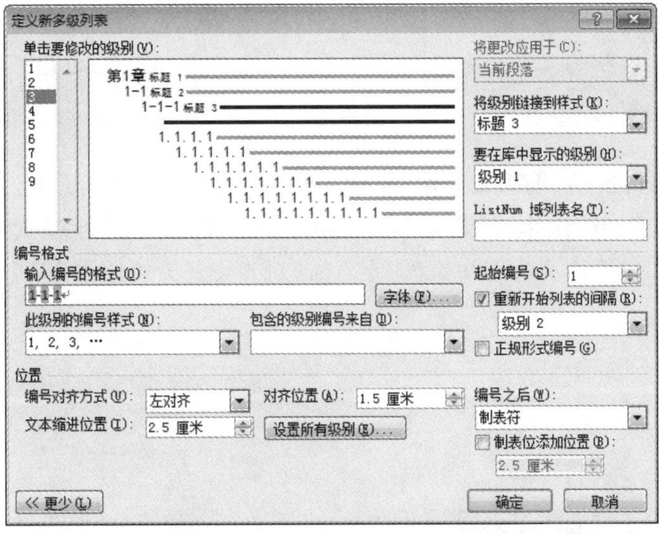

图 6-53 【三级标题】的设置

（3）样式应用结束后，将书稿中各级标题文字后面括号中的提示文字及括号［(一级标题)、(二级标题)、(三级标题)］全部删除。具体操作步骤如下所述。

1）单击【开始】|【编辑】组中的【替换】按钮弹出【查找和替换】对话框，在【查找内容】中输入“(一级标题)”，在【替换为】中不输入文字，单击【全部替换】按钮，如图 6-54 所示。

习题上机操作 3

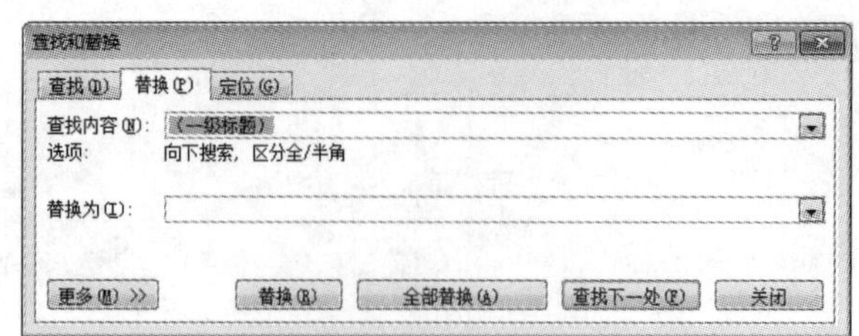

图 6-54 通过“替换”功能实现批量删除

2）按上述（1）中同样的操作方法删除“(二级标题)”和“(三级标题)”。

（4）书稿中有若干表格及图片，分别在表格上方和图片下方的说明文字左侧添加形如“表 1-1”“表 1-2”“图 1-1”“图 1-2”的题注，其中连字符“-”前面的数字代表章号、后面的数字代表图表的序号，各章节图和表分别连续编号。添加完毕后，将样式“题注”的格式修改为“仿宋”“小五号字”“居中”。具体操作步骤如下所述。

1）根据题意要求，将光标插入到表格上方说明文字的左侧，选择【引用】|【题注】|【插入题注】命令，在打开的对话框中单击【新建标签】按钮，在弹出的对话框中的【标签】文本框中输入“表”，如图 6-55 所示；单击【确定】按钮，返回到之前的对话框中，在“标签”下拉列表框中选择“表”，如图 6-56 所示；然后单击【编号】按钮，在打开的对话框中勾选【包含章节号】复选框，将【章节起始样式】设置为“标题 1”，将【使用分隔符】设置为“-（连字符）”，如图 6-57 所示；单击【确定】按钮，返回到之前的对话框中继续单击【确定】按钮。

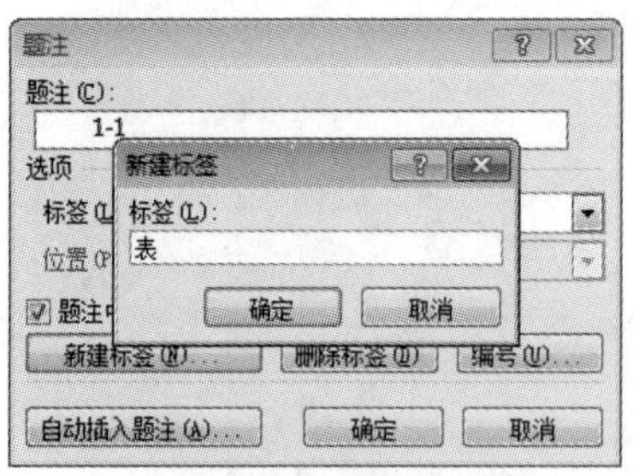

图 6-55 新建标签

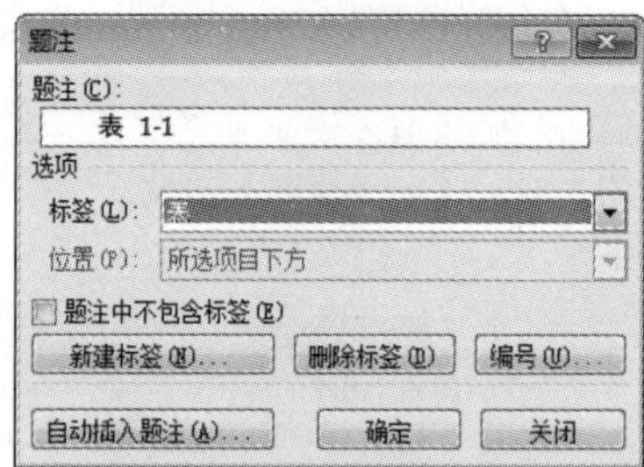

图 6-56 题注选项的设置

2）选中添加的题注，单击【开始】|【样式】组右侧的下三角按钮，在打开的【样式】列表中选择“题注”，单击鼠标右键，在弹出的快捷菜单中选择【修改】命令，即可打开【修改样式】对话框，设置格式为“仿宋”“小五”，对齐方式为“居中”，并勾选【自动更新】复选框，如图 6-58 所示。

图 6-57 题注编号的设置

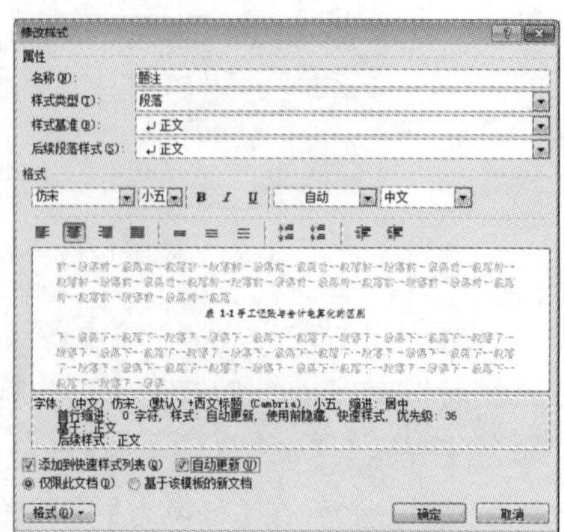

图 6-58 修改题注样式

3）将光标插至下一个表格上方说明文字的左侧，选择【引用】|【题注】|【插入题注】命令，在打开的【题注】对话框中直接单击【确定】按钮，即可插入新的题注内容，如图 6-59 所示。

4）使用同样的方法在图片下方的说明文字左侧插入题注，并设置题注格式。

（5）在书稿中用红色标出的文字的适当位置，为前两个表格和前三个图片设置自动引用其题注号。为第二张表格“表 1-2 好朋友财务软件版本及功能简表”套用一个合适的表格样式，保证表格第一行在跨页时能够自动重复且表格上方的题注与表格总在一页上。具体操作步骤如下所述。

1）根据题意要求将光标插入到被标为红色的文字的合适位置，此处以第一处标红文字为例，将光标插入到“如”字的后面。选择【引用】|【题注】|【交叉引用】命令，在打开的【交叉引用】对话框中，将【引用类型】设置为“表”，将【引用内容】设置为“只有标签和编号”，在【引用哪一个题注】下选择“表 1-1 手工记账与会计电算化的区别”，单击【插入】按钮，如图 6-60 所示。

图 6-59 插入题注

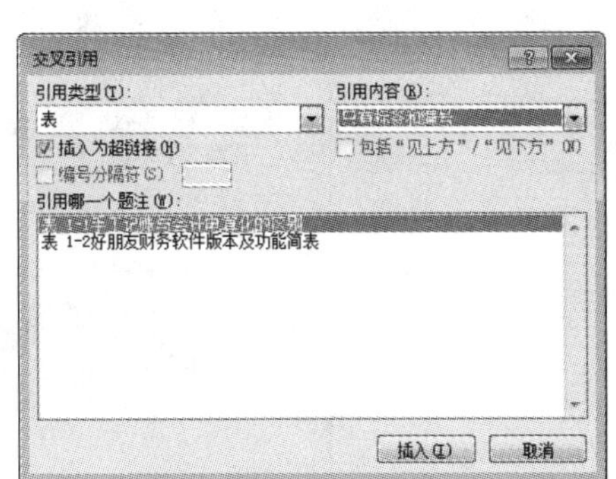

图 6-60 交叉引用设置

2）使用同样方法在其他标红文字的适当位置，设置自动引用题注号。

3）选择表 1-2，在【表格工具 / 设计】|【表格样式】组中为表格套用一个样式，此处选择“浅色底纹，强调文字颜色 5”，如图 6-61 所示。

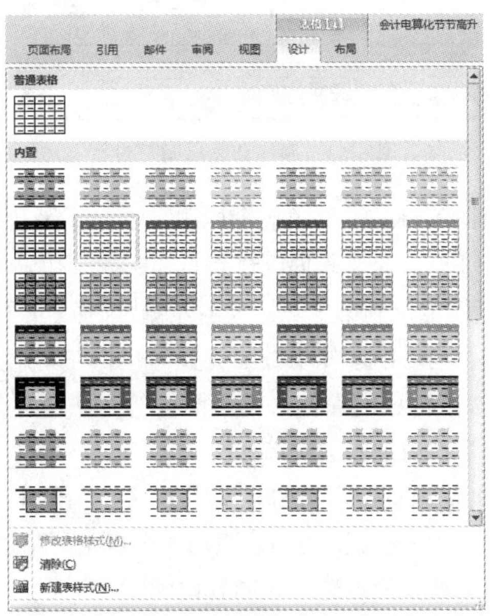

图 6-61 应用“表格样式”

4）将光标定位在表 1-2 的标题行中，选择【表格工具 / 布局】|【数据】组中的【重复标题行】命令，如图 6-62 所示。选中表格的题注行并右击，在弹出的快捷菜单中选择【段落】命令，在弹出的【段落】对话框的【换行和分页】选项卡中勾选【与下段同页】复选框，如图 6-63 所示。

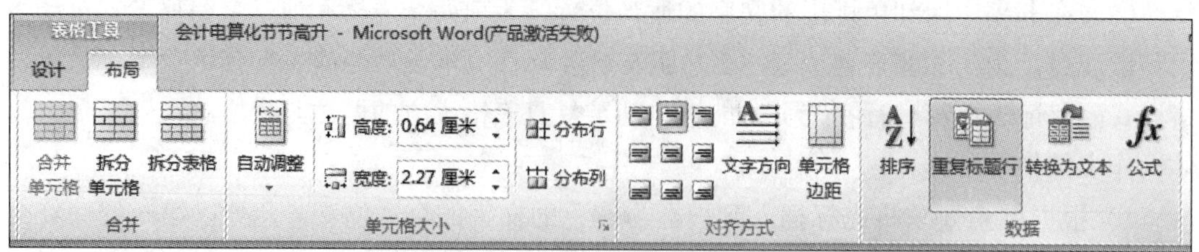

图 6-62　重复标题行设置

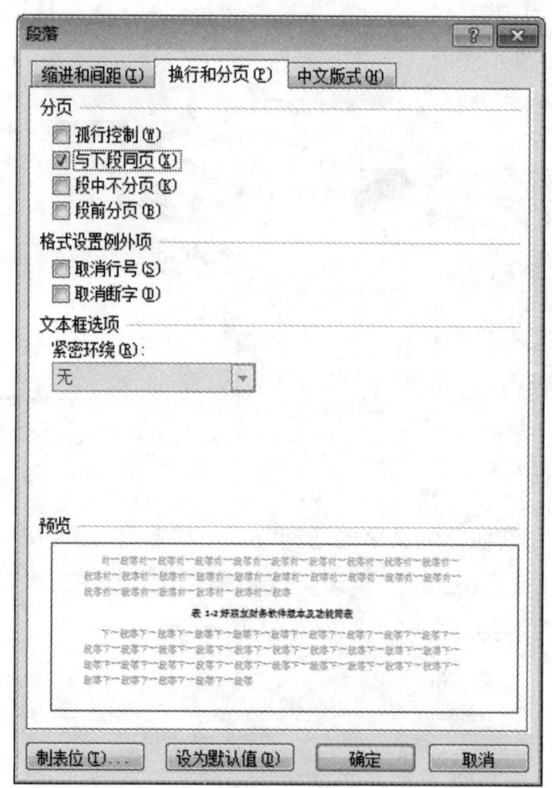

图 6-63　题注和表格同页设置

（6）在书稿的最前面插入目录，要求包含标题第 1 ～ 3 级及对应页号。目录、书稿的每一章均为独立的一节，每一节的页码均以奇数页为起始页码。具体操作步骤如下所述。

1）根据题意要求将光标定位到第 1 章标题的左侧，选择【页面布局】|【页面设置】|【分隔符】命令，在弹出的下拉列表中选择【奇数页】，如图 6-64 所示。

2）将光标定位到第 2 章标题的左侧，使用同样的方法进行分节。其他章节也使用该方法进行分节，此时每一章均为独立的一节。

习题上机操作 6

3）将光标定位到首页空白页中，单击【引用】|【目录】组中的【目录】项的下拉按钮，在下拉列表中选择【自动目录 2】，为书稿添加一个目录。由于每一章都为独立的一节，所以生成的目录每一章都是独立的页码，如图 6-65 所示。

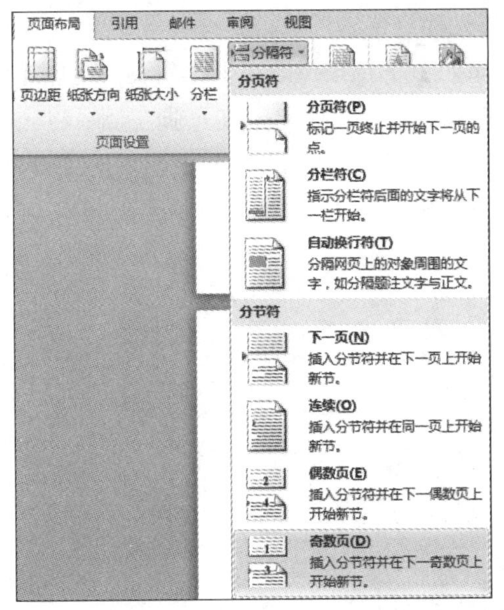

图 6-64 奇数页分页符设置

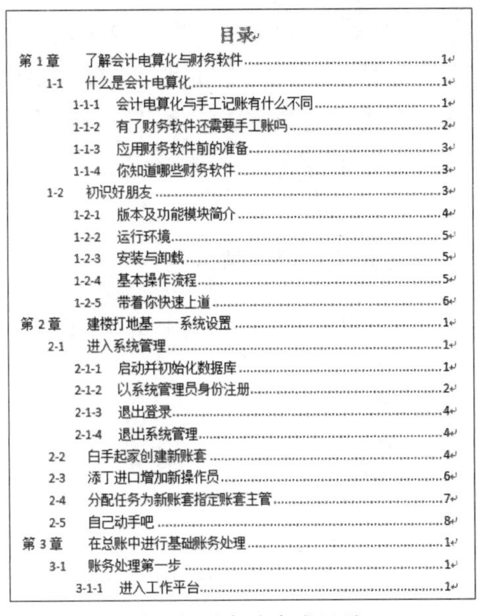
目录

图 6-65 自动生成目录

（7）将目录与书稿的页码分别独立编排，目录页码使用大写罗马数字（Ⅰ、Ⅱ、Ⅲ……），书稿页码使用阿拉伯数字（1、2、3……），且各章节间连续编页码。除目录首页和每章首页不显示页码外，其余页面要求奇数页页码显示在页脚右侧，偶数页页码显示在页脚左侧。具体操作步骤如下所述。

习题上机操作 7

1）双击目录第 1 页页脚处，进入页脚的编辑状态，在【页眉和页脚工具 / 设计】|【选项】组中勾选【首页不同】和【奇偶页不同】复选框，如图 6-66 所示。

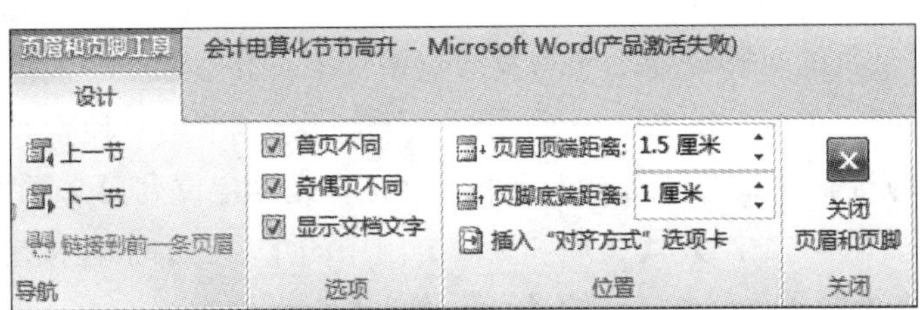

图 6-66 “首页不同”和“奇偶页不同”的设置

2）在【页眉和页脚工具 / 设计】|【页眉和页脚】组中单击【页码】下拉按钮，在下拉列表中选择【设置页码格式】命令，在打开的【页码格式】对话框中选择【编号格式】为大写罗马数字 I，II，III，…，单击【确定】按钮，如图 6-67 所示。

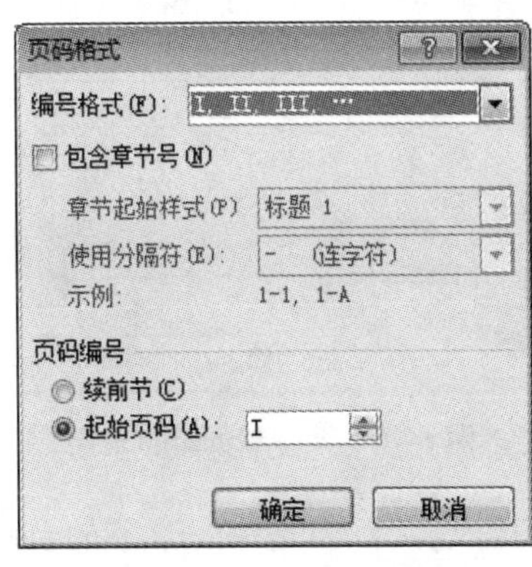

图 6-67 目录页码格式设置

3）根据题意，目录的首页不显示页码，因此将光标定位到目录第 2 页页码处，单击【页眉和页脚工具 / 设计】|【页眉和页脚】组中的【页码】下拉按钮，在下拉列表中选择【页面底端】的【普通数字 1】，如图 6-68 所示，实现偶数页的页码显示在页脚左侧；将光标定位到目录第 3 页页码处，单击【页眉和页脚工具 / 设计】|【页眉和页脚】组中的【页码】下拉按钮，在下拉列表中选择【页面底端】的【普通数字 3】，如图 6-69 所示，实现奇数页的页码显示在页脚右侧。

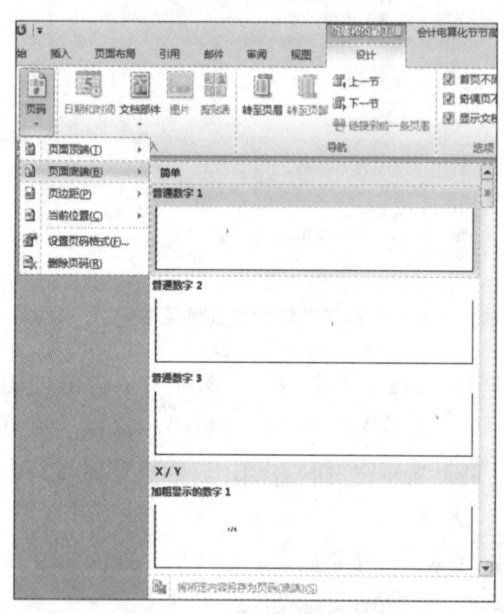

图 6-68 偶数页页码设置

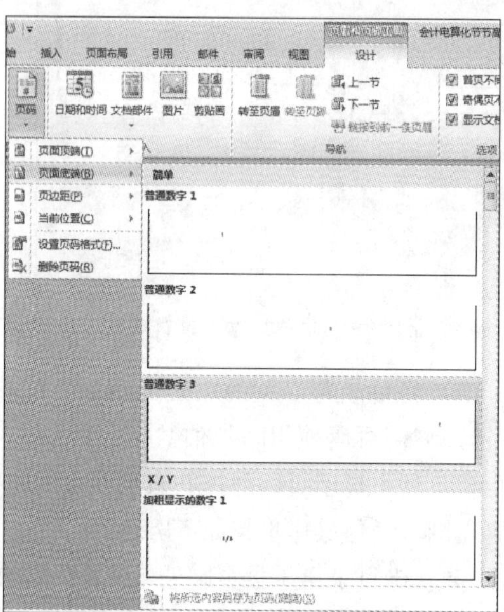

图 6-69 奇数页页码设置

4）此时，目录页的页脚处显示大写罗马数字（Ⅰ、Ⅱ、Ⅲ……）页码，每一章节的页脚处显示阿拉伯数字（1、2、3……）页码。但是每一章节的页码都是从 1 开始，现需要将每一章的页码与前一章的页码连续起来。首先将光标定位到第 2 章第 1 页的页脚处，单击【页眉和页脚工具 / 设计】|【页眉和页脚】组中的【页码】下拉按钮，在下拉列表中选择【设置页码格式】命令，在打开的【页码格式】对话框中，选中【页码编号】区域的【续前节】单选按钮，单击【确定】按钮，如图 6-70 所示，此时该章节的页码与前一章节是连续的。使用同样的方法为第 3 章、第 4 章、第 5 章设置连续页码。

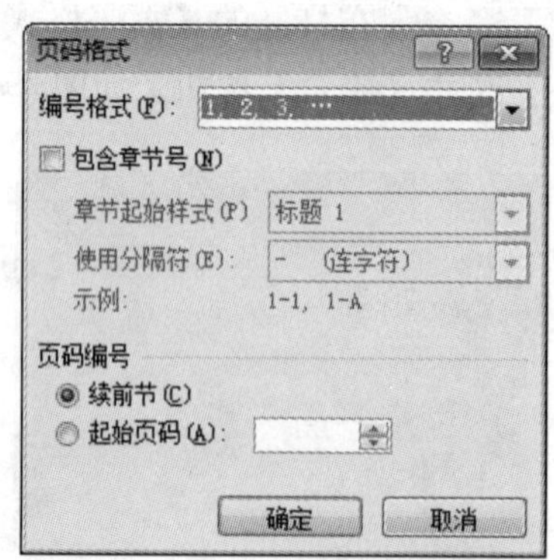

图 6-70 续前节页码的设置

5）此时，各章节的页码已经连续，但是每一章节的首页仍显示页码，因此将光标分别定位至每一章首页的页脚处，参照步骤 1）设置“首页不同”和“奇偶页不同”，让每一章节的首页均不显示页码，单击【关闭页眉和页脚】按钮，完成所有页码的设置。

6）页码设置完成后，目录的页码与实际页码不符，现需要更新目录。首先将光标定位到目录第 1 页中，选择【引用】|【目录】|【更新目录】命令，在打开的【更新目录】对话框中选择【更新整个目录】，然后单击【确定】按钮，此时目录已经更新，如图 6-71 所示。

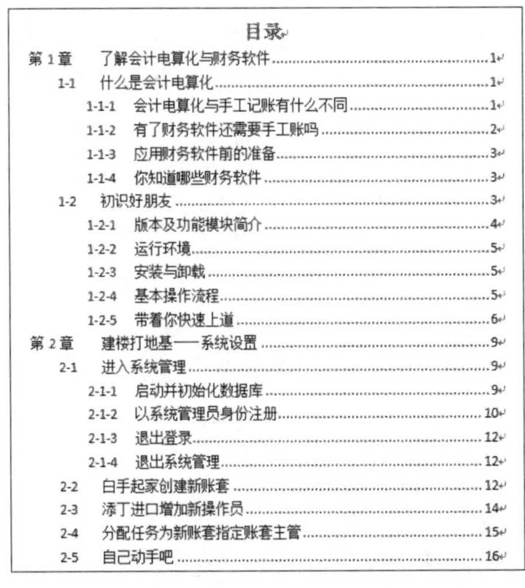

目录

第 1 章　了解会计电算化与财务软件……1
1-1　什么是会计电算化……1
1-1-1　会计电算化与手工记账有什么不同……1
1-1-2　有了财务软件还需要手工账吗……2
1-1-3　应用财务软件前的准备……3
1-1-4　你知道哪些财务软件……3
1-2　初识好朋友……3
1-2-1　版本及功能模块简介……4
1-2-2　运行环境……5
1-2-3　安装与卸载……5
1-2-4　基本操作流程……5
1-2-5　带着你快速上道……6
第 2 章　建楼打地基——系统设置……9
2-1　进入系统管理……9
2-1-1　启动并初始化数据库……9
2-1-2　以系统管理员身份注册……10
2-1-3　退出登录……12
2-1-4　退出系统管理……12
2-2　白手起家创建新账套……12
2-3　添丁进口增加新操作员……14
2-4　分配任务为新账套指定账套主管……15
2-5　自己动手吧……16

图 6-71　更新目录

（8）将素材图片“水印图片 .jpg”设置为本文稿的水印，水印处于书稿页面的中间位置并为图片增加“冲蚀”效果。具体操作步骤如下所述。

1）根据题意要求将光标插入到文稿中，在【页面布局】|【页面背景】组中单击【水印】下拉按钮，在弹出的下拉列表中选择【自定义水印】命令，如图 6-72 所示。

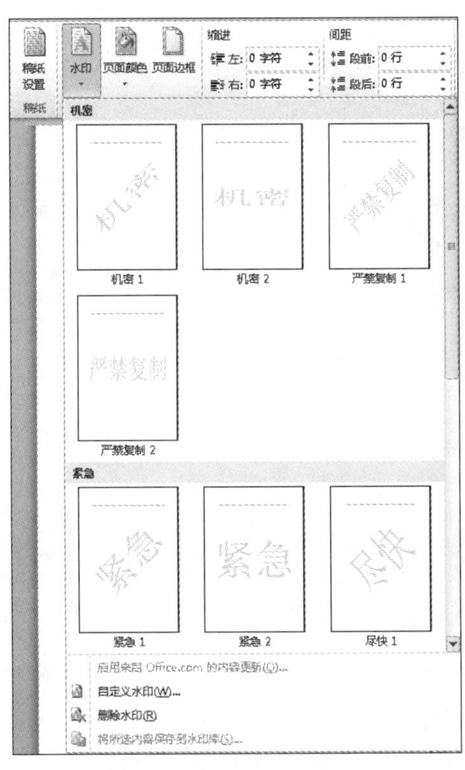

图 6-72　自定义水印

习题上机操作 8

2）在打开的【水印】对话框中选中【图片水印】单选按钮，勾选【冲蚀】复选框，如图 6-73 所示。然后单击【选择图片】按钮，在弹出的【插入图片】对话框中选择“水印图片.jpg”图片，单击【插入】按钮，如图 6-74 所示。返回之前的对话框，单击【确定】按钮，将文档保存即可。

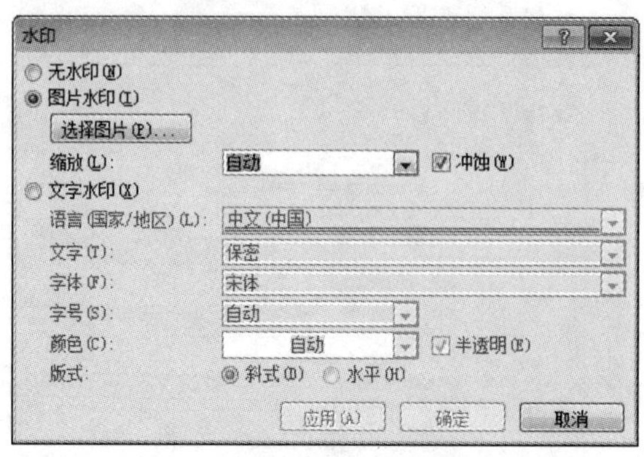

图 6-73 【水印】对话框设置

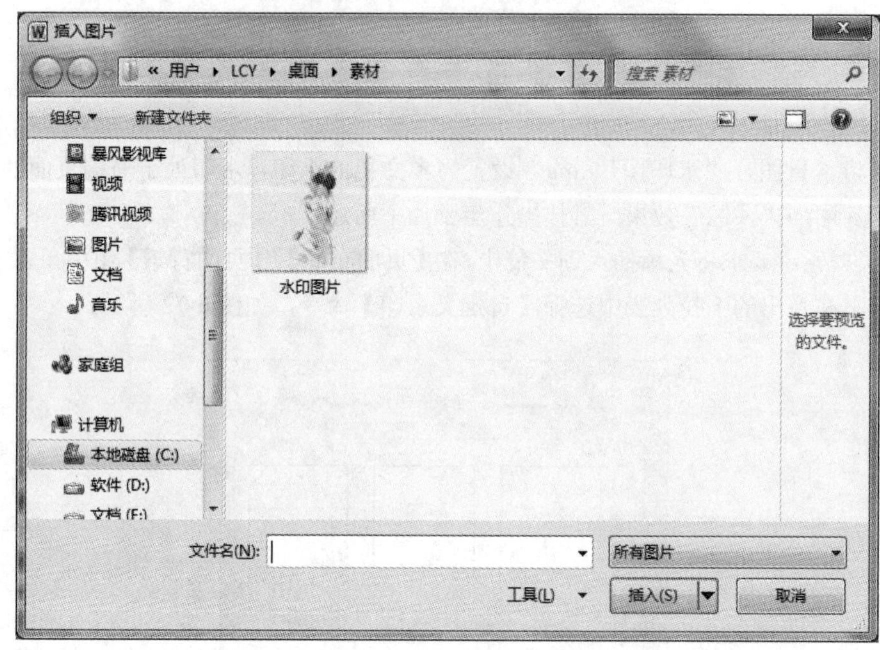

图 6-74 插入水印图片

第 7 章　Word 邮件合并的应用——快速批量打印

教学目标

- 掌握信封母版的制作
- 掌握数据链接的创建和邮件的合并
- 掌握信封的批量输出和打印

7.1　批量打印信封案例分析

本章以批量打印信封和邀请函为例，介绍 Word 强有力的批量处理功能，包括信封母版的制作、主文档的编辑、数据源的创建、邮件合并工具的使用等内容。

7.1.1　任务的提出

总公司为了宣传公司品牌形象，更好地宣传公司产品，并增进与各合作伙伴之间的关系，计划在 2019 年 10 月 19 日举办公司年会，特邀请合作企业各位嘉宾光临。

为完成邀请函的制作任务，并按时将邀请函递送到各位嘉宾的手中，刚入职的小田向自己的老师进行请教。听完小田的问题，老师说："其实很简单，只要学会邮件合并，很快就能完成任务。"经过老师的一番指点，小田终于轻松地完成了任务。

7.1.2　解决方案

在日常办公中，经常需要制作大量信函、信封等。如果采用逐条记录的输入方法，效率极低，而利用邮件合并功能可以进行批量制作，效率很高，而且不容易出错。下面是小田解决问题的具体方法。

（1）创建主文档。

（2）创建数据链接。

（3）制作信封母版。

（4）批量输出与打印。

7.1.3　相关知识点

1. 邮件合并的概念

邮件合并是将两个基本元素（主文档和数据源）合并成一个新文档。主文档包含了文件中相同部分的内容，如信函的正文、工资条的标题行等；数据源是多条记录的数据集，用来存放变动文本内容，如信函中客户的姓名、地址等。

2. 邮件合并的步骤

（1）创建主文档。新建 Word 文件，在文档中输入主文档内容并保存。

（2）组织数据源。数据源文档可以选用 Word、Excel 或 Access 来制作，但不论采用哪种软件来制作，它都是含有标题行的数据记录表，由字段列和记录行构成，字段列规定该列存储的信息，记录行存储一个对象的相应信息。

（3）邮件合并。邮件合并有两种方法：一种是利用【邮件】选项卡中的【选择收件人】和【插入合并域】等命令进行邮件合并；另一种是利用【邮件合并分步向导】的步骤提示进行邮件合并。

7.2 实现方法

如果你在工作中需要制作大量格式相同的东西，例如，需要为每个客户打印信封，客户的数量可能是几百个甚至上千个，每个人的地址都不一样，参加会议的人到会时间和住宿安排各不相同……尽管公司的数据库或 Excel 表中已经有了现成的数据，可是，要基于这些数据制作各式各样的信封、文档、邮件，还是用复制 / 粘贴的老办法吗？

解决上述各种问题的方法就是用 Word 的【邮件合并】，它可以成倍地提高工作效率。

7.2.1 批量制作信函

批量制作信函
——创建主文档、数据源

任务 1：批量制作信函。

（1）创建主文档。新建 Word 文件，在文档中输入如图 7-1 所示的文字内容，并将该主文档以“邀请函 .docx”为文件名进行保存。

邀 请 函

尊敬的先生/女士：

我公司决定于 2019 年 10 月 19 日在公司活动中心举办 2019 年公司年会，该年会由我公司策划主办，主要包括开放式座谈和品尝美食等活动内容。为了加强公司间的经验交流，互相促进我们公司的发展，现在诚挚地邀请贵公司来参加我公司的年会。如蒙同意，请将贵公司同意参加年会的人员名字发送到我公司后勤部。特此函达。

北京××科技发展公司

2019 年 10 月 18 日

图 7-1 “邀请函 .docx”主文档

（2）组织数据源。新建 Excel 文件，在工作表中建立如图 7-2 所示的数据源，并将该数据源以“客户信息 .xlsx”为文件名进行保存。

	A	B	C	D	E
1	收件人姓名	职务	公司名称	通讯地址	邮编
2	王灵	市场总监	北京运通公司	北京市朝阳区胜利路××号	100000
3	刘通	经理	北京市Joke发展公司	北京市朝阳区西北路××号	100001
4	宋傅灵	经理	广州正和化纤有限公司	广州市番禺区市桥光明北路××号	100002
5	和悦	经理	南京兴兴有限公司	南京市先烈中路×××号	100003

图 7-2 “客户信息 .xlsx”数据源

（3）邮件合并。

第一种方法：利用【邮件】选项卡中的【开始邮件合并】【选择收件人】【插入合并域】等按钮进行邮件合并。

准备好主文档“邀请函 .docx”和数据源“客户信息 .xlsx”之后，就可以进行邮件合并了。打开主文档“邀请函 .docx”，切换到【邮件】选项卡，此时【编写和插入域】组中的按钮呈现灰色，需要激活才能进行邮件合并，如图 7-3 所示。

1）开始邮件合并。选择【开始邮件合并】|【信函】命令，如图 7-4 所示。

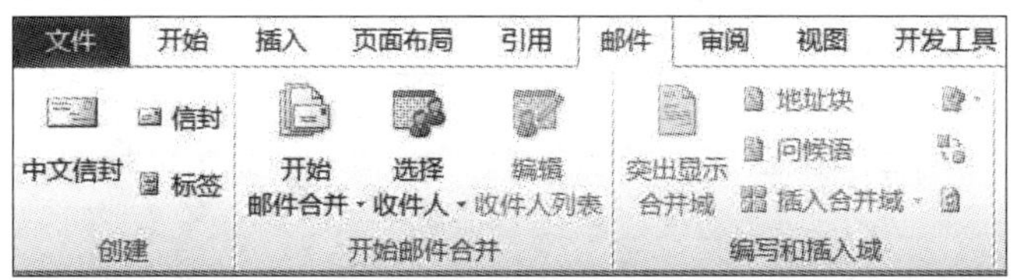

图 7-3 邮件功能区

图 7-4 开始邮件合并

2）选择收件人。选择【选择收件人】|【使用现有列表】命令，如图 7-5 所示。在弹出的【选择数据源】对话框中，选择数据源“客户信息 .xlsx”文件，单击【打开】按钮，此时【编写和插入域】组中的按钮均被激活。

3）插入合并域。将光标定位在主文档“先生 / 女士”之前，单击【插入合并域】按钮，在弹出的快捷菜单中选择【收信人姓名】项，如图 7-6 所示。

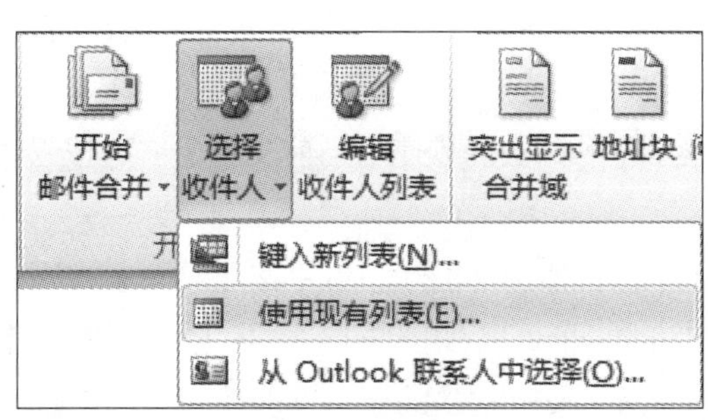

图 7-5 选择收件人

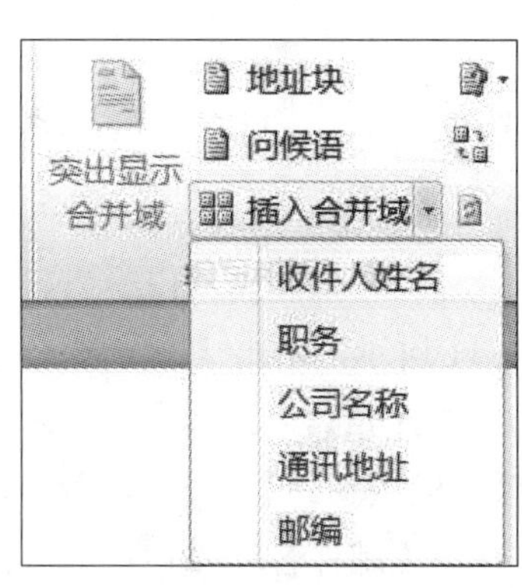

图 7-6 插入合并域

4）预览结果。设置好邮件合并后，我们可以在【邮件】选项卡的【预览结果】组中，单击【预览结果】按钮进行预览，预览结果如图 7-7 所示。

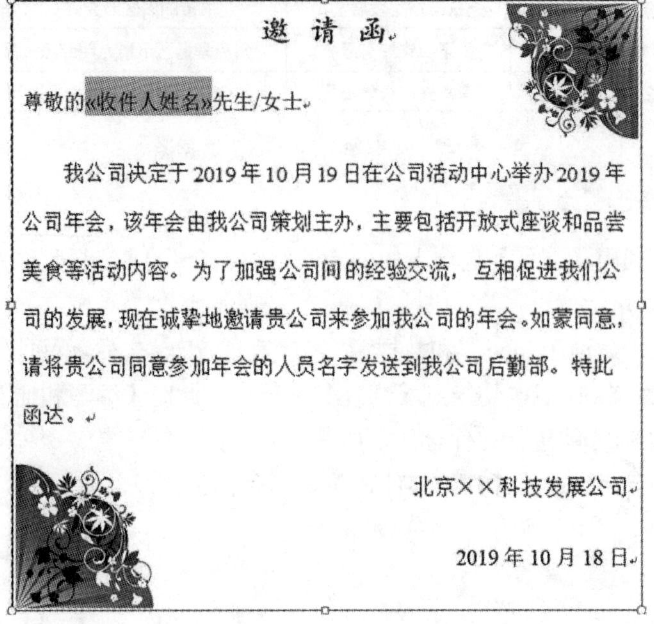

图 7-7 预览结果

5）完成并合并。如果对预览的效果满意，就可以完成邮件合并的操作了。在【邮件】选项卡的【完成】组中，选择【完成并合并】|【编辑单个文档】命令，如图 7-8 所示。在弹出的【合并到新文档】对话框中设置合并的范围，如图 7-9 所示。

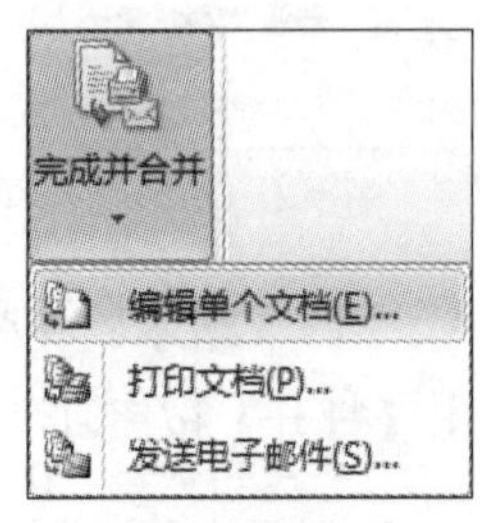

图 7-8 完成并合并

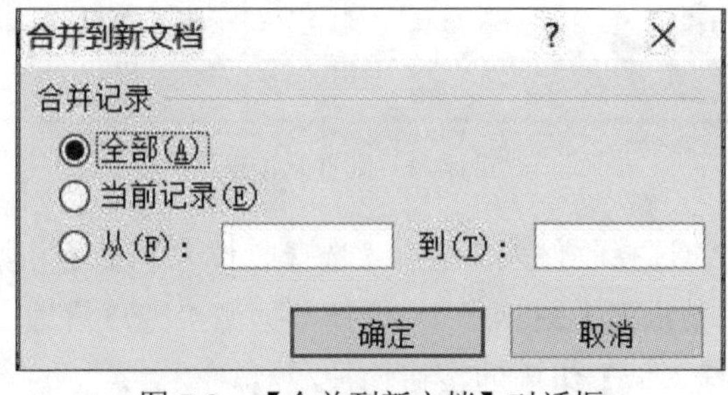

图 7-9 【合并到新文档】对话框

第二种方法：利用【邮件合并分步向导】的步骤提示进行邮件合并。

利用【邮件合并分步向导】进行邮件合并

打开主文档“邀请函 .docx”，选择【邮件】|【开始邮件合并】|【邮件合并分步向导】命令，在 Word 窗口右侧出现【邮件合并】任务窗格，进入“邮件合并向导”。

1）选择文档类型。选择类型为“信函”，如图 7-10 所示，单击【下一步：正在启动文档】。

2）选择开始文档。由于当前文档就是主文档，选中默认的【使用当前文档】单选按钮，如图 7-11 所示，单击【下一步：选取收件人】。

3）选择收件人。选中【使用现有列表】单选按钮，如图 7-12 所示；单击【浏览】按钮，弹出【选取数据源】对话框，选取数据源“客户信息 .xlsx”，如图 7-13 所示；单击【打开】按钮，弹出【邮件合并收件人】对话框，如图 7-14 所示；采用默认的全选各个字段，单击【确定】按钮，返回 Word 编辑窗口；单击【下一步：撰写信函】。

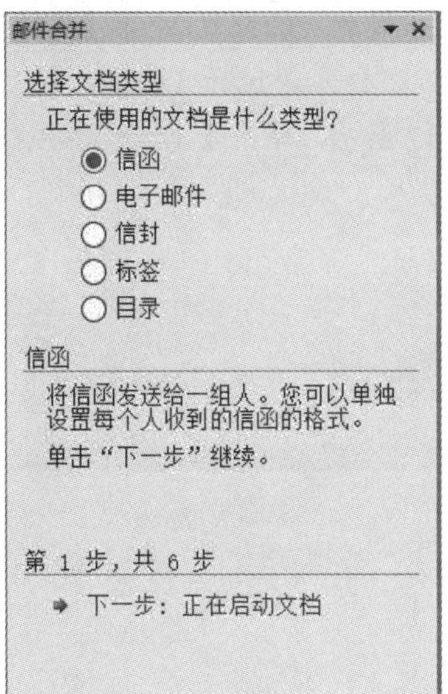

图 7-10　选择文档类型

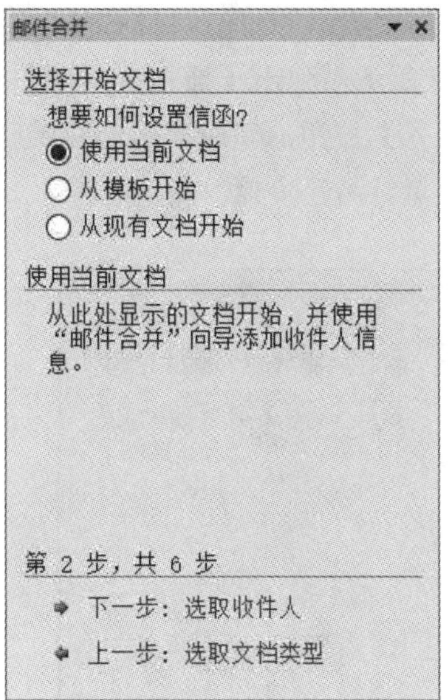

图 7-11　选择开始文档

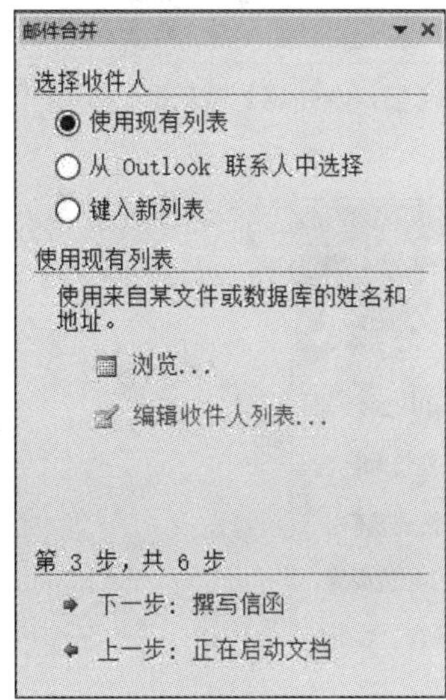

图 7-12　选择收件人

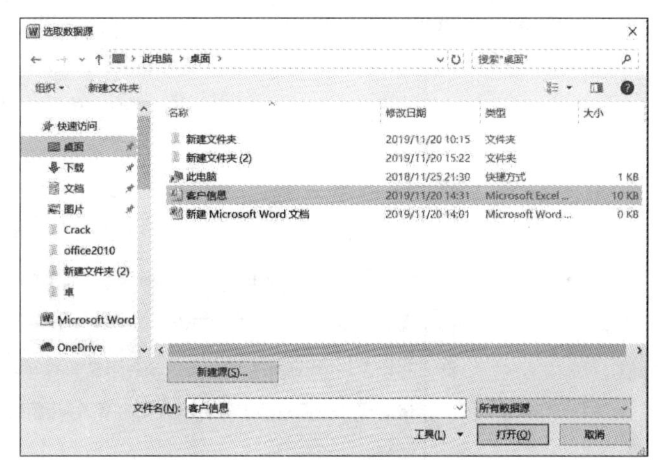

图 7-13　【选取数据源】对话框

邮件合并收件人

这是将在合并中使用的收件人列表。请使用下面的选项向列表添加项或更改列表。请使用复选框来添加或删除合并的收件人。如果列表已准备好，请单击"确定"。

数.	☑	职务	公司名称	收件人姓名	通讯地址	邮
数...	☑	市场总监	北京运通公司	王灵	北京市朝阳区胜利...	1(
数...	☑	经理	北京市Joke发展...	刘通	北京市朝阳区西北...	1(
数...	☑	经理	广州正和化纤有限...	宋傅灵	广州市番禺区市桥...	1(
数...	☑	经理	南京兴兴有限公司	和悦	南京市先烈中路...	1(

数据源

数据源.xlsx

编辑(E)...　刷新(H)

调整收件人列表

排序(S)...

筛选(F)...

查找重复收件人(D)...

查找收件人(N)...

验证地址(V)...

确定

图 7-14　【邮件合并收件人】对话框

4）撰写信函。首先将光标定位在需要插入“收信人姓名”的位置，单击【其他项目】，如图 7-15 所示，弹出【插入合并域】对话框，如图 7-16 所示，选择【收信人姓名】项，单击【插入】按钮，完成插入合并域后的效果如图 7-17 所示，单击【下一步：预览信函】进入“预览信函”步骤。

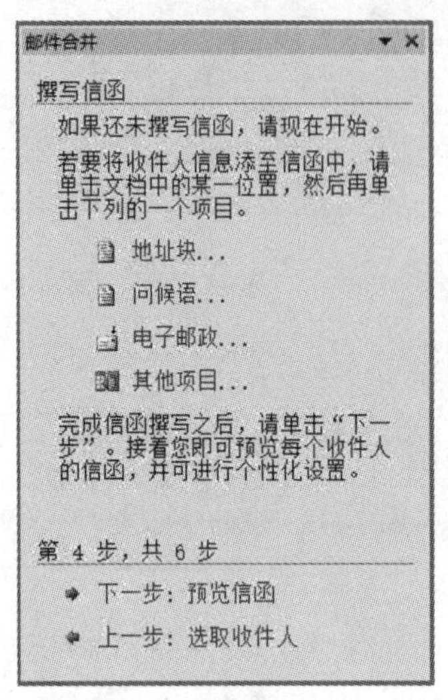

图 7-15 撰写信函

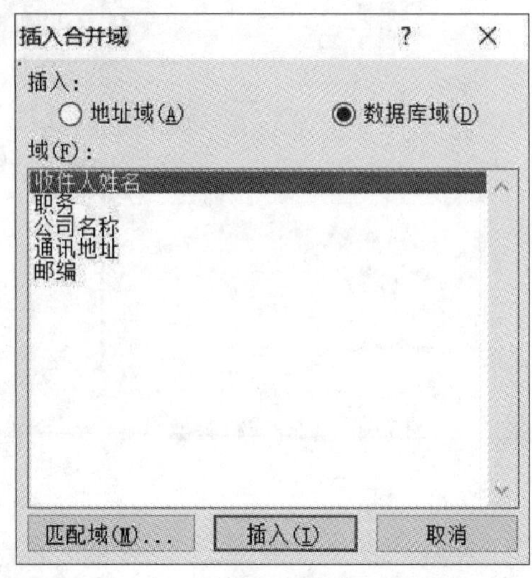

图 7-16 【插入合并域】对话框

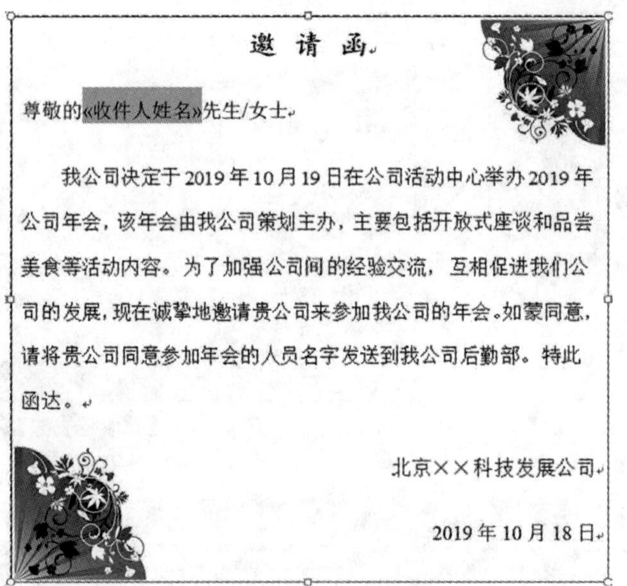

邀 请 函

尊敬的«收件人姓名»先生/女士

我公司决定于 2019 年 10 月 19 日在公司活动中心举办 2019 年公司年会，该年会由我公司策划主办，主要包括开放式座谈和品尝美食等活动内容。为了加强公司间的经验交流，互相促进我们公司的发展，现在诚挚地邀请贵公司来参加我公司的年会。如蒙同意，请将贵公司同意参加年会的人员名字发送到我公司后勤部。特此函达。

北京××科技发展公司

2019 年 10 月 18 日

图 7-17 插入合并域

5）预览信函。至此用户可以浏览邀请函的大致效果。但这时在文档中只看到一条记录的邀请函，如何看到所有的邀请函清单呢？如图 7-18 所示，单击【下一步：完成合并】。

6）完成合并。如图 7-19 所示，选择【编辑单个信函】命令，弹出【合并到新文档】对话框，如图 7-20 所示。【合并记录】项可以根据需要选择【全部】或【当前记录】等。如果选择【全部】将会将数据源中所有记录和主文档合并，显示所有的邀请函，效果如图 7-21 所示，此时会创建名为“信函 1”的新 Word 文档，进行保存。

温馨提示：邮件合并的文档类型为“信函”时，邮件合并后产生的文档每一页中只有一条记录。

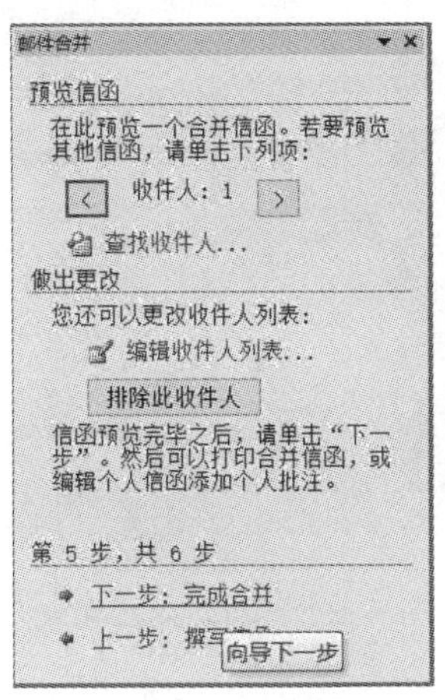

图 7-18　预览信函

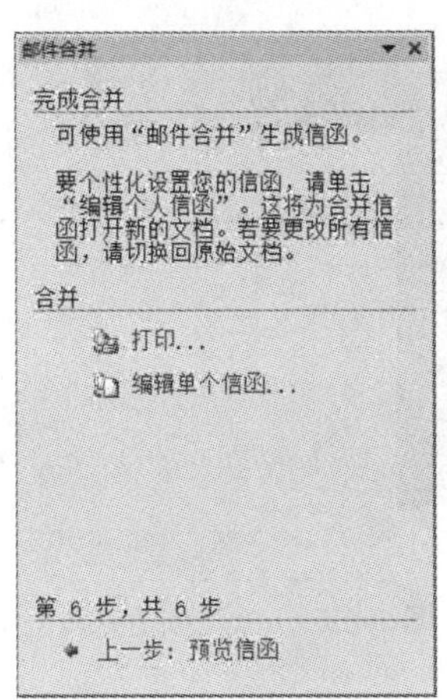

图 7-19　完成合并

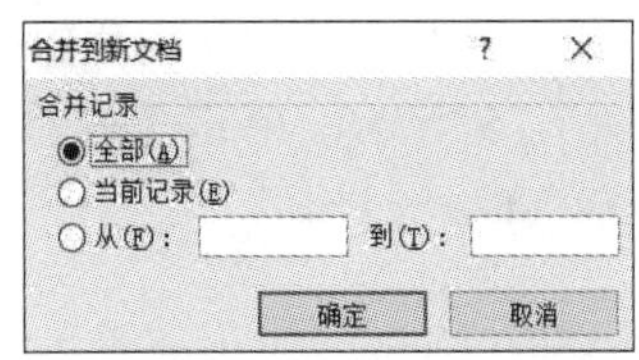

图 7-20　【合并到新文档】对话框

讨论：

你觉得文中所述的两种邮件合并方式哪一种更为简单呢？

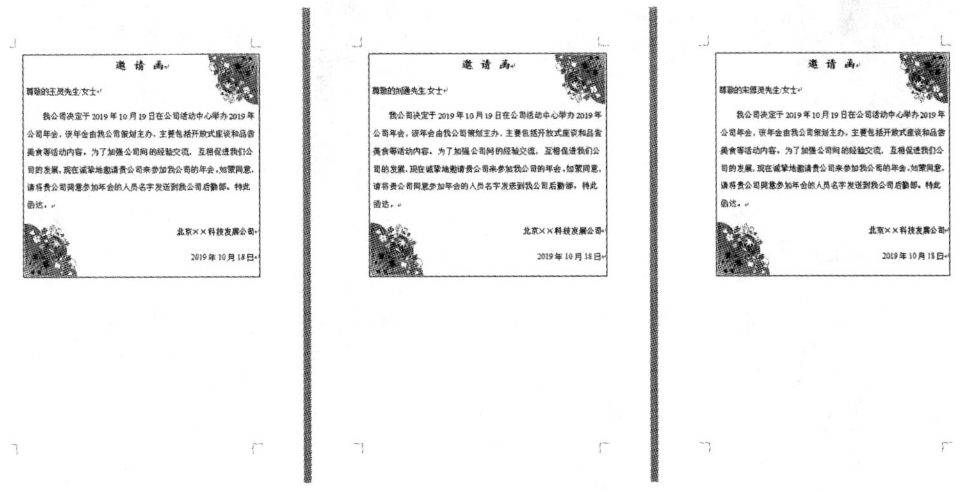

图 7-21　批量邀请函

7.2.2　批量制作信封

邀请函做好后，当然要将它们发出去了，信封也可以大批量制作。精美的信封能给客户留下更专业和更深刻的印象。

任务 2：通过信封制作向导来制作信封。

新建一个 Word 空白文档，选择【邮件】|【创建】|【中文信封】命令打开【信封制作向导】，按向导步骤进行操作即可。

通过【信封制作向导】制作信封

（1）开始创建信封。如图 7-22 所示，单击【下一步】按钮。

（2）选择信封样式。如图 7-23 所示，单击【信封样式】的下三角按钮选择信封样式。根据需要选择邮政编码、书写线等效果，单击【下一步】按钮。

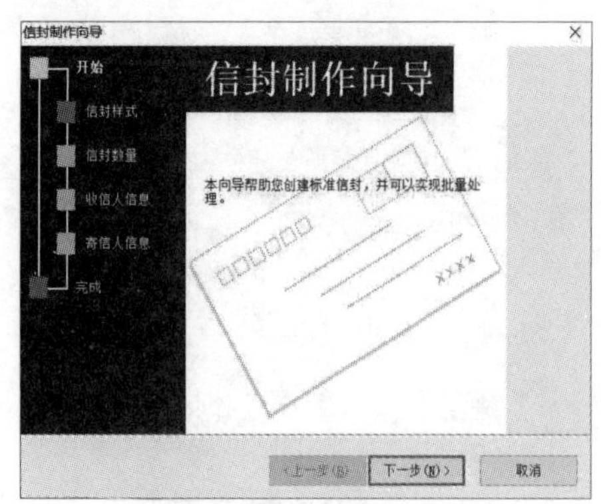

图 7-22　开始创建信封

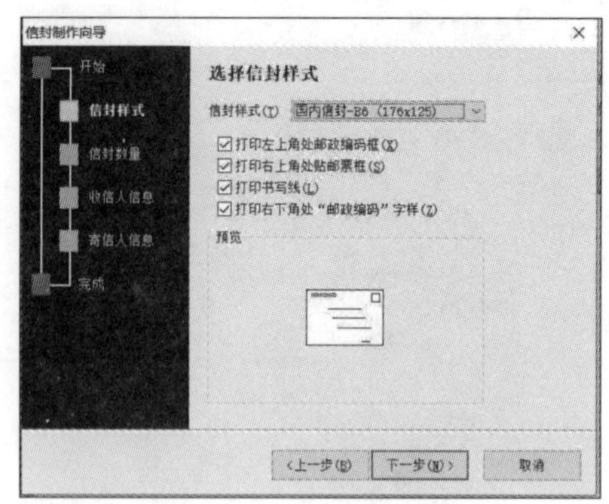

图 7-23　选择信封样式

（3）设置信封数量。如图 7-24 所示，由于之前已创建了地址簿文件，选中【基于地址簿文件，生成批量信封】单选按钮；如果之前没有创建地址簿文件，则选中【输入收信人信息，生成单个信封】单选按钮。单击【下一步】按钮。

（4）设置收信人信息。如图 7-25 所示，单击【选择地址簿】按钮弹出【打开】对话框，选择数据源“客户通迅地址 .xlsx”文件。

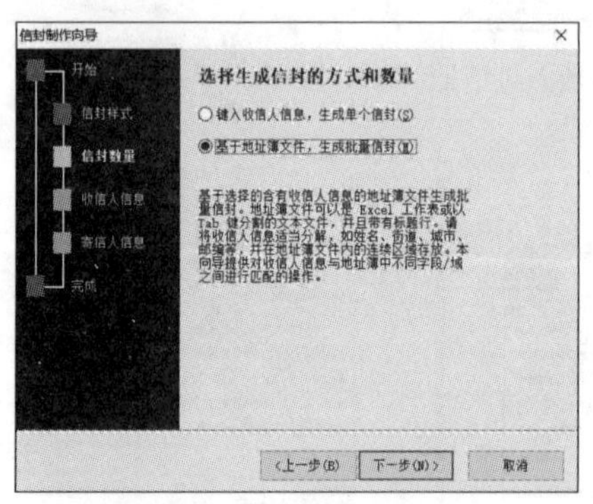

图 7-24　设置信封数量

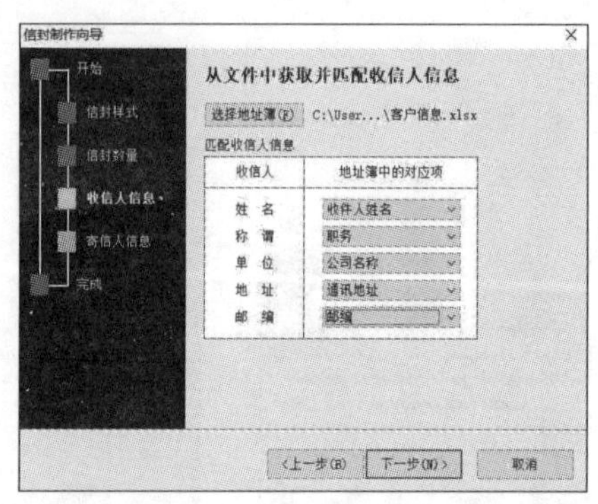

图 7-25　设置收信人信息

单击【打开】按钮后，回到“设置收信人信息”步骤，对“收信人”的“姓名”“称谓”等分别添加对应项，单击【下一步】按钮。

（5）设置寄信人信息。如图 7-26 所示，在各个输入框输入寄信人信息，单击【下一步】按钮。

（6）完成信封制作。如图 7-27 所示，单击【完成】按钮，在新文档中就产生了批量信封，效果如图 7-28 所示，对生成的信封进行保存。

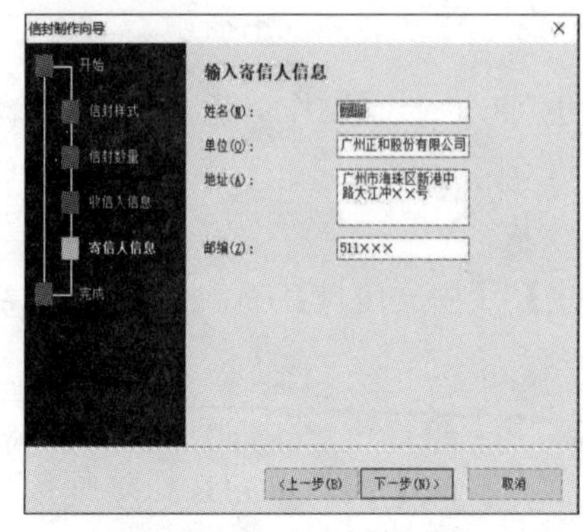

图 7-26　设置寄信人信息

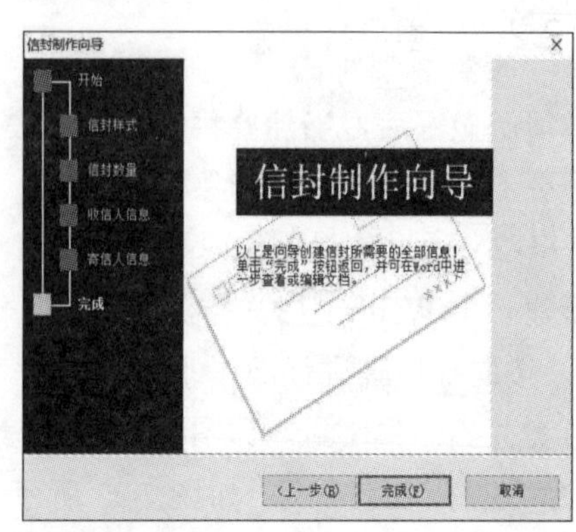

图 7-27　完成创建

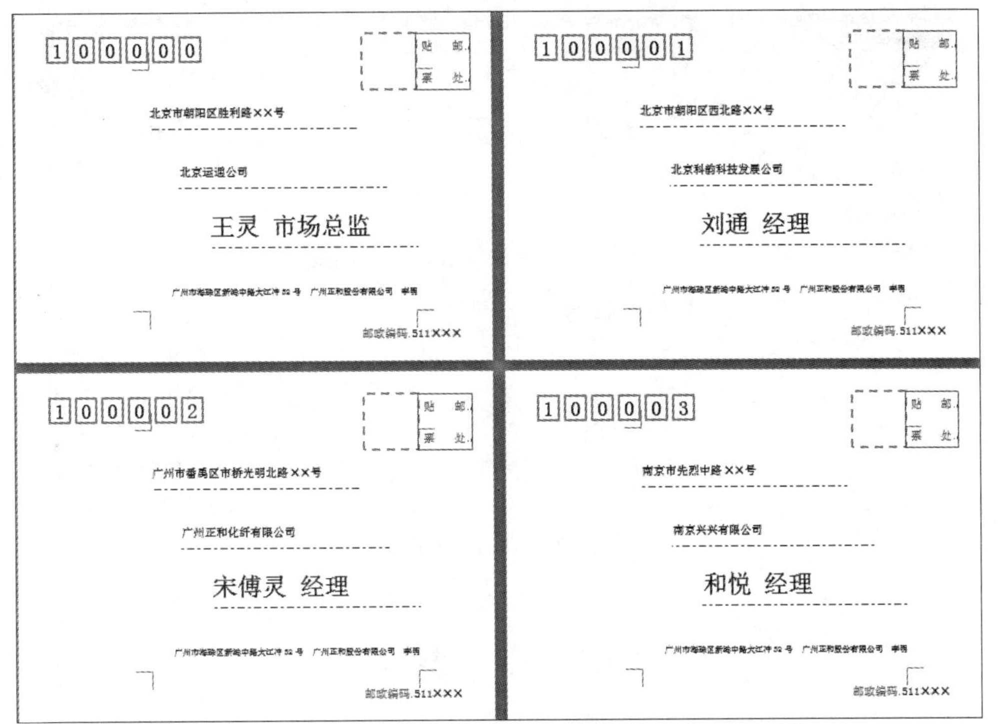

图 7-28　“批量信封”效果图

7.2.3　批量输出与打印

主文档与数据源建立了链接后，就可以批量输出并打印了。

任务 3：将数据源中的数据全部批量合并，并进行打印设置及完成批量打印。

（1）选择【邮件】|【完成】|【完成并合并】|【打印文档】命令打开【合并到打印机】对话框，如图 7-29 所示，在【打印记录】区域中选中【全部】单选按钮。【打印记录】区域的各个项的意义：【全部】表示合并数据源中的所有记录；【当前记录】表示只将当前的记录合并到新文档；【从：】【到：】表示合并指定记录范围。单击【确定】按钮，信封或邀请函就批量地处理好了。

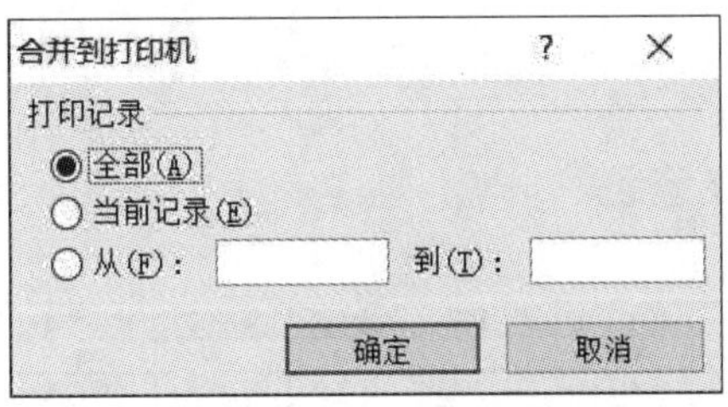

图 7-29　【合并到打印机】对话框

（2）在打印机中装入空白的信封或纸张。选择【文件】|【打印】命令打开【打印】窗口，在【打印机】下拉列表中选择要使用的打印机，根据需要设置其他的打印参数，如图 7-30 所示。

（3）单击【打印】按钮，开始批量打印信封或邀请函。

以后如果要打印给其他人的信封或邀请函时，只要在数据源文件“客户信息 .xlsx”中更改或添加记录就可以，其他地方都不必改动。

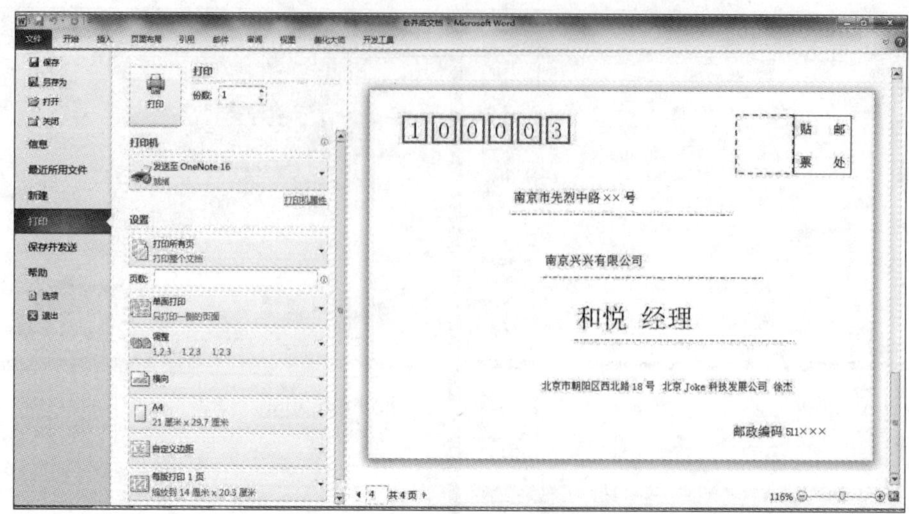

图 7-30 【打印】窗口

7.3 本章小结

本章通过案例介绍了邮件合并的操作方法，归纳起来主要是以下三步。

（1）建立数据源，制作文档中变化的部分。一般是 Word 或 Excel 的表格，可以提前建好，用时直接打开即可。

（2）建立主文档，制作文档中不变的部分，也相当于模板。

（3）插入合并域，以域的方式将数据源中的相应内容插入到主文档中。若插入的不是域的数据时，可以直接在主文档中插入文档。

利用 Word 的邮件合并功能，不仅具有很高的工作效率，而且不容易出错。该方法除了用于批量打印信封或邀请函，还可以用于批量打印成绩单、包裹单、快递单和企业的工资条等。

7.4 习题

7.4.1 上机操作

上机操作

制作如图 7-31 所示的工资条。

工号	姓名	部门	基本工资	岗位津贴	合计金额	事/病假	社保代缴	代缴公积金	扣款合计	实发工资
00001	李一	销售部	2800	3000	5800	100	400	600	1100	4700
工号	姓名	部门	基本工资	岗位津贴	合计金额	事/病假	社保代缴	代缴公积金	扣款合计	实发工资
00002	杜二	财务部	3000	3200	6200	50	450	620	1120	5080
工号	姓名	部门	基本工资	岗位津贴	合计金额	事/病假	社保代缴	代缴公积金	扣款合计	实发工资
00003	白三	开发部	3100	2980	6080	50	350	650	1050	5030
工号	姓名	部门	基本工资	岗位津贴	合计金额	事/病假	社保代缴	代缴公积金	扣款合计	实发工资
00004	李四	生产部	2800	3500	6300	0	300	660	960	5340
工号	姓名	部门	基本工资	岗位津贴	合计金额	事/病假	社保代缴	代缴公积金	扣款合计	实发工资
00005	杜五	业务部	2500	3250	5750	150	300	580	1030	4720
工号	姓名	部门	基本工资	岗位津贴	合计金额	事/病假	社保代缴	代缴公积金	扣款合计	实发工资
00006	唐六	后勤部	3300	2800	6100	200	350	615	1165	4935
工号	姓名	部门	基本工资	岗位津贴	合计金额	事/病假	社保代缴	代缴公积金	扣款合计	实发工资
00007	李七	人事部	3050	3000	6050	0	400	600	1000	5050
工号	姓名	部门	基本工资	岗位津贴	合计金额	事/病假	社保代缴	代缴公积金	扣款合计	实发工资
00008	王八	安保部	2850	3150	6000	50	400	630	1080	4920
工号	姓名	部门	基本工资	岗位津贴	合计金额	事/病假	社保代缴	代缴公积金	扣款合计	实发工资
00009	李九	餐饮部	3150	3300	6450	100	450	660	1210	5240

图 7-31 工资条

7.4.2　操作步骤

1. 创建主文档

首先在 Word 中创建如图 7-32 所示的主文档，表格的第一行为标题，第二行为空，保存为“主文档 .docx”。

工号	姓名	部门	基本工资	岗位津贴	合计金额	事/病假	社保代缴	代缴公积金	扣款合计	实发工资

图 7-32　“主文档 .docx”效果图

2. 组织数据源

在 Word 中创建如图 7-33 所示的数据源，保存为“工资清单 .docx”。

工号	姓名	部门	基本工资	岗位津贴	合计金额	事/病假	社保代缴	代缴公积金	扣款合计	实发工资
00001	李一	销售部	2800	3000	5800	100	400	600	1100	4700
00002	杜二	财务部	3000	3200	6200	50	450	620	1120	5080
00003	白三	开发部	3100	2980	6080	50	350	650	1050	5030
00004	李四	生产部	2800	3500	6300	0	300	660	960	5340
00005	杜五	业务部	2500	3250	5750	150	300	580	1030	4720
00006	唐六	后勤部	3300	2800	6100	200	350	615	1165	4935
00007	李七	人事部	3050	3000	6050	0	400	600	1000	5050
00008	王八	安保部	2850	3150	6000	50	400	630	1080	4920
00009	李九	餐饮部	3150	3300	6450	100	450	660	1210	5240

图 7-33　“工资清单 .docx”效果图

3. 邮件合并

（1）打开主文档，选择【邮件】|【开始邮件合并】命令，从弹出的快捷菜单中选择【目录】命令。

温馨提示：合并类型为“目录”的效果是合并后的文档的多条记录在同一页中显示。

（2）在【开始邮件合并】组中选择【选择收件人】命令，从弹出的快捷菜单中选择【使用现有列表】命令，弹出如图 7-34 所示的【选取数据源】对话框，在地址栏中定位到“工资清单 .docx”数据源，单击【打开】按钮。

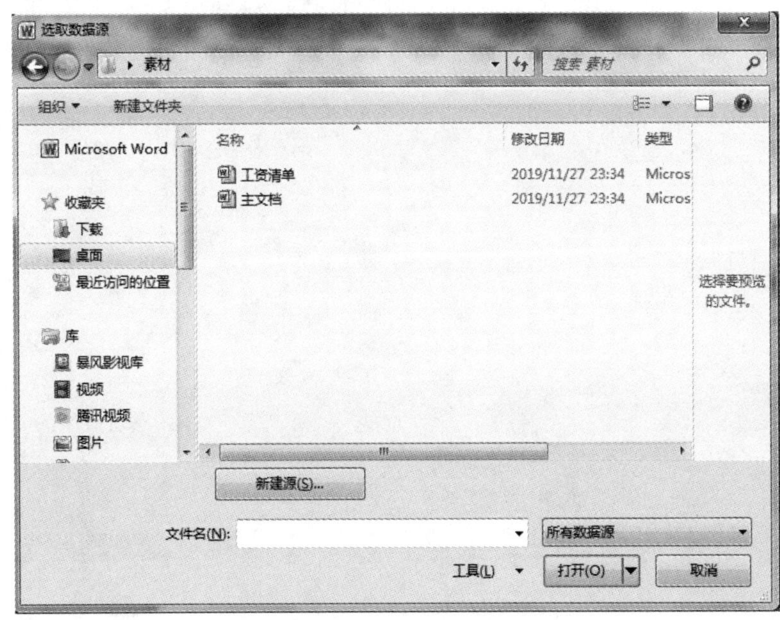

图 7-34　【选取数据源】对话框

（3）在【编写和插入域】组中选择【插入合并域】命令，在主文档的相应位置插入“工号”“姓名”等合并域。插入合并域后的效果如图 7-35 所示。

工号	姓名	部门	基本工资	岗位津贴	合计金额	事/病假	社保代缴	代缴公积金	扣款合计	实发工资
«工号»	«姓名»	«部门»	«基本工资»	«岗位津贴»	«合计金额»	«事病假»	«社保代缴»	«代缴公积金»	«扣款合计»	«实发工资»

图 7-35　插入合并域

（4）在【完成】组中选择【完成并合并】命令，在弹出的快捷菜单中选择【编辑单个文档】命令，打开【合并到新文档】对话框，如图 7-36 所示。选中【合并记录】域内的【全部】单选按钮，单击【确定】按钮，完成邮件合并。

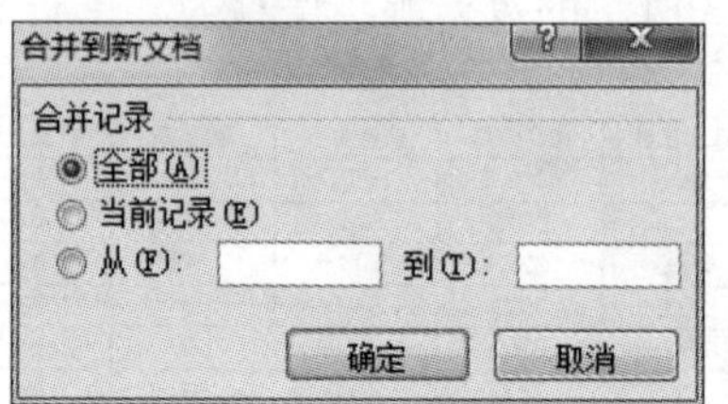

图 7-36　【合并到新文档】对话框

（5）完成合并后，产生默认名字为“目录 1.docx”的 Word 文档，将其保存为“公司工资条 .docx”，效果如图 7-31 所示。

第 8 章　Excel 基本应用——制作智能型通信录

教学目标

- 掌握单元格格式的设置
- 掌握行和列的插入操作
- 掌握插入及编辑批注
- 掌握在 Excel 中插入文本框和艺术字等的方法
- 掌握工作簿打开权限密码的设置和修改权限密码的方法
- 了解在网络上如何发布 Excel 工作簿
- 打印 Excel 表

8.1　制作智能型通信录案例分析

通信录是我们日常工作和生活中与朋友、同事、同学以及客户来往中相互联系时常用到的一类表格。它的作用是分类管理诸如联系人的姓名、单位、办公电话、家庭电话、E-mail 地址甚至 QQ 号等各种基本信息，具有很强的通用性，可以为我们的工作和生活带来很大的便利。有的读者会说，用前面学过的 Word 不就可以做出来吗？当然可以，但是用 Word 做出来的仅仅是普通的通信录，而我们的目是要制作出具有某种“智能”的通信录，这就不是 Word 能胜任的了。用一款和 Word 同属 Office 家族的电子表格软件 Excel 就能做到这一点。本章以制作智能型通信录为案例向大家介绍 Excel 软件的基本使用方法。

8.1.1　任务的提出

为了方便公司员工之间的联系沟通，领导要求小王用 Excel 制作一个智能型通信录。该通信录包括员工的姓名、部门、办公电话、家庭电话、QQ 号和 E-mail 地址等信息，为通信录创建打开权限和修改权限的密码，并将通信录发布到网络上。

8.1.2　解决方案

根据领导的要求，小王经过认真考虑，最终制作了如图 8-1 所示的通信录，并给出了创建通信录的方案。

（1）规划表格结构并输入具体内容。

（2）对单元格进行格式化设置。

（3）插入并编辑批注。

（4）创建打开权限密码和修改权限密码。

（5）在网络上发布通信录。

通信录

姓　名	部　门	办公电话	家庭电话	QQ号	E-mail地址
张山峰	销售部	010-62760000	010-64646542	123456	zhangs@pku.edu.cn
赵　敏	财务部	010-62760001	13950952866	112354	lis@263.net
张无忌	生产部	010-62660001	13020054078	1255233	wangw@pku.edu.cn
令狐冲	开发部	010-62760003	0565-2555241	152211	chene@163.com
杨　帼	销售部	010-51530000	0454-5544741	25253	yangq@china.com
孙老八	开发部	010-62760003	0941-2574152	4554422	sunb@tsinghua.edu.cn
刘　颖	生产部	010-62660001	0569-8552744	125442	liul@tom.com
周伯通	开发部	010-51530003	0454-5544472	44552	zhaoy@tsinghua.edu.cn
郭　靖	销售部	13880589066	0574-6144124	55115313	sunl@sohu.com
赵半山	财务部	13020054076	0441-5441222	232210	chens@zju.edu.cn

图 8-1　智能型通信录

8.1.3　相关知识点

1. 工作簿

每次启动 Excel 后，它都会自动地创建一个新的空白工作簿，其默认名称是 BookX（X 为 1，2，3，…，n）。一个工作簿由若干张工作表（默认为 3 个）组成。一个工作簿中所包含的工作表都以标签的形式排列在工作簿的底部，当需要进行工作表切换的时候，只要单击相应的工作表名称即可。工作簿以文件的形式存放在磁盘上，一个 Excel 文件就是一个工作簿，Excel 文件的扩展名是 xlsx。

2. 工作表

工作表用于组织和分析数据，它由 256×65536 个单元格组成，工作表的默认名称是 SheetX（X 是 1，2，3，…，n）。在 Excel 中工作簿和工作表的关系就像是日常的账簿和账页之间的关系。一个账簿可由多个账页组成，一个账页可以反映某月的收支账目。

3. 单元格

单元格是 Excel 组织数据的最基本单元。每个单元格都是工作表区域内行与列的交点。工作表中的行号用数字来表示，即 1，2，3，…，65536；列号用 26 个英文字母及其组合来表示，即 A，B，…，Z，AA，AB，AC，…，IV。

在 Excel 中，单元格是通过位置来标识的，即由该单元格所在的列号和行号组成，称作单元格名，也就是它的“引用地址”。需要注意的是，单元格名列号在前，行号在后。例如，单元格名 B3 表示 B 列第 3 行单元格。一个单元格名唯一确定一个单元格。每个单元格中可以存放多达 3200 个字符的信息。

在引用单元格（如公式中）时，就必须使用单元格的地址。如果在不同工作表中引用单元格，为了加以区分，通常在单元格地址前加上工作表名称，例如 Sheet2!D3 表示 Sheet2 工作表的 D3 单元格。如果在不同的工作簿之间引用单元格，则在单元格地址前加相应的工作簿和工作表名称，例如，[Book2]Sheet1!B1 表示 Book2 工作簿 Sheet1 工作表中的单元格 B1。

4. 单元格的格式化设置

单元格的格式化设置包括单元格的对齐方式、字体格式、边框及底纹等。

5. 批注

批注是附加在单元格中，与其他单元格内容分开的注释。批注是十分有用的提醒方式。例如，注释复杂的公式如何工作，或为其他用户提供反馈。批注可以进行添加和编辑。

6. 视图管理器

视图管理器可以管理工作簿、工作表、对象以及窗口的显示和打印方式。可以根据需要对同一个工作簿、工作表以及窗口定义一系列特殊的显示方式和打印设置，并将其分别保存为视图。当需要以不同方式显示或打印工作簿时，就可以切换到任意所需的视图。

7. 创建密码

在打开文件时，要求输入密码可防止未经授权的用户打开文档。

修改文件时要求输入密码，可以允许其他人打开文档，但是只有经授权的用户才可以对其进行更改。如果有人更改了文档却不拥有修改文档的密码，则仅能以其他名称保存文档。

密码是区分大小写的，如果用户指定密码时混合使用了大小写字母，则用户输入密码时输入的大小写形式必须与设定的完全一致。密码可包含字母、数字、空格和符号的任意组合，并且最长可以为 23 个字符。如果选择了高级的加密选项，还可以使用更长的密码。

8. 发布 Excel 工作簿到网上

将 Excel 工作簿发布到网上，可以供用户查看或交互使用，用户无需打开 Excel 就可以在浏览器中查看数据，还可以对数据进行修改。

8.2 实现方法

8.2.1 规划表格结构

在通信录中包含了姓名、E-mail 地址和电话号码等多种信息，而表格的结构由其所要记录的信息类型决定，要根据这些信息规划表格的结构。

任务 1：制作如图 8-1 所示的表格结构的通信录工作表，将工作表标签命名为“通信录”。操作步骤如下所述。

（1）启动 Excel。单击桌面底部左端的【开始】按钮，并在【所有程序】菜单的【Microsoft Office】子菜单中选择【Microsoft Excel 2010】命令，便可以启动 Excel 应用程序，Excel 2010 的窗口界面如图 8-2 所示。还可以双击桌面上的【Microsoft Excel 2010】快捷方式进行启动。

选择【文件】选项卡下面的【另存为】命令，把工作簿的文件名更改为“通信录”。

（2）更改工作表名称。将鼠标指针移到 Sheet1 工作表的标签上，单击鼠标右键，在弹出的快捷菜单中选择【重命名】命令，如图 8-3 所示，然后输入新的名称“通信录”。也可以双击工作表的标签位置，再输入工作表的新名称。

图 8-2　Excel 2010 窗口界面

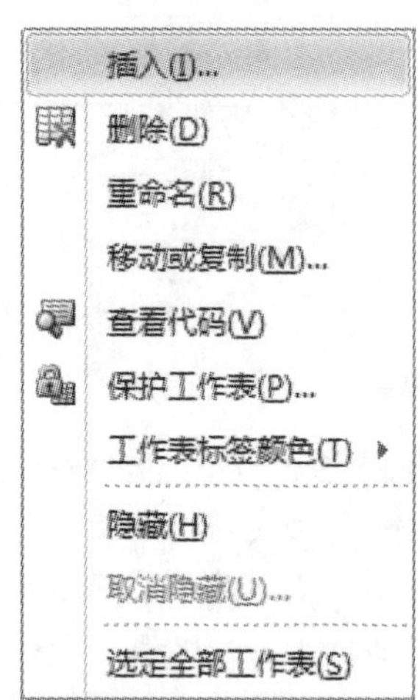

图 8-3　更改工作表名称

（3）输入表头。选中单元格 Al，输入文本内容“通信录”，按 Enter 键结束。

（4）在单元格区域 A2:F2 中分别输入“姓名”“部门”“办公电话”“家庭电话”“QQ 号”和“E-mail 地址”，如图 8-4 所示。

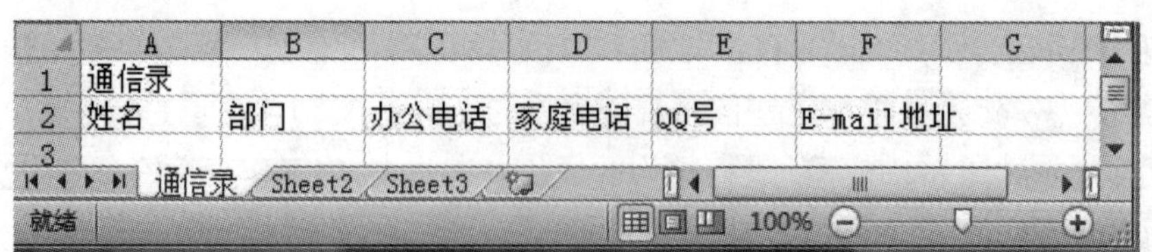

	A	B	C	D	E	F	G
1	通信录						
2	姓名	部门	办公电话	家庭电话	QQ号	E-mail地址	
3							

图 8-4　输入表格表头

在输入标题项目的时候，可能会遇到文本内容长短不一的情况。为了让表格更加美观，可以在输入的内容中间插入几个空格，调整文本长度趋于一致。本例中，在输入“姓名”和“部门”两个标题时，分别在两个汉字中间插入了两个空格，如图 8-1 所示。注意：一个汉字相当于两个空格，一个英文字母或一个标点相当于一个空格。

温馨提示：如果单元格里的文字过多，一个单元格里放不下，会占用两侧的单元格来显示，这时可以通过编辑框来查看单元格的内容。如果单元格内显示的内容是“######”，说明单元格列宽较小，可以通过调整列宽来查看内容。

8.2.2 输入表格内容，设置单元格格式

在建立起通信录的整体框架之后，就可以输入通信录的具体信息了。

1. 输入表格内容

任务 2：根据图 8-4 创建的通信录表格结构，在表格中输入通信录的具体信息。操作步骤如下所述。

（1）输入“姓名”和“部门”两列。输入完毕后，可得到如图 8-5 所示的工作表。

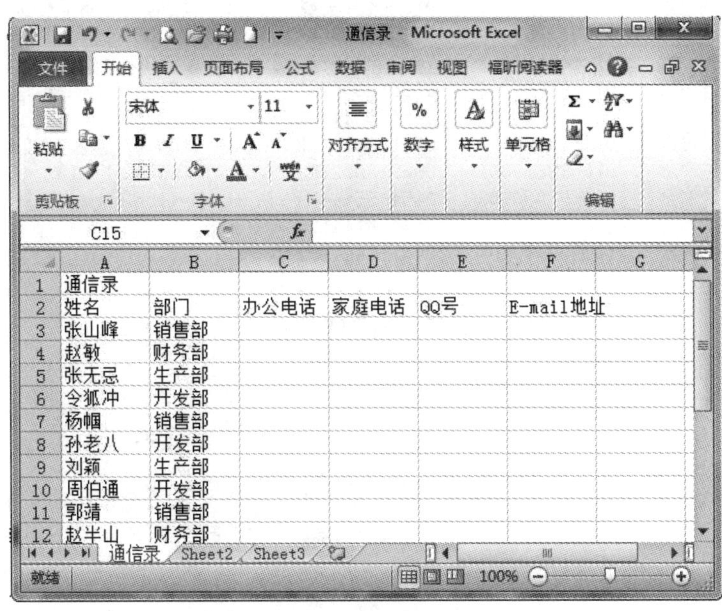

图 8-5 输入“姓名”和“部门”列

（2）选中“办公电话”和“家庭电话”两列的全部单元格，单击鼠标右键，在弹出的快捷菜单中选择【设置单元格格式】命令打开【设置单元格格式】对话框，如图 8-6 所示。在选择整行或者整列的时候，可以通过选择本行或本列的行标和列标来实现。这里直接选中 C、D 两列的列标，即可选择这两列。

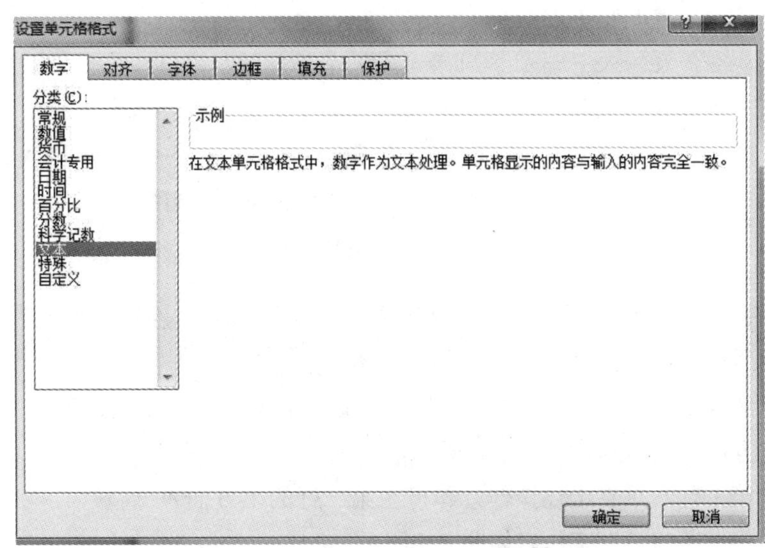

图 8-6 【设置单元格格式】对话框

（3）选择【数字】选项卡，在【分类】列表框中选择“文本”。

（4）单击【确定】按钮之后，在相应单元格中输入电话号码即可。

（5）输入联系人的 QQ 号和 E-mail 地址。输入 E-mail 地址之后，系统会自动添加链接，E-mail 地址字体显示为蓝色，并加下划线。以上内容全部正确无误地输入完毕之后，就可以得到如图 8-7 所示的工作表。

	A	B	C	D	E	F
1	通信录					
2	姓名	部门	办公电话	家庭电话	QQ号	E-mail地址
3	张山峰	销售部	010-62760000	010-64646542	123456	zhangs@pku.edu.cn
4	赵敏	财务部	010-62760001	13950952866	112354	lis@263.net
5	张无忌	生产部	010-62660001	13020054078	1255233	wangw@pku.edu.cn
6	令狐冲	开发部	010-62760003	0565-2555241	152211	chene@163.com
7	杨帼	销售部	010-51530000	0454-5544741	25253	yangg@china.com
8	孙老八	开发部	010-62760003	0941-2574152	4554422	sunb@tsinghua.edu.cn
9	刘颖	生产部	010-62660001	0569-8552744	125442	liul@tom.com
10	周伯通	开发部	010-51530003	0454-5544472	44552	zhaoy@tsinghua.edu.cn
11	郭靖	销售部	13880589066	0574-6144124	55115313	sunl@sohu.com
12	赵半山	财务部	13020054076	0441-5441222	232210	chens@zju.edu.cn
13						

图 8-7 通信录工作表

温馨提示：

（1）由于联系人所在的部门可能存在许多相同的内容，我们可以利用“复制”“粘贴”的方法提高输入效率。在单元格 B3 中输入“销售部”之后，单击该单元格，按 Ctrl+C 组合键复制该单元格，则呈现出循环转动的虚线框，接着单击目标单元格 B8，再按 Ctrl+V 组合键粘贴，即可把单元格 B3 中的内容复制到单元格 B8 中。

（2）对于电话号码，如果直接输入，Excel 将按常规方式将其识别为数字而忽略掉第一位数字“0”。为避免这种问题的出现，除了用设置“文本”格式的方法输入电话号码，更简单的解决办法是在所输入的数字之前加上西文字符“'”，系统即可将数字作为文本来处理。

当输入的数字超过 11 位时，会出现科学计数法标记的情况。为了避免这类情况发生，可以使用设置文本的方法，或者通过【设置单元格格式】|【分类】|【自定义】命令，在右侧弹出的列表中的【类型】里面输入“0”即可。

（3）如果要去掉在输入 E-mail 地址后自动添加的超链接，可以将光标移到单元格上方，单击鼠标右键，在弹出的快捷菜单中选择【取消超链接】命令。或将光标放在输入 E-mail 地址的单元格上，在单元格附近出现智能标签“”，单击该智能标签右侧的黑色向下箭头，在出现的下拉列表中选择【停止自动创建超链接】命令即可。

2. 插入行和列

任务 3：在“通信录”工作表中的最左边插入一列单元格，在第一行的上方插入一行。操作步骤如下所述。

（1）选中 A 列，单击鼠标右键，在弹出的快捷菜单中选择【插入】命令，即可在该列单元格的左方插入一整列，如图 8-8 所示。

（2）选中第 1 行，重复上述操作，即可在第一行的上方插入一整行。执行插入列和插入行操作得到的“通信录”工作表如图 8-9 所示。

	A	B	C	D	E	F	G
1	通信录						
2	姓名			家庭电话	QQ号	E-mail地址	
3	张山峰		00	010-64646542	123456	zhangs@pku.edu.cn	
4	赵敏		01	13950952866	112354	lis@263.net	
5	张无忌		01	13020054078	1255233	wangw@pku.edu.cn	
6	令狐冲		03	0565-2555241	152211	chene@163.com	
7	杨幅		00	0454-5544741	25253	yangq@china.com	
8	孙老八		03	0941-2574152	4554422	sunb@tsinghua.edu.cn	
9	刘颖		01	0569-8552744	125442	liul@tom.com	
10	周伯通		03	0454-5544472	44552	zhaoy@tsinghua.edu.cn	
11	郭靖		9066	0574-6144124	55115313	sunl@sohu.com	
12	赵半山		4076	0441-5441222	232210	chens@zju.edu.cn	
13							
14							
15							
16							
17							

剪切(T)
复制(C)
粘贴选项:
选择性粘贴(S)...
插入(I)
删除(D)
清除内容(N)
设置单元格格式(F)...
列宽(C)...
隐藏(H)
取消隐藏(U)

图 8-8 插入列过程

	A	B	C	D	E	F	G	H
1								
2		通信录						
3		姓名	部门	办公电话	家庭电话	QQ号	E-mail地址	
4		张山峰	销售部	010-62760000	010-64646542	123456	zhangs@pku.edu.cn	
5		赵敏	财务部	010-62760001	13950952866	112354	lis@263.net	
6		张无忌	生产部	010-62660001	13020054078	1255233	wangw@pku.edu.cn	
7		令狐冲	开发部	010-62760003	0565-2555241	152211	chene@163.com	
8		杨幅	销售部	010-51530000	0454-5544741	25253	yangq@china.com	
9		孙老八	开发部	010-62760003	0941-2574152	4554422	sunb@tsinghua.edu.cn	
10		刘颖	生产部	010-62660001	0569-8552744	125442	liul@tom.com	
11		周伯通	开发部	010-51530003	0454-5544472	44552	zhaoy@tsinghua.edu.cn	
12		郭靖	销售部	13880589066	0574-6144124	55115313	sunl@sohu.com	
13		赵半山	财务部	13020054076	0441-5441222	232210	chens@zju.edu.cn	
14								
15								
16								

图 8-9 插入行和列

温馨提示：

（1）插入行或列的操作，也可以通过选中行或列后，执行【插入】|【行】或【列】命令来实现。但插入的行总是在选择的行的上方，插入的列总是在选择的列的左侧。

（2）插入行或列时，也可以选中某一单元格右击，在弹出的快捷菜单中选择【插入】命令，在打开的【插入】对话框中选中【整行】或【整列】单选按钮，然后单击【确定】按钮，如图 8-10 所示。

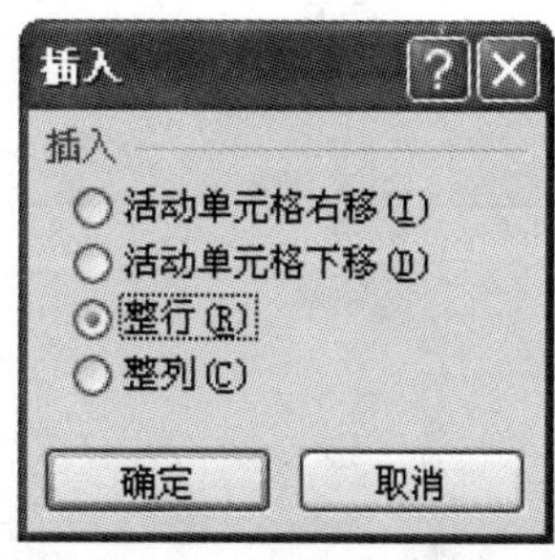

图 8-10 【插入】对话框

（3）删除某行或某列时，只需要右击该行行号或该列列号，在弹出的快捷菜单中选择【删除】命令即可。

（4）如果 A、B 两列内容需要互换时，只需要选中 B 列，按住 Shift 键，同时移动 B 列到 A 列前面的边线，当 A 列前出现虚线时，放开鼠标左键即可实现操作。

3. 设置单元格格式

所有内容输入完毕后，最原始的“通信录”工作表基本制作完成，接下来对工作表进行单元格格式的设置。

（1）合并单元格。

任务 4：将表头“通信录”一行的单元格合并，表头和标题行内容居中显示；“姓名”“部门”“办公电话”“家庭电话”“QQ 号”和“E-mail 地址”列下面的内容居中对齐显示。

1）选中单元格区域 B2:G2，单击【开始】|【对齐方式】组右下角的对话框启动器按钮打开【设置单元格格式】对话框，单击【对齐】标签，将【水平对齐】设置为“居中”，选中【合并单元格】复选框，如图 8-11 所示。单击【确定】按钮即可。

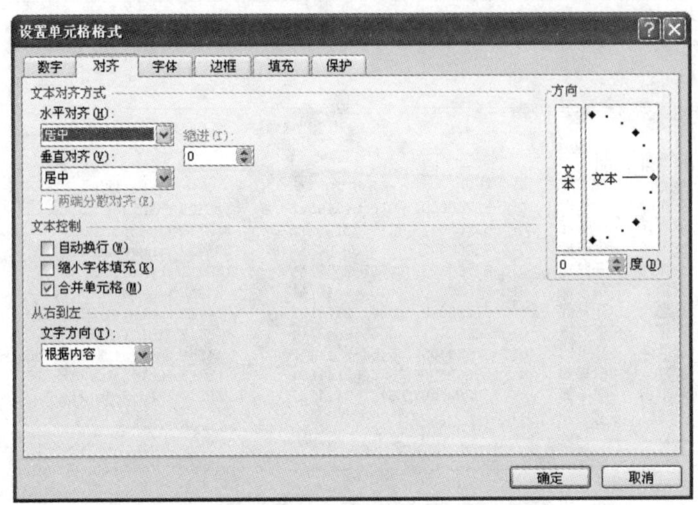

图 8-11 【设置单元格格式】对话框

要在 Excel 中对单元格进行合并，除上述方法，还有两种方法可供选择。

方法一：选中要合并的单元格区域，然后单击鼠标右键，在弹出的快捷菜单中选择【设置单元格格式】命令，如图 8-12 所示，弹出【设置单元格格式】对话框，再进行相关设置即可。

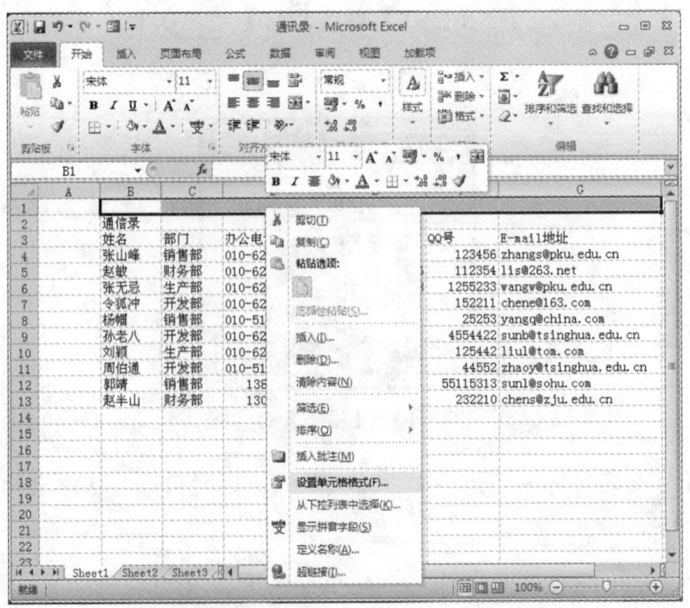

图 8-12 合并单元格过程

方法二：选中要合并的单元格区域，单击【开始】|【对齐方式】组中的【合并后居中】按钮即可合并所选区域，同时可使区域内的文字居中。

2）选中单元格区域 B3:G3，单击【开始】|【对齐方式】组中的【居中】按钮，所选区域内的文字则居中显示。

按照上述方法，将“姓名”和“部门”两列下的内容居中显示。

见多识广：在 Excel 单元格中输入内容时，默认的对齐方式取决于数据的类型。文本内容（包括汉字和英文字符）默认为左对齐；数值（包括数字、日期等）默认为右对齐。

技巧点滴：在输入电话号码的时候，如果每个号码中间都需要加“-”，不妨右击单元格区域，选择【设置单元格格式】命令，在【数字】选项卡的【分类】列表框中选择【自定义】命令，在右侧弹出的列表中的【类型】里输入“000-0000000”，单击【确定】按钮即可实现自动加“-”。手机号码的分隔也可以使用本操作。

设置单元格内容的对齐方式后的效果如图 8-13 所示。

	A	B	C	D	E	F	G	H
1								
2					通信录			
3		姓名	部门	办公电话	家庭电话	QQ号	E-mail地址	
4		张山峰	销售部	010-62760000	010-64646542	123456	zhangs@pku.edu.cn	
5		赵敏	财务部	010-62760001	13950952866	112354	lis@263.net	
6		张无忌	生产部	010-62660001	13020054078	1255233	wangw@pku.edu.cn	
7		令狐冲	开发部	010-62760003	0565-2555241	152211	chene@163.com	
8		杨帼	销售部	010-51530000	0454-5544741	25253	yangq@china.com	
9		孙老八	开发部	010-62760003	0941-2574152	4554422	sunb@tsinghua.edu.cn	
10		刘颖	生产部	010-62660001	0569-8552744	125442	liul@tom.com	
11		周伯通	开发部	010-51530003	0454-5544472	44552	zhaoy@tsinghua.edu.cn	
12		郭靖	销售部	13880589066	0574-6144124	55115313	sunl@sohu.com	
13		赵半山	财务部	13020054076	0441-5441222	232210	chens@zju.edu.cn	
14								
15								

图 8-13　设置对齐方式后的工作表

（2）调整行高和列宽。如果单元格的行高或列宽不合适，可以根据单元格中的内容进行相应调整。

任务 5：将通信录标题行下的所有记录通信信息的单元格，行高均设置为 20.25；第一行行高设置为 12.00，第二行行高设置为 32.25，第三行行高设置为 22.25；列宽的设置参数见表 8-1。

表 8-1　列宽设置参数

列名	列宽值	列名	列宽值
A	2.88	D、E	13.88
B	8.38	F	9.00
C	10.63	G	21.88

1）选中单元格区域 B4:G13，选择【开始】|【单元格】|【格式】|【行高】命令，如图 8-14 所示，打开【行高】对话框，在【行高】文本框中输入 20.25，如图 8-15 所示，单击【确定】按钮即可。

2）列宽的设置方法与行高的设置方法基本相同。先选中要设置列宽的列，然后选择【开始】|【单元格】|【格式】|【列宽】命令，设置相应的列宽值即可。

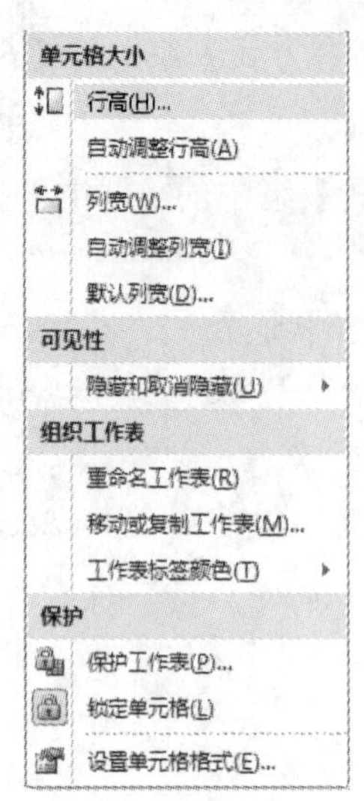

图 8-14 设置行高

图 8-15 【行高】对话框

3）根据任务的参数要求，按照上述步骤设置其他单元格的行高和列宽，设置后的效果如图 8-16 所示。

通信录

姓名	部门	办公电话	家庭电话	QQ号	E-mail地址
张山峰	销售部	010-62760000	010-64646542	123456	zhangs@pku.edu.cn
赵敏	财务部	010-62760001	13950952866	112354	lis@263.net
张无忌	生产部	010-62660001	13020054078	1255233	wangw@pku.edu.cn
令狐冲	开发部	010-62760003	0565-2555241	152211	chene@163.com
杨帼	销售部	010-51530000	0454-5544741	25253	yangq@china.com
孙老八	开发部	010-62760003	0941-2574152	4554422	sunb@tsinghua.edu.cn
刘颖	生产部	010-62660001	0569-8552744	125442	liul@tom.com
周伯通	开发部	010-51530003	0454-5544472	44552	zhaoy@tsinghua.edu.cn
郭靖	销售部	13880589066	0574-6144124	55115313	sunl@sohu.com
赵半山	财务部	13020054076	0441-5441222	232210	chens@zju.edu.cn

图 8-16 设置行高和列宽后的效果

上述行高与列宽的设置方法仅局限于单个单元格或一系列行高值或列宽值相同的单元格区域的情况，更常用的方法是直接用鼠标指针拖动边框线改变行高和列宽。可以把鼠标指针放在相应单元格所在行的行号的下边框上，当鼠标指针变成上下双向箭头时，即可按住鼠标左键拖动对单元格高度进行调整，在鼠标指针旁边会显示当前调整到的高度值，如图 8-17 所示。

通信录

姓名	部门	办公电话	家庭电话	QQ号	E-mail地址
张山峰	销售部	010-62760000	010-64646542	123456	zhangs@pku.edu.cn
赵敏	财务部	010-62760001	13950952866	112354	lis@263.net

图 8-17 利用鼠标调整行高

（3）设置字体和字号。为了使表头和表格的标题等项目显得更加醒目，可以设置其字体和字号。

任务 6：将表头“通信录”设置为“隶书”“24 号”并且“粗体”显示；表格的标题行设置为“宋体”“10 号”并且“粗体”显示；其余单元格内容设置为“宋体”和“10 号”；将“E-mail 地址”列的字符取消下划线的显示并且设置字体颜色为“黑色”。

1）选中单元格 B2，在【开始】|【字体】组的【字体】下拉列表中选择“隶书”，在【字号】下拉列表中选择 24，然后单击【加粗】按钮，即可完成对该单元格的字体设置。

技巧点滴：对字符进行加粗时，如果选中没有加粗的内容并单击【加粗】按钮，所选中内容的字体被加粗；如果选中已加粗的内容再单击【加粗】按钮，所选中内容的字体被取消加粗；如果选中的内容同时有加粗和未加粗的字符，单击【加粗】按钮时，所选中内容先取消加粗，再次单击时字体被加粗。对齐、合并和下划线操作类似。

2）按照上述同样的方法，根据任务要求设置其他单元格的字符格式。

3）由于“E-mail 地址”项目中的内容有下划线（系统默认的链接格式），如果为了打印时效果更好，可以对这些单元格区域进行如下处理。

- 选中单元格区域 G4:G13，单击【开始】|【字体】组中的下划线按钮 **U**，即可取消下划线的显示。
- 选中单元格区域 G4:G13，单击【开始】|【字体】组中的字体颜色按钮 **A** 处的下三角按钮，在弹出的颜色列表中单击【自动】按钮，如图 8-18 所示。

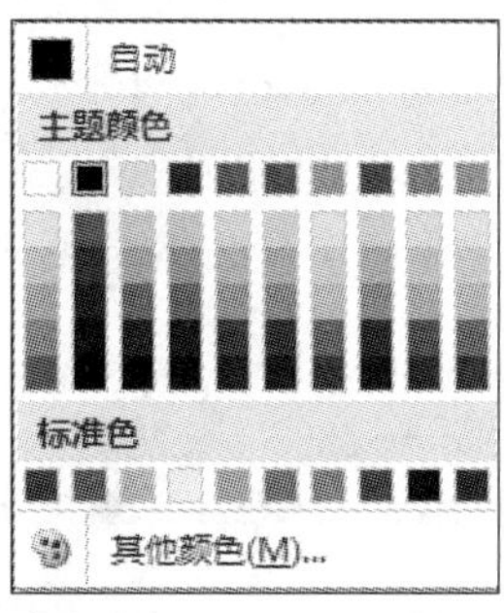

图 8-18 设置字体颜色

（4）设置边框。给单元格设置边框可以使工作表更加美观。

技巧点滴：进行边框设置时，如果对边框线条有要求，则只能选择【开始】|【单元格】|【格式】|【设置单元格格式】命令，在打开的【设置单元格格式】对话框里来设置。设置时，必须先选中线条样式，然后才能单击边框按钮。如果想设置外边框，可以在【预置】栏中单击【外边框】按钮，如图 8-19 所示。

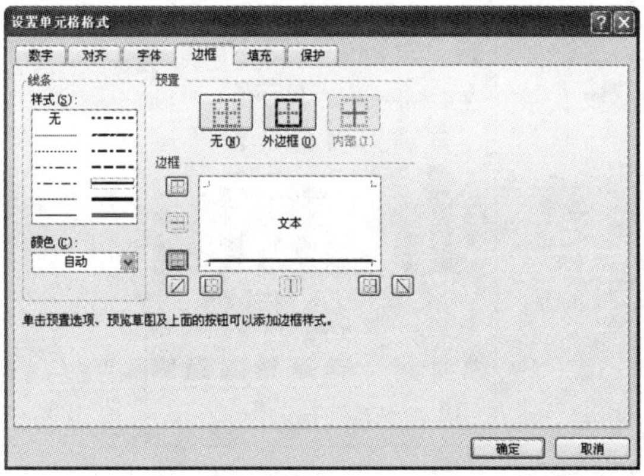

图 8-19 设置表头单元格边框

选中单元格区域 B3:G13，选择【设置单元格格式】对话框的【边框】标签，选择【线条】区域【样式】列表框中左边的某一细线条，如图 8-19 所示。单击【边框】区域中的按钮，然后单击【预置】区域中的【内部】按钮，如图 8-20 所示。

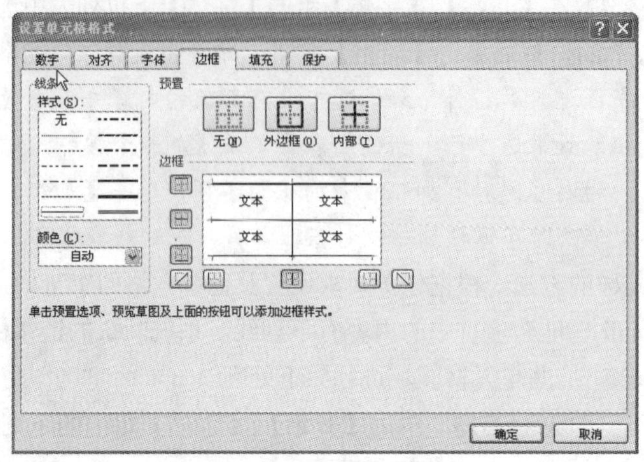

图 8-20　设置其他单元格边框

在选中要设置边框的单元格区域后，也可以单击右键打开【设置单元格格式】对话框，单击相应的边框按钮进行设置。

（5）设置背景颜色。设置单元格背景颜色，可以使不同性质、不同含义的数据之间的区别更加明显，也可以使整个单元格页面更加美观。

任务 7：按照表 8-2 所示要求设置通信录表格中单元格的背景颜色。

表 8-2　背景颜色设置参数

单元格区域	背景颜色
B3:G3	白色，背景 1，深色 25%
B4:B13	浅蓝
C4:C13、E4:E13、G4:G13	浅绿
D4:D13、F4:F13	黄色

1）选中单元格区域 B3:G3，单击【开始】|【字体】组的【填充颜色】处的下三角按钮，在颜色列表中选中“白色，背景 1，深色 25%”，如图 8-21 所示。当把鼠标指针置于颜色上时，自动显示具体颜色信息。

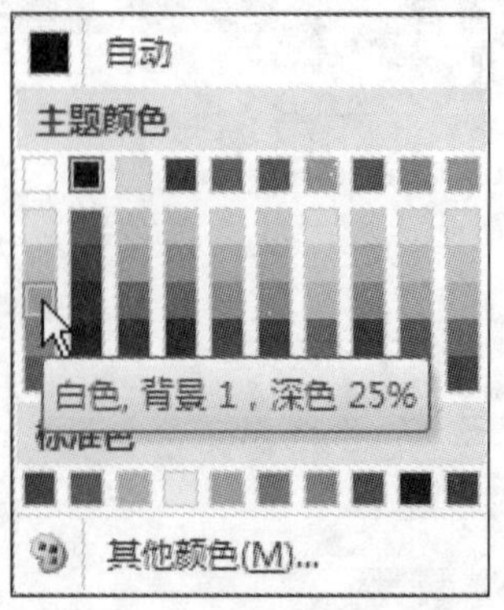

图 8-21　选择填充颜色

2）按上述步骤，选中单元格区域 B4:B13，填充颜色设置为“浅蓝”；选中单元格区域 C4:C13、E4:E13、G4:G13，填充颜色设置为“浅绿”；选中单元格区域 D4:D13、F4:F13，填充颜色设置为“黄色”。

格式设置完成后的“通信录”工作表如图 8-22 所示。

通信录

姓名	部门	办公电话	家庭电话	QQ号	E-mail地址
张山峰	销售部	010-62760000	010-64646542	123456	zhangs@pku.edu.cn
赵敏	财务部	010-62760001	13950952866	112354	lis@263.net
张无忌	生产部	010-62660001	13020054078	1255233	wangw@pku.edu.cn
令狐冲	开发部	010-62760003	0565-2555241	152211	chene@163.com
杨帆	销售部	010-51530000	0454-5544741	25253	yangq@china.com
孙老八	开发部	010-62760003	0941-2574152	4554422	sunb@tsinghua.edu.cn
刘颖	生产部	010-62660001	0569-8552744	125442	liul@tom.com
周伯通	开发部	010-51530003	0454-5544472	44552	zhaoy@tsinghua.edu.cn
郭靖	销售部	13880589066	0574-6144124	55115313	sunl@sohu.com
赵半山	财务部	13020054076	0441-5441222	232210	chens@zju.edu.cn

图 8-22　设置格式后的通信录

技巧点滴：某些单元格格式设置相同，可以采用格式刷来提高效率。选中已经设置好格式的单元格，单击【开始】|【剪贴板】组中的【格式刷】按钮，此时鼠标指针旁会出现格式刷标志，对要进行相同格式设置的单元格刷一下即可。也可以按住 Ctrl 键选择多个不连续的单元格区域，进行统一操作。

8.2.3　批注的插入与编辑

根据需要对单元格内容添加批注信息，如果单独制作会影响整体效果，可以用插入批注的方法来解决。比如在通信录中出现两个姓名相同的联系人时，就可以采用这种方法进行区分。

见多识广：批注是对相应单元格中内容的解释或补充，它可以帮助用户更好地记忆和理解单元格中的内容。

任务 8：为通信录中“张山峰”加上批注，注明为“我的高中同学”。

（1）选中单元格 B4，选择【审阅】|【批注】|【新建批注】命令，如图 8-23 所示，打开一个批注文本框。

批注的插入与编辑

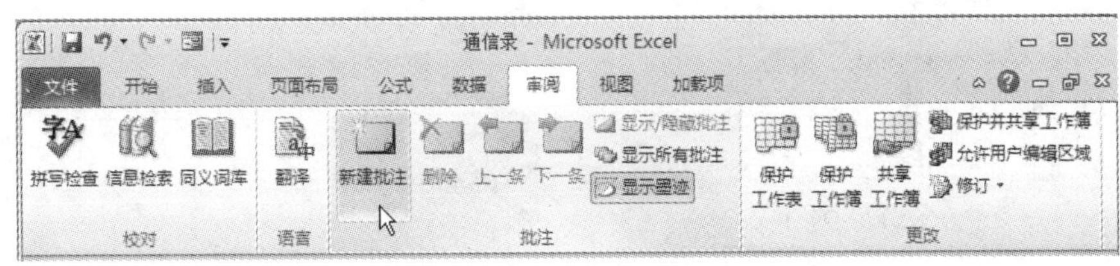

图 8-23　插入批注过程

（2）在打开的文本框中输入批注内容“我的高中同学”，如图 8-24 所示。

（3）输入完毕，单击其他任意单元格即可。以后每当鼠标指针移动到插入批注的单元

格上时，该单元格的批注会自动显示出来。

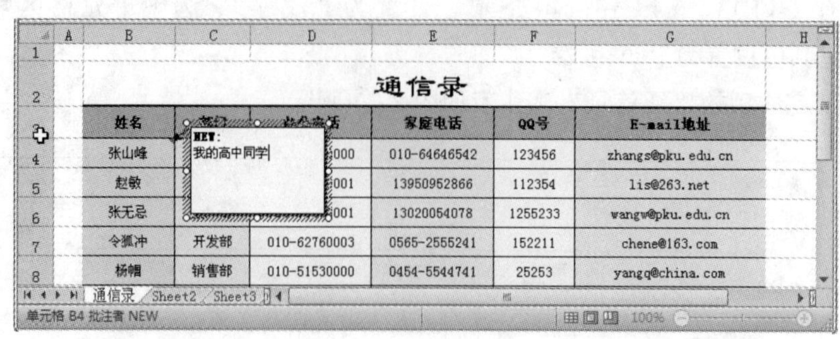

图 8-24　输入批注内容

技巧点滴：插入批注的单元格右上方会出现红色三角形的标记，这对工作表的打印并没有影响。要查看所有的批注，只需选择【审阅】|【批注】|【显示所有批注】命令即可。隐藏所有批注则要再次选择该命令。

要对已插入的批注进行编辑，在选中要编辑批注的单元格后，选择【审阅】|【批注】|【编辑批注】命令，或者右击要编辑批注的单元格，从弹出的快捷菜单中选择【编辑批注】命令，即可打开批注文本框对批注内容进行再次编辑。

要删除批注，在选中要删除批注的单元格后，选择【审阅】|【批注】|【删除】命令，或者右击要删除批注的单元格，从弹出的快捷菜单中选择【删除批注】命令即可。

8.2.4　工作表的基本操作

有时会根据需要对工作表进行移动、复制、删除等操作。

工作表的基本操作

任务 9：把"通信录"工作表移动到 Sheet2 和 Sheet3 工作表中间。

（1）选中"通信录"工作表。

（2）单击"通信录"工作表标签，并按住左键不放，此时鼠标指针变成形状并出现黑色倒三角，移动鼠标，使黑色倒三角移动到 Sheet2 和 Sheet3 工作表中间，放开鼠标左键即可。

或者右击"通信录"工作表标签，在弹出的快捷菜单中选择图 8-25 中的【移动或复制】命令，出现图 8-26 所示对话框，在【下列选定工作表之前】列表框选择 Sheet2，单击【确定】按钮即可出现如图 8-27 所示的效果图。

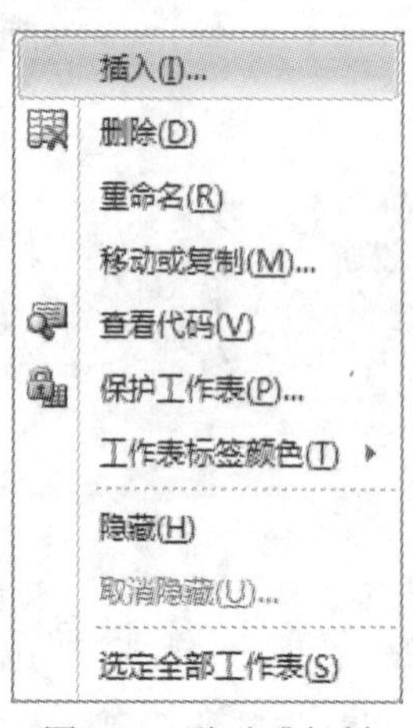

图 8-25　移动或复制

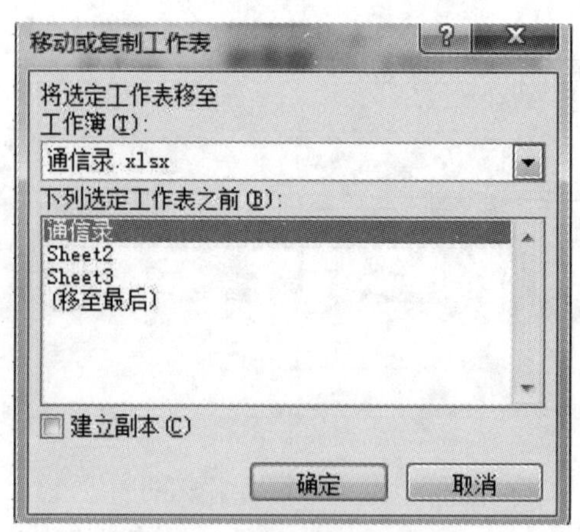

图 8-26　移动或复制工作表

	A	B	C	D	E	F
1						
2					通信录	
3		姓名	部门	办公电话	家庭电话	QQ号
4		张山峰	销售部	010-62760000	010-64646542	123456
5		赵敏	财务部	010-62760001	13950952866	112354
6		张无忌	生产部	010-62660001	13020054078	1255233
7		令狐冲	开发部	010-62760003	0565-2555241	152211
8		杨帼	销售部	010-51530000	0454-5544741	25253

Sheet2 通信录 Sheet3

图 8-27 移动后的效果图

见多识广：如果是在不同工作簿之间进行工作表的移动，只需单击图 8-26 中的【工作簿】项的下三角按钮，选择相应的工作簿，重复上面的操作即可。但要求该操作所涉及的两个工作簿必须在同一目录下。

任务 10：复制“通信录”工作表。

（1）选中“通信录”工作表。

（2）单击“通信录”工作表标签，并按住左键不放，此时鼠标指针变成形状并出现黑色倒三角，按住 Ctrl 键，移动鼠标，使黑色倒三角移动到 Sheet2 和 Sheet3 工作表中间，放开鼠标左键即可出现如图 8-28 所示效果。或者右击“通信录”工作表标签，在弹出的快捷菜单中选择图 8-25 中的【移动或复制】命令，出现图 8-26 所示对话框，在【下列选定工作表之前】区域里选择 Sheet2，勾选最下面的【建立副本】复选框，单击【确定】按钮也可出现如图 8-28 所示的效果图。

	A	B	C	D	E	F
1						
2					通信录	
3		姓名	部门	办公电话	家庭电话	QQ号
4		张山峰	销售部	010-62760000	010-64646542	123456
5		赵敏	财务部	010-62760001	13950952866	112354
6		张无忌	生产部	010-62660001	13020054078	1255233
7		令狐冲	开发部	010-62760003	0565-2555241	152211
8		杨帼	销售部	010-51530000	0454-5544741	25253

通信录 Sheet2 通信录 (2) Sheet3

就绪 100%

图 8-28 复制后的效果图

任务 11：将通信录中 Sheet2 和 Sheet3 工作表删除，保存工作簿到“我的文档”目录中并以“01- 通信录”命名。

（1）将鼠标指针置于工作表标签 Sheet2 上，单击鼠标右键，在弹出的快捷菜单中选择【删除】命令，如图 8-29 所示。

（2）按照上述方法删除工作表 Sheet3。

（3）选择【文件】|【保存】命令打开【另存为】对话框。

（4）选择保存位置，在【文件名】文本框中输入文件名称“01- 通信录”，如图 8-30 所示，单击【确定】按钮即可。

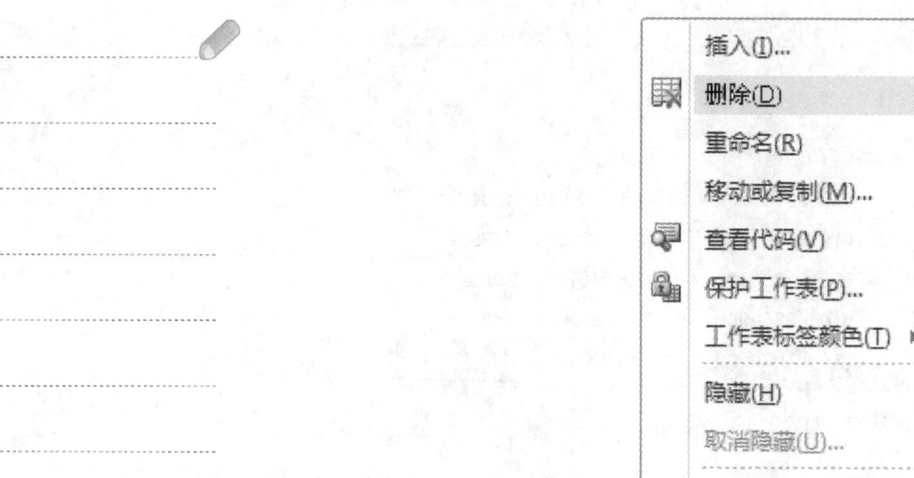

图 8-29 删除工作表

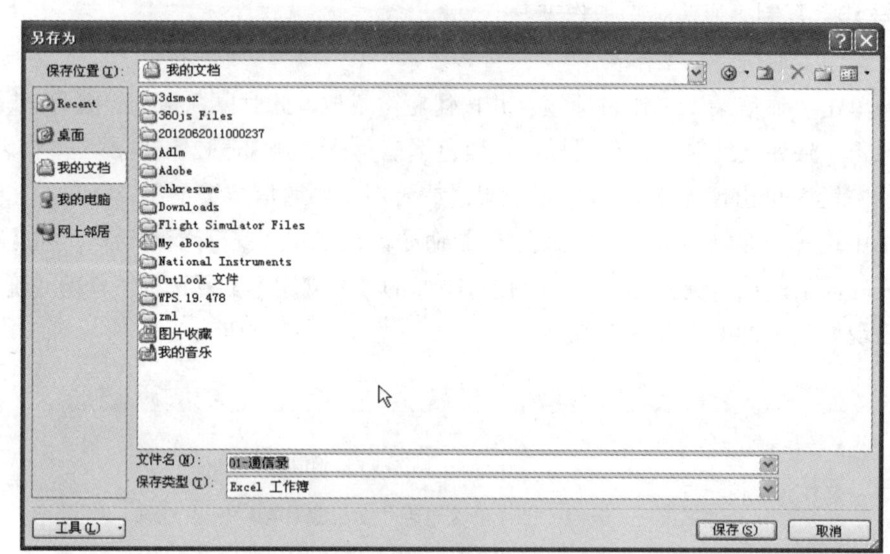

图 8-30 【另存为】对话框

8.2.5 为工作簿创建密码

当工作簿中含有机密信息，用户希望别人只能查阅，只有自己可以修改制作好的工作簿时，可以通过设置打开权限和修改权限来实现。

任务 12：将“01- 通信录”工作簿的打开权限密码和修改权限密码均设置为 12345，设置密码后重新打开该工作簿。

为工作簿创建密码

（1）打开“01- 通信录”工作簿，选择【文件】|【信息】命令，在弹出的快捷菜单中单击【保护工作簿】下拉按钮，选择【用密码进行加密】命令，如图 8-31 所示，在弹出的【加密文档】对话框中的【密码】文本框中输入 12345。

（2）单击【确定】按钮，在打开的【确认密码】对话框中的【重新输入密码】文本框中再次输入设置的打开权限密码 12345，如图 8-32 所示。

见多识广：在输入密码时，密码是隐性显示的（即只显示一串“●”）。密码可以采用长度为 1 ~ 23 的字符串，并且区分大小写。

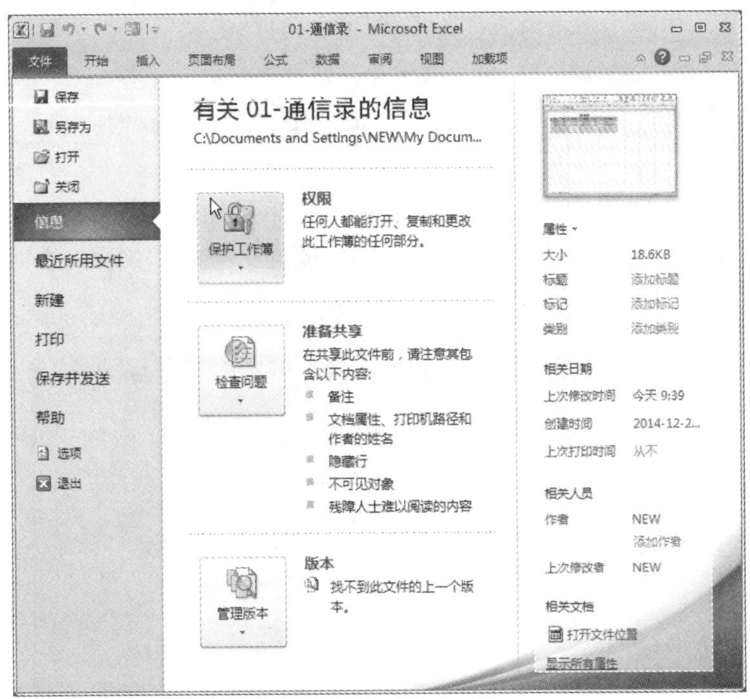

图 8-31 【保护工作簿】

在网络上发布 Excel 工作簿

（3）单击【确定】按钮，打开工作簿的密码创建成功。

（4）再次打开该工作簿时，首先会出现【密码】对话框，输入正确的打开权限密码 12345，如图 8-33 所示，单击【确定】按钮即可打开工作簿。输入的密码错误时，系统会弹出错误提示对话框，如图 8-34 所示。

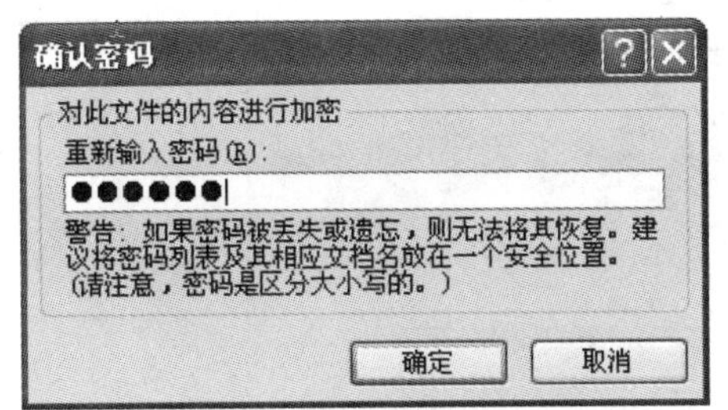

图 8-32 确认打开权限密码

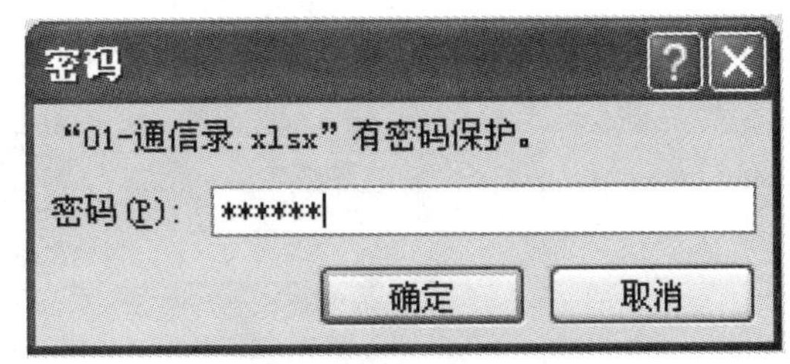

图 8-33 输入打开权限密码

图 8-34 密码错误时的提示信息

（5）如果要删除密码，则打开【加密文档】对话框，删除所有密码信息，单击【确定】按钮即可。

8.2.6 在网络上发布 Excel 工作簿

用户可以把工作簿保存为 HTML 格式，并将其发送到 Web 服务器上的 HTTP 或 FTP

站点上进行发布，实现工作表内信息的共享。当以 HTML 格式保存工作簿时，工作簿中的视图管理器和密码权限等功能将无法被保存在网页中。

任务 13：将“01- 通信录”另存为网页 HTML 文件到“我的文档”中，文件名为“01- 通信录”。

（1）选择【文件】|【另存为】命令打开【另存为】对话框，在【文件名】文本框中输入文件名“01- 通信录”；在【保存类型】下拉列表框中选择“网页”选项；选择保存文档的位置，如图 8-35 所示。

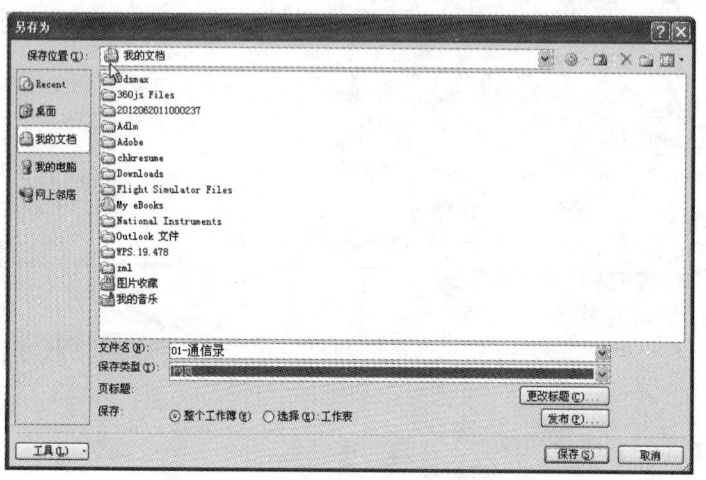

图 8-35 保存为网页

（2）设置完成后，单击【保存】按钮保存文件。打开刚刚保存的 HTML 文件“01- 通信录 .htm”，在浏览器中显示保存的网页，如图 8-36 所示。

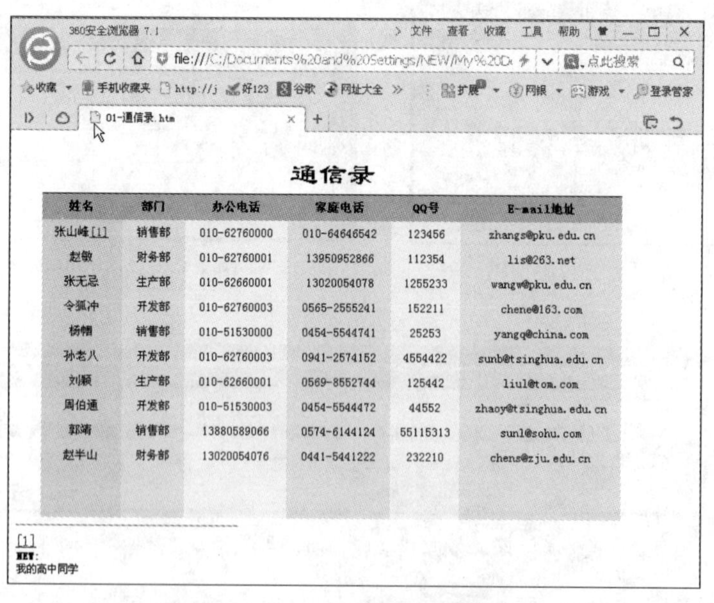

通信录

姓名	部门	办公电话	家庭电话	QQ号	E-mail地址
张山峰[1]	销售部	010-62760000	010-64646542	123456	zhangs@pku.edu.cn
赵敏	财务部	010-62760001	13950952866	112354	lis@263.net
张无忌	生产部	010-62660001	13020054078	1255233	wangw@pku.edu.cn
令狐冲	开发部	010-62760003	0565-2555241	152211	chene@163.com
杨帼	销售部	010-51530000	0454-5544741	25253	yangq@china.com
孙老八	开发部	010-62760003	0941-2574152	4554422	sunb@tsinghua.edu.cn
刘颖	生产部	010-62660001	0569-8552744	125442	liul@tom.com
周伯通	开发部	010-51530003	0454-5544472	44552	zhaoy@tsinghua.edu.cn
郭靖	销售部	13880589066	0574-6144124	55115313	sunl@sohu.com
赵半山	财务部	13020054076	0441-5441222	232210	chens@zju.edu.cn

[1]
NET:
我的高中同学

图 8-36 打开网页格式通信录

用户将工作簿保存为 HTML 文件后，可以根据需要对一些附加选项进行设置。

（3）回到“01- 通信录”文档，选择【文件】|【选项】命令，在弹出的【Excel 选项】对话框中选择【高级】|【常规】栏，单击【Web 选项】按钮打开【Web 选项】对话框，进行 HTML 文件的相关设置，如图 8-37 所示。

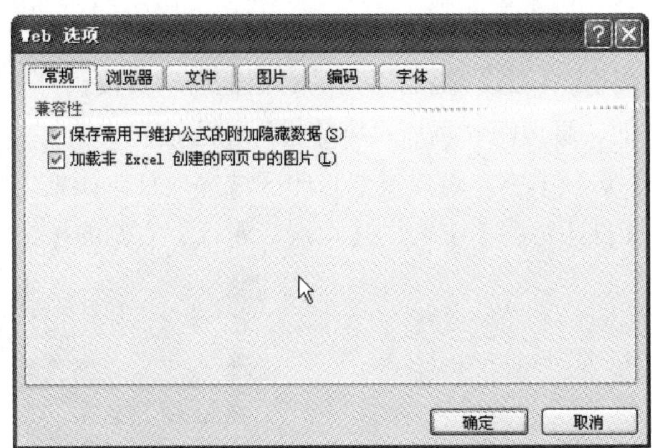

图 8-37　【Web 选项】对话框

温馨提示:【Web 选项】对话框包括一些与以 Web 页存储 Excel 文件有关的高级设置功能，可以实现压缩 Web 页文件存储空间、设置 Web 页的默认编辑器等操作。在 Excel 2003 中还可以选中【添加交互】复选框后再保存文件，即能在浏览器中对其中的数值及公式进行更改。目前，在 Excel 2010 中，因为安全性设置问题，没有提供此功能，但可以通过专业的网页制作软件[如 SharePoint Designer(FrontPage)2010、Adobe Dreamweaver CS 系列等]来实现。

8.2.7　完成工作簿

完成以上操作后，需要删除 A 列和第 1 行。

（1）右击列标 A，在弹出的快捷菜单中选择【删除】命令，删除 A 列。

（2）右击行标 1，在弹出的快捷菜单中选择【删除】命令，删除第一行。

即可得到如图 8-1 所示的最终效果图。

8.2.8　打印 Excel 工作簿

（1）选择【文件】选项卡下面的【打印】命令，出现如图 8-38 所示的界面。

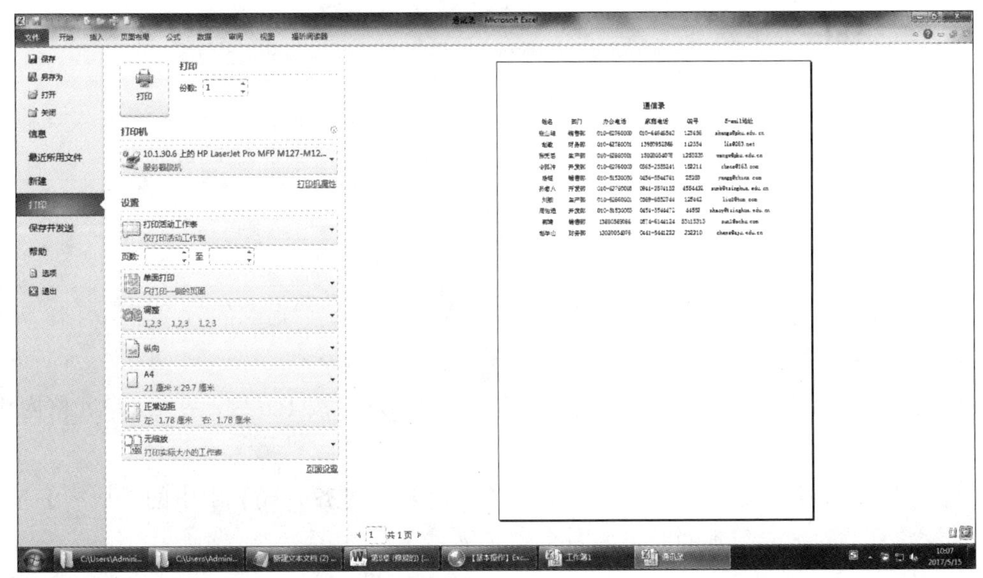

图 8-38　打印界面

（2）根据需要，依次选择打印份数、打印机、打印的具体设置等选项。

（3）单击【页面布局】|【页面设置】右下角的对话框启动器按钮打开【页面设置】对话框，如图 8-39 所示，对页面、页边距、页眉页脚等进行相应设置。

（4）在【工作表】选项卡中，可以设置打印区域等项目。如果内容很多，需要每页显示表头时，可以单击【打印标题】下面的【顶端标题行】右侧的按钮，选择合适的单元格区域，如图 8-40 所示。

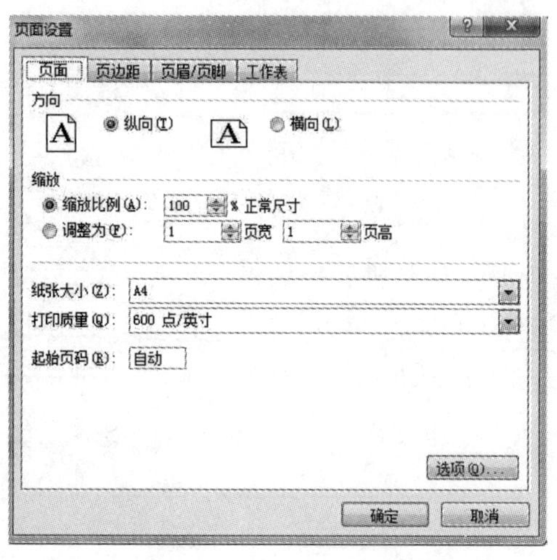

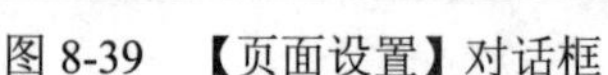
图 8-39 【页面设置】对话框

图 8-40 顶端标题打印设置

（5）单击【确定】按钮，然后选择【打印】命令即可。

8.3 本章小结

本章以制作“通信录”为例，介绍了 Excel 的基本操作、内容输入和格式设置等内容，并讲解了批注的插入与编辑、为工作簿创建密码、在网络上发布 Excel 工作簿以及对工作簿进行打印等。

8.4 习题

上机操作

1. 制作奖学金领取情况表。

本实例主要是熟悉在 Excel 2010 中快速输入数据的方法，最终的效果如图 8-41 所示。

（1）创建新文档并输入表头。

1）打开 Excel 2010，选中 A1 单元格，输入“班级”，按 Tab 键，在 B2 单元格内输入“学号”。用相同的方法输入其他表头内容。

2）选中 A1:G1 单元格区域，然后单击【开始】|【对齐方式】组中的【居中】按钮，使表头文字居中对齐，得到的效果如图 8-42 所示。

	A	B	C	D	E	F	G
1	奖学金领取情况						
2	班级	学号	姓名	性别	出生年月	奖学金金额	领取资金时间
3	计算机1201	20120101	李天鹏	女	1994年7月8日	￥1,500	8:30 AM
4	计算机1201	20120102	史采玲	女	1993年11月6日	￥1,000	9:30 AM
5	计算机1201	20120103	顾德琴	男	1994年8月2日	￥1,000	10:30 AM
6	计算机1201	20120104	曾文	男	1993年6月3日	￥1,000	11:30 AM
7	计算机1201	20120105	胡宾	男	1994年1月11日	￥1,500	2:00 PM
8	计算机1201	20120106	王威	女	1993年9月26日	￥2,500	3:00 PM
9	计算机1201	20120107	李利立	女	1993年10月10日	￥4,000	4:00 PM
10	计算机1201	20120108	张扬	男	1994年4月6日	￥4,000	5:00 PM
11	计算机1201	20120109	章文军	男	1994年12月7日	￥2,500	6:00 PM
12	计算机1301	20130101	赵宏亮	男	1995年9月3日	￥1,000	7:00 PM
13	计算机1301	20130102	周大方	男	1995年7月12日	￥1,500	8:00 PM
14	计算机1301	20130103	孙笑	女	1996年5月15日	￥2,500	8:30 AM
15	计算机1301	20130104	董乐	女	1996年2月20日	￥4,000	9:30 AM
16	计算机1301	20130105	艾密	女	1995年10月16日	￥1,500	10:30 AM
17	计算机1301	20130106	严芳芳	女	1996年3月1日	￥1,000	11:30 AM
18	计算机1301	20130107	洪亮	男	1995年4月30日	￥4,000	2:00 PM
19	计算机1301	20130108	邢道义	女	1995年12月11日	￥2,500	3:00 PM
20	计算机1301	20130109	夏天	男	1996年11月5日	￥1,000	4:00 PM

图 8-41 实例效果图

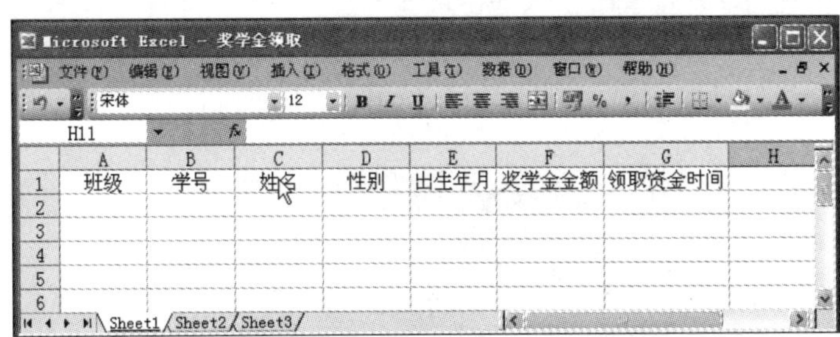

	A	B	C	D	E	F	G	H
1	班级	学号	姓名	性别	出生年月	奖学金金额	领取资金时间	

图 8-42 表头效果

（2）快速输入相同的内容。

1）在 A2 单元格中输入“计算机 1201”，将光标放在 A2 单元格的右下角，按住 Ctrl 键不放，拖动鼠标指针到 A10 单元格，此时在 A2:A10 单元格区域内出现相同的内容，如图 8-43 所示。

	A	B	C	D	E	F	G
1	班级	学号	姓名	性别	出生年月	奖学金金额	领取资金时间
2	计算机1201						
3	计算机1201						
4	计算机1201						
5	计算机1201						
6	计算机1201						
7	计算机1201						
8	计算机1201						
9	计算机1201						
10	计算机1201						
11							

图 8-43 输入相同的内容

2）在 A11 单元格内输入“计算机 1301”，然后按住 Ctrl 键，利用填充柄实现复制功能，在 A1:A19 单元格区域内快速输入相同的班级信息，得到的效果如图 8-44 所示。

	A	B	C	D	E	F	G
1	班级	学号	姓名	性别	出生年月	奖学金金额	领取资金时间
2	计算机1201						
3	计算机1201						
4	计算机1201						
5	计算机1201						
6	计算机1201						
7	计算机1201						
8	计算机1201						
9	计算机1201						
10	计算机1201						
11	计算机1301						
12	计算机1301						
13	计算机1301						
14	计算机1301						
15	计算机1301						
16	计算机1301						
17	计算机1301						
18	计算机1301						
19	计算机1301						
20							

Sheet1 Sheet2 Sheet3

图 8-44 再次输入相同的内容

见多识广：在输入相同内容时，除了使用以上方法，还可以使用“复制”和“粘贴”操作。如果单元格中是汉字或者英文字母加数字的内容，如“计算机 1201”，遇到下面的内容是“计算机 1202、计算机 1203、……”的情况，可以直接使用单元格右下角的填充柄拖动填充。

（3）输入等差序列的数字。

1）在 B2 单元格中输入 20120101，选中 B2:B10 单元格区域，执行【开始】|【编辑】【填充】|【序列】命令，弹出【序列】对话框，保持默认设置，如图 8-45 所示。最后单击【确定】按钮，可以看到自动按顺序填充的效果，如图 8-46 所示。

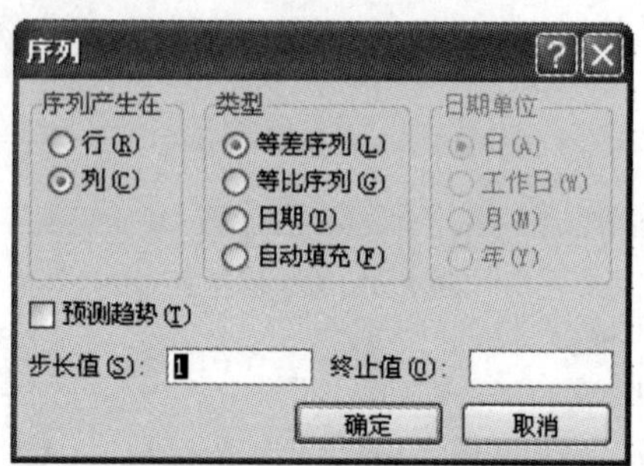

图 8-45 【序列】对话框

	A	B	C	D	E	F	G
1	班级	学号	姓名	性别	出生年月	奖学金金额	领取资金时间
2	计算机1201	20120101					
3	计算机1201	20120102					
4	计算机1201	20120103					
5	计算机1201	20120104					
6	计算机1201	20120105					
7	计算机1201	20120106					
8	计算机1201	20120107					
9	计算机1201	20120108					
10	计算机1201	20120109					
11	计算机1301						
12	计算机1301						

Sheet1 Sheet2 Sheet3

图 8-46 按顺序自动填充后的效果

2）在 B11 单元格中输入 20130101，使用相同的方法填充 B11:B19 单元格区域，填充后的效果如图 8-47 所示。

	A	B	C	D
1	班级	学号	姓名	性别
2	计算机1201	20120101		
3	计算机1201	20120102		
4	计算机1201	20120103		
5	计算机1201	20120104		
6	计算机1201	20120105		
7	计算机1201	20120106		
8	计算机1201	20120107		
9	计算机1201	20120108		
10	计算机1201	20120109		
11	计算机1301	20130101		
12	计算机1301	20130102		
13	计算机1301	20130103		
14	计算机1301	20130104		
15	计算机1301	20130105		
16	计算机1301	20130106		
17	计算机1301	20130107		
18	计算机1301	20130108		
19	计算机1301	20130109		

图 8-47　填充后的效果

见多识广：以上文为例，在输入等差数列的时候，还可以在B2单元格中输入20120101，在B3单元格中输入20120102，然后选择B2:B3单元格区域，利用右下角的填充柄进行自动填充。

（4）将数字转换为文本格式。选中B2:B19单元格区域，单击【开始】|【数字】组右下角的对话框启动器按钮，打开【设置单元格格式】对话框，在【分类】列表框中选择【文本】选项，如图8-48所示。

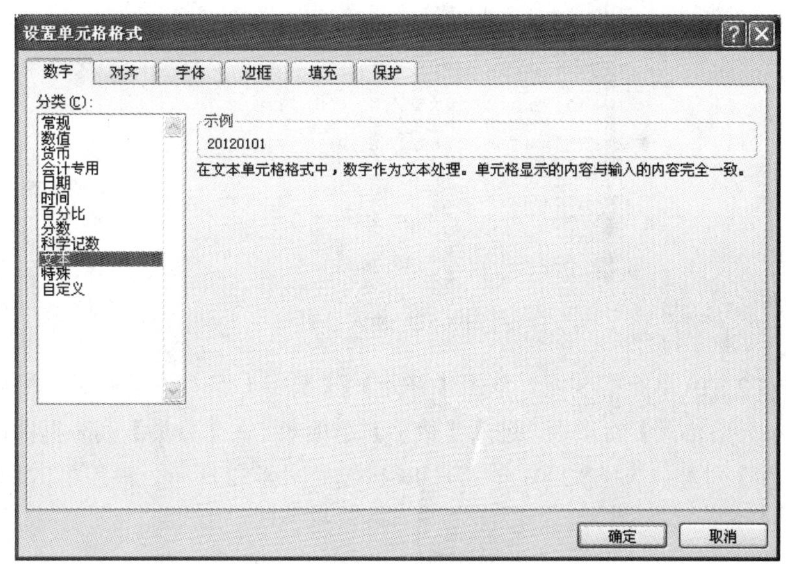

图 8-48　设置单元格格式

单击【确定】按钮，就可以将数字格式转换为文本格式，如图8-49所示。

见多识广：设置单元格格式，还可以通过右击单元格或单元格区域，在弹出的快捷菜单中选择【设置单元格格式】命令来实现。

（5）输入姓名及性别。选中C2单元格，输入“李天鹃”，按Enter键继续输入下一个姓名“史采玲”，使用相同的方法输入其他学生的姓名和性别，输入完成后的效果如图8-50所示。

见多识广：输入内容的时候，建议多使用键盘来进行，以保证输入的速度。除了使用Enter键，上、下、左、右方向键和Tab键也是非常不错的选择。

	A	B	C	D
1	班级	学号	姓名	性别
2	计算机1201	20120101		
3	计算机1201	20120102		
4	计算机1201	20120103		
5	计算机1201	20120104		
6	计算机1201	20120105		
7	计算机1201	20120106		
8	计算机1201	20120107		
9	计算机1201	20120108		
10	计算机1201	20120109		
11	计算机1301	20130101		
12	计算机1301	20130102		
13	计算机1301	20130103		
14	计算机1301	20130104		
15	计算机1301	20130105		
16	计算机1301	20130106		
17	计算机1301	20130107		
18	计算机1301	20130108		
19	计算机1301	20130109		

Sheet1 Sheet2 Shee

图 8-49 将数字转换为文本格式

	A	B	C	D	E
1	班级	学号	姓名	性别	出生年月
2	计算机1201	20120101	李天鹏	女	
3	计算机1201	20120102	史采玲	女	
4	计算机1201	20120103	顾德琴	男	
5	计算机1201	20120104	曾文	男	
6	计算机1201	20120105	胡宾	男	
7	计算机1201	20120106	王威	女	
8	计算机1201	20120107	李利立	女	
9	计算机1201	20120108	张扬	男	
10	计算机1201	20120109	章文军	男	
11	计算机1301	20130101	赵宏亮	男	
12	计算机1301	20130102	周大方	男	
13	计算机1301	20130103	孙笑	女	
14	计算机1301	20130104	童乐	女	
15	计算机1301	20130105	艾密	女	
16	计算机1301	20130106	严芳芳	女	
17	计算机1301	20130107	洪亮	男	
18	计算机1301	20130108	邢道义	女	
19	计算机1301	20130109	夏天	男	

图 8-50 输入姓名及性别

（6）输入日期并设置格式。

1）选中 E2 单元格，输入“1994/7/8”，按 Enter 键后继续输入“1993/11/6”，用相同的方法输入其他的“出生年月”，输入完成后的效果如图 8-51 所示。注意：年月日之间可以用“-”或“/”分隔，但不可以用“.”分隔。

	A	B	C	D	E	F
1	班级	学号	姓名	性别	出生年月	奖学金金额
2	计算机1201	20120101	李天鹏	女	1994/7/8	
3	计算机1201	20120102	史采玲	女	1993/11/6	
4	计算机1201	20120103	顾德琴	男	1994/8/2	
5	计算机1201	20120104	曾文	男	1993/6/3	
6	计算机1201	20120105	胡宾	男	1994/1/11	
7	计算机1201	20120106	王威	女	1993/9/26	
8	计算机1201	20120107	李利立	女	1993/10/10	
9	计算机1201	20120108	张扬	男	1994/4/6	
10	计算机1201	20120109	章文军	男	1994/12/7	
11	计算机1301	20130101	赵宏亮	男	1995/9/3	
12	计算机1301	20130102	周大方	男	1995/7/12	
13	计算机1301	20130103	孙笑	女	1996/5/15	
14	计算机1301	20130104	童乐	女	1996/2/20	
15	计算机1301	20130105	艾密	女	1995/10/16	
16	计算机1301	20130106	严芳芳	女	1996/3/1	
17	计算机1301	20130107	洪亮	男	1995/4/30	
18	计算机1301	20130108	邢道义	女	1995/12/11	
19	计算机1301	20130109	夏天	男	1996/11/5	

图 8-51 输入日期

2）选中 E2:E19 单元格区域，单击【开始】|【数字】组右下角的对话框启动器按钮，弹出【设置单元格格式】对话框，进入【数字】选项卡，在【分类】列表框中选择【日期】选项，在【类型】列表中选择“2001 年 3 月 14 日”，如图 8-52 所示。最后单击【确定】按钮，效果如图 8-53 所示。

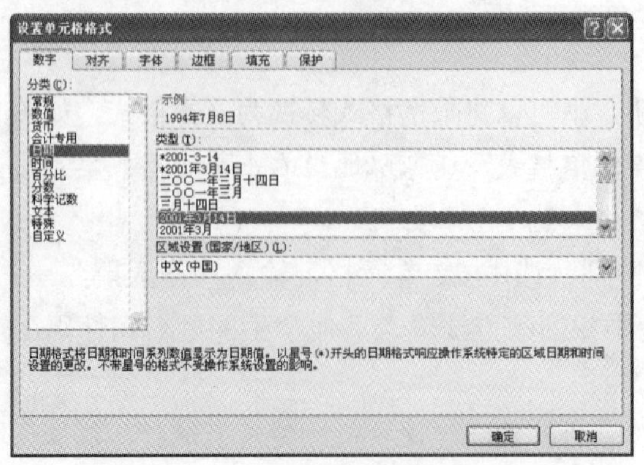

图 8-52 选择日期并设置格式

	A	B	C	D	E	F	G
1	班级	学号	姓名	性别	出生年月	奖学金金额	领取资金时间
2	计算机1201	20120101	李天鹏	女	1994年7月8日		
3	计算机1201	20120102	史采玲	女	1993年11月6日		
4	计算机1201	20120103	顾德琴	男	1994年8月2日		
5	计算机1201	20120104	曾文	男	1993年6月3日		
6	计算机1201	20120105	胡宾	男	1994年1月11日		
7	计算机1201	20120106	王威	女	1993年9月26日		
8	计算机1201	20120107	李利立	女	1993年10月10日		
9	计算机1201	20120108	张扬	男	1994年4月6日		
10	计算机1201	20120109	章文军	男	1994年12月7日		
11	计算机1301	20130101	赵宏亮	男	1995年9月3日		
12	计算机1301	20130102	周大方	男	1995年7月12日		
13	计算机1301	20130103	孙笑	女	1996年5月15日		
14	计算机1301	20130104	童乐	女	1996年2月20日		
15	计算机1301	20130105	艾密	女	1995年10月16日		
16	计算机1301	20130106	严芳芳	女	1996年3月1日		
17	计算机1301	20130107	洪亮	男	1995年4月30日		
18	计算机1301	20130108	邢道义	女	1995年12月11日		
19	计算机1301	20130109	夏天	男	1996年11月5日		

图 8-53 设置日期效果

（7）输入货币格式的奖学金金额。在“奖学金金额”一列中输入数据，选中 F2:F19 单元格区域，打开【设置单元格格式】对话框，进入【数字】选项卡，在【分类】列表框中选择【货币】选项，将【小数位数】设置为 0，如图 8-54 所示。单击【确定】按钮，最终效果如图 8-55 所示。

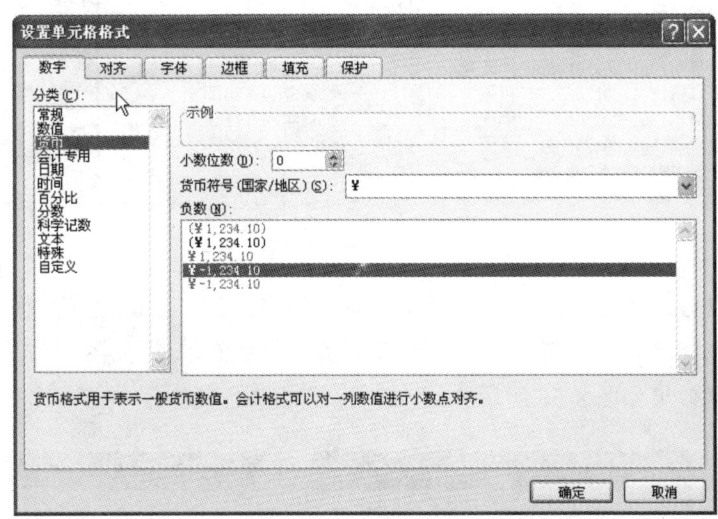

图 8-54 设置货币格式

	A	B	C	D	E	F	G
1	班级	学号	姓名	性别	出生年月	奖学金金额	领取资金时间
2	计算机1201	20120101	李天鹏	女	1994年7月8日	¥1,500	
3	计算机1201	20120102	史采玲	女	1993年11月6日	¥1,000	
4	计算机1201	20120103	顾德琴	男	1994年8月2日	¥1,000	
5	计算机1201	20120104	曾文	男	1993年6月3日	¥1,000	
6	计算机1201	20120105	胡宾	男	1994年1月11日	¥1,500	
7	计算机1201	20120106	王威	女	1993年9月26日	¥2,500	
8	计算机1201	20120107	李利立	女	1993年10月10日	¥4,000	
9	计算机1201	20120108	张扬	男	1994年4月6日	¥4,000	
10	计算机1201	20120109	章文军	男	1994年12月7日	¥2,500	
11	计算机1301	20130101	赵宏亮	男	1995年9月3日	¥1,000	
12	计算机1301	20130102	周大方	男	1995年7月12日	¥1,500	
13	计算机1301	20130103	孙笑	女	1996年5月15日	¥2,500	
14	计算机1301	20130104	童乐	女	1996年2月20日	¥4,000	
15	计算机1301	20130105	艾密	女	1995年10月16日	¥1,500	
16	计算机1301	20130106	严芳芳	女	1996年3月1日	¥1,000	
17	计算机1301	20130107	洪亮	男	1995年4月30日	¥4,000	
18	计算机1301	20130108	邢道义	女	1995年12月11日	¥2,500	
19	计算机1301	20130109	夏天	男	1996年11月5日	¥1,000	

Sheet1 Sheet2 Sheet3

图 8-55 货币格式效果

（8）输入时间。

1）在“领取资金时间”一列中输入如图 8-56 所示的数据，输入时可以使用填充功能。

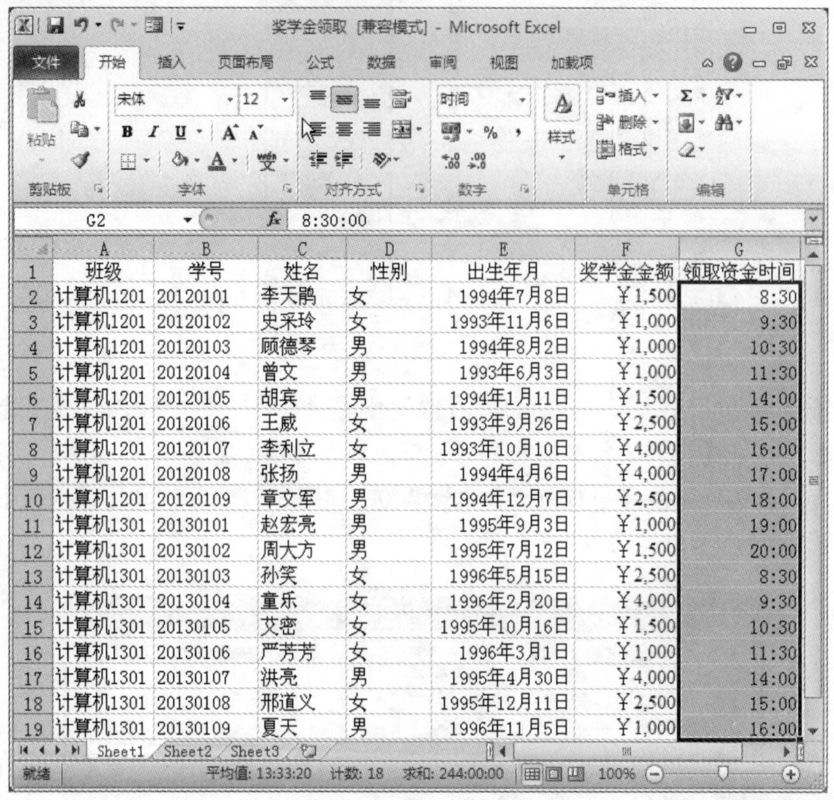

	A	B	C	D	E	F	G
1	班级	学号	姓名	性别	出生年月	奖学金金额	领取资金时间
2	计算机1201	20120101	李天鹏	女	1994年7月8日	￥1,500	8:30
3	计算机1201	20120102	史采玲	女	1993年11月6日	￥1,000	9:30
4	计算机1201	20120103	顾德琴	男	1994年8月2日	￥1,000	10:30
5	计算机1201	20120104	曾文	男	1993年6月3日	￥1,000	11:30
6	计算机1201	20120105	胡宾	男	1994年1月11日	￥1,500	14:00
7	计算机1201	20120106	王威	女	1993年9月26日	￥2,500	15:00
8	计算机1201	20120107	李利立	女	1993年10月10日	￥4,000	16:00
9	计算机1201	20120108	张扬	男	1994年4月6日	￥4,000	17:00
10	计算机1201	20120109	章文军	男	1994年12月7日	￥2,500	18:00
11	计算机1301	20130101	赵宏亮	男	1995年9月3日	￥1,000	19:00
12	计算机1301	20130102	周大方	男	1995年7月12日	￥1,500	20:00
13	计算机1301	20130103	孙笑	女	1996年5月15日	￥2,500	8:30
14	计算机1301	20130104	童乐	女	1996年2月20日	￥4,000	9:30
15	计算机1301	20130105	艾密	女	1995年10月16日	￥1,500	10:30
16	计算机1301	20130106	严芳芳	女	1996年3月1日	￥1,000	11:30
17	计算机1301	20130107	洪亮	男	1995年4月30日	￥4,000	14:00
18	计算机1301	20130108	邢道义	女	1995年12月11日	￥2,500	15:00
19	计算机1301	20130109	夏天	男	1996年11月5日	￥1,000	16:00

图 8-56　输入时间

2）选中 G2:G19 单元格区域，打开【设置单元格格式】对话框，在【数字】选项卡的【分类】列表框中选择【时间】选项，将【类型】设置为“1:30 PM”，如图 8-57 所示。单击【确定】按钮，最终效果如图 8-58 所示。

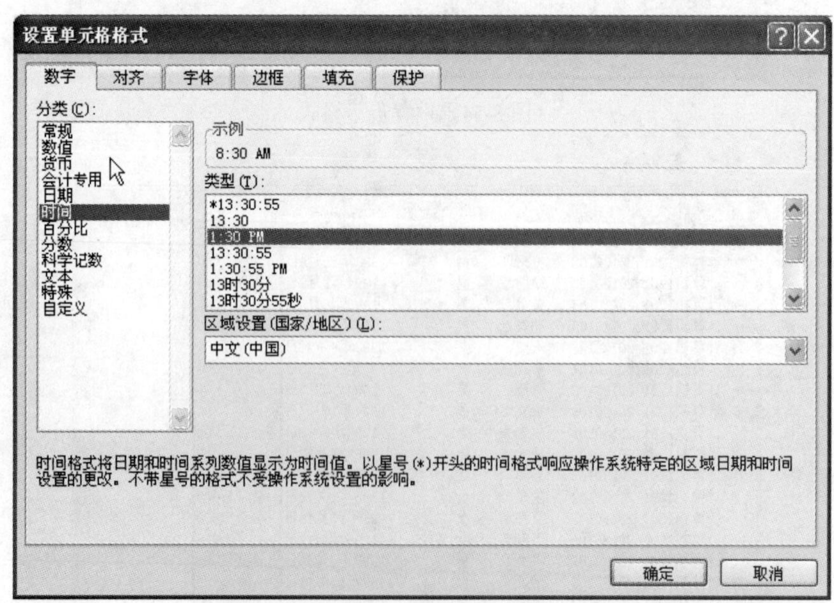

图 8-57　设置时间格式

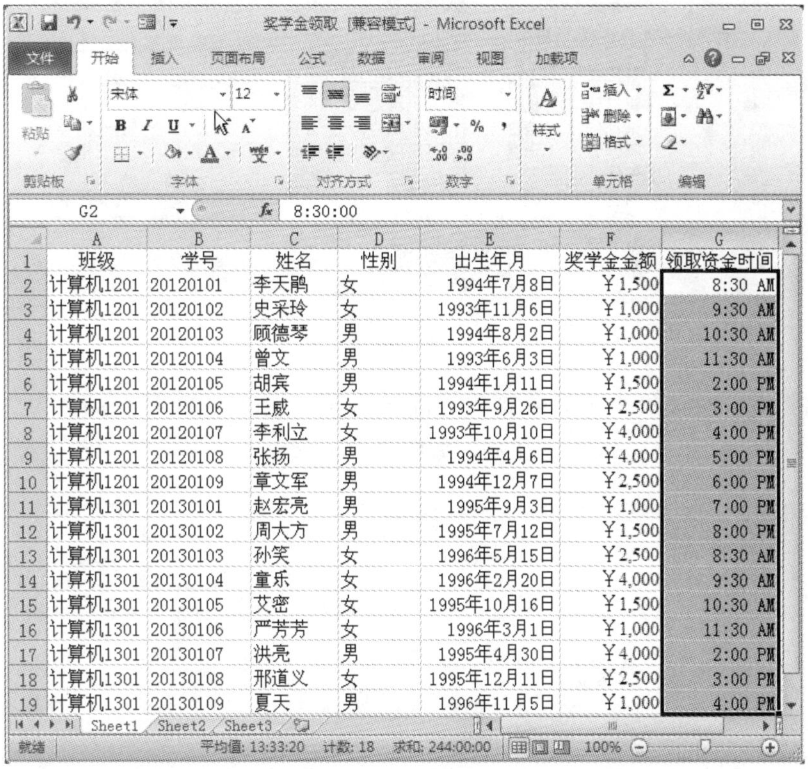

	A	B	C	D	E	F	G
1	班级	学号	姓名	性别	出生年月	奖学金金额	领取资金时间
2	计算机1201	20120101	李天鹏	女	1994年7月8日	￥1,500	8:30 AM
3	计算机1201	20120102	史采玲	女	1993年11月6日	￥1,000	9:30 AM
4	计算机1201	20120103	顾德琴	男	1994年8月2日	￥1,000	10:30 AM
5	计算机1201	20120104	曾文	男	1993年6月3日	￥1,000	11:30 AM
6	计算机1201	20120105	胡宾	男	1994年1月11日	￥1,500	2:00 PM
7	计算机1201	20120106	王威	女	1993年9月26日	￥2,500	3:00 PM
8	计算机1201	20120107	李利立	女	1993年10月10日	￥4,000	4:00 PM
9	计算机1201	20120108	张扬	男	1994年4月6日	￥4,000	5:00 PM
10	计算机1201	20120109	章文军	男	1994年12月7日	￥2,500	6:00 PM
11	计算机1301	20130101	赵宏亮	男	1995年9月3日	￥1,000	7:00 PM
12	计算机1301	20130102	周大方	男	1995年7月12日	￥1,500	8:00 PM
13	计算机1301	20130103	孙笑	女	1996年5月15日	￥2,500	8:30 AM
14	计算机1301	20130104	童乐	女	1996年2月20日	￥4,000	9:30 AM
15	计算机1301	20130105	艾密	女	1995年10月16日	￥1,500	10:30 AM
16	计算机1301	20130106	严芳芳	女	1996年3月1日	￥1,000	11:30 AM
17	计算机1301	20130107	洪亮	男	1995年4月30日	￥4,000	2:00 PM
18	计算机1301	20130108	邢道义	女	1995年12月11日	￥2,500	3:00 PM
19	计算机1301	20130109	夏天	男	1996年11月5日	￥1,000	4:00 PM

图 8-58 时间格式效果

（9）输入标题。在表头上方一行输入标题内容“奖学金领取情况”，设置字体为“隶书”，字号为 24，颜色为“红色”，适当调节单元格的高度。选中 A1:G1 单元格区域，合并单元格并居中对齐，效果如图 8-42 所示。选择【文件】|【保存】命令，将文件命名为“奖学金领取情况”。

2. 制作并美化课程表。

本实例旨在熟悉 Excel 2010 单元格设置及插入文本框、艺术字等方法。制作的课程表的最终效果如图 8-59 所示。

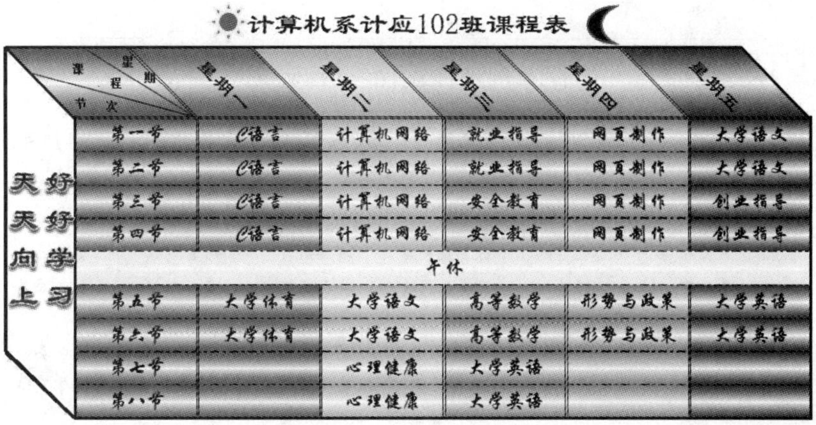

计算机系计应102班课程表

课程 星期 节次	星期一	星期二	星期三	星期四	星期五
第一节	C语言	计算机网络	就业指导	网页制作	大学语文
第二节	C语言	计算机网络	就业指导	网页制作	大学语文
第三节	C语言	计算机网络	安全教育	网页制作	创业指导
第四节	C语言	计算机网络	安全教育	网页制作	创业指导
午休					
第五节	大学体育	大学语文	高等数学	形势与政策	大学英语
第六节	大学体育	大学语文	高等数学	形势与政策	大学英语
第七节		心理健康	大学英语		
第八节		心理健康	大学英语		

天天向上 好好学习

图 8-59 课程表

（1）打开 Excel 2010，选中 A1 单元格，输入“计算机系计应 102 班课程表”，使用 Enter 键和上、下、左、右方向键，在单元格中输入内容，如图 8-60 所示。注意，在 B2 单元格中输入“.”。

	A	B	C	D	E	F	G
1	计算机系计应102班课程表						
2		.	星期一	星期二	星期三	星期四	星期五
3		第一节	C语言	计算机网络	就业指导	网页制作	大学语文
4		第二节	C语言	计算机网络	就业指导	网页制作	大学语文
5		第三节	C语言	计算机网络	安全教育	网页制作	创业指导
6		第四节	C语言	计算机网络	安全教育	网页制作	创业指导
7		午休					
8		第五节	大学体育	大学语文	高等数学	形势与政策	大学英语
9		第六节	大学体育	大学语文	高等数学	形势与政策	大学英语
10		第七节		心理健康	大学英语		
11		第八节		心理健康	大学英语		
12							

图 8-60　内容输入

（2）将第 1 行行高设为 45，第 2 行行高设为 64，第 3 ～ 11 行行高设为 30；将 A 列列宽设为 11.25，B ～ G 列列宽设为 20，如图 8-61 所示。

	A	B	C	D	E	F	G
1	计算机系计应102班课程表						
2		.	星期一	星期二	星期三	星期四	星期五
3		第一节	C语言	计算机网络	就业指导	网页制作	大学语文
4		第二节	C语言	计算机网络	就业指导	网页制作	大学语文
5		第三节	C语言	计算机网络	安全教育	网页制作	创业指导
6		第四节	C语言	计算机网络	安全教育	网页制作	创业指导
7		午休					
8		第五节	大学体育	大学语文	高等数学	形势与政策	大学英语
9		第六节	大学体育	大学语文	高等数学	形势与政策	大学英语
10		第七节		心理健康	大学英语		
11		第八节		心理健康	大学英语		

图 8-61　行高列宽设置

（3）选中 A1:G1 单元格区域，单击【开始】|【对齐方式】|【合并后居中】命令，设置第一行内容为“隶书、26 号字”，第 2 行内容为“隶书、20 号字”，其他内容为“华文行楷、18 号字”，并选择【开始】|【对齐方式】|【居中】命令将内容居中，如图 8-62 所示。

	A	B	C	D	E	F	G
1	计算机系计应102班课程表						
2		.	星期一	星期二	星期三	星期四	星期五
3		第一节	C语言	计算机网络	就业指导	网页制作	大学语文
4		第二节	C语言	计算机网络	就业指导	网页制作	大学语文
5		第三节	C语言	计算机网络	安全教育	网页制作	创业指导
6		第四节	C语言	计算机网络	安全教育	网页制作	创业指导
7		午休					
8		第五节	大学体育	大学语文	高等数学	形势与政策	大学英语
9		第六节	大学体育	大学语文	高等数学	形势与政策	大学英语
10		第七节		心理健康	大学英语		
11		第八节		心理健康	大学英语		

图 8-62　字体及格式调整

（4）选中 B2:G11 单元格区域，单击【开始】|【字体】|【边框】的下三角按钮，选择【其他边框】命令弹出【设置单元格格式】对话框，选择【样式】里面的较粗线条，设置为外

边框；选择【样式】里面的双线，设置为竖的内边框；选择【样式】里面左侧第 4 个线条，设置为横的内边框，如图 8-63 所示。

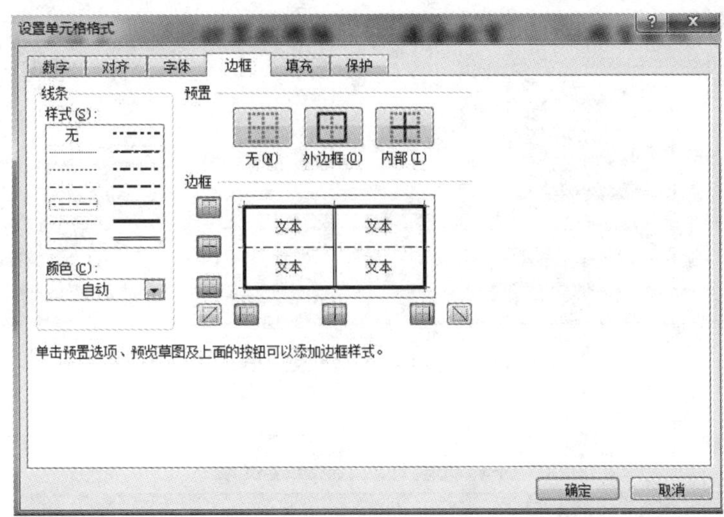

图 8-63 边框设置

（5）选中 B2:B11 单元格区域，右击该区域，选择【设置单元格格式】命令打开【设置单元格格式】对话框，进入【填充】选项卡，单击【填充效果】按钮弹出【填充效果】对话框，颜色 1 选择蓝色，颜色 2 选择白色，底纹样式选择“水平”的第三个。按此步骤依次设置 C2:C11、D2:D11、E2:E11、F2:F11、G2:G11 的颜色，如图 8-64 所示。

计算机系计应102班课程表

	星期一	星期二	星期三	星期四	星期五
第一节	C语言	计算机网络	就业指导	网页制作	大学语文
第二节	C语言	计算机网络	就业指导	网页制作	大学语文
第三节	C语言	计算机网络	安全教育	网页制作	创业指导
第四节	C语言	计算机网络	安全教育	网页制作	创业指导
午休					
第五节	大学体育	大学语文	高等数学	形势与政策	大学英语
第六节	大学体育	大学语文	高等数学	形势与政策	大学英语
第七节		心理健康	大学英语		
第八节		心理健康	大学英语		

图 8-64 填充设置

（6）选中 B2:G2 单元格区域，右击该区域，选择【设置单元格格式】命令打开【设置单元格格式】对话框，进入【对齐】选项卡，将【方向】设置为“-45 度”，单击【确定】按钮。选中 B2:G2 单元格区域，选择【开始】|【字体】|【边框】中的“双底框线”，单击【确定】按钮，效果如图 8-65 所示。

（7）选中 A10:A11 单元格区域，右击该区域，打开【设置单元格格式】对话框，在【对齐】选项卡中选中“合并单元格”复选框，单击【确定】按钮。再次打开【设置单元格格式】对话框，在【边框】选项卡里面，“线条样式”选择右侧第 6 个，“边框”选中右下斜线，单击【确定】按钮。单击【开始】|【字体】|【边框】下三角按钮，选择最后一个线型，再选择【绘图边框】命令，绘制 A2:A9 单元格区域的左边框，效果如图 8-66 所示。

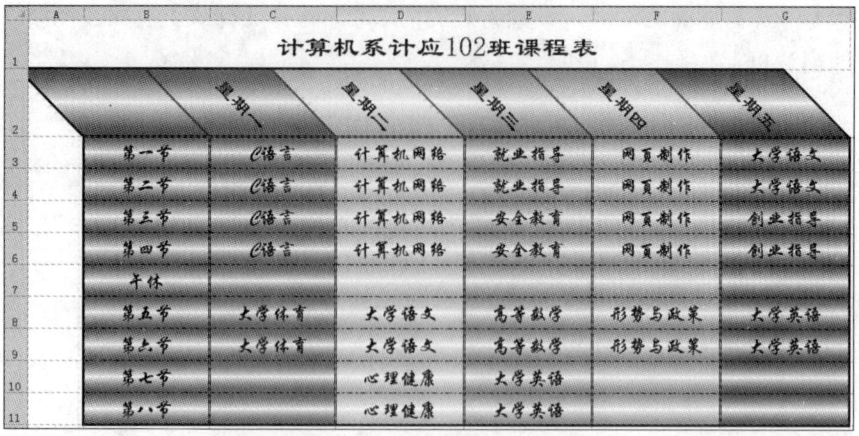

计算机系计应102班课程表

	星期一	星期二	星期三	星期四	星期五
第一节	C语言	计算机网络	就业指导	网页制作	大学语文
第二节	C语言	计算机网络	就业指导	网页制作	大学语文
第三节	C语言	计算机网络	安全教育	网页制作	创业指导
第四节	C语言	计算机网络	安全教育	网页制作	创业指导
午休					
第五节	大学体育	大学语文	高等数学	形势与政策	大学英语
第六节	大学体育	大学语文	高等数学	形势与政策	大学英语
第七节		心理健康	大学英语		
第八节		心理健康	大学英语		

图 8-65 字体对齐方式及边框设置

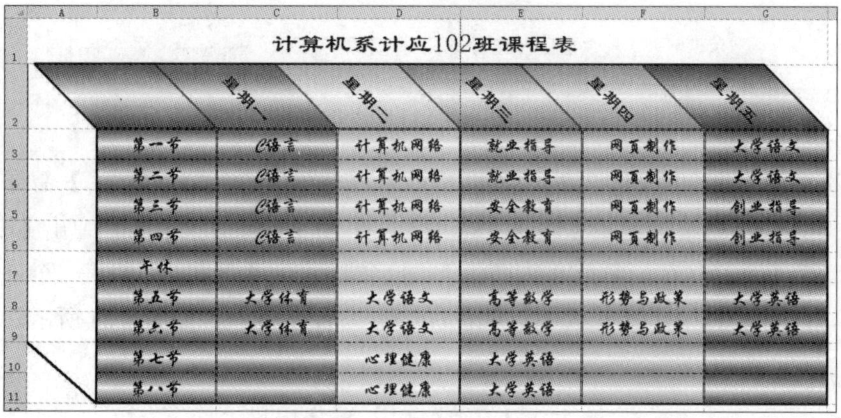

计算机系计应102班课程表

	星期一	星期二	星期三	星期四	星期五
第一节	C语言	计算机网络	就业指导	网页制作	大学语文
第二节	C语言	计算机网络	就业指导	网页制作	大学语文
第三节	C语言	计算机网络	安全教育	网页制作	创业指导
第四节	C语言	计算机网络	安全教育	网页制作	创业指导
午休					
第五节	大学体育	大学语文	高等数学	形势与政策	大学英语
第六节	大学体育	大学语文	高等数学	形势与政策	大学英语
第七节		心理健康	大学英语		
第八节		心理健康	大学英语		

图 8-66 左边框设置

（8）选择【插入】|【插图】|【形状】命令，在弹出的列表中选择直线，在 B2 单元格中绘制直线，在直线上右击，选择【设置形状格式】命令，设置线条颜色为黑色。按住 Ctrl 键移动该直线，并调整直线位置。选中 B2 单元格，选择【插入】|【文本】|【文本框】|【横排文本框】命令，绘制文本框，并输入“星”字，右击该文本框，选择【设置形状格式】命令，设置填充为“无填充”，颜色为“无颜色”，单击【关闭】按钮；同样按住 Ctrl 键移动该文本框，改“星”字为“期”字，并移动到合适的位置。重复以上操作，分别输入“课程”和“节次”，效果如图 8-67 所示。

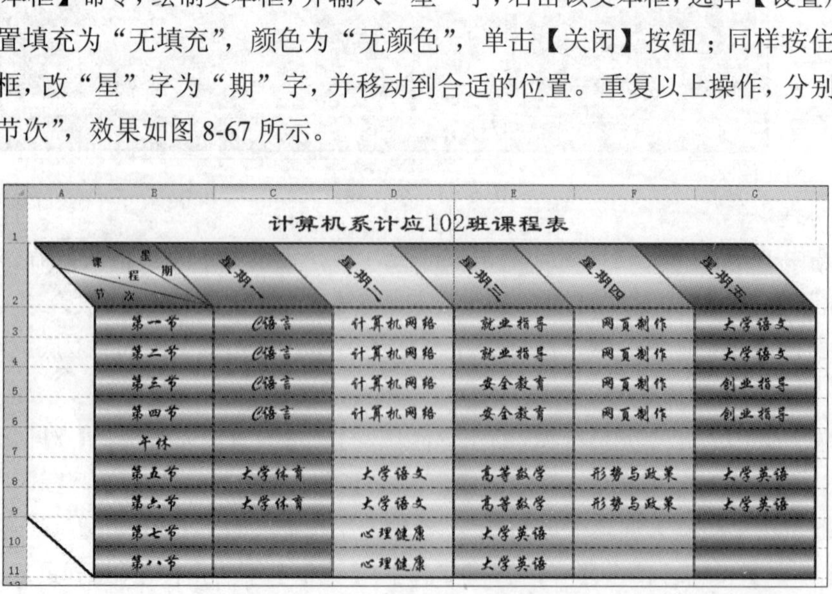

计算机系计应102班课程表

课程 星期 节次	星期一	星期二	星期三	星期四	星期五
第一节	C语言	计算机网络	就业指导	网页制作	大学语文
第二节	C语言	计算机网络	就业指导	网页制作	大学语文
第三节	C语言	计算机网络	安全教育	网页制作	创业指导
第四节	C语言	计算机网络	安全教育	网页制作	创业指导
午休					
第五节	大学体育	大学语文	高等数学	形势与政策	大学英语
第六节	大学体育	大学语文	高等数学	形势与政策	大学英语
第七节		心理健康	大学英语		
第八节		心理健康	大学英语		

图 8-67 斜线表头绘制

（9）按照图 8-68 所示样式，在合适位置进行设置。设置方法如下所述。

1）单击【插入】|【文本】|【艺术字】中第 6 行第 3 列的艺术字，输入“好好学习天天向上”八个字，设置字体为“隶书”，字号为 28，并按下述设置格式：选择【开始】|【对齐方式】【方向】命令，选择“竖排文字”，选择【绘图工具 / 格式】|【艺术字样式】|【文本填充】命令，选择【渐变】|【其他渐变】命令打开【设置文本效果格式】对话框，在【文本填充】里选择【预设颜色】为“金乌坠地”；把艺术字移动到合适的位置。

2）单击 A1 单元格，单击【插入】|【插图】|【形状】中的“太阳形”，置于标题左侧，同样插入“新月形”置于标题右侧，并把新月形的填充选择为“黑色”，线条设置为“蓝色”，最后效果如图 8-68 所示。

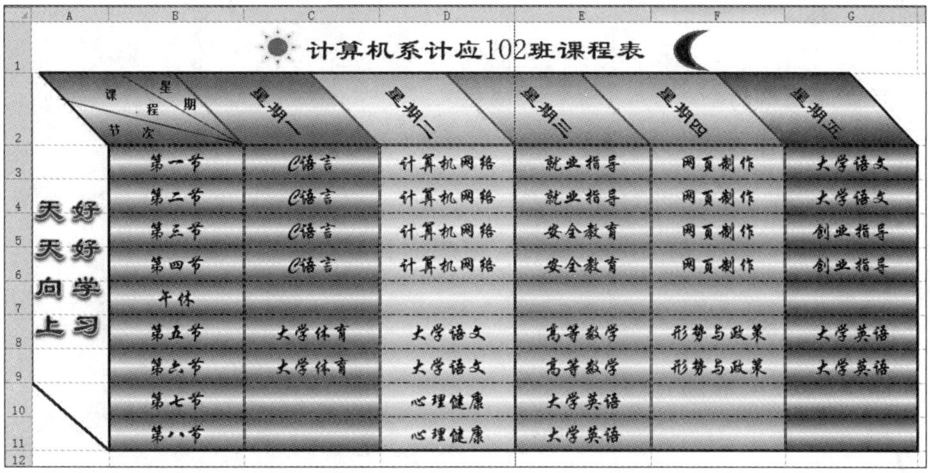

计算机系计应102班课程表

好好学习天天向上

课程 星期 节次	星期一	星期二	星期三	星期四	星期五
第一节	C语言	计算机网络	就业指导	网页制作	大学语文
第二节	C语言	计算机网络	就业指导	网页制作	大学语文
第三节	C语言	计算机网络	安全教育	网页制作	创业指导
第四节	C语言	计算机网络	安全教育	网页制作	创业指导
午休					
第五节	大学体育	大学语文	高等数学	形势与政策	大学英语
第六节	大学体育	大学语文	高等数学	形势与政策	大学英语
第七节		心理健康	大学英语		
第八节		心理健康	大学英语		

图 8-68　艺术字添加

（10）单击【页面布局】|【页面设置】右下角的对话框启动器按钮，打开【页面设置】对话框，设置页面方向为“横向”，页边距左右各为 1。选中 B7:G7 单元格区域，选择【开始】|【对齐方式】|【合并后居中】命令，并按步骤（5）设置底纹，即可实现如图 8-59 所示的最终效果图。

第 9 章　Excel 综合应用 1
——学生成绩统计与分析

教学目标

- 掌握单元格的命名
- 掌握冻结窗口的应用
- 掌握公式和常用函数的使用
- 熟悉数组公式的使用
- 熟悉用 VBA 程序编写宏代码
- 掌握图表的创建

9.1　学生成绩统计与分析案例

9.1.1　任务的提出

高二年级的期末考试已经结束。经过紧张的阅卷工作，得到了 13 个班、六百多名学生五门课程（语文、数学、英语、物理、化学）的考试成绩。其中，语文、数学、英语的满分是 150 分，物理、化学的满分是 100 分。

王老师要利用 Excel 软件对考试成绩进行统计，排出年级总名次和各班级名次，按班级对各科成绩进行分析，计算各科的平均分、优秀率（满分的 85% 以上为优秀）、及格率（满分的 60% 以上为及格），并制作出各分数段的分布图。

9.1.2　解决方案

王老师根据学生的考试成绩，制作了“年级成绩总表”“各班级成绩表”和“成绩统计与分析表”工作表，如图 9-1 所示。

根据“年级成绩总表”中的数据，完成“各班级成绩表”和“成绩统计与分析表”工作表的制作，再根据“成绩统计与分析表”工作表中的数据，创建各科不同分数段的人数统计图。

要完成以上任务，就需要使用 Excel 2010 的公式和函数，如计算学生名次需要使用 RANK 函数，制作“各班级成绩表”需要使用 IF 函数。

A1 北京市XXX中学高二年级期末成绩统计表

北京市XXX中学高二年级期末成绩统计表									
总名次	班级	姓名	学号	语文	数学	英语	物理	化学	总成绩
1	9班	李丙午	0043	132.6	145.2	137.7	78.5	93.8	587.8
2	10班	冯丙辰	0113	139.35	136.95	139.2	76.8	90.5	582.8
3	3班	钱己未	0236	141.75	136.65	116.4	92.8	91.2	578.8
4	11班	陈丁亥	0504	149.25	147.6	136.65	48.6	94.8	576.9
5	2班	赵甲戌	0131	143.25	126	148.8	86.3	71.9	576.25
6	12班	褚甲子	0661	148.35	125.55	138.75	83.1	75.5	571.25
7	9班	王丁巳	0294	146.55	124.05	135.45	82.7	81.4	570.15
8	10班	孙丁丑	0614	95.1	135.15	143.85	97.8	97.5	569.4
9	10班	孙己巳	0666	130.8	125.25	141	75.9	95.4	568.35
10	5班	李丁亥	0264	145.95	129.6	144	76.6	71.6	567.75
11	8班	周己巳	0486	138.15	138.6	118.8	88.5	78.8	562.85
12	6班	郑辛酉	0358	130.8	116.1	140.4	96.3	77.9	561.5
13	2班	赵甲寅	0651	130.2	134.1	141.75	68.9	85.1	560.05
14	2班	赵庚午	0547	126.15	147.6	112.95	82.4	88.6	557.7
15	8班	周辛未	0668	147.15	147.15	133.35	87.5	40.4	555.55
16	7班	吴壬辰	0149	88.65	141.15	149.1	84.5	92.1	555.5
17	3班	陈甲辰	0101	139.95	135	111.6	96.4	72.5	555.45

（a）年级成绩总表

当前班级 1

北京市XXX中学高中二年级一班期末考试成绩　建立当前班级成绩　建立所有班级成绩

班级名次	年级名次	姓名	学号	语文	数学	英语	物理	化学	总成绩
1	20	卫甲寅	0051	149.1	145.5	103.2	79.9	75.1	552.8
2	26	卫壬申	0129	129.75	148.5	143.4	66	59	546.65
3	36	卫壬辰	0389	137.25	114.45	112.5	82.8	93.6	540.6
4	42	姜癸巳	0390	140.7	139.05	146.1	47.1	64.3	537.25
5	47	卫甲戌	0311	141.15	87.9	136.8	84	84.1	533.95
6	73	卫丙辰	0233	112.5	88.05	132.75	93.2	95	521.5
7	75	姜己酉	0286	97.2	147.9	82.8	98.6	93.7	520.2
8	110	姜乙卯	0052	148.5	140.55	85.65	92.1	40.7	507.5
9	140	姜辛酉	0598	123.15	109.05	116.25	63.9	86.4	498.75
10	142	姜丁亥	0624	133.65	144	79.05	55.8	85.9	498.4
11	148	卫庚戌	0467	93.9	106.65	140.55	69.6	86.4	497.1
12	160	姜己卯	0676	112.8	129.75	107.4	70.5	73	493.45
13	168	姜己巳	0546	141.45	108.9	90.9	64.1	86.7	492.05

（b）各班级成绩表

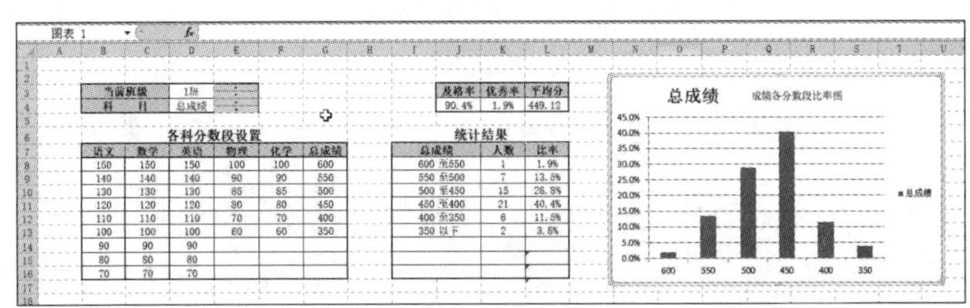

图表 1

当前班级	1班
科　目	总成绩

及格率	优秀率	平均分
90.4%	1.9%	449.12

各科分数段设置

语文	数学	英语	物理	化学	总成绩
150	150	150	100	100	600
140	140	140	90	90	550
130	130	130	85	85	500
120	120	120	80	80	450
110	110	110	70	70	400
100	100	100	60	60	350
90	90	90			
80	80	80			
70	70	70			

统计结果

总成绩	人数	比率
600 至550	1	1.9%
550 至500	7	13.5%
500 至450	15	28.8%
450 至400	21	40.4%
400 至350	6	11.5%
350 以下	2	3.8%

（c）成绩统计与分析表

图 9-1　成绩统计表

9.1.3　相关知识点

1. 冻结窗口

当编辑过长的 Excel 工作表时，需要向下滚动屏幕，表头也会随之滚动，不能在屏幕上显示，于是搞不清要编辑的数据对应于表头的哪一个信息。冻结窗口功能可将表头锁定，使表头始终位于屏幕上的可视区域。

2. 函数的使用

（1）统计函数 RANK、COUNT 和 COUNTIF。

RANK 函数返回一个数字在数字列表中的排位。

COUNT 函数返回指定范围内数字型单元格的个数。

COUNTIF 函数统计指定区域内满足给定条件的单元格数目。

（2）逻辑判断函数 IF。IF 函数判断给出的条件是否满足，满足返回一个值，不满足返回另一个值。

3. 数组公式的使用

数组公式对一组或多组值执行多重计算，并返回一个或多个结果。在输入数组公式时，Microsoft Excel 自动在大括号之间插入公式。按 Ctrl+Shift+Enter 组合键可以输入数组公式。

可用数组公式执行多个计算而生成单个结果，通过用单个数组公式代替多个不同的公式可简化工作表模型。如果要使数组公式计算出多个结果，需要将数组输入到与数组参数具有相同列数和行数的单元格区域中。

4. VBA 程序编写宏代码

VBA 是一种自动化语言，它可以使常用的程序自动化，创建自定义的解决方案。在 Visual Basic 编辑器中建立和管理 VBA 程序具有统一的方法和标准。

宏是一系列 Excel 能够执行的 VBA 语句。如果宏不能正确运行，会显示一条错误消息。某些宏的运行取决于 Excel 中的某些选项或设置。例如，如果没有显示加粗文本，则搜索加粗文本的宏将不能正确运行。在 Visual Basic 的【帮助】中可搜索错误消息，以了解所收到的错误信息的具体意义。

5. 图表

图表具有较好的视觉效果，方便用户查看数据的差异、图案和预测趋势。例如，不必分析工作表中的多个数据列就可以立即看到各个季度销售额的升降，可以方便地对实际销售额与销售计划进行比较等。

9.2 实现方法

9.2.1 制作年级成绩总表

制作年级成绩总表

制作出全年级的成绩总表并进行排名。

1. 工作簿的建立

任务 1：新建一个 Excel 工作簿，将工作表 Sheet1 命名为"年级成绩总表"；按照图 9-1（a）所示表格创建表格结构；将单元格区域 A3:J691 命名为"年级成绩"。

（1）启动 Excel 应用程序，将工作表 Sheet1 命名为"年级成绩总表"，并在工作表中创建表格结构，如图 9-2 所示。

A1　fx　北京市XXX中学高二年级期末成绩统计表

	A	B	C	D	E	F	G	H	I	J	K
1	北京市XXX中学高二年级期末成绩统计表										
2	总名次	班级	姓名	学号	语文	数学	英语	物理	化学	总成绩	
3											
4											
5											
6											
7											
8											
9											
10											
11											
12											
13											
14											
15											
16											

图 9-2 "年级成绩总表"结构

（2）该年级有 689 名学生，为了方便后面引用，将单元格区域 A3:J691 命名为"年级成绩”。选中单元格区域 A3:J691，在名称框中输入“年级成绩”，如图 9-3 所示，按 Enter 键，单元格区域命名完毕。再次引用此单元格区域时只需在名称框下拉列表中选择“年级成绩”即可。

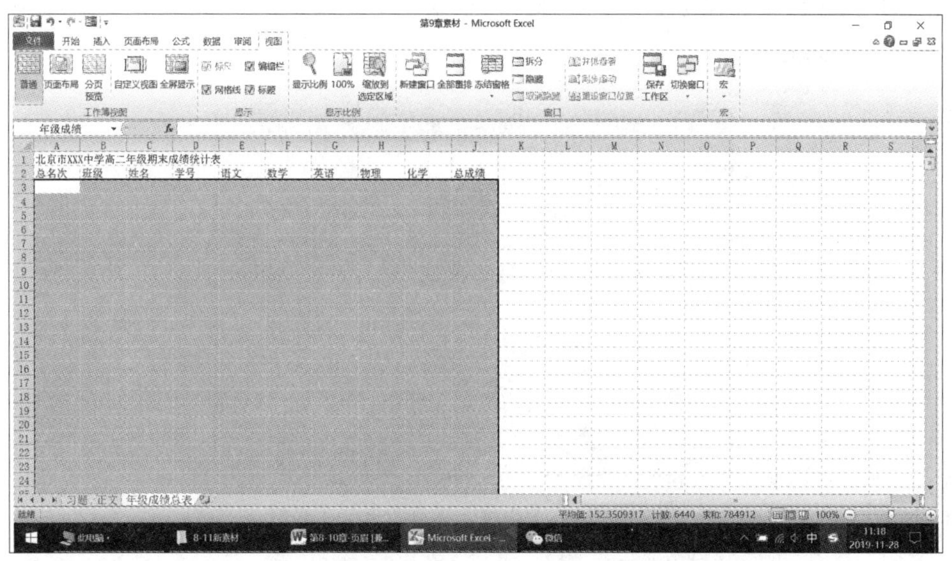

图 9-3　为单元格区域命名

2. 设置单元格格式

任务 2：将“班级”列下方单元格区域显示效果设置为“## 班”，“学号”列下方单元格区域设置为文本方式显示。

（1）选中单元格区域 B3:B691，单击鼠标右键，在弹出的快捷菜单中选择【设置单元格格式】命令，打开【设置单元格格式】对话框，单击【数字】标签，在【分类】列表框中选择【自定义】选项，并在【类型】文本框中输入“## 班”（引号不必输入），以使该列数据的显示效果中出现“班”字样，如图 9-4 所示。

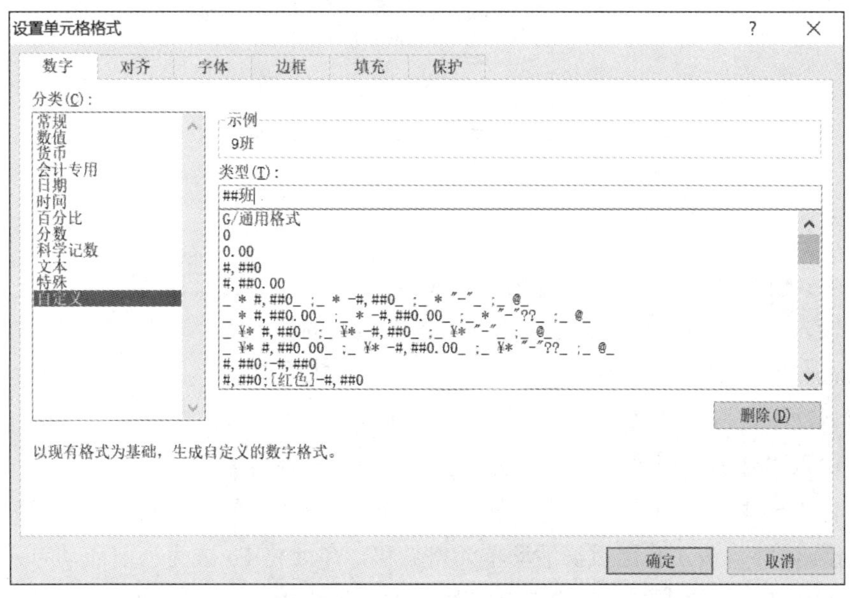

图 9-4　设置单元格区域显示“班”

（2）完成上述设置后单击【确定】按钮。

温馨提示：# 代表一位有意义的数字，而不显示无意义的 0。比如，“##” 格式的数字 9 和 11 分别显示为 9（而不是 09）和 11。

（3）选中单元格区域 D3:D691，单击【设置单元格格式】对话框中的【数字】选项卡，在【分类】列表框中选择【文本】选项，以使学号可以以文本方式显示，如图 9-5 所示。单击【确定】按钮。

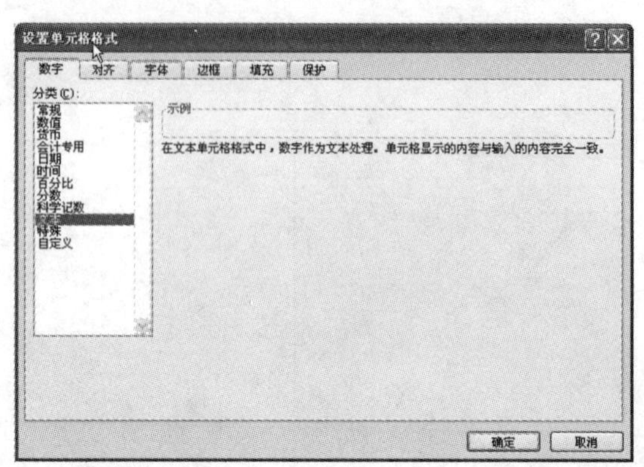

图 9-5 设置单元格区域为文本方式显示

3. 冻结窗口

冻结功能类似于网页中的框架，可以实现表格中固定行和列不动。冻结窗口一般都是对标题行进行冻结，是为了在垂直滚动时始终显示标题行，以方便数据的输入和查看。

任务 3：将第一行和第二行单元格进行冻结窗口设置。

（1）选中表格的第三行或者单元格 A3。

（2）选择【视图】|【冻结窗格】|【冻结拆分窗格】命令，如图 9-6 所示。要取消对单元格的冻结，选择【视图】|【冻结窗格】|【取消冻结窗格】命令即可。

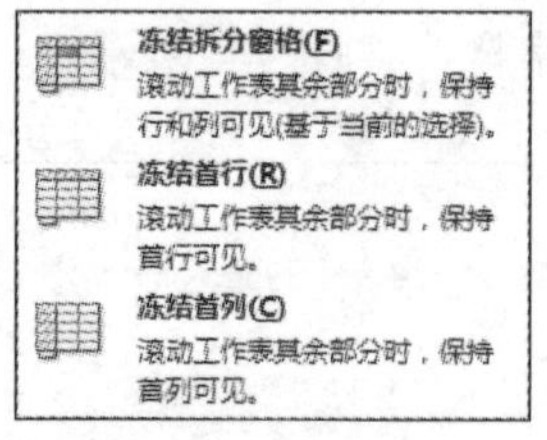

图 9-6 冻结单元格

4. 输入数据

任务 4：输入“班级”列和“姓名”列数据，输入学生的各科成绩。

（1）输入“班级”列数据。由于之前设置了该列的显示为“班”，所以只需输入班号，然后按 Enter 键，系统会自动在输入班号后面加上“班”字，并且该单元格下面的单元格变为当前活动单元格，可以继续输入“班级”列数据。

（2）输入“姓名”列数据。按学生的学号顺序输入姓名信息。

（3）输入学生的各科成绩。选中单元格区域 E3:I691，在“编辑栏”输入第一个学生的语文成绩 84.15，按 Tab 键后，活动单元格右移，单元格 F3 成为当前活动单元格，输入数学成绩 110.55。依此类推直到输入该名学生化学成绩 91.3 后，再次按 Tab 键，活动单元格不再向右移动，自动移动到下一行的单元格 E4，继续输入另一名同学的成绩，如图 9-7 所示。输入完学生成绩后，工作表如图 9-8 所示。

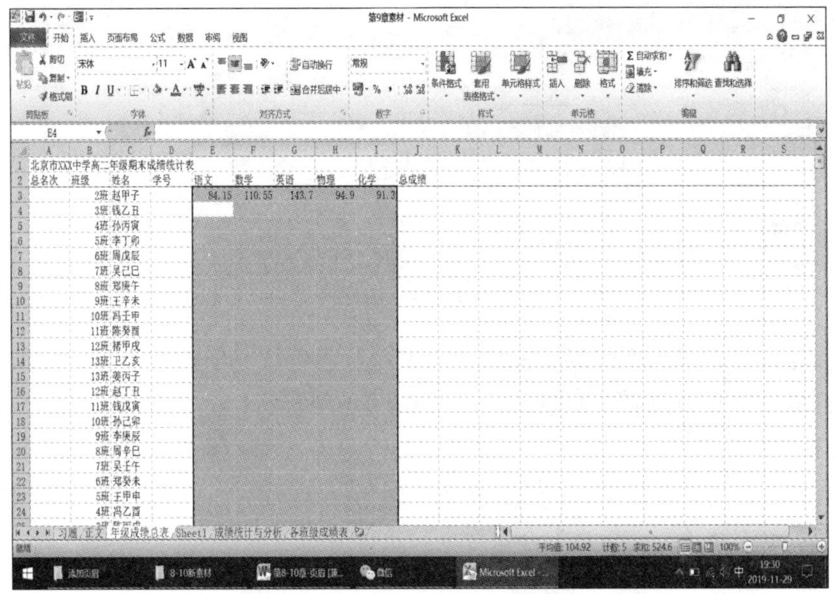

图 9-7 选定单元格区域快速输入数据

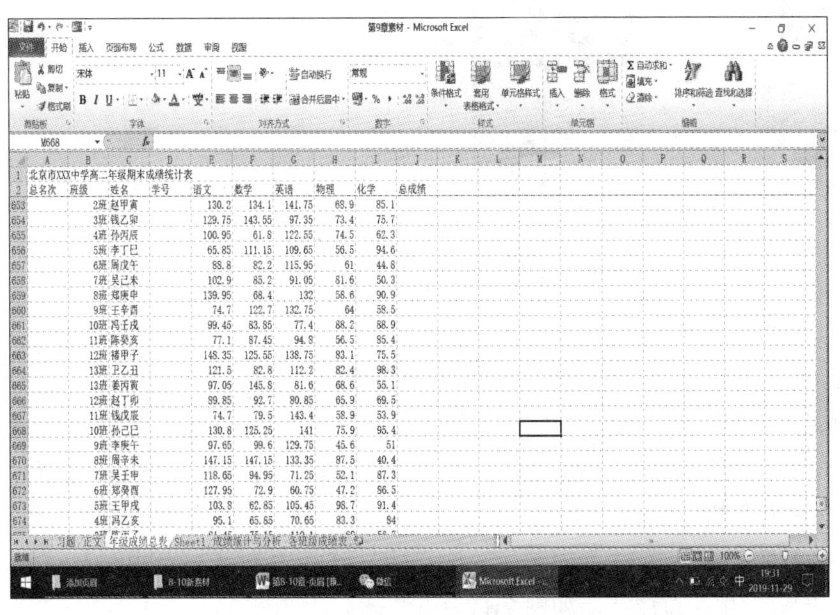

图 9-8 输入完学生成绩后的工作表

使用自动填充功能，可以减少人工输入数据的工作量。拖动填充柄可以激活自动填充功能。自动填充功能可进行文本、数字、日期等序列的填充和数据的复制，还能对公式进行复制。

任务 5：输入“学号”列数据。

（1）选中单元格 D3，输入学生学号 0001。由于任务 2 中已将“学号”列单元格设置为文本方式显示，所以在输入 0001 时会按原样显示为 0001，而不会显示为 1。如果没有设置为文本方式，则要显示 0001，这时需要首先输入西文单引号“'”，然后输入学号 0001 才可以。

（2）将鼠标指针移到单元格 D3 的右下角，鼠标指针会变为“+”形状，即鼠标指针变成“填充柄”状，如图 9-9 所示。

D3 fx 0001

	A	B	C	D	E	F	G	H	I	J	K
1	北京市XXX中学高二年级期末成绩统计表										
2	总名次	班级	姓名	学号	语文	数学	英语	物理	化学	总成绩	
3		2班	赵甲子	0001	84.15	110.55	143.7	94.9	91.3		
4		3班	钱乙丑		109.5	80.55	67.95	94.3	41.3		
5		4班	孙丙寅		103.8	81.3	97.05	84.1	47.3		
6		5班	李丁卯		133.8	129.6	122.25	62.9	81.6		
7		6班	周戊辰		131.55	145.5	78.75	83.2	78.8		
8		7班	吴己巳		147.45	85.95	86.4	63.2	97.4		
9		8班	郑庚午		105	116.1	102.45	86.4	46.8		
10		9班	王辛未		65.25	65.1	89.85	48.2	72.8		
11		10班	冯壬申		75.6	111.3	138.75	83.5	45.4		

图 9-9　显示填充柄

（3）按住鼠标左键向下拖动填充柄，在拖动过程中填充柄的右下角显示填充的数据，拖动到目标单元格 D691 时释放鼠标即可，如图 9-10 所示。

见多识广：“学号”列左上角出现错误标记，是因为以文本方式显示了数字。Excel 认为这种情况可能出错，可以不必理会。如果要取消显示该标记，可以单击错误标记，在弹出的下拉列表中选择【忽略错误】命令即可停止该项错误检查。

D3 fx 0001

	A	B	C	D	E	F	G	H	I	J
1	北京市XXX中学高二年级期末成绩统计表									
2	总名次	班级	姓名	学号	语文	数学	英语	物理	化学	总成绩
678		1班	姜己	0676	112.8	129.75	107.4	70.5	73	
679		2班	赵庚辰	0677	145.95	101.25	118.2	54.4	47.6	
680		3班	钱辛巳	0678	76.8	78.3	140.55	46.3	47	
681		4班	孙壬午	0679	146.85	71.1	102.6	43.8	73.2	
682		5班	李癸未	0680	102.45	129.3	110.55	74.7	46.7	
683		6班	周甲申	0681	123	131.4	99.15	88.3	81.9	
684		7班	吴乙酉	0682	122.25	127.2	94.65	62.5	44.9	
685		8班	郑丙戌	0683	146.1	69.15	80.4	65	70.4	
686		9班	王丁亥	0684	139.95	130.5	94.05	87.1	91.5	
687		10班	冯戊子	0685	122.1	133.2	92.55	57	78.3	
688		11班	陈己丑	0686	114.75	147.6	85.95	74.3	83.8	
689		12班	褚庚寅	0687	144.75	87.15	141.75	56.1	80.7	
690		13班	卫辛卯	0688	143.7	72.75	109.65	46.9	75.2	
691		13班	姜壬辰	0689	147	82.35	81	90.3	51.1	
692										

图 9-10　填充数据

5. 单元格计算

任务 6：计算学生的总成绩（总成绩 = 语文 + 数学 + 英语 + 物理 + 化学），按照总成绩为学生排出总名次。

（1）选中单元格区域 E3:J691，选择【开始】|【编辑】|【自动求和】|【求和】命令，J 列中显示所有学生的总成绩，如图 9-11 所示。

J3 fx =SUM(E3:I3)

	A	B	C	D	E	F	G	H	I	J	K
1	北京市XXX中学高二年级期末成绩统计表										
2	总名次	班级	姓名	学号	语文	数学	英语	物理	化学	总成绩	
3		2班	赵甲子	0001	84.15	110.55	143.7	94.9	91.3	524.6	
4		3班	钱乙丑	0002	109.5	80.55	67.95	94.3	41.3	393.6	
5		4班	孙丙寅	0003	103.8	81.3	97.05	84.1	47.3	413.55	
6		5班	李丁卯	0004	133.8	129.6	122.25	62.9	81.6	530.15	
7		6班	周戊辰	0005	131.55	145.5	78.75	83.2	78.8	517.8	
8		7班	吴己巳	0006	147.45	85.95	86.4	63.2	97.4	480.4	
9		8班	郑庚午	0007	105	116.1	102.45	86.4	46.8	456.75	
10		9班	王辛未	0008	65.25	65.1	89.85	48.2	72.8	341.2	
11		10班	冯壬申	0009	75.6	111.3	138.75	83.5	45.4	454.55	
12		11班	陈癸酉	0010	145.35	97.95	61.65	42.9	42.5	390.35	
13		12班	褚甲戌	0011	147.3	96.45	66.15	80.3	44.4	434.6	
14		13班	卫乙亥	0012	73.95	109.95	81.75	89.4	89.8	444.85	
15		13班	姜丙子	0013	117.45	94.5	101.7	95.1	93.4	502.15	
16		12班	赵丁丑	0014	76.5	129.15	129.75	89.6	47.4	472.4	
17		11班	钱戊寅	0015	105.15	113.1	60.6	52.5	88.6	419.95	
18		10班	孙己卯	0016	95.7	96.3	63.6	69.2	75.3	400.1	
19		9班	李庚辰	0017	61.5	68.4	131.85	91.2	59.8	412.75	

图 9-11　计算学生总成绩

（2）选中单元格 A3，输入公式“=RANK(J3,J:J)”，如图 9-12 所示。RANK 函数计算单元格 J3 的内容在 J 列中按从大到小排列时的次序。

RANK 函数的语法如下：

RANK(number, ref, order)

- number：需要找到排位的数字。
- ref：数字列表数组或对数字列表的引用，ref 中的非数值型参数将被忽略。
- order：指明排位的方式。如果 order 为 0 或省略，对数字的排位是基于 ref 按照降序排列的列表；如果 order 不为 0，对数字的排位是基于 ref 按照升序排列的列表。

SUM　=RANK(J3, J:J)

	A	B	C	D	E	F	G	H	I	J
1	北京市XXX中学高二年级期末成绩统计表									
2	总名次	班级	姓名	学号	语文	数学	英语	物理	化学	总成绩
3	=RANK(J3, J:J)		赵甲子	0001	84.15	110.55	143.7	94.9	91.3	524.6
4		3班	钱乙丑	0002	109.5	80.55	67.95	94.3	41.3	393.6
5		4班	孙丙寅	0003	103.8	81.3	97.05	84.1	47.3	413.55
6		5班	李丁卯	0004	133.8	129.6	122.25	62.9	81.6	530.15
7		6班	周戊辰	0005	131.55	145.5	78.75	83.2	78.8	517.8
8		7班	吴己巳	0006	147.45	85.95	86.4	63.2	97.4	480.4
9		8班	郑庚午	0007	105	116.1	102.45	86.4	46.8	456.75
10		9班	王辛未	0008	65.25	65.1	89.85	48.2	72.8	341.2
11		10班	冯壬申	0009	75.6	111.3	138.75	83.5	45.4	454.55
12		11班	陈癸酉	0010	145.35	97.95	61.65	42.9	42.5	390.35

图 9-12　输入公式

（3）拖动填充柄将单元格的内容填充到单元格区域 A4:A691 中，如图 9-13 所示。

A3　=RANK(J3, J:J)

	A	B	C	D	E	F	G	H	I	J	K
1	北京市XXX中学高二年级期末成绩统计表										
2	总名次	班级	姓名	学号	语文	数学	英语	物理	化学	总成绩	
682	282	5班	李癸未	0680	102.45	129.3	110.55	74.7	46.7	463.7	
683	69	6班	周甲申	0681	123	131.4	99.15	88.3	81.9	523.75	
684	342	7班	吴乙酉	0682	122.25	127.2	94.65	62.5	44.9	451.5	
685	438	8班	郑丙戌	0683	146.1	69.15	80.4	65	70.4	431.05	
686	34	9班	王丁亥	0684	139.95	130.5	94.05	87.1	91.5	543.1	
687	198	10班	冯戊子	0685	122.1	133.2	92.55	57	78.3	483.15	
688	115	11班	陈己丑	0686	114.75	147.6	85.95	74.3	83.8	506.4	
689	104	12班	褚庚寅	0687	144.75	87.15	141.75	56.1	80.7	510.45	
690	349	13班	卫辛卯	0688	143.7	72.75	109.65	46.9	75.2	448.2	
691	340	13班	姜壬辰	0689	147	82.35	81	90.3	51.1	451.75	
692											
693											
694											
695											

图 9-13　用填充柄输入总名次

（4）单击 J 列中任意单元格，选择【开始】|【编辑】|【排序和筛选】|【降序】命令，即可得到排序后的结果，如图 9-14 所示。

J3　=SUM(E3:I3)

	A	B	C	D	E	F	G	H	I	J	K
1	北京市XXX中学高二年级期末成绩统计表										
2	总名次	班级	姓名	学号	语文	数学	英语	物理	化学	总成绩	
3	1	9班	李丙午	0043	132.6	145.2	137.7	78.5	93.8	587.8	
4	2	10班	冯丙辰	0113	139.35	136.95	139.2	76.8	90.5	582.8	
5	3	3班	钱己未	0236	141.75	136.65	116.4	92.8	91.2	578.8	
6	4	11班	陈丁亥	0504	149.25	147.6	136.65	48.6	94.8	576.9	
7	5	2班	赵甲戌	0131	143.25	126	148.8	86.3	71.9	576.25	
8	6	12班	褚甲子	0661	148.35	125.55	138.75	83.1	75.5	571.25	
9	7	9班	王丁巳	0294	146.55	124.05	135.45	82.7	81.4	570.15	
10	8	10班	孙丁丑	0614	95.1	135.15	143.85	97.8	97.5	569.4	
11	9	10班	孙己巳	0666	130.8	125.25	141	75.9	95.4	568.35	
12	10	5班	李丁亥	0264	145.95	129.6	144	76.6	71.6	567.75	
13	11	8班	周己巳	0486	138.15	138.6	118.8	88.5	78.8	562.85	

图 9-14　学生总成绩降序排列

9.2.2 制作各班级成绩表

1. 重命名单元格

任务7：将Sheet2工作表命名为“成绩统计与分析”，将B2单元格命名为“班级数”，并输入13，字体颜色为“白色”。

（1）将Sheet2工作表命名为“成绩统计与分析”。

（2）选中工作表中任意一个单元格，在名称框中输入“班级数”后按Enter键，单元格中输入数值13。

（3）鼠标右键单击选择区域，在弹出的快捷菜单中选择【设置单元格格式】命令，打开【设置单元格格式】对话框，单击【字体】标签，在【颜色】下拉列表中选择“白色，背景1”，如图9-15所示，单击【确定】按钮。

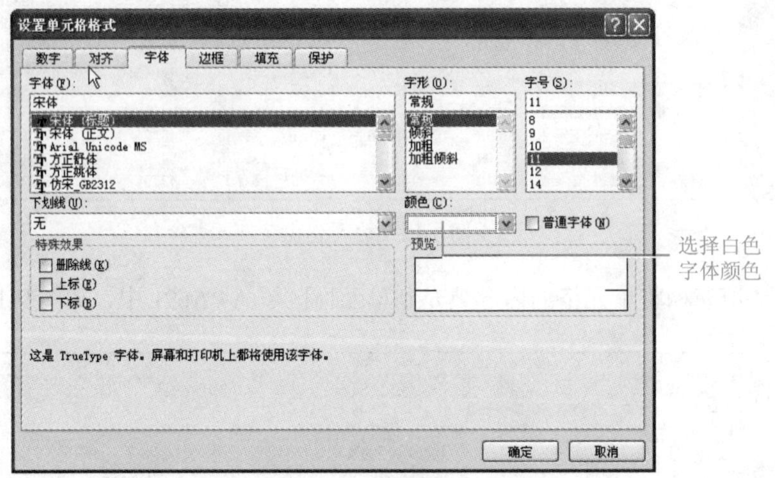

图9-15 设置字体颜色

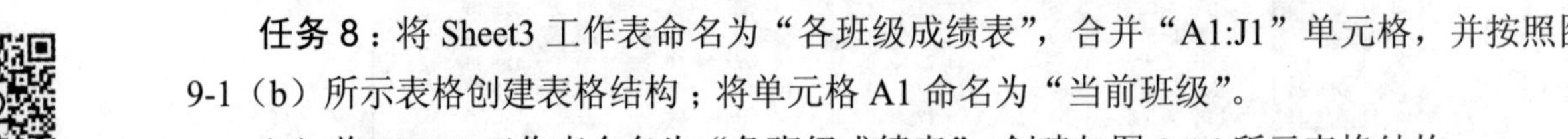

任务8：将Sheet3工作表命名为“各班级成绩表”，合并“A1:J1”单元格，并按照图9-1（b）所示表格创建表格结构；将单元格A1命名为“当前班级”。

（1）将Sheet3工作表命名为“各班级成绩表”，创建如图9-16所示表格结构。

图9-16 创建表格结构

温馨提示：在引用单元格时，合并单元格的名称用合并前左上角的单元格来代表，其他被合并的单元格都为空。例如，A1:J1为合并单元格，那么这个合并单元格显示的数据就是单元格A1中的内容。

（2）选中单元格 A1，在名称框中输入“当前班级”，按 Enter 键。右击选择区域，在弹出的快捷菜单中选择【设置单元格格式】命令，在【数字】选项卡中的【分类】列表框中选择【自定义】选项，并在【类型】文本框中输入 [DBNum1][$-804]" 北京市 ××× 中学高中二年 "##" 班期末考试成绩 "，如图 9-17 所示。

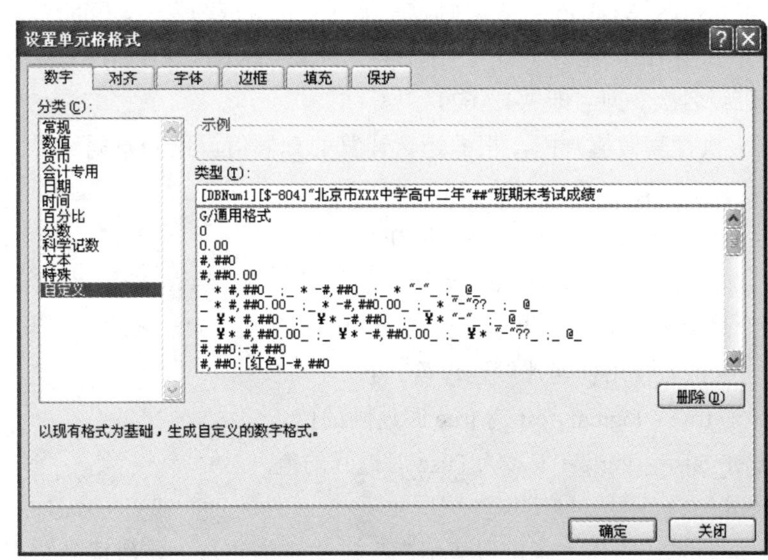

图 9-17 【数字】选项卡

（3）单击【确定】按钮。只需要在单元格中输入班级数字，然后按 Enter 键就会把其他的汉字信息补充完整。

见多识广：自定义格式代码前面的“[DBNum1][$-804]”代表用中文显示数字，这样整个单元格显示的就都是汉字。其实，Excel 显示中文数字的功能只是简单地将阿拉伯数字替换成汉字，有时并不符合中文语法习惯，比如把 12 显示成“一二”。

（4）在单元格 A1 中输入数字 1，然后按 Enter 键，该单元格的显示效果如图 9-18 所示。

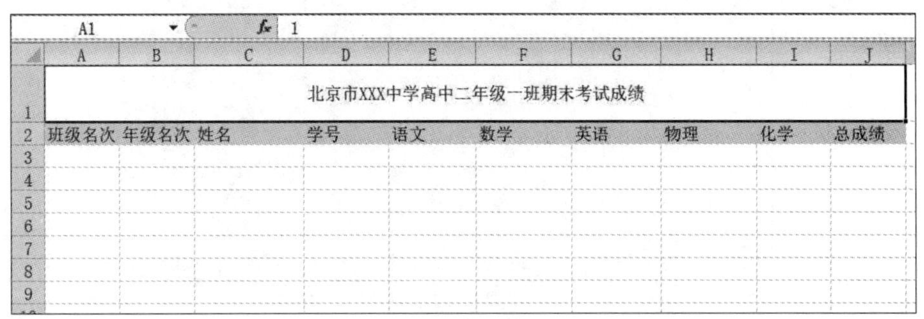

图 9-18 输入数字 1 后的显示效果

图 9-18 中单元格 A1 的值为 1，但是显示为“北京市 ××× 中学高中二年级一班期末考试成绩”。虽然这个单元格仍被当作数字格式处理，但是如何得知汉字“一”的代码呢？可以使用显示“中文小写”数字的代码对单元格进行设置。在【设置单元格格式】对话框的【数字】选项卡的【分类】列表框中选择【特殊】选项，在右边的列表框中选择“中文小写数字”项，关闭该对话框后再次打开，在【数字】选项卡的【分类】列表框中选择【自定义】选项，就可以看到对应“中文小写数字”的数字代码是“[DBNum1][$-804]”。把这个代码添加在自定义格式代码的最前面，数字就会以汉字形式显示。

2. IF 函数的使用

任务 9：假设每班人数最多为 60，将单元格区域 A3:A62 命名为“班级名次”，单元格区域 B3:J62 命名为“班级成绩”；在“班级名次”列中输入计算公式。

（1）选中单元格区域 A3:A62，在名称框中输入“班级名次”，按 Enter 键。

（2）选中单元格区域 B3:J62，在名称框中输入“班级成绩”，按 Enter 键。

（3）选中单元格 A3，输入公式“=IF(B3="","",RANK(B3,B:B,1))”，将公式用填充柄填充到整个“班级名次”列（即 A4:A62）中。

IF 函数用来执行真假值判断，根据逻辑计算的真假值，返回不同结果。可以对数值和公式进行条件检测。IF 函数的语法如下：

IF(logical_test,value_if_true,value_if_false)

- logical_test：计算结果为 true 或 false 的任意值或逻辑表达式。例如，A10=100 就是一个逻辑表达式，如果单元格 A10 中的值等于 100，表达式即为 true，否则为 false。参数可使用任何比较运算符。
- value_if_true：logical_test 为 true 时返回的值。
- value_if_false：logical_test 为 false 时返回的值。

3. 宏的使用

任务 10：编写宏代码使“各班级成绩表”工作表能够从“年级成绩总表”工作表中有选择性地复制数据。

（1）选择【视图】|【宏】|【宏】|【查看宏】命令，打开【宏】对话框，在【宏名】文本框中输入 MakeClassSheet，如图 9-19 所示。

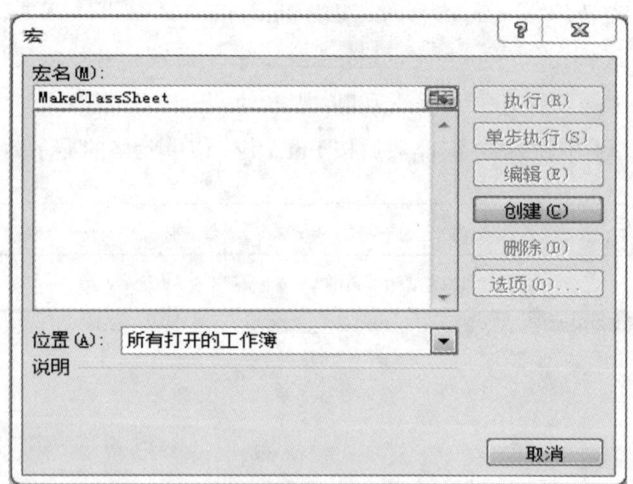

图 9-19 【宏】对话框

宏名的首字符必须是字母，其他字符可以是字母、数字或下划线。宏名中不允许有空格，可用下划线作为分词符。不允许与单元格引用重名，否则会出现错误信息，显示宏名无效。

（2）单击【创建】按钮，打开 Visual Basic 编辑器，如图 9-20 所示。

在编写代码前，将工作表在代码里使用的名称更改成有意义的名字，便于在代码中进行引用。

（3）在工程资源管理器中，单击 Sheet1（年级成绩总表）工作表，在【属性】中将【(名称)】改为 shtGrade，如图 9-21 所示。

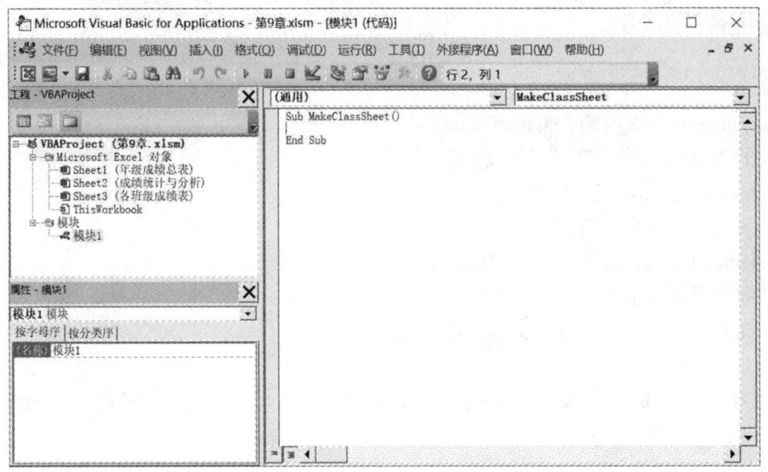

图 9-20　Visual Basic 编辑器

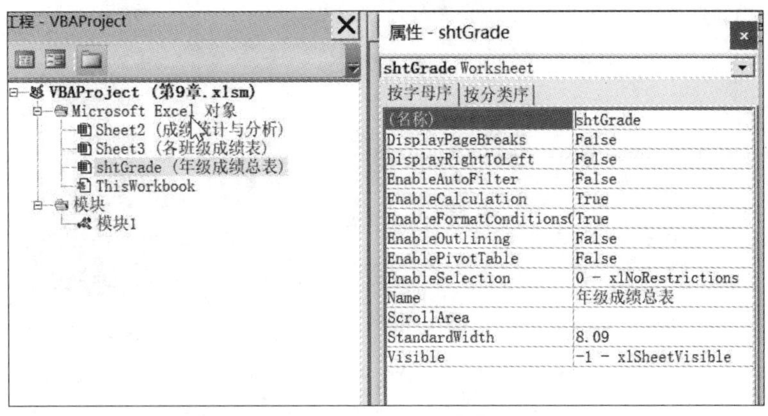

图 9-21　修改工作表名称

温馨提示：shtGrade 这样的名字看起来有点奇怪，但是这样命名的好处是在读程序时一眼就可以看出这是一个代表工作表的变量。

（4）用同样的方法分别将“成绩统计与分析”和“各班级成绩表”的名称改为 shtStat 和 shtClass。

（5）双击工程资源管理器中的【模块 1】，在编辑窗口中输入以下代码（Sub MakeClassSheet() 和 End Sub 行已经由编辑器自动生成，只需在这两行中填入余下的代码）后，关闭当前编辑器。

见多识广：以“'”开头的行是注释内容，注释对于代码的维护是很有好处的。不输入这些行并不影响运行效果。

```
Sub MakeClassSheet()
  ' 将 Excel 设置成手动计算
  Application.Calculation = xlCalculationManual
  ' 年级成绩总表中的总名次按照升序的方式自动排序
  shtGrade.Range(" 年级成绩 ").Sort Key1:=shtGrade.Range("A2"), _
    Order1:=xlAscending, Header:=xlGuess, OrderCustom:=1, _
    MatchCase:=False, Orientation:=xlTopToBottom, _
    SortMethod:=xlPinYin, DataOption1:=xlSortNormal
  ' 源数据表的当前行
  i = 3
```

```
    '目标数据表的当前行
    j = 1
    '只清除内容
    shtClass.Range(" 班级成绩 ").ClearContents
    '至源表的当前单元格为空即停止循环
    While (shtGrade.Cells(i, 2) <> "")
      '找到属于该班级的学生的成绩行
      If shtGrade.Cells(i, 2) = shtClass.Range(" 当前班级 ") Then
        '复制到目标表相应列
        shtClass.Cells(2 + j, 2) = shtGrade.Cells(i, 1)
        For k = 3 To 10
          shtClass.Cells(2 + j, k) = shtGrade.Cells(i, k)
        Next k
        '目标表当前行下移
        j = j + 1
      End If
      '源表当前行下移
      i = i + 1
    Wend
    '恢复成自动计算方式
    Application.Calculation = xlCalculationAutomatic
End Sub
```

技巧点滴：如果在程序的开始不使用语句“Application.Calculation=xlCalculationManual”将 Excel 设置成手动计算，那么在代码中每更改一个单元格，都要重新计算整个工作表，在数据很多的时候，会严重影响程序的执行效率。当然，完成工作后，在程序的末尾还是需要恢复成自动计算方式，这就是语句“Application.Calculation= xlCalculationAutomatic”的作用。还有一种有用的方式是使用语句“Application.Calculation=xlCalculationSemiAutomatic”，如果需要在 VBA 代码中引用已经在 VBA 中改变了的单元格内容时，就可以使用这种方式。

（6）选择【文件】|【选项】命令，弹出【Excel 选项】对话框，选中【自定义功能区】|【主选项卡】选项区域的【开发工具】，单击【确定】按钮完成【开发工具】选项卡的添加。在“各班级成绩表”工作表中选择【开发工具】|【控件】|【插入】命令，在弹出的下拉列表中选择【表单控件】下的第一行的第四个控件，然后在工作表中单击，创建一个微调控件，拖动它周围的缩放柄调整大小和位置，如图 9-22 所示。

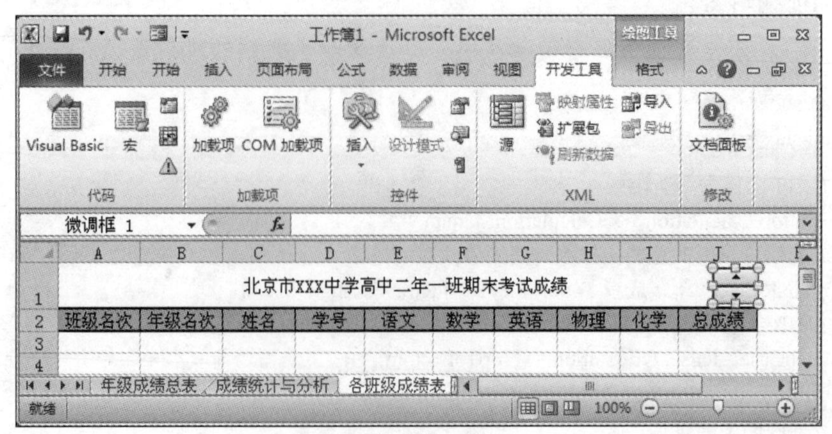

图 9-22　添加微调控件

（7）在微调控件区域单击鼠标右键，在弹出的快捷菜单中选择【设置控件格式】命令，打开【设置控件格式】对话框，选中【控制】选项卡，在【最小值】和【最大值】文本框中分别输入 1 和 13，并在【单元格链接】文本框中输入 A1，如图 9-23 所示，单击【确定】按钮关闭对话框。

（8）在微调控件区域单击鼠标右键，在弹出的快捷菜单中选择【指定宏】命令，打开【指定宏】对话框，在【宏名】列表中选择刚编写的宏 MakeClassSheet，如图 9-24 所示。

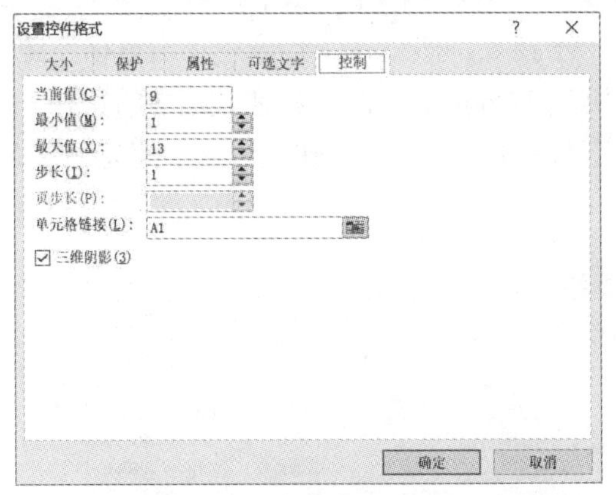

图 9-23　【设置控件格式】对话框

图 9-24　【指定宏】对话框

（9）单击【确定】按钮关闭对话框；然后单击任意单元格取消选定；最后单击该控件，可以发现整个表的内容随着标题行班号的变化而变化。

技巧点滴：每次单击微调控件即执行宏之后会发现【撤销】按钮变得不可用了。为了防止错误的代码可能造成的不可预知的后果，建议先保存工作簿。

4. 创建按钮

任务 11： 创建【建立当前班级成绩表】按钮，使用该按钮可以建立指定班级成绩表；创建【建立所有班级成绩表】按钮，使用该按钮可以在工作簿中为每个班级建立成绩表。

（1）进入 Visual Basic 编辑器（如已关闭，可以通过【开发工具】|【查看代码】|【Visual Basic】命令或按 Alt+F11 组合键将其打开）。在工程资源管理器中双击【模块 1】，打开代码窗口，在“任务 10”的代码下方输入以下代码：

```
Sub CopyTable()
  '出错处理（如果存在重名的工作表会出错，这时不予改名）
  On Error Resume Next
  '将当前班级的成绩复制到最后一个工作表的后面
  shtClass.Copy , Worksheets(Sheets.Count)
  Worksheets(Sheets.Count).Name = shtClass.Range(" 当前班级 ") & " 班成绩 "
  Worksheets(Sheets.Count).Activate
  '删除新表中的所有控件
  For Each sh In Worksheets(Sheets.Count).Shapes
    sh.Delete
  Next
End Sub

Sub CopyTableAll()
  '倒序复制，生成的表为正序
  For i = shtStat.Range(" 班级数 ") To 1 Step -1
```

```
    shtClass.Range(" 当前班级 ") = i
    MakeClassSheet
    CopyTable
    Next
End Sub
```

温馨提示：For 语句中的 Step 意为“步长”，Step -1 代表每次循环过后，循环变量都减 1。如果不写出 Step，默认步长为 1。

（2）在“各班级成绩表”工作表中，选择【开发工具】|【控件】|【插入】命令，在弹出的下拉列表中选择【表单控件】第一行第一个控件，然后在工作表中单击鼠标左键，创建一个按钮控件。在打开的【指定宏】对话框中选择 CopyTable 宏。按钮被选中的状态下，单击按钮上的“按钮 n”（n 为编号）文字进入文本编辑状态，将按钮上的文字改为“建立当前班级成绩表”，如图 9-25 所示。

	A	B	C	D	E	F	G	H	I	J
1				北京市XXX中学高中二年级一班期末考试成绩				建立当前班级成绩		▲▼
2	班级名次	年级名次	姓名	学号	语文	数学	英语	物理	化学	总成绩
3	1	20	卫甲寅	0051	149.1	145.5	103.2	79.9	75.1	552.8
4	2	26	卫壬申	0129	129.75	148.5	143.4	66	59	546.65
5	3	36	卫壬辰	0389	137.25	114.45	112.5	82.8	93.6	540.6
6	4	42	姜癸巳	0390	140.7	139.05	146.1	47.1	64.3	537.25
7	5	47	卫甲戌	0311	141.15	87.9	136.8	84	84.1	533.95

图 9-25　添加“建立当前班级成绩表”按钮

（3）按照上述步骤再创建一个名为“建立所有班级成绩表”的按钮，指定的宏为 CopyTable-All。创建的按钮的大小和位置如图 9-26 所示。

见多识广：CopyTable 和 CopyTableAll 调用了 Worksheet.Copy 方法，以使得在复制工作表内容的时候，格式也被保留下来。

	A	B	C	D	E	F	G	H	I	J
1				北京市XXX中学高中二年级一班期末考试成绩				建立当前班级成绩表 建立所有班级成绩表		▲▼
2	班级名次	年级名次	姓名	学号	语文	数学	英语	物理	化学	总成绩
3	1	20	卫甲寅	0051	149.1	145.5	103.2	79.9	75.1	552.8
4	2	26	卫壬申	0129	129.75	148.5	143.4	66	59	546.65
5	3	36	卫壬辰	0389	137.25	114.45	112.5	82.8	93.6	540.6
6	4	42	姜癸巳	0390	140.7	139.05	146.1	47.1	64.3	537.25
7	5	47	卫甲戌	0311	141.15	87.9	136.8	84	84.1	533.95
8	6	73	卫丙辰	0233	112.5	88.05	132.75	93.2	95	521.5

图 9-26　添加“建立所有班级成绩表”按钮

至此，实现了列出每个班级的成绩表的功能，并可以为每个班级自动生成成绩表。先使用微调项将当前班级改成将要生成成绩表的班级，然后单击【建立当前班级成绩表】按钮即可在“当前班级成绩表”之后生成一个新工作表，内容为“当前班级成绩表”的一份副本，而单击【建立所有班级成绩表】按钮可以在工作簿中为每个班级建立一张成绩表。

制作成绩统计与分析表

9.2.3　制作成绩统计与分析表

1. OFFSET 函数的使用

任务 12：制作“成绩统计与分析”工作表，输入表格中相应内容；创建“游标”单元格；复制“各班级成绩表”中的微调控件到本工作表中，并创建一个微调控件，将其链接到“游标”单元格；单击微调控件可以改变相应单元格的内容。

（1）在“成绩统计与分析”工作表中制作如图 9-27 所示的表格，并在“各科分数段设置”表中输入各科要统计的分数。（注意：在统计结果表格中，I、J 是两列，未合并单元格。）

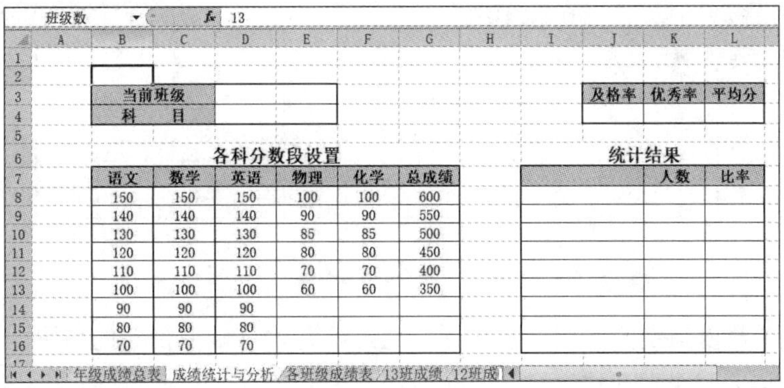

图 9-27 创建“成绩统计与分析”表结构

（2）将工作区域内的空白单元格 N7 命名为“游标”，并将其字体颜色设置为白色以隐藏起来。

（3）复制“各班级成绩表”工作表中的微调控件到本工作表并置于单元格 E3，调整大小，右键单击微调控件，选择【设置控件格式】命令，在弹出的【设置控件格式】对话框中单击【控制】选项卡，在【单元格链接】的下拉列表框中输入“各班级成绩表 !$A$1”，单击【确定】按钮。

（4）在单元格 E4 中，按照任务 10 中的方法（6）创建一个微调控件，右键单击该微调控件，选择【设置控件格式】命令，在弹出的【设置控件格式】对话框中单击【控制】选项卡，设置它的最小值为 4，最大值为 9，并链接到“游标”单元格，如图 9-28 所示。

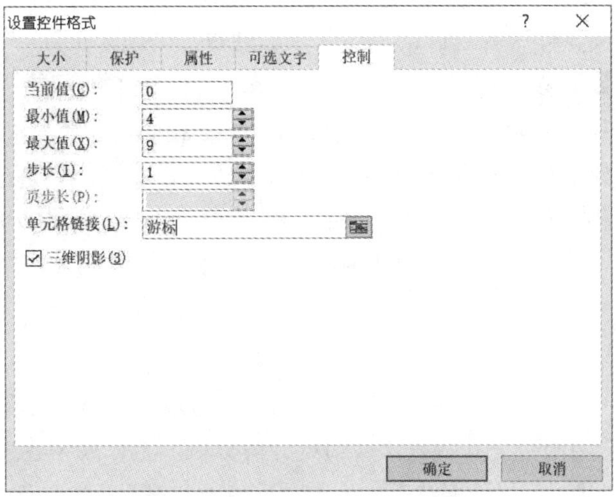

图 9-28 【设置控件格式】对话框

温馨提示：复制微调控件到另外一个工作表时，如果不希望改变该控件的单元格链接，则单元格链接的地址应采用绝对引用的方式。

（5）在单元格 D3 中输入公式“= 各班级成绩表 !A1”，设置该单元格的数字格式为“## 班”；在单元格 D4 中输入“=OFFSET(各班级成绩表 !A2,0, 游标)”；在 I7 单元格中输入公式“=D4”。这样，单击 E4 单元格中的微调控件可以改变 D4 和 I7 单元格的内容，如图 9-29 所示。

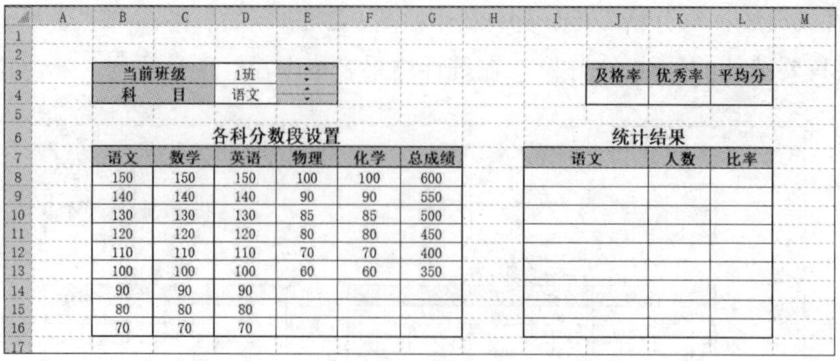

当前班级	1班
科　目	语文

及格率	优秀率	平均分

各科分数段设置

语文	数学	英语	物理	化学	总成绩
150	150	150	100	100	600
140	140	140	90	90	550
130	130	130	85	85	500
120	120	120	80	80	450
110	110	110	70	70	400
100	100	100	60	60	350
90	90	90			
80	80	80			
70	70	70			

统计结果

语文	人数	比率

图 9-29　添加微调控件

OFFSET 函数以指定的引用为参照系，通过给定偏移量得到新的引用。返回的引用可以是一个单元格或一个单元格区域，并可以指定返回的行数和列数。

OFFSET 函数的语法如下：

OFFSET(reference,rows,cols,height,width)

- reference：作为偏移量参照系的引用区域。reference 必须为对单元格或相连单元格区域的引用；否则，函数 OFFSET 返回错误值。
- rows：相对于偏移量参照系的左上角单元格，上（下）偏移的行数。如果参数 rows 为 5，说明目标引用区域的左上角单元格比 reference 低 5 行。行数可为正数（代表在起始引用的下方）或负数（代表在起始引用的上方）。
- cols：相对于偏移量参照系的左上角单元格，左（右）偏移的列数。如果参数 cols 为 5，说明目标引用区域的左上角单元格比 reference 靠右 5 列。列数可为正数（代表在起始引用的右边）或负数（代表在起始引用的左边）。
- height：高度，即所要返回的引用区域的行数，必须为正数。
- width：宽度，即所要返回的引用区域的列数，必须为正数。

如果行数和列数偏移量超出工作表边缘，函数 OFFSET 返回错误值；省略 height 或 width 参数，返回的引用区域其高度或宽度与 reference 相同。

函数 OFFSET 实际上并不移动任何单元格或更改选定区域，只是返回一个引用。它可用于任何需要将引用作为参数的函数。例如，公式 SUM(OFFSET(C2,1,2,3,1)) 将计算比单元格 C2 靠下 1 行并靠右 2 列的 3 行 1 列的区域的总和。

温馨提示：微调控件的缺点是它的值只能是 1 ～ 30000 的正整数。

2. COUNT 函数和 COUNTIF 函数的使用

任务 13：在当前工作簿中创建“当前成绩”“分数段”和“比率”这三个名称，并设置相应的引用位置；用函数公式输入“成绩统计与分析”工作表中各表格的内容。

（1）选择【公式】|【定义的名称】|【定义名称】命令，打开【新建名称】对话框。在【名称】文本框中输入“当前成绩”，在【范围】下拉列表中选择“成绩统计与分析”，并在【引用位置】文本框中输入“=OFFSET(班级名次 ,0, 游标)”，如图 9-30 所示。单击【确定】按钮，“当前成绩”名称被加入到【在当前工作簿中的名称】列表框中。

（2）用同样的方法添加名称“分数段”和“比率”。

“分数段”引用位置为

=OFFSET(成绩统计与分析 !$B$8:$B$17,0, 游标 -4,COUNT(OFFSET(成绩统计与分析 !$B$8: $B$17,0, 游标 -4)))

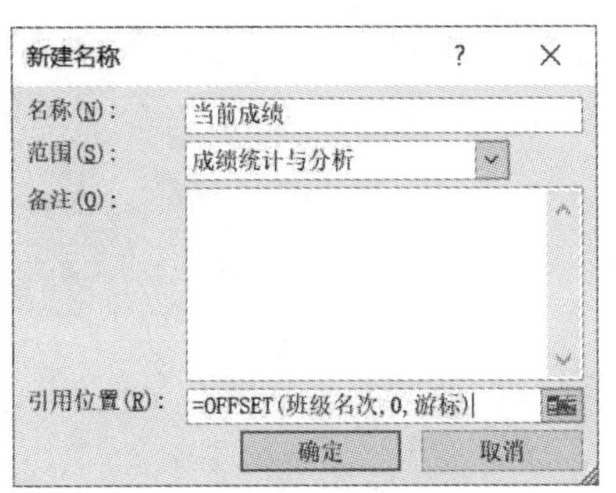

图 9-30 【新建名称】对话框

“比率”引用位置为。

=OFFSET(成绩统计与分析 !$L$8:$L$17,0,0,COUNT(OFFSET(成绩统计与分析 !$L$8:$L$17,0,0))-1)

最后单击【确定】按钮关闭对话框。

COUNT 函数计算包含数字的单元格以及参数列表中数字的个数。使用函数 COUNT 可以获取区域或数字数组中数字字段的输入项的个数。

COUNT 函数的语法如下：

COUNT(valuel,value2,...)

- valuel,value2,...：包含或引用各种数据类型的参数（1 ～ 30），只有数字类型的数据才能被计算。

函数 COUNT 在计数时，将把数字、日期或以文本代表的数字计算在内，错误值或其他无法转换成数字的文字将被忽略；如果参数是一个数组或引用，只统计数组或引用中的数字，空白的单元格、逻辑值、文字或错误值都被忽略。要统计逻辑值、文字或错误值，需使用函数 COUNTIF。

（3）假设规定，按照满分×60% 的分数及以上为及格率的标准，则总成绩的及格为 390 分及以上，满分 150 分的科目及格为 90 分及以上，满分为 100 分的科目及格为 60 分及以上。所以，在单元格 J4 中输入如下公式：

=IF(游标 =9,COUNTIF(当前成绩 ,">=390")/COUNT(当前成绩),IF(游标 <7,COUNTIF(当前成绩 ,">=90")/COUNT(当前成绩),COUNTIF(当前成绩 ,">=60")/COUNT(当前成绩)))

（4）假设规定，按照满分 ×85% 的分数及以上为优秀率的标准，则总成绩的优秀为 552.5 分及以上，满分 150 分的科目优秀为 127.5 分及以上，满分为 100 分的科目优秀为 85 分及以上。所以，在单元格 K4 中输入如下公式：

=IF(游标 =9,COUNTIF(当前成绩 ,">=552.5")/COUNT(当前成绩),IF(游标 <7,COUNTIF(当前成绩 ,">=127.5")/COUNT(当前成绩),COUNTIF(当前成绩 ,">=85")/COUNT(当前成绩)))

COUNTIF 函数可以计算区域中满足给定条件的单元格的个数。

COUNTIF 函数的语法如下：

COUNTIF(range,criteria)

- range：需要计算其中满足条件的单元格数目的单元格区域。
- criteria：确定单元格被计算在内的条件，其形式可以是数字、表达式、单元格引用或文本。例如，条件可以表示为 32、"32"、">32"、"apples" 或 B4。

（5）将单元格 J4 和 K4 的数字格式设置为“百分比”。在【小数位数】文本框中输入 1，如图 9-31 所示，单击【确定】按钮即可。单元格中显示的内容是相应班级科目的及格率和优秀率。

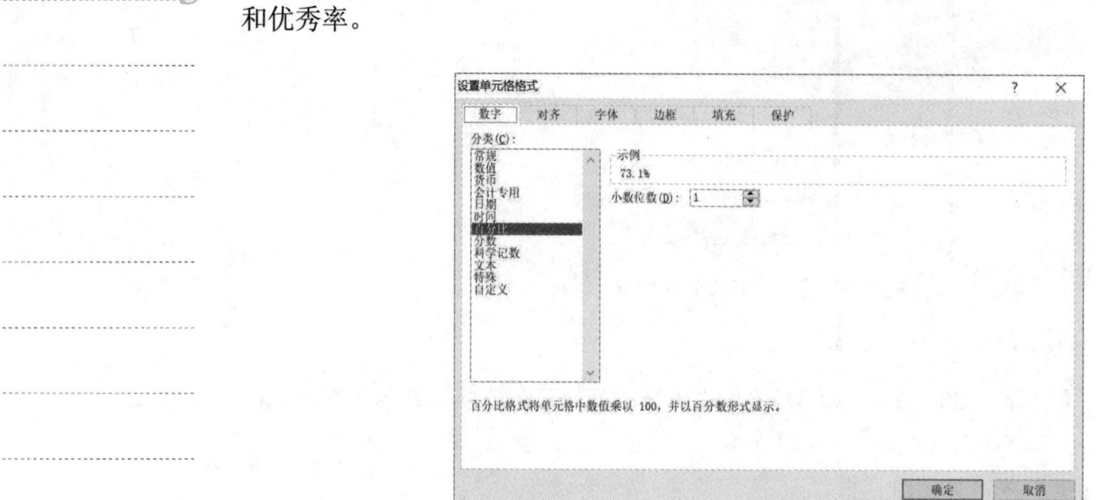

图 9-31　设置百分比小数位数

（6）在单元格 L4 中输入公式“=AVERAGE(OFFSET(班级名次 ,0, 游标))”，并将该单元格的数字格式改成“数值”，设定小数位数为 2。该单元格的内容是当前班级当前科目的平均分，如图 9-32 所示。

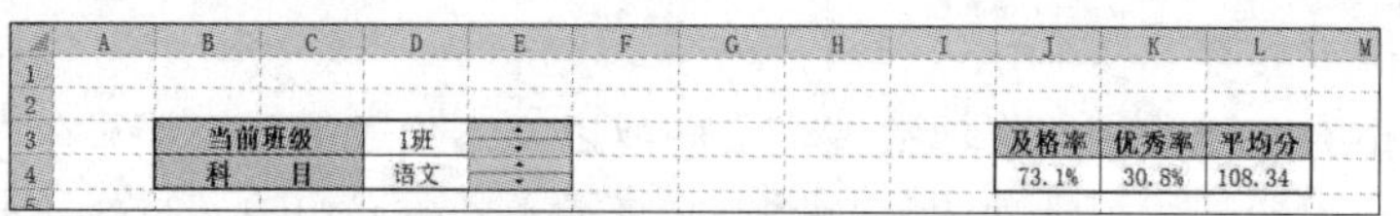

图 9-32　计算出及格率、优秀率和平均分

（7）选中单元格区域 I8:I17，输入公式“= 分数段”，然后按 Ctrl+Shift+Enter 组合键即可输入数组公式（输入后，公式前后显示大括号 {}）。将单元格区域 I8:I17 的字体颜色设置为“白色”结果，结果如图 9-33 所示。

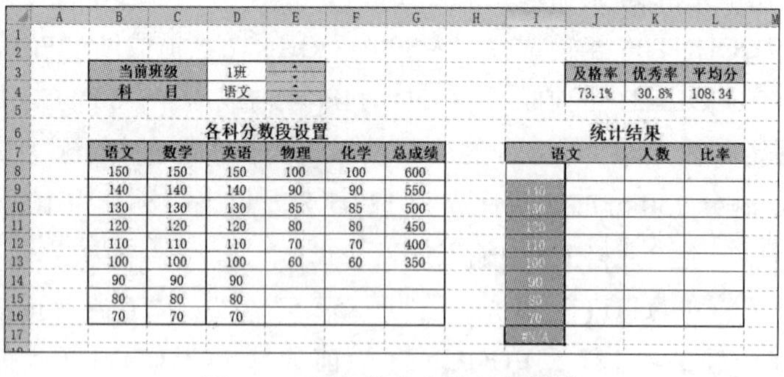

当前班级	1班
科　目	语文

及格率	优秀率	平均分
73.1%	30.8%	108.34

各科分数段设置

语文	数学	英语	物理	化学	总成绩
150	150	150	100	100	600
140	140	140	90	90	550
130	130	130	85	85	500
120	120	120	80	80	450
110	110	110	70	70	400
100	100	100	60	60	350
90	90	90			
80	80	80			
70	70	70			

统计结果

语文		人数	比率
140			
130			
120			
110			
100			
90			
80			
70			
#N/A			

图 9-33　输入数组公式后的结果

温馨提示：修改数组公式，先选中整个数组单元格区域，然后按 F2 键进入编辑状态开始修改，完成之后再按 Ctrl+Shift+Enter 组合键。

（8）选中单元格区域 I8:I17，单击【开始】|【样式】|【条件格式】|【突出显示单元格规则】命令，在弹出的下拉列表中选择【介于】命令，在弹出的【介于】对话框中的两个文本框中分别填入 0 和 1000，如图 9-34 所示，再单击【设置为】下拉列表中的【自定义格式】按钮，在弹出的【设置单元格格式】对话框的【字体】选项卡中，设定【颜色】为“自动”，如图 9-35 所示。

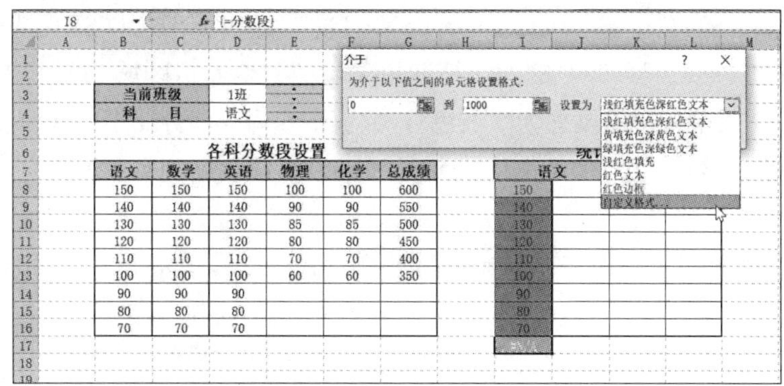

图 9-34 【介于】对话框

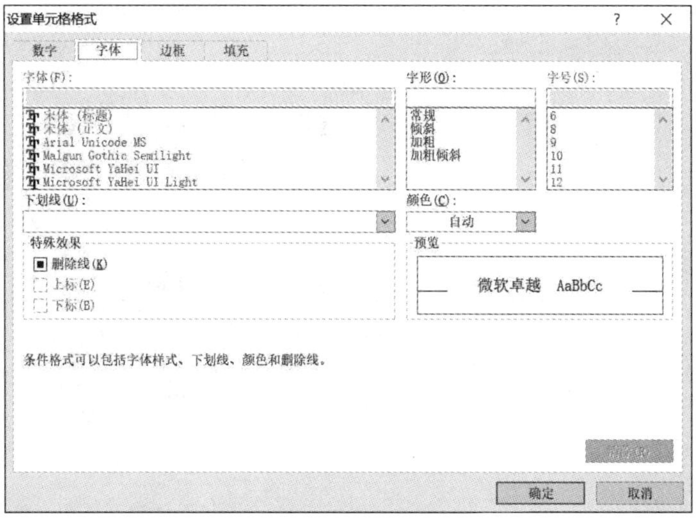

图 9-35 设置字体颜色

在单元格区域 I8:I17 中，有数字的单元格的字体颜色正常显示，无数字或显示为错误的单元格的字体颜色与背景颜色相同，因此不显示。

温馨提示：由于“分数段”是一个动态改变大小的定义，数组公式总会有单元格的值是 #N/A，因此需要用这种方法隐藏错误值。公式“= 分数段”必须在不小于“分数段”区域的单元格区域中设置数组公式才能得到结果。如果“分数段”区域小于数组公式区域，则数组公式中没有相应数值的位置就显示无值错误（#N/A）。

（9）在单元格 J8 中输入公式“=IF(ISNA(I9),IF(ISNA(I8),""," 以下 ")," 至 "&I9)”，按 Enter 键，鼠标指针移动到 J8 单元格右下方变成“+”型时，向下拖拽到 J16 单元格。

ISNA 函数用于检测一个值是否为 #N/A，“是”返回 TRUE，“不是”返回 FALSE。

（10）选中单元格区域 K8:K17，输入数组公式“=FREQUENCY(OFFSET(班级名次 ,0, 游标), 分数段)”，按 Ctrl+Shift+Enter 组合键输入数组公式，然后设置 K8:K17 单元格的字体为白色。

选中单元格区域 K8:K17，选择【开始】|【样式】|【条件格式】|【突出显示单元格规则】命令，在弹出的下拉列表中选择【大于】命令，在弹出的【大于】对话框的文本框中填入 0。再单击【设置为】下拉列表中的【自定义格式】按钮，在弹出的【设置单元格格式】对话框的【字体】选项卡中，设定【颜色】为“自动”。

FREQUENCY 函数：以一列垂直数组返回一组数据的频率分布。

（11）在单元格L8中输入公式“=IF(ISNA(J8),"",K8/COUNT(OFFSET(班级名次,0,游标)))”，按回车键。按步骤（9）的方法拖动填充句柄到单元格区域L9:L17中，然后将单元格区域L8:L17的字体颜色设置为“白色”，数值格式为“百分比”并保留1位小数。

选择【开始】|【样式】|【条件格式】|【突出显示单元格规则】命令，在弹出的下拉列表中选择【大于】命令，在【大于】对话框的文本框中填入0。再单击【设置为】下拉列表中的【自定义格式】按钮，在弹出的【设置单元格格式】对话框的【字体】选项卡中，设定【颜色】为“自动”。

整个“统计结果”表格效果如图9-36所示。如果改变当前班级和科目，以及分数段设置，“统计结果”表格中的统计数据也会随之改变。

	A	B	C	D	E	F	G	H	I	J	K	L	M
1													
2													
3		当前班级		1班						及格率	优秀率	平均分	
4		科　目		语文						73.1%	30.8%	108.34	
5													
6		各科分数段设置							统计结果				
7		语文	数学	英语	物理	化学	总成绩		语文		人数	比率	
8		150	150	150	100	100	600		150 至140		8	15.4%	
9		140	140	140	90	90	550		140 至130		6	11.5%	
10		130	130	130	85	85	500		130 至120		9	17.3%	
11		120	120	120	80	80	450		120 至110		3	5.8%	
12		110	110	110	70	70	400		110 至100		3	5.8%	
13		100	100	100	60	60	350		100 至90		8	15.4%	
14		90	90	90					90 至80		6	11.5%	
15		80	80	80					80 至70		3	5.8%	
16		70	70	70					70 以下		6	11.5%	

图9-36　“统计结果”表格效果

温馨提示：根据同行I列中单元格(即“分数段”)的内容，J8中的公式有3种可能的结果：显示分数段的下限；如果已是最后一个分数段，显示“以下”字样；如果已经没有分数段，什么也不显示。

3. 创建图表

利用工作表中的数据制作图表，可以更加清晰、直观和生动地表现数据。图表更容易表达数据之间的关系和变化趋势。

任务14：根据“成绩统计与分析”工作表中的“统计结果”表中的内容，创建各分数段成绩的统计图表。

（1）选择【插入】|【图表】|【创建图表】命令，弹出【插入图表】对话框，在【模板】列选择【柱形图】，然后选择“簇状柱形图”，如图9-37所示，单击【确定】按钮。

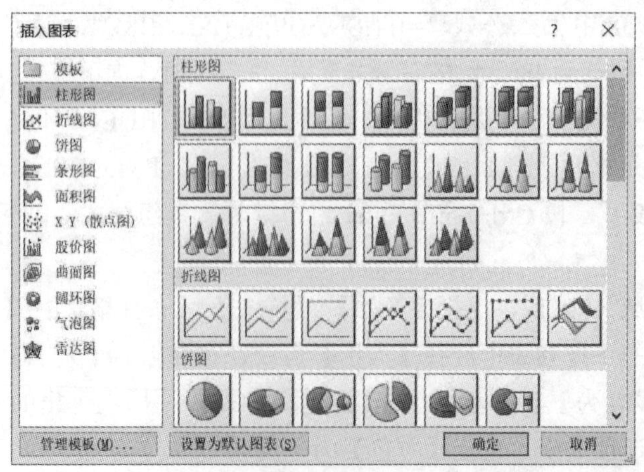

图9-37　选择图表类型

（2）调整图表的大小和位置。选择【图表工具 / 设计】|【数据】|【选择数据】命令，弹出【选择数据源】对话框，如图 9-38 所示。选择【图例项】|【添加】命令，弹出【编辑数据系列】对话框，在【系列名称】文本框中输入“= 成绩统计与分析 !$D$4”，在【系列值】文本框中输入“= 成绩统计与分析 ! 比率”，如图 9-39 所示，选择【确定】按钮。选择【水平（分类）轴标签】|【编辑】命令，在弹出的【轴标签】对话框中的【轴标签区域】文本框中输入“= 成绩统计与分析 ! 分数段”，如图 9-40 所示。这样，图例的文字会随着当前图表代表的课程的变化而改变。

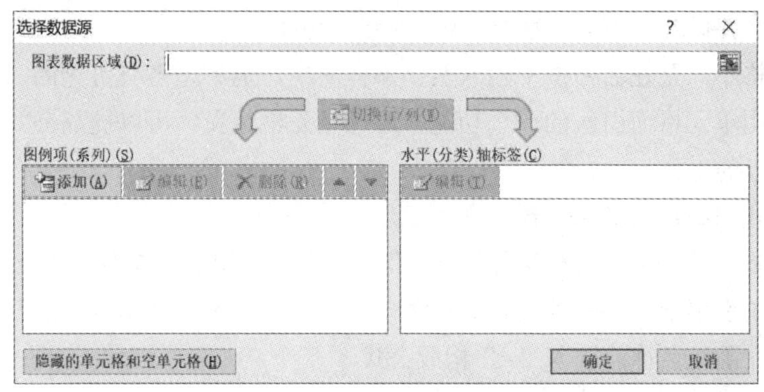

图 9-38 【选择数据源】对话框

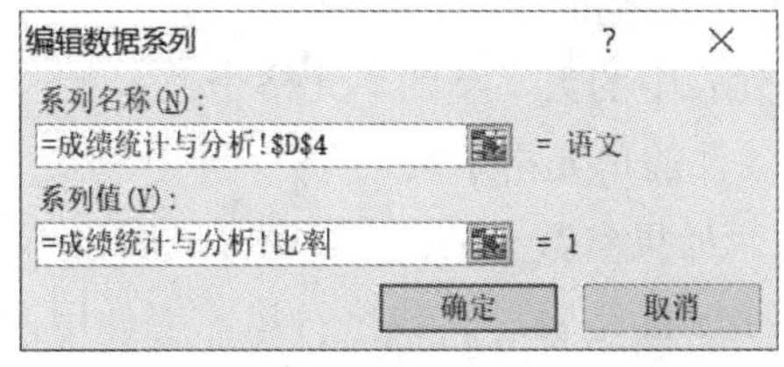

图 9-39 【编辑数据系列】对话框

图 9-40 【轴标签】对话框

（3）科目选择“总成绩”，选中图表标题“总成绩”，将其向左移动到适当位置。选择工具栏【插入】|【文本】|【文本框】|【横排文本框】命令，将文本框拖动到图表标题“总成绩”后，删除原有文字，输入“成绩各分数段比率图”。右键单击文本框，在弹出的快捷菜单中选择【置于顶层】|【置于顶层】命令。调整标题和文本框的大小和位置，效果如图 9-41 所示。

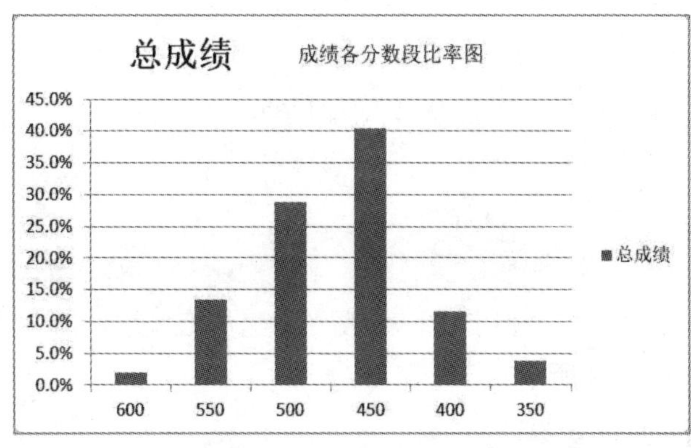

图 9-41 创建图表效果

通过设置微调按钮以及改变分数段，可以看到不同班级、不同课程的各种统计信息。

9.3　本章小结

在本项目中，通过定义“班级成绩”“班级名次”“当前班级”“年级成绩”和“游标”等单元格，以及对宏代码 MakeClassSheet、CopyTable 和 CopyTableAll 等的调用，来完成工作需要。如果没有太多的编程基础，编写宏代码是一件让人头疼的事情。不过 VBA 程序比较简单易懂，调试也方便。用户还可以通过“录制宏”工具记录自己的操作直接得到相应的宏代码，并由此不断摸索学习 VBA 的强大功能。

定义单元格不只是在名称框中输入名字那样简单，也不是可有可无的，是为了方便用户在公式中引用单元格而引入的一个功能。通过单元格定义，可以提高公式的灵活性，完成很多复杂烦琐的工作。

在使用公式和函数计算时，要注意如下几点。

（1）公式是对单元格中数据进行计算的等式，输入公式前应先输入“=”。

（2）函数的引用形式为：函数名 (参数 1, 参数 2,...)，参数间用逗号隔开。如果是单独使用函数，要在函数名称前输入“=”构成公式。

（3）复制公式时，若公式中使用的单元格引用需要随着所在位置的不同而变化，则使用单元格的相对引用；若不随所在位置变化，则使用单元格的绝对引用。

COUNT 和 COUNTIF 函数用于统计指定范围内单元格的个数，区别如下：

- COUNT 函数返回包含数字以及包含参数列表中的数字型的单元格个数。
- COUNTIF 函数返回指定区域内满足给定条件的单元格个数。

使用 COUNTIF 函数时要注意，在复制公式时，如果参数 range 的引用区域固定不变，应使用绝对引用或区域命名方式实现；如果参数 criteria 是表达式或字符串，应使用西文双引号将其括起来。

使用 IF 函数时要判断给出的条件是否满足，如果满足，返回逻辑值为真时的值；如果不满足，则返回逻辑值为假时的值。如果判断条件超过两个，采用 IF 函数的嵌套，就是将一个 IF 函数返回值作为另一个 IF 函数的参数。

图表比数据更易于表达数据之间的关系及数据变化趋势。表现不同的数据关系时，要选择合适的图表类型，特别注意要正确选择数据源。创建的图表既可以插入到工作表中，生成嵌入图表，也可以生成一张单独的工作表。

9.4　习题

上机操作

根据给定的“员工工资表”，使用“图表向导”创建员工“实发工资”的三维簇状柱形图。本实例的最终效果如图 9-42 所示。

（1）使用图表向导创建图表。

1）打开“员工工资表 .xlsx”文件，单击 Sheet1 工作表，选中几个员工的姓名及实发工资，如图 9-43 所示。

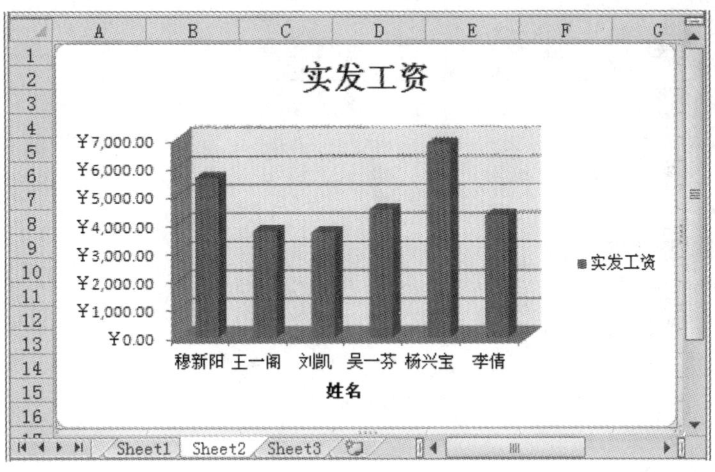

图 9-42　图表效果

员工工资表

员工号	姓名	性别	基本工资	岗位津贴	工作奖励	实发工资	收入等级
001	穆新阳	男	3000	2000	600	¥5,600.00	中
002	王一阁	男	2100	1200	450	¥3,750.00	高
003	刘凯	男	2200	1300	200	¥3,700.00	高
004	杨杰	男	1500	500	300	¥2,300.00	高
005	秦和娇	女	2500	2000	5800	¥10,300.00	低
006	李莞	男	1800	800	200	¥2,800.00	高
007	张连昌	男	1900	900	200	¥3,000.00	高
008	吴一芬	女	2000	1500	1000	¥4,500.00	中
009	杨兴宝	男	2000	1500	3300	¥6,800.00	低
010	尤海燕	女	1600	800	200	¥2,600.00	高
011	张楠	女	1700	800	300	¥2,800.00	高
012	李倩	女	2100	1200	1000	¥4,300.00	中
013	尹国平	男	2500	1800	1000	¥5,300.00	中
平均值			2069.230769	1253.846154	1119.230769	¥4,442.31	

就绪　平均值：¥4,775.00　计数：12　求和：¥28,650.00　100%

图 9-43　选择数据区域

2）选择【插入】|【图表】|【创建图表】命令，弹出如图 9-44 所示的【插入图表】对话框，选择【三维簇状柱形图】。然后单击【确定】按钮，便在表格里插入一张图表，如图 9-45 所示。

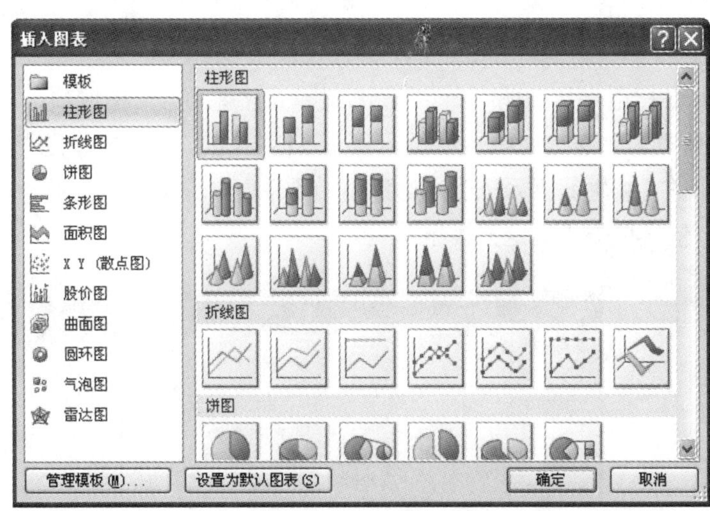

图 9-44　选择图表类型

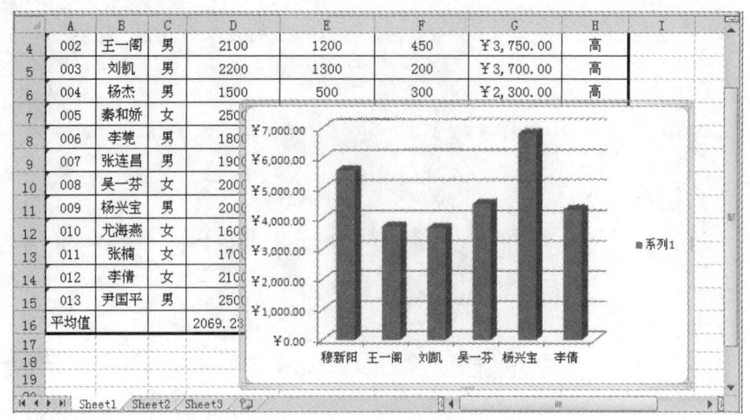

图 9-45 插入图表后的效果

3）为方便编辑，把刚插入的图表复制到 Sheet2 工作表。在 Sheet1 工作表中单击选中刚插入的图表，按 Ctrl+C 组合键复制，然后单击 Sheet2 工作表，按 Ctrl+V 组合键粘贴，调整图表大小。

4）添加图表标题。选中图表，选择【图表工具 / 布局】|【标签】|【图表标题】命令，在弹出的下拉菜单中选择“图表上方”，在【坐标轴标题】|【主要横坐标轴标题】下拉菜单中选择“坐标轴下方标题”，效果如图 9-46 所示。

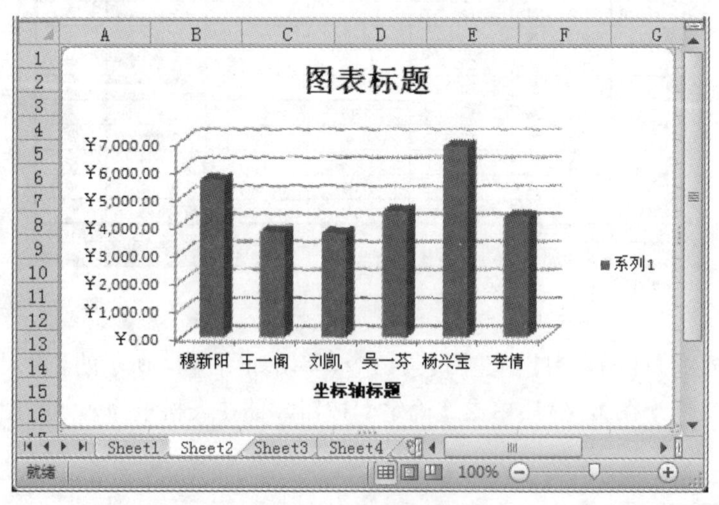

图 9-46 添加图表标题

5）把“坐标轴标题”修改为“姓名”。右键单击“系列 1”图例项，在弹出的快捷菜单中选择【选择数据】命令，弹出【选择数据源】对话框，在该对话框中选择【图例项】|【编辑】命令，在弹出的【编辑数据系列】对话框中的【系列名称】文本框中输入“实发工资”，如图 9-47 所示，依次单击【确定】按钮。

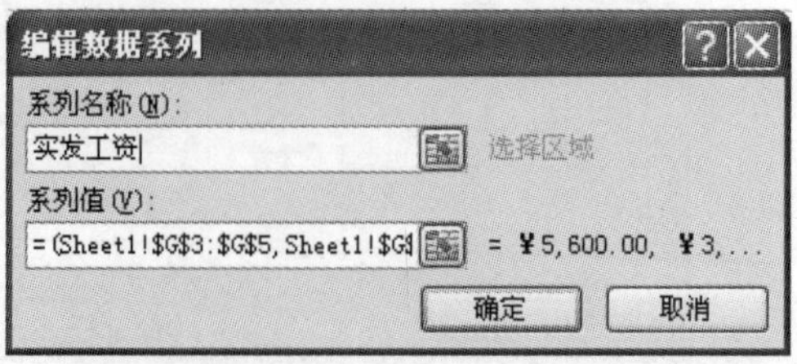

编辑数据系列
系列名称(N):
实发工资 选择区域
系列值(V):
=(Sheet1!$G$3:$G$5,Sheet1!$G = ￥5,600.00, ￥3,...
确定 取消

图 9-47 修改系列名称

6）选中 Sheet2 工作表中的图表，选择【图表工具 / 布局】|【当前所选内容】组选项，给“背景墙”和“基底”填充上色。调整图表文字大小后，效果如图 9-48 所示。

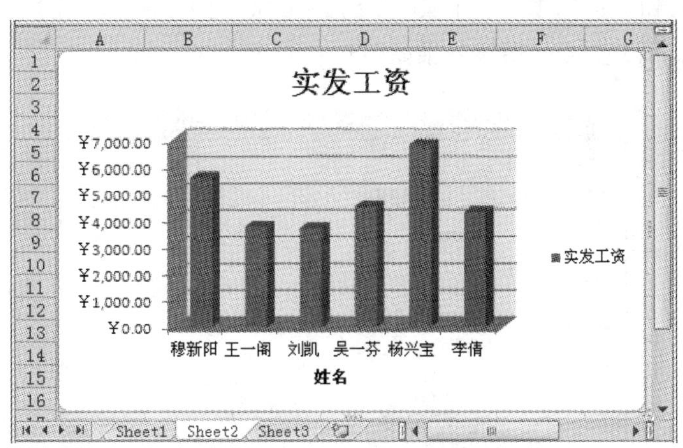

图 9-48 修改后的柱状图

（2）编辑图表标题。

1）单击图表标题“实发工资”，然后将光标定位在“实”字的前面，输入“12 月份”。

2）双击图表标题，弹出【设置图表标题格式】对话框，将【边框颜色】设置为“红色”，可以根据需要设置边框的粗细。然后选择【填充】命令，在【填充】|【图片或纹理填充】|【纹理】选项卡中选择“羊皮纸”。最后单击【关闭】按钮。

3）选择【开始】命令，在【图表标题】文本框中，将字体设置为“黑体”，将字号设置为 18。

（3）改变柱体形状及图案。

1）双击任意一个柱体，弹出【设置数据系列格式】对话框，单击【填充】标签，弹出【填充】选项卡，选中【图案填充】单选按钮，将【前景】的颜色设置为“黄色”，将【背景】的颜色设置为“蓝色”，然后单击【关闭】按钮。

2）在【设置数据系列格式】对话框中，切换到【形状】标签，将【形状】设置为最后一种圆锥体“部分圆锥”，如图 9-49 所示，然后单击【关闭】按钮。

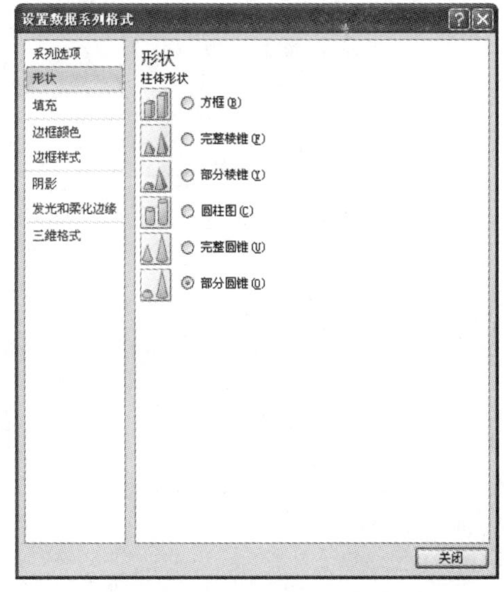

图 9-49 改变柱体的形状图

（4）设置数值轴。双击数值轴上的任意一个数值，弹出【设置坐标轴格式】对话框，切换到【数字】标签，选择【货币】选项，将【小数位数】设置为 0，如图 9-50 所示。然后单击【关闭】按钮。选择【图表工具 / 布局】|【标签】|【数据标签】命令，在弹出的下拉列表中选择【显示】命令，最终效果如图 9-42 所示。

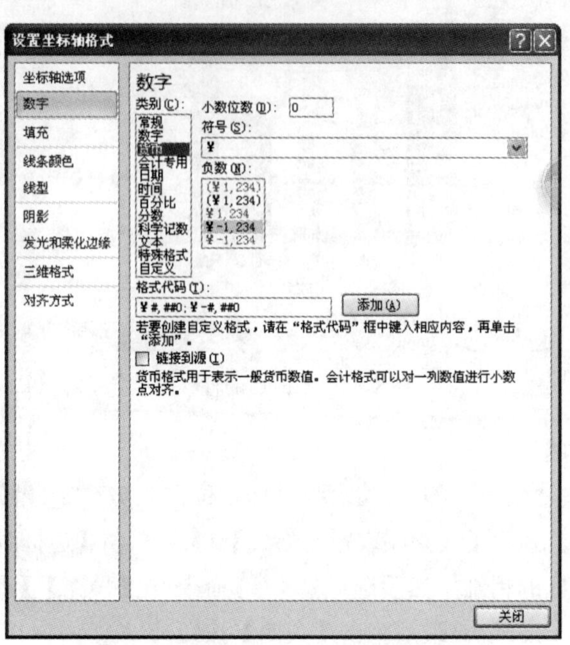

图 9-50　设置数值轴上数值的小数位数

使用相同的方法，还可以调整背景墙、图表区和图例等的相应属性。最后选择【文件】|【保存】命令，保存文件。

第 10 章　Excel 综合应用 2
——销售记录管理与分析

教学目标

- 掌握记录单的使用
- 了解条件格式的设置方法
- 掌握数据管理的基本方法（数据排序、数据筛选、分类汇总）
- 掌握数据透视表和数据透视图的创建
- 掌握工作表的页面设置

Excel 具有强大的数据库管理功能，可以方便地组织、管理和分析大量的数据信息。在 Excel 中，工作表内一块连续不间断的数据就是一个数据库，可以对数据库的数据进行筛选、排序、分类汇总等操作。

10.1　销售记录管理案例分析

本章以销售数据的管理和分析为例，介绍 Excel 中记录单的使用，同时还将介绍数据管理的基本方法、数据透视表的创建、工作表的页面设置和工作表的打印等。

10.1.1　任务的提出

川夏是某公司销售部的内勤，主要负责记录部门每一笔产品的销售情况。为了提高工作效率和管理水平，她打算使用 Excel 工作表来管理销售数据。图 10-1 所示为川夏制作的“销售记录单”，主要包括订单编号、订货日期、发货日期、地区、城市、码洋、联系人等。

	A	B	C	D	E	F	G
1	销售记录单						
2	订单编号	订货日期	发货日期	地区	城市	码洋	联系人
3	T02100	2011-11-12	2011-11-25	东北	长春	￥12,135.65	李砷
4	T02101	2011-11-22	2011-12-3	东北	沈阳	￥10,354.23	李砷
5	T02102	2011-12-1	2011-12-15	东北	沈阳	￥7,532.14	刘晶
6	T02103	2011-12-21	2012-1-11	华中	武汉	￥5,822.36	杨昊
7	T02104	2012-1-4	2012-1-12	西北	兰州	￥12,389.54	张万畅
8	T02105	2012-1-24	2012-2-3	西南	成都	￥6,534.21	徐雅茹
9	T02106	2012-2-1	2012-2-10	西南	昆明	￥26,441.33	徐雅茹
10	T02107	2012-3-5	2012-3-12	华中	长沙	￥9,823.12	邓凝
11	T02108	2012-3-15	2012-4-1	华中	长沙	￥5,433.21	贾丽丽
12	T02109	2012-3-27	2012-4-11	西北	拉萨	￥6,998.22	陈鹏飞
13	T02110	2012-4-16	2012-4-30	西北	兰州	￥1,396.55	张万畅
14	T02111	2012-4-21	2012-5-5	西南	昆明	￥5,639.10	冯文华
15	T02112	2012-5-4	2012-5-21	西南	成都	￥8,856.21	吴艳丽
16	T02113	2012-5-13	2012-6-2	华中	武汉	￥7,986.36	邓凝
17	T02114	2012-6-2	2012-6-18	东北	长春	￥4,532.15	李砷
18	T02115	2012-6-5	2012-6-28	华中	武汉	￥1,225.50	邓凝

图 10-1　销售记录单

“销售记录单”工作表中每一行是一笔销售记录的信息，记录每笔订单的订单编号、订货日期、发货日期、地区、城市、码洋、联系人等。因为工作表中的数据繁多，如果直接在工作表中输入是一件很烦琐的事情，因此可以考虑使用记录单快速地输入和浏览数据。

此外，川夏还需要定期对发货情况进行排序比较，统计出各地区的销售情况和各地区销售情况最好的城市。

10.1.2 解决方案

在此案例中，可以通过以下方法实现对销售记录的管理和分析。

（1）使用【记录单】命令快速输入大量的记录数据。

（2）使用【条件格式】命令为工作表中的偶数行添加底纹，便于区分不同的记录。

（3）使用【筛选】命令快速查找指定的记录信息。

（4）使用【分类汇总】命令按“地区”将销售金额进行汇总，便于随时查看销售情况。

（5）使用【数据透视表】命令，创建立体式的数据分析结果。

10.1.3 相关知识点

1. 数据清单

在 Excel 中，数据处理是针对数据清单进行的。数据清单是一张含有多行多列相关数据的二维表格。将数据清单中的列称为字段，列标题称为字段名，标识数据的项目分类，同列数据在性质、类型和分类等方面都相同。数据清单中的行称为记录，每条记录中包含对应项目的数据。通过 Excel 的【记录单】命令可以建立数据清单，还可以对数据清单进行添加、查找、修改和删除等操作。

图 10-2 所示为一个数据清单的例子。数据清单必须包括两个部分——列标题和数据。

订单编号	订货日期	发货日期	地区	城市	码洋	联系人
T02100	2011-11-12	2011-11-25	东北	长春	￥12,135.65	李砷
T02101	2011-11-22	2011-12-3	东北	沈阳	￥10,354.23	李砷
T02102	2011-12-1	2011-12-15	东北	沈阳	￥7,532.14	刘晶
T02103	2011-12-21	2012-1-11	华中	武汉	￥5,822.36	杨昊
T02104	2012-1-4	2012-1-12	西北	兰州	￥12,389.54	张万畅
T02105	2012-1-24	2012-2-3	西南	成都	￥6,534.21	徐雅茹
T02106	2012-2-1	2012-2-10	西南	昆明	￥26,441.33	徐雅茹
T02107	2012-3-5	2012-3-12	华中	长沙	￥9,823.12	邓凝
T02108	2012-3-15	2012-4-1	华中	长沙	￥5,433.21	贾丽丽
T02109	2012-3-27	2012-4-11	西北	拉萨	￥6,998.22	陈鹏飞
T02110	2012-4-16	2012-4-30	西北	兰州	￥1,396.55	张万畅
T02111	2012-4-21	2012-5-5	西南	昆明	￥5,639.10	冯文华
T02112	2012-5-4	2012-5-21	西南	成都	￥8,856.21	吴艳丽
T02113	2012-5-13	2012-6-2	华中	武汉	￥7,986.36	邓凝
T02114	2012-6-2	2012-6-18	东北	长春	￥4,532.15	李砷
T02115	2012-6-5	2012-6-28	华中	武汉	￥1,225.50	邓凝

列标题

数据

图 10-2 数据清单示例

- 要正确创建数据清单，应遵守以下原则。
- 避免在一张工作表中建立多个数据清单。
- 在数据清单的第一行建立列标题。
- 列标题名唯一。
- 单元格中数据的对齐方式可以用【单元格格式】命令来设置，不要用输入空格的方法进行调整。
- 数据清单中的字段名与工作表中其他信息之间应该至少留出一个空白行（或一个

空白列），以便对数据清单中的数据进行处理。

（1）使用记录单添加数据。

1）选中数据清单中的任意单元格。

2）选择【文件】|【选项】命令，打开【Excel 选项】对话框，选择【快速访问工具栏】|【从下列位置选择命令】|【不在功能区中的命令】|【记录单】命令，单击【添加】按钮，然后单击【确定】按钮。选择快速访问工具栏中的【记录单】命令，打开【记录单】对话框，界面如图 10-3 所示。

3）单击【新建】按钮，按照顺序依次输入各字段的值，输入结束后，单击【关闭】按钮。

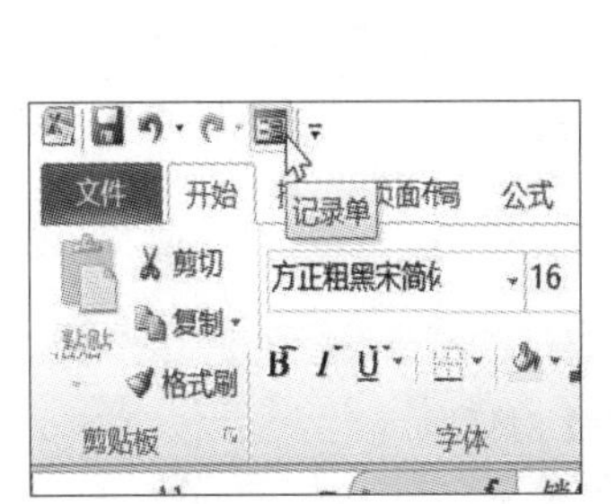

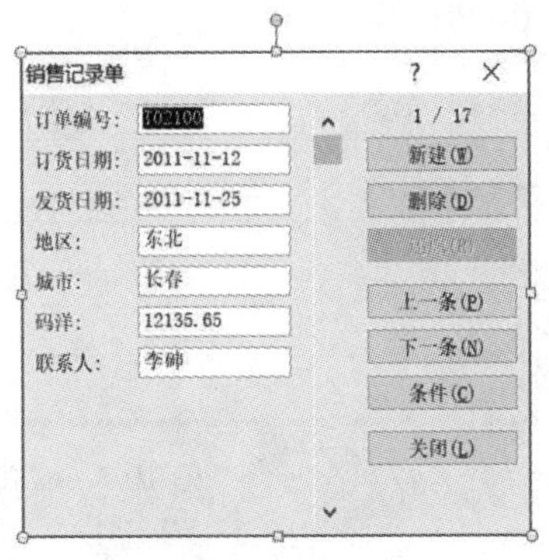

图 10-3　打开【记录单】对话框并输入新记录

（2）使用记录单修改和删除记录。【记录单】对话框中从第一条记录开始显示，可以拖动滚动条或单击【上一条】和【下一条】按钮来显示其他的记录内容。另外，还可以根据需要进行记录的添加、删除、条件查询等操作。

（3）使用记录单搜索条件匹配的记录。在【记录单】对话框中，单击【条件】按钮，打开如图 10-4（a）所示的对话框，在【地区】文本框中输入“华中”，将显示符合条件的第一条记录，如图 10-4（b）所示。

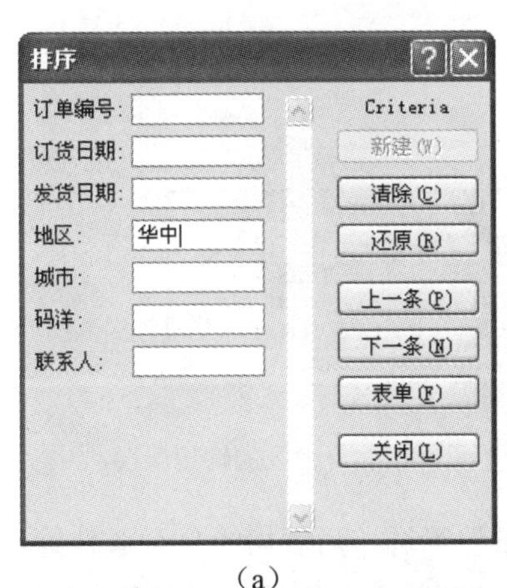

（a）

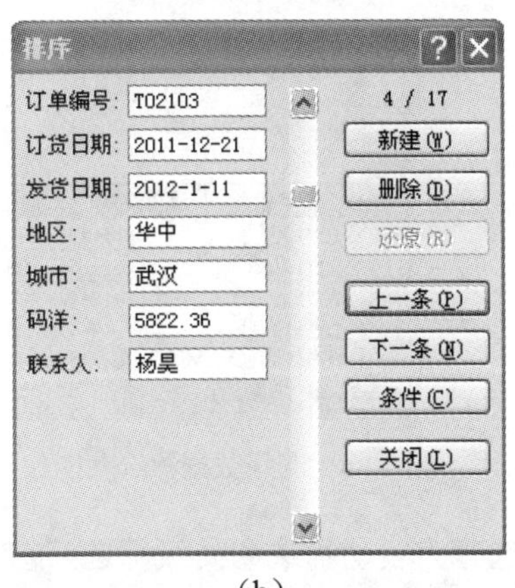

（b）

图 10-4　按条件搜索记录

2．数据排序

排序是指将表中数据按某列或某行递增或递减的顺序进行重新排列。根据一列或多列中的值对行进行排序，称为“按列排序”。根据一行或多行中的值对列进行排序，称为“按行排序”。通常数字由小到大、字母由 A 到 Z 的排序称为升序，反之称为降序。

选择【开始】|【编辑】|【排序和筛选】命令，在弹出的下拉列表中单击【升序】按钮或【降序】按钮可以将数据清单中的记录按单一要求进行排序。如果需要进行多条件的复杂排序，可以选择【数据】|【排序和筛选】|【排序】命令，打开【排序】对话框，如图10-5所示，在此对话框中可以设置多个层次的排序标准：【主要关键字】【次要关键字】【次要关键字】……。此外，在【排序】对话框中选择【选项】命令，在弹出的【排序选项】对话框中选中【按行排序】单选按钮，可将数据清单中的字段顺序进行重新排列。

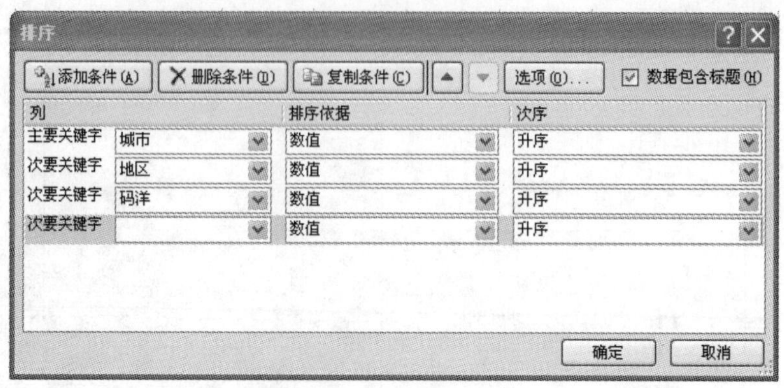

图 10-5 【排序】对话框

3. 数据筛选

数据筛选是指在数据清单中只显示符合某种条件的数据，不满足条件的数据被暂时隐藏起来，但并未真正被删除；一旦筛选条件被取消，这些数据又会重新出现。图10-6所示为利用筛选命令，使数据清单中只显示“东北”地区的销售情况。

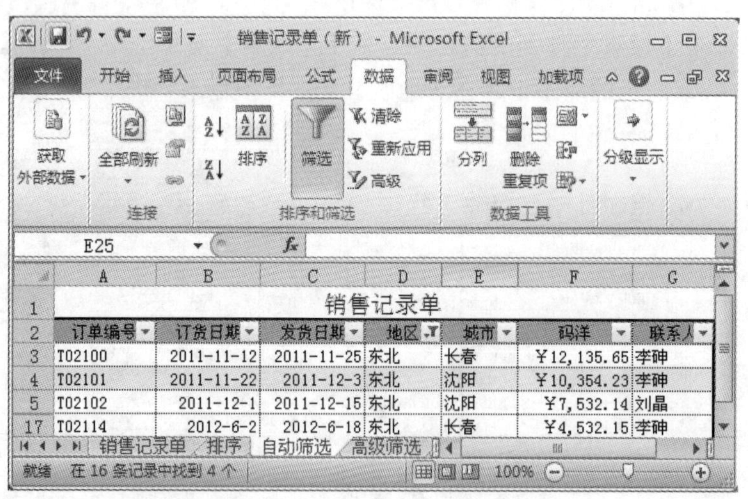

图 10-6 利用数据筛选功能使“数据清单”只显示“东北”地区的销售情况

筛选分为自动筛选和高级筛选，前者用于简单条件筛选，后者用于复杂条件筛选。

选择【数据】|【排序和筛选】|【筛选】命令，在各字段名的右端均出现自动筛选箭头，在其下拉列表中显示该字段所包含的可选数据项，可以从中挑选一种来筛选。再次单击【筛选】命令，可取消自动筛选。

若要进行高级筛选，则需要设置筛选条件区域。选择【数据】|【排序和筛选】|【高级】命令，通过【高级筛选】对话框进行筛选条件设置。选择【数据】|【筛选】|【全部显示】命令，可以取消高级筛选。

4. 分类汇总

使用【分类汇总】命令，可以对数据清单中的数据进行分类显示和统计。进行分类汇总的表格必须带有列标题（字段名），并且已经按分类字段进行了排序。通过【数据】|【分级显示】|【分类汇总】命令，即可对表中的数据按分类字段进行汇总。图 10-7 所示为按“地区”将销售产品的“码洋”进行分类汇总。

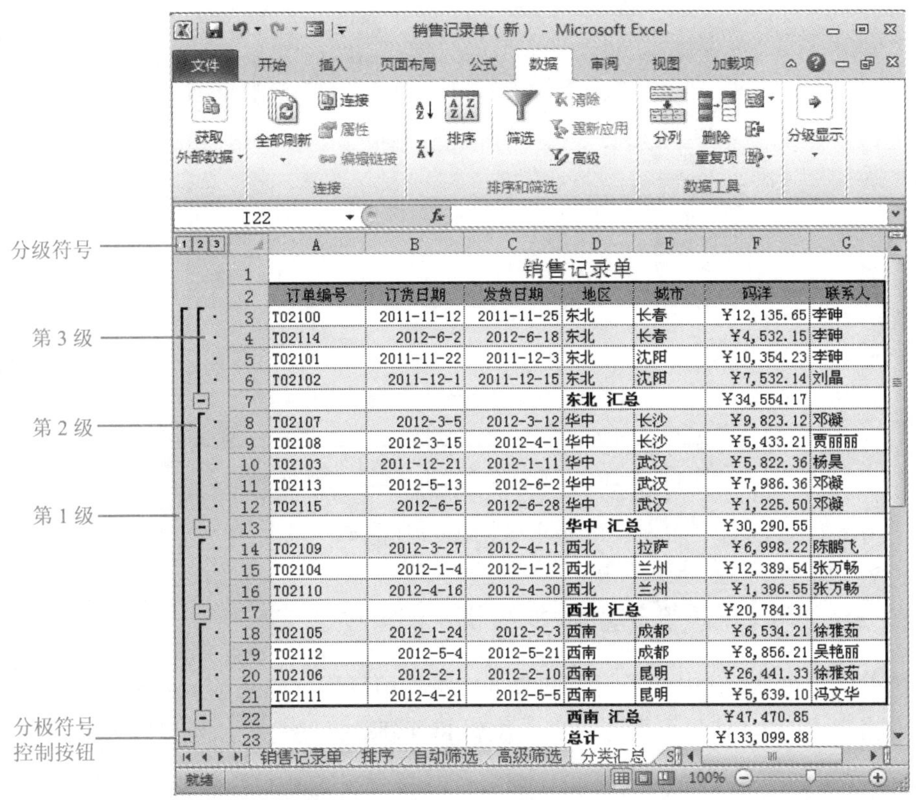

	A	B	C	D	E	F	G
1	销售记录单						
2	订单编号	订货日期	发货日期	地区	城市	码洋	联系人
3	T02100	2011-11-12	2011-11-25	东北	长春	¥12,135.65	李珅
4	T02114	2012-6-2	2012-6-18	东北	长春	¥4,532.15	李珅
5	T02101	2011-11-22	2011-12-3	东北	沈阳	¥10,354.23	李珅
6	T02102	2011-12-1	2011-12-15	东北	沈阳	¥7,532.14	刘晶
7				东北 汇总		¥34,554.17	
8	T02107	2012-3-5	2012-3-12	华中	长沙	¥9,823.12	邓凝
9	T02108	2012-3-15	2012-4-1	华中	长沙	¥5,433.21	贾丽丽
10	T02103	2011-12-21	2012-1-11	华中	武汉	¥5,822.36	杨昊
11	T02113	2012-5-13	2012-6-2	华中	武汉	¥7,986.36	邓凝
12	T02115	2012-6-5	2012-6-28	华中	武汉	¥1,225.50	邓凝
13				华中 汇总		¥30,290.55	
14	T02109	2012-3-27	2012-4-11	西北	拉萨	¥6,998.22	陈鹏飞
15	T02104	2012-1-4	2012-1-12	西北	兰州	¥12,389.54	张万畅
16	T02110	2012-4-16	2012-4-30	西北	兰州	¥1,396.55	张万畅
17				西北 汇总		¥20,784.31	
18	T02105	2012-1-24	2012-2-3	西南	成都	¥6,534.21	徐雅茹
19	T02112	2012-5-4	2012-5-21	西南	成都	¥8,856.21	吴艳丽
20	T02106	2012-2-1	2012-2-10	西南	昆明	¥26,441.33	徐雅茹
21	T02111	2012-4-21	2012-5-5	西南	昆明	¥5,639.10	冯文华
22				西南 汇总		¥47,470.85	
23				总计		¥133,099.88	

图 10-7 分类汇总结果

5. 数据透视表

数据透视表将筛选和分类汇总等功能结合在一起，可根据不同需要以不同方式查看数据。选择【插入】|【表格】|【数据透视表】命令，按照向导提示操作完成创建数据透视表的工作。

10.2 实现方法

10.2.1 制作“销售记录单”

本例中的工作表主要包括表标题和列标题。下面将利用之前学习的知识完成“销售记录单”的创建。

制作销售记录单

任务 1：创建工作簿，并输入表标题和列标题。

（1）创建一个 Excel 工作簿，并将其保存为“销售记录管理与分析”。

（2）调整行 1 的高度，并利用【合并居中】命令，输入表标题“销售记录单”，设置字体为“方正黑体简体”，字号为 16。

（3）在单元格区域 A2:G2 中依次输入“订单编号”“订货日期”“发货日期”“地区”“城市”“码洋”和“联系人”。

（4）选中单元格区域 A2:G2 的内容，设置字体为“宋体”，字号为 10，水平对齐方式为“居中”。单击鼠标右键，在弹出的快捷菜单中选择【设置单元格格式】命令，弹出【设置单元格格式】对话框，在【填充】选项卡中设置单元格背景色为第一行第五个颜色（蓝色），如图 10-8 所示。

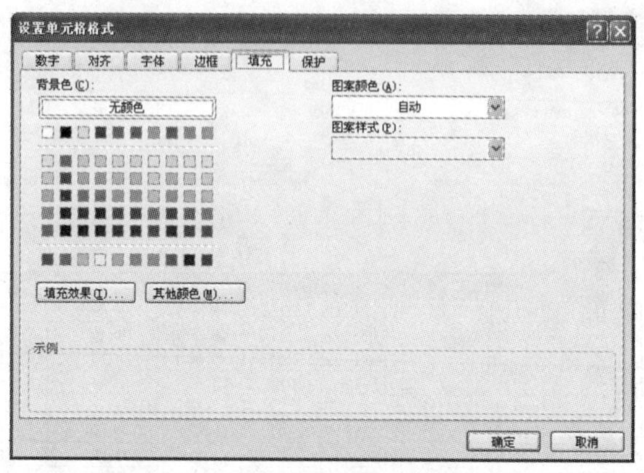

图 10-8 【设置单元格格式】对话框

（5）将工作表 Sheet1 的名称更改为“销售记录单”。

10.2.2 使用【记录单】功能输入、浏览销售数据

使用【记录单】功能输入与浏览销售数据

记录单就是将 Excel 中一条记录的数据信息按信息段分成几项，分别存储在同一行的几个单元格中。Excel 还提供了记录单的编辑和管理数据的功能，可以很容易地在其中处理和分析数据。

任务 2：利用记录单功能向“销售记录单”中填写数据并进行格式化。

（1）选中数据区域中的任意一个单元格，选择快速访问工具栏中【记录单】命令，打开【记录单】对话框。对话框右上角的“1/6”表示该工作表中共有 6 条记录，当前显示的是第 1 条记录。

（2）单击【上一条】和【下一条】按钮，可以查看工作表中的上一条和下一条记录。

（3）单击【新建】按钮，销售记录单会自动清空文本框，等待用户输入新的记录。输入如图 10-9 所示的记录内容。输入完成后，单击【新建】按钮或按 Enter 键，可将该记录写入工作表，并等待下一次输入。

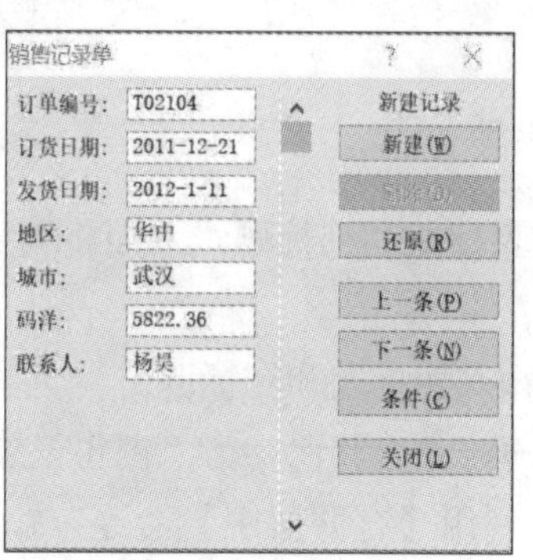

图 10-9 新建记录

（4）在【记录单】对话框中自动将数据清单的列标题作为字段名，用户可以逐条地输入每笔销售记录，按 Tab 键或 Shift+Tab 组合键可以在字段之间进行切换。

（5）完成数据输入后，选中数据区域 A3:G18，设置字体为“宋体”，字号为 10。选中 D 列、E 列和 G 列，设置对齐方式为【居中】。

（6）选中数据区域 B3:C18，打开【设置单元格格式】对话框，在【数字】选项卡下，设置【日期】格式如图 10-10 所示。选中数据区域 F3:F18，打开【设置单元格格式】对话框，在【数字】选项卡下，设置【货币】格式，如图 10-11 所示。

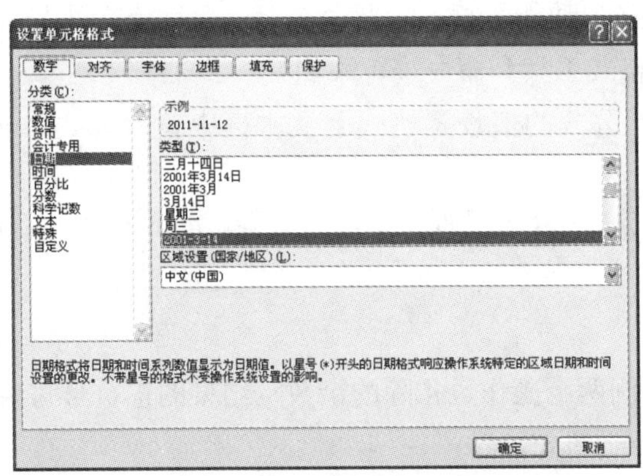

图 10-10　设置【日期】格式

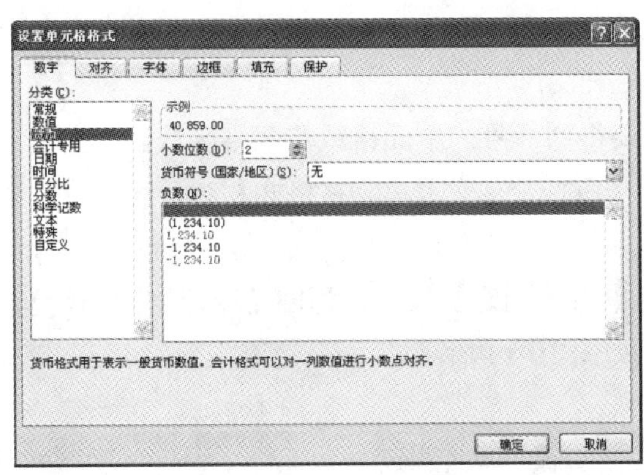

图 10-11　设置【货币】格式

设置表格外框为粗线，内框为圆点虚线，执行以上操作后，“销售记录单”工作表如图 10-12 所示。

销售记录单

订单编号	订货日期	发货日期	地区	城市	码洋	联系人
T02100	2011-11-12	2011-11-25	东北	长春	￥12,135.65	李砷
T02101	2011-11-22	2011-12-3	东北	沈阳	￥10,354.23	李砷
T02102	2011-12-1	2011-12-15	东北	沈阳	￥7,532.14	刘晶
T02103	2011-12-21	2012-1-11	华中	武汉	￥5,822.36	杨昊
T02104	2012-1-4	2012-1-12	西北	兰州	￥12,389.54	张万畅
T02105	2012-1-24	2012-2-3	西南	成都	￥6,534.21	徐雅茹
T02106	2012-2-1	2012-2-10	西南	昆明	￥26,441.33	徐雅茹
T02107	2012-3-5	2012-3-12	华中	长沙	￥9,823.12	邓凝
T02108	2012-3-15	2012-4-1	华中	长沙	￥5,433.21	贾丽丽
T02109	2012-3-27	2012-4-11	西北	拉萨	￥6,998.22	陈鹏飞
T02110	2012-4-16	2012-4-30	西北	兰州	￥1,396.55	张万畅
T02111	2012-4-21	2012-5-5	西南	昆明	￥5,639.10	冯文华
T02112	2012-5-4	2012-5-21	西南	成都	￥8,856.21	吴艳丽
T02113	2012-5-13	2012-6-2	华中	武汉	￥7,986.36	邓凝
T02114	2012-6-2	2012-6-18	东北	长春	￥4,532.15	李砷
T02115	2012-6-5	2012-6-28	华中	武汉	￥1,225.50	邓凝

图 10-12　输入完数据的“销售记录单”

10.2.3 格式化单元格

当销售记录单中的数据量不断增多时，为了能够区分出不同的销售记录，经常采用隔行显示的格式，也就是为单元格隔行添加不同的底纹颜色。

任务 3：使用“条件格式”为记录行添加不同的底纹颜色。

（1）选中单元格区域 A3:G18，选择【开始】|【样式】|【条件格式】|【新建规则】命令，打开【新建格式规则】对话框，在【选择规则类型】列表中，单击第六项【使用公式确定要设置格式的单元格】（如功能区找不到此命令，可执行【文件】|【选项】|【自定义功能区】|【所有命令】|【格式工具】命令进行添加）。

（2）在【为符合此公式的值设置格式】文本框中输入公式“=mod(row(),2)=0”，如图 10-13 所示。

（3）公式“=mod(row(),2)=0”的含义是如果行号能够整除 2，则此行为偶数行，否则为奇数行。

其中：

● mod() 函数返回两个操作数相除的余数，结果的正负号与除数相同。

语法格式：mod(number,divisor)

number：表示被除数。

divisor：表示除数。

● row() 函数返回引用的行号。

语法格式：row(reference)

reference：表示需要得到行号的单元格或单元格区域。

（4）单击【格式】按钮打开【设置单元格格式】对话框，在【填充】选项卡下选中“浅绿色”。

（5）设置完成后，单击【确定】按钮，返回【新建格式规则】对话框，此时可以在预览框中查看设置效果，如图 10-14 所示。

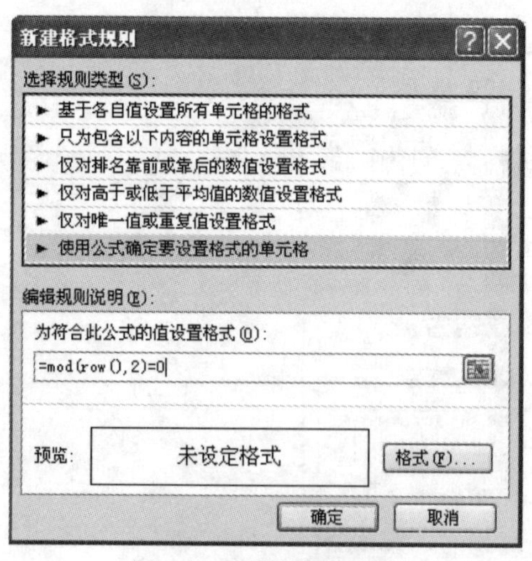

图 10-13 输入条件公式

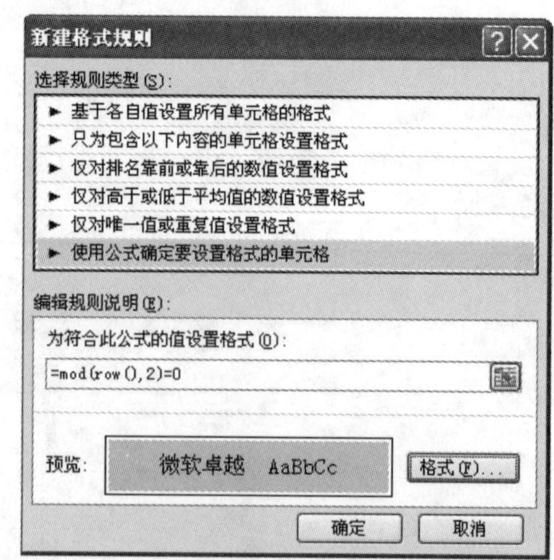

图 10-14 设置底纹颜色和预览效果

（6）单击【确定】按钮返回工作表，即可发现 Excel 根据条件为数据区域的偶数行添加了设置的底纹颜色，而奇数行的底纹不变，如图 10-15 所示。

销售记录单						
订单编号	订货日期	发货日期	地区	城市	码洋	联系人
T02100	2011-11-12	2011-11-25	东北	长春	￥12,135.65	李砷
T02101	2011-11-22	2011-12-3	东北	沈阳	￥10,354.23	李砷
T02102	2011-12-1	2011-12-15	东北	沈阳	￥7,532.14	刘晶
T02103	2011-12-21	2012-1-11	华中	武汉	￥5,822.36	杨昊
T02104	2012-1-4	2012-1-12	西北	兰州	￥12,389.54	张万畅
T02105	2012-1-24	2012-2-3	西南	成都	￥6,534.21	徐雅茹
T02106	2012-2-1	2012-2-10	西南	昆明	￥26,441.33	徐雅茹
T02107	2012-3-5	2012-3-12	华中	长沙	￥9,823.12	邓凝
T02108	2012-3-15	2012-4-1	华中	长沙	￥5,433.21	贾丽丽
T02109	2012-3-27	2012-4-11	西北	拉萨	￥6,998.22	陈鹏飞
T02110	2012-4-16	2012-4-30	西北	兰州	￥1,396.55	张万畅
T02111	2012-4-21	2012-5-5	西南	昆明	￥5,639.10	冯文华
T02112	2012-5-4	2012-5-21	西南	成都	￥8,856.21	吴艳丽
T02113	2012-5-13	2012-6-2	华中	武汉	￥7,986.36	邓凝
T02114	2012-6-2	2012-6-18	东北	长春	￥4,532.15	李砷
T02115	2012-6-5	2012-6-28	华中	武汉	￥1,225.50	邓凝

图 10-15　设置隔行底纹

（7）如果要删除所添加的底纹效果，应选中待删除底纹的单元格或单元格区域，然后选择【开始】|【样式】|【条件格式】命令，在弹出的下拉列表中选择【清除规则】|【清除所选单元格的规则】命令，如图 10-16 所示。

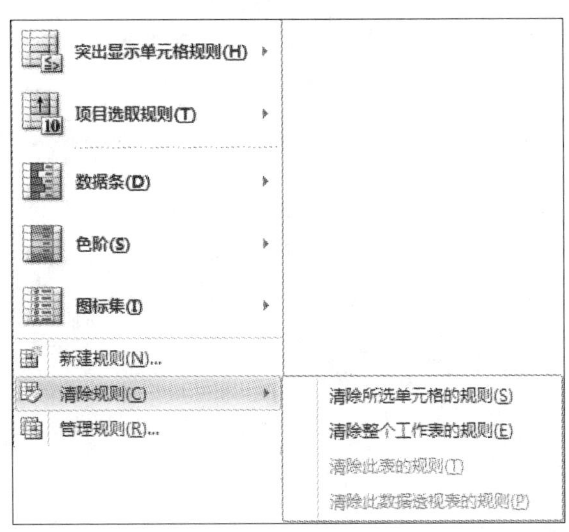

图 10-16　删除条件格式

温馨提示：本例也可通过【开始】|【样式】|【套用表格格式】命令实现。

10.2.4　利用排序分析数据

利用排序分析数据

任务 4：将“销售记录”按“地区”字段进行排序。

（1）将工作表 Sheet2 更名为“排序”，并将“销售记录单”中的数据复制到此工作表中。

（2）以“排序”工作表为当前工作表，选中数据区域中的任意一个单元格，选择【数据】|【排序和筛选】|【排序】命令，打开【排序】对话框，选中【数据包含标题】复选框，单击【添加条件】按钮两次，新增加两个条件。

（3）在【主要关键字】下拉列表中选择“地区”；在【次要关键字】下拉列表中选择“城市”；在第二个【次要关键字】下拉列表中选择“码洋”；将排序方式全部设置为“升序”，如图 10-17 所示。

温馨提示：如果需要自定义排序方式，可单击【排序】对话框中【选项】按钮，在打开的【排序选项】对话框中，自定义排序次序、排序方法、排序方向等，如图 10-18 所示。

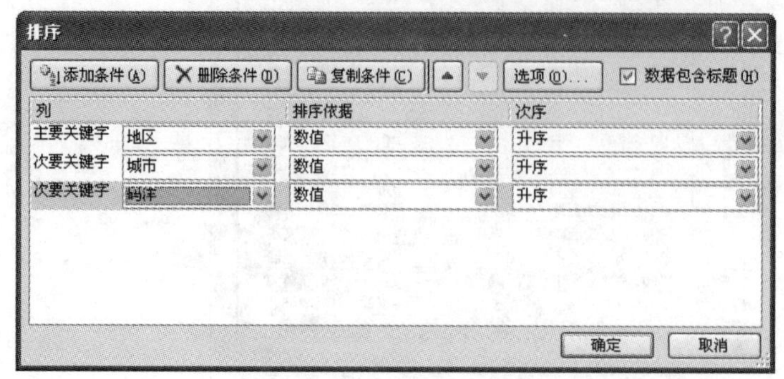

图 10-17 【排序】对话框

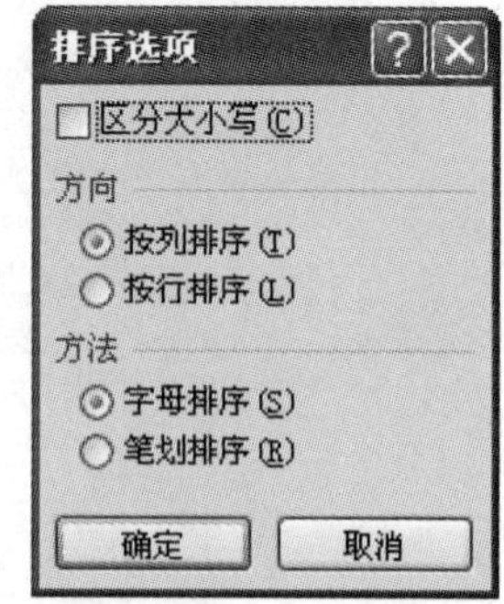

图 10-18 【排序选项】对话框

（4）条件设置完成后，单击【确定】按钮，返回工作表。此时工作表先按照“地区”字段升序排列，如果“地区”相同则按“城市”字段升序排列，如果“城市”相同则按“码洋”字段升序排列。

执行以上操作后，“排序”工作表的效果如图 10-19 所示。

	A	B	C	D	E	F	G
1	销售记录单						
2	订单编号	订货日期	发货日期	地区	城市	码洋	联系人
3	T02114	2012-6-2	2012-6-18	东北	长春	￥4,532.15	李砷
4	T02100	2011-11-12	2011-11-25	东北	长春	￥12,135.65	李砷
5	T02102	2011-12-1	2011-12-15	东北	沈阳	￥7,532.14	刘晶
6	T02101	2011-11-22	2011-12-3	东北	沈阳	￥10,354.23	李砷
7	T02108	2012-3-15	2012-4-1	华中	长沙	￥5,433.21	贾丽丽
8	T02107	2012-3-5	2012-3-12	华中	长沙	￥9,823.12	邓凝
9	T02115	2012-6-5	2012-6-28	华中	武汉	￥1,225.50	邓凝
10	T02103	2011-12-21	2012-1-11	华中	武汉	￥5,822.36	杨昊
11	T02113	2012-5-13	2012-6-2	华中	武汉	￥7,986.36	邓凝
12	T02109	2012-3-27	2012-4-11	西北	拉萨	￥6,998.22	陈鹏飞
13	T02110	2012-4-16	2012-4-30	西北	兰州	￥1,396.55	张万畅
14	T02104	2012-1-4	2012-1-12	西北	兰州	￥12,389.54	张万畅
15	T02105	2012-1-24	2012-2-3	西南	成都	￥6,534.21	徐雅茹
16	T02112	2012-5-4	2012-5-21	西南	成都	￥8,856.21	吴艳丽
17	T02111	2012-4-21	2012-5-5	西南	昆明	￥5,639.10	冯文华
18	T02106	2012-2-1	2012-2-10	西南	昆明	￥26,441.33	徐雅茹

销售记录单 排序 自

图 10-19 排序结果

温馨提示：在不同的操作系统环境中，排序的结果可能不同，图 10-19 是在 Windows 7 旗舰版（64bit）系统下得出的结果。如对系统自动得出的排序结果不满意，可选择表格数据，然后选择【数据】|【排序和筛选】|【排序】命令，打开【排序】对话框，在该对话框中选择【次序】下拉列表的【自定义序列】命令，设置【自定义序列】后即可添加自定义新序列。

10.2.5 利用筛选功能分析数据

1. 自动筛选

利用筛选功能分析数据

自动筛选可以帮助用户收集有用信息，用户只要给出条件，Excel 就会按照要求返回相关的记录。

任务 5：在工作表中筛选出“华中”地区联系人“邓凝”的销售记录。

（1）将工作表 Sheet3 更名为“自动筛选”，并将“销售记录单”中的数据复制到此工作表中。

（2）以“自动筛选”工作表为当前工作表，选中数据区域的任意一个单元格，选择【数据】|【排序和筛选】|【筛选】命令，此时 Excel 会自动为每个列标题添加自动筛选箭头。

（3）单击【地区】右侧的下三角按钮，在弹出的列表中选择“华中”，如图 10-20 所示，单击【确定】按钮，此时工作表中只显示“华中”地区的记录信息。

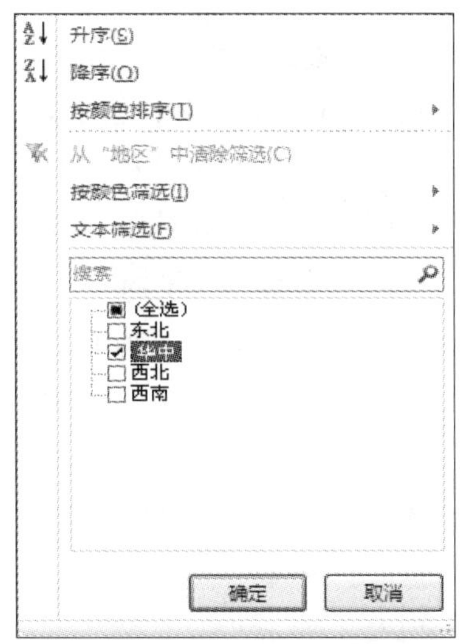

图 10-20 筛选“华中”地区

（4）单击【联系人】右侧的下三角按钮，在弹出的列表中选择“邓凝”，此时工作表中只显示“华中”地区联系人“邓凝”的记录信息，效果如图 10-21 所示。

	A	B	C	D	E	F	G
1	销售记录单						
2	订单编号	订货日期	发货日期	地区	城市	码洋	联系人
10	T02107	2012-3-5	2012-3-12	华中	长沙	¥9,823.12	邓凝
16	T02113	2012-5-13	2012-6-2	华中	武汉	¥7,986.36	邓凝
18	T02115	2012-6-5	2012-6-28	华中	武汉	¥1,225.50	邓凝

图 10-21 筛选“邓凝”

（5）选择【数据】|【排序和筛选】|【清除】命令，再选择【筛选】命令，表格恢复到筛选前的状态。

任务 6： 用自动筛选方式显示“码洋”金额前 5 名的记录。

（1）在“自动筛选”工作表中，选中数据区域中任意一个单元格。选择【数据】|【排序和筛选】|【筛选】命令，此时在各字段右端出现自动筛选箭头。

（2）单击【码洋】右侧的下三角按钮，在弹出的下拉列表中选择【数字筛选】命令，在弹出的下拉列表中选择【10 个最大的值】，弹出【自动筛选前 10 个】对话框，如图 10-22 所示，在各列表框中依次选择“最大”“5”和“项”，单击【确定】按钮，筛选后的数据如图 10-23 所示。

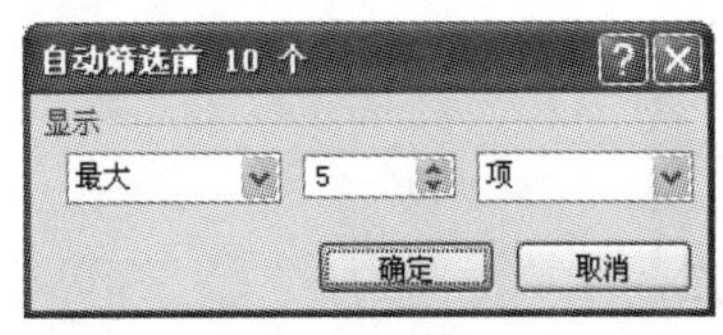

图 10-22 【自动筛选前 10 个】对话框

	A	B	C	D	E	F	G
1	销售记录单						
2	订单编号	订货日期	发货日期	地区	城市	码洋	联系人
3	T02100	2011-11-12	2011-11-25	东北	长春	¥12,135.65	李珅
4	T02101	2011-11-22	2011-12-3	东北	沈阳	¥10,354.23	李珅
7	T02104	2012-1-4	2012-1-12	西北	兰州	¥12,389.54	张万畅
9	T02106	2012-2-1	2012-2-10	西南	昆明	¥26,441.33	徐雅茹
10	T02107	2012-3-5	2012-3-12	华中	长沙	¥9,823.12	邓凝

图 10-23 筛选“码洋”金额前 5 名的记录

执行过筛选操作的列标题，其右侧的下三角按钮变成▼。如果要还原工作表，可依次打开各列标题的下拉列表，从中选择【全部】命令即可。

2. 高级筛选

Excel 的高级筛选功能可以帮助用户灵活地查看信息。它打破了单一条件的限制，可以任意地组合查询条件。

任务 7：在工作表中筛选“西南”地区，联系人“徐雅如”和“吴艳丽”的销售记录。

（1）在“销售记录管理与分析”中插入工作表 Sheet4，并将其更名为“高级筛选”，然后将“销售记录单”工作表中的数据复制到该表中。

（2）以“高级筛选”工作表为当前工作表，按图 10-24 所示在“高级筛选”工作表中的空白处输入筛选的条件，其中第一行为筛选项字段名，第二行为对应的筛选条件。需要注意的是，条件区域必须和数据清单有一空行或一空列的间隔。

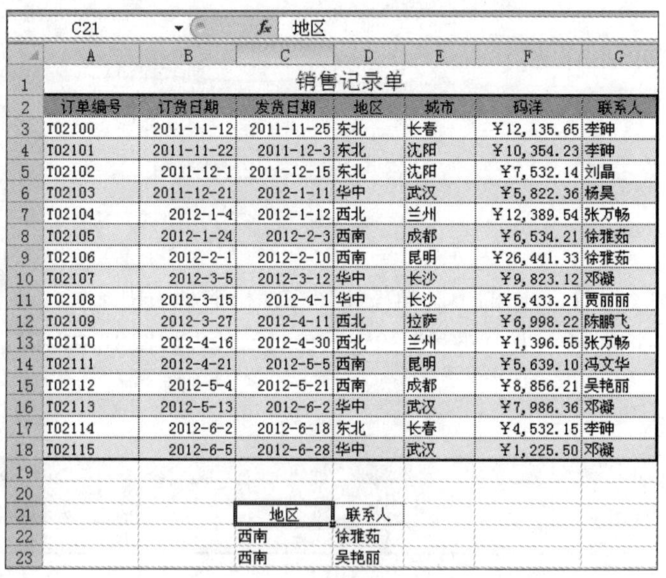

C21　地区

	A	B	C	D	E	F	G
1	销售记录单						
2	订单编号	订货日期	发货日期	地区	城市	码洋	联系人
3	T02100	2011-11-12	2011-11-25	东北	长春	￥12,135.65	李翀
4	T02101	2011-11-22	2011-12-3	东北	沈阳	￥10,354.23	李翀
5	T02102	2011-12-1	2011-12-15	东北	沈阳	￥7,532.14	刘晶
6	T02103	2011-12-21	2012-1-11	华中	武汉	￥5,822.36	杨昊
7	T02104	2012-1-4	2012-1-12	西北	兰州	￥12,389.54	张万畅
8	T02105	2012-1-24	2012-2-3	西南	成都	￥6,534.21	徐雅茹
9	T02106	2012-2-1	2012-2-10	西南	昆明	￥26,441.33	徐雅茹
10	T02107	2012-3-5	2012-3-12	华中	长沙	￥9,823.12	邓凝
11	T02108	2012-3-15	2012-4-1	华中	长沙	￥5,433.21	贾丽丽
12	T02109	2012-3-27	2012-4-11	西北	拉萨	￥6,998.22	陈鹏飞
13	T02110	2012-4-16	2012-4-30	西北	兰州	￥1,396.55	张万畅
14	T02111	2012-4-21	2012-5-5	西南	昆明	￥5,639.10	冯文华
15	T02112	2012-5-4	2012-5-21	西南	成都	￥8,856.21	吴艳丽
16	T02113	2012-5-13	2012-6-2	华中	武汉	￥7,986.36	邓凝
17	T02114	2012-6-2	2012-6-18	东北	长春	￥4,532.15	李翀
18	T02115	2012-6-5	2012-6-28	华中	武汉	￥1,225.50	邓凝
19							
20							
21			地区	联系人			
22			西南	徐雅茹			
23			西南	吴艳丽			

图 10-24　输入筛选条件

（3）选中数据区域中的任意一个单元格，选择【数据】|【排序和筛选】|【高级筛选】命令，打开【高级筛选】对话框，在【方式】选项组中选中【在原有区域显示筛选结果】单选按钮，在【列表区域】文本框中选择数据清单所在单元格区域地址（一般为系统自动识别并显示），单击【条件区域】文本框右侧的【拾取】按钮，选择筛选条件所在的单元格区域 C21:D23，如图 10-25 所示，单击【确定】按钮。操作后的结果如图 10-26 所示。

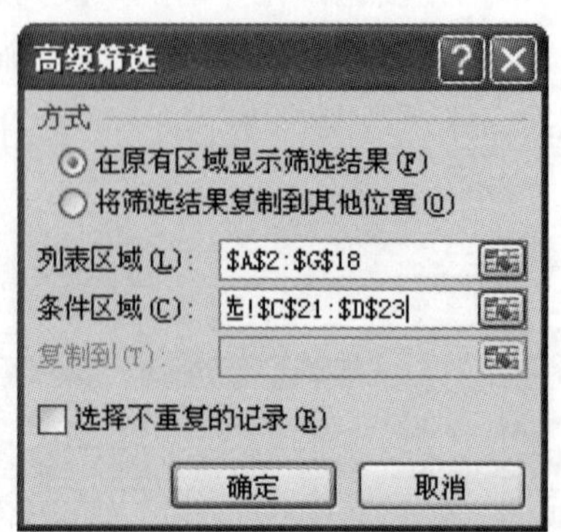

图 10-25　【高级筛选】对话框

	A	B	C	D	E	F	G
1	销售记录单						
2	订单编号	订货日期	发货日期	地区	城市	码洋	联系人
8	T02105	2012-1-24	2012-2-3	西南	成都	¥6,534.21	徐雅茹
9	T02106	2012-2-1	2012-2-10	西南	昆明	¥26,441.33	徐雅茹
15	T02112	2012-5-4	2012-5-21	西南	成都	¥8,856.21	吴艳丽

图 10-26　高级筛选结果

温馨提示：使用高级筛选操作后，会自动取消自动筛选的设置，如果还需要进行自动筛选操作，可再次执行【自动筛选】命令。需要注意的是，应该选中原工作表中的数据单元格，而不是高级筛选后的数据单元格。

10.2.6　利用分类汇总功能分析数据

利用分类汇总功能分析数据

分类汇总功能在工作表的分析中有十分重要的作用。分类汇总的操作不仅增加了工作表的可读性，而且能使用户更快捷地获得需要的数据并做出判断。

温馨提示：在执行分类汇总操作前，需要先对进行汇总操作的数据进行排序。

任务 8：按“地区”字段对销售记录进行分类汇总，以获得不同地区的销售金额的汇总情况。

（1）在“销售记录管理与分析”工作簿中插入工作表 Sheet5，并更名为“分类汇总”，然后将“销售记录单”工作表中的数据复制到该表中。

（2）将“分类汇总”工作表作为当前工作表，选中 A2:G18 单元格区域，并以“地区”为主关键字，“城市”为次关键字进行升序排列。

（3）选中数据区域中的任意一个单元格，选择【数据】|【分级显示】|【分类汇总】命令，打开【分类汇总】对话框，如图 10-27 所示，在【分类字段】下拉列表中选择“地区”，在【汇总方式】下拉列表中选择“求和”，在【选定汇总项】列表框中选中“码洋”复选框，单击【确定】按钮。分类汇总后的效果如图 10-28 所示。

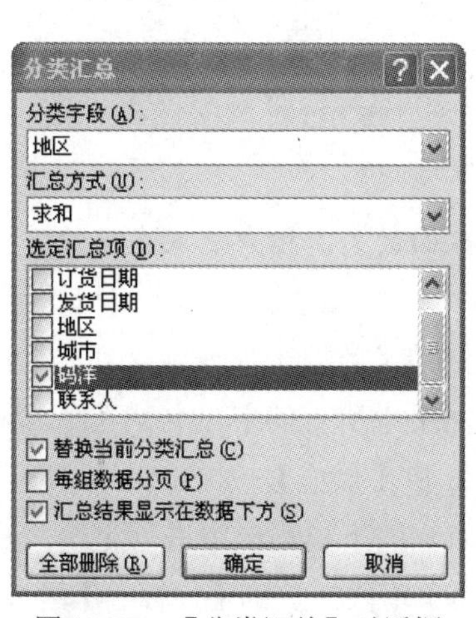

图 10-27　【分类汇总】对话框

	A	B	C	D	E	F	G
1	销售记录单						
2	订单编号	订货日期	发货日期	地区	城市	码洋	联系人
3	T02100	2011-11-12	2011-11-25	东北	长春	¥12,135.65	李珅
4	T02114	2012-6-2	2012-6-18	东北	长春	¥4,532.15	李珅
5	T02101	2011-11-22	2011-12-3	东北	沈阳	¥10,354.23	李珅
6	T02102	2011-12-1	2011-12-15	东北	沈阳	¥7,532.14	刘晶
7				东北 汇总		¥34,554.17	
8	T02107	2012-3-5	2012-3-12	华中	长沙	¥9,823.12	邓凝
9	T02108	2012-3-15	2012-4-1	华中	长沙	¥5,433.21	贾丽丽
10	T02103	2011-12-21	2012-1-11	华中	武汉	¥5,822.36	杨昊
11	T02113	2012-5-13	2012-6-2	华中	武汉	¥7,986.36	邓凝
12	T02115	2012-6-5	2012-6-28	华中	武汉	¥1,225.50	邓凝
13				华中 汇总		¥30,290.55	
14	T02109	2012-3-27	2012-4-11	西北	拉萨	¥6,998.22	陈鹏飞
15	T02104	2012-1-4	2012-1-12	西北	兰州	¥12,389.54	张万畅
16	T02110	2012-4-16	2012-4-30	西北	兰州	¥1,396.55	张万畅
17				西北 汇总		¥20,784.31	
18	T02105	2012-1-24	2012-2-3	西南	成都	¥6,534.21	徐雅茹
19	T02112	2012-5-4	2012-5-21	西南	成都	¥8,856.21	吴艳丽
20	T02106	2012-2-1	2012-2-10	西南	昆明	¥26,441.33	徐雅茹
21	T02111	2012-4-21	2012-5-5	西南	昆明	¥5,639.10	冯文华
22				西南 汇总		¥47,470.85	
23				总计		¥133,099.88	

图 10-28　分类汇总效果

从图 10-28 中可以看出，在数据清单的左侧，有“隐藏明细数据符号”(-) 的标记。单击“-”号，可隐藏原始数据清单数据而只显示汇总后的数据结果，同时“-”号变成“+”号，单击“+”号即可显示明细数据。

如果要取消分类汇总效果，需要再次打开【分类汇总】对话框，单击【全部删除】按钮即可。

本例中仅对“码洋”进行汇总操作。在实际工作中，可能需要对多个数据进行汇总，则在【分类汇总】对话框中选中多个字段进行汇总即可。

分类汇总的操作在实际业务中是十分常见的，熟练地掌握分类汇总，对表格的可读性和用户的工作效率都会带来很大的帮助。

创建数据透视表

10.2.7 创建数据透视表

数据透视表是 Excel 提供的强大的数据分析处理工具，通过向导可以对平面的工作表数据产生立体的分析效果。

任务 9：根据“销售记录单”工作表中的数据创建一个能够按“地区”查找销售记录的数据透视表。

（1）在“销售记录管理与分析”工作簿中插入工作表 Sheet6，并更名为“数据透视表”，然后将“销售记录单”工作表中的数据复制到该表中。

（2）将“数据透视表”作为当前工作表，选中数据区域中的任意一个单元格，选择【插入】|【表格】|【数据透视表】|【数据透视表】命令，启动【创建数据透视表】对话框，在【选择放置数据透视表的位置】区域选中【新工作表】单选按钮，如图 10-29 所示。

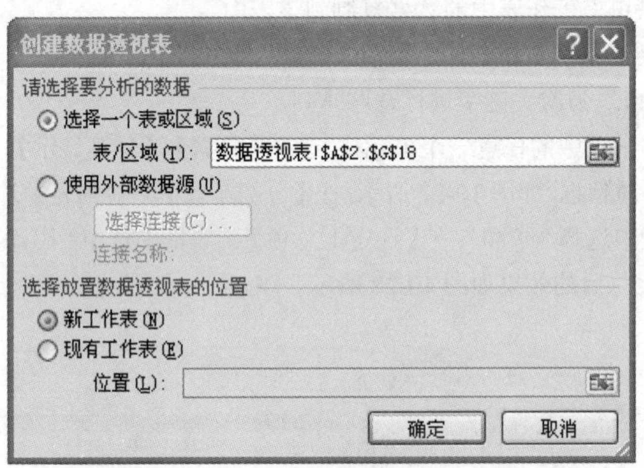

图 10-29 【创建数据透视表】对话框

温馨提示：若选中【现有工作表】单选按钮，则应在下面的文本框中输入在当前工作表中要显示数据透视表的位置。

（3）单击【确定】按钮，出现一个新表格。在窗口右侧的【数据透视表字段列表】窗格中的上半栏【选择要添加到报表的字段】中列出了数据清单中所有的字段名，在下半栏中提供了 4 个布局区域：【报表筛选】【列标签】【行标签】和【数值】，如图 10-30 所示。如对当前布局不满意，可在【选择要添加到报表的字段】右侧的下拉菜单中进行更改。

（4）将“地区”字段拖拽到【报表筛选】区域，将“城市”字段拖拽到【行标签】区域，将“订货日期”字段拖拽到【列标签】区域，将“码洋”字段拖拽到【数值】区域。这时，建立了一个新的工作表，如图 10-31 所示。

（5）在这个新生成的透视表中展开【地区】下拉列表，从中选择“西南”，此时透视表中只显示西南地区的销售记录，如图 10-32 所示。

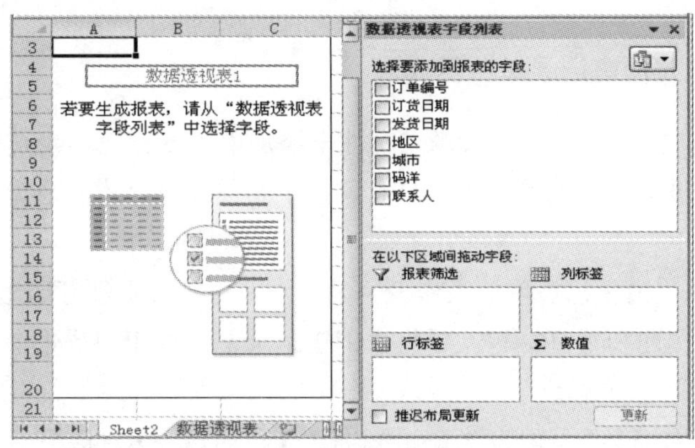

数据透视表字段列表
选择要添加到报表的字段:
订单编号
订货日期
发货日期
地区
城市
码洋
联系人
在以下区域间拖动字段:
报表筛选
列标签
行标签
数值
推迟布局更新
更新
数据透视表1
若要生成报表，请从“数据透视表字段列表”中选择字段。
Sheet2
数据透视表

图 10-30　新建【数据透视表】

求和项:码洋
列标签
行标签
2011-11-12
长春
12135.65
长沙
成都
昆明
拉萨
兰州
沈阳
武汉
总计
12135.65
数据透视表字段列表
选择要添加到报表的字段:
订单编号
订货日期
发货日期
地区
城市
码洋
联系人
在以下区域间拖动字段:
报表筛选
列标签
地区
订货日期
行标签
数值
城市
求和项:码洋
推迟布局更新
更新
Sheet2
数据透视表

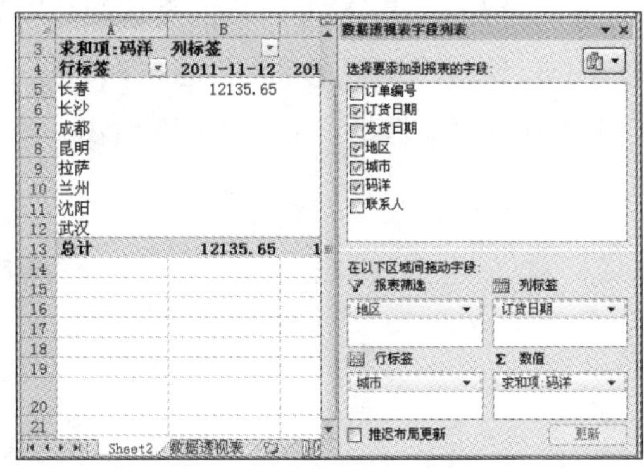

图 10-31　建立数据源区域

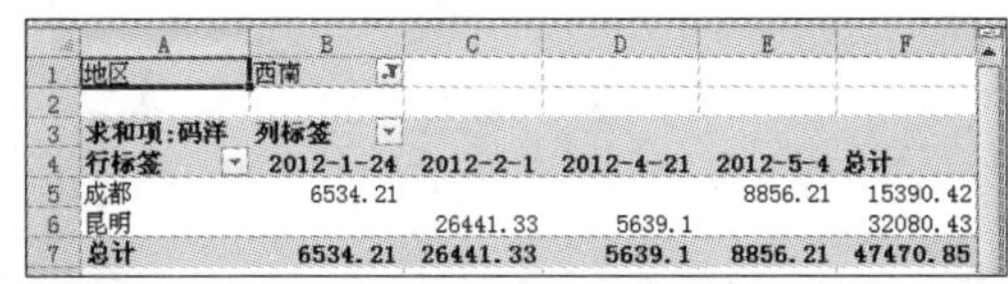

地区
西南
求和项:码洋
列标签
行标签
2012-1-24
2012-2-1
2012-4-21
2012-5-4
总计
成都
6534.21
8856.21
15390.42
昆明
26441.33
5639.1
32080.43
总计
6534.21
26441.33
5639.1
8856.21
47470.85

图 10-32　通过数据透视表查看“西南”地区的销售记录

（6）对已经建立的透视表，不仅可以将【报表筛选】【列标签】【行标签】区域中的字段名互换，例如，将【列标签】区域中任意一个字段拖拽到【行标签】区域中；也可以在透视表中增加新数据项，例如，在【选择要添加到报表的字段】列表框中选择“联系人”字段名，直接将“联系人”字段拖拽到【行标签】区域中，如图 10-33 所示。选择【文件】|【保存】命令，保存工作表。

地区
西南
求和项:码洋
列标签
行标签
2012-1-24
2012-2-1
2012-4-21
2012-5-4
总计
成都
6534.21
8856.21
15390.42
吴艳丽
8856.21
8856.21
徐雅茹
6534.21
6534.21
昆明
26441.3
5639.1
32080.43
冯文华
5639.1
5639.1
徐雅茹
26441.33
26441.33
总计
6534.21
26441.3
5639.1
8856.21
47470.85
数据透视表字段列表
选择要添加到报表的字段:
订单编号
订货日期
发货日期
地区
城市
码洋
联系人
在以下区域间拖动字段:
报表筛选
列标签
地区
订货日期
行标签
数值
城市
联系人
求和项:码洋
推迟布局更新
更新
Sheet2
数据透视表

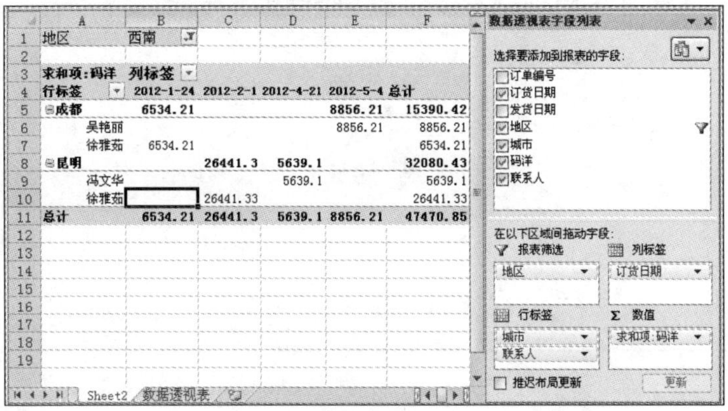

图 10-33　向【数据透视表】添加数据

10.2.8 打印“销售记录单”工作表

打印“销售记录单”工作表

完整的Excel文件的操作是指从建立文件→添加内容→输出的全过程。在打印输出工作表的过程中还要进行一系列的设置。只有掌握了相关设置，才能适当而正确地完成工作表的打印。

任务10：打印“销售记录单”工作表，并要求在每一页中都打印出列标题。

（1）设置打印页面和重复标题。要将“销售记录单”打印到纸张上，必须首先设置纸张的页面大小和打印边距等。

1）选择【页面布局】|【页面设置】命令，打开【页面设置】对话框。单击【页面】标签，设置纸张的方向、大小等，一般使用系统默认值，如图10-34所示。

2）单击【页边距】标签，设置上、下、左、右的页边距分别为2.5、3、1.4、1.4，设置“页眉”和“页脚”均为1.3，使得“销售记录单”表格在纸张上的布局更合理。在【居中方式】中选中【水平】和【垂直】复选框，如图10-35所示。

图10-34 【页面设置】对话框

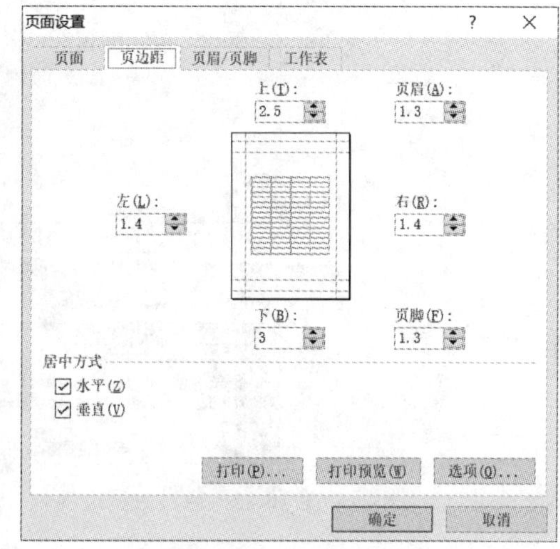

图10-35 设置页边距

3）选择【页眉/页脚】标签，单击【自定义页眉】按钮打开【页眉】对话框，在【左】【中】【右】文本框中输入要显示的页眉内容。也可以单击对话框中的快捷按钮，插入需要的页眉项，如图10-36所示。也可以使用此方法设置页脚。

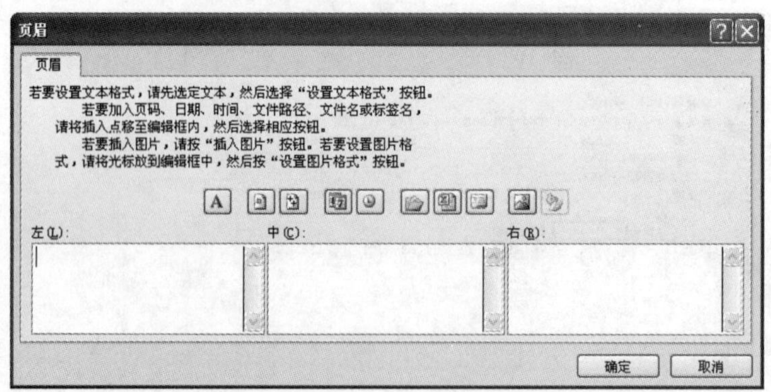

图10-36 设置工作表页眉

4）因为销售记录比较多，所以在设定的一张纸上不能够打印出全部的内容。当分成多页的形式打印时，需要使每一页都能够打印出“销售记录单”的标题信息。方法是在【页面设置】对话框中选择【工作表】标签，在【打印标题】选项组中单击【顶端标题行】文本框右侧的拾取按钮，切换到 Excel 工作表选择列标题行，然后返回到【页面设置】对话框后，如图 10-37 所示。

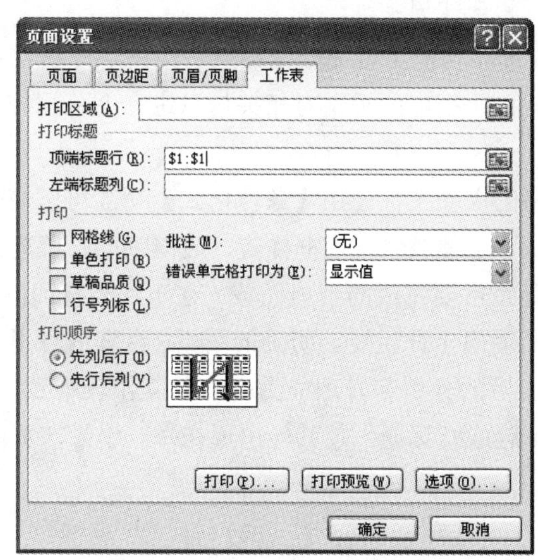

图 10-37　设置工作表的打印标题

5）单击【确定】按钮，返回工作表。

（2）打印预览。设置好“销售记录单”的页面格式后，可以先用打印预览模式显示一下实际的打印效果，根据预览效果进行适当的修改。

1）选择【文件】|【打印】命令，在页面右侧显示出打印效果，如图 10-38 所示。利用右下角缩放图标可以调整显示大小。

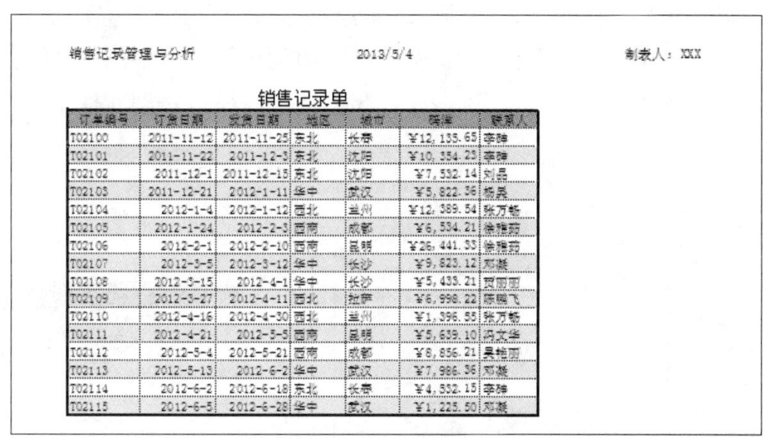

销售记录管理与分析　　2013/5/4　　制表人：XXX

销售记录单

订单编号	订货日期	发货日期	地区	城市	[illegible]	联系人
T02100	2011-11-12	2011-11-25	东北	长春	¥12,135.65	李辉
T02101	2011-11-22	2011-12-3	东北	沈阳	¥10,354.23	李辉
T02102	2011-12-1	2011-12-15	东北	沈阳	¥7,532.14	刘晶
T02103	2011-12-21	2012-1-11	华中	武汉	¥5,822.36	杨昊
T02104	2012-1-4	2012-1-12	西北	兰州	¥12,389.54	张万畅
T02105	2012-1-24	2012-2-3	西南	成都	¥6,534.21	徐雅茹
T02106	2012-2-1	2012-2-10	西南	昆明	¥26,441.33	徐雅茹
T02107	2012-3-5	2012-3-12	华中	长沙	¥9,823.12	邓洁
T02108	2012-3-15	2012-4-1	华中	长沙	¥5,433.21	贺丽丽
T02109	2012-3-27	2012-4-11	西北	拉萨	¥6,998.22	陈鹏飞
T02110	2012-4-16	2012-4-30	西北	兰州	¥1,396.55	张万畅
T02111	2012-4-21	2012-5-5	西南	昆明	¥5,639.10	冯文华
T02112	2012-5-4	2012-5-21	西南	成都	¥8,856.21	吴艳丽
T02113	2012-5-13	2012-6-2	华中	武汉	¥7,986.36	邓洁
T02114	2012-6-2	2012-6-18	东北	长春	¥4,332.15	李辉
T02115	2012-6-5	2012-6-28	华中	武汉	¥1,225.50	邓洁

图 10-38　打印预览窗口

2）根据【页面设置】对话框中的参数，预览窗口显示的效果与表格打印出来的效果完全相同。我们可以根据预览效果，使用窗口功能区对工作表页面进行再次调整。

3）单击【关闭】按钮，返回工作表。

（3）打印工作表。“销售记录单”的页面设置完成以后，就可以进行打印了。打印工作表的方法和 Word 类似，这里不再赘述。

10.3 本章小结

通过“销售记录管理与分析”案例，可以充分了解到 Excel 在管理大量数据中的应用。

（1）可以利用【记录单】功能对大批量数据进行类似数据库操作的创建记录、添加记录、浏览记录、删除记录和查找记录等。

（2）使用 Excel 中的排序功能可以使数据按照希望的顺序进行调整；使用分类汇总功能可以使工作表中的数据按照指定的类别对相关信息进行汇总和统计；使用筛选功能可以将重要的数据显示出来。

（3）在格式化单元格的操作上，使用【条件格式】功能可以快速批量地调整单元格格式，比如自定义字体风格、字体颜色、边框样式、边框颜色、填充图案和填充颜色等。

（4）工作表的打印是经常要完成的一项任务。在工作表打印的页面设置中，页眉 / 页脚的设置对工作表的打印输出十分重要。明确的页眉 / 页脚信息不但可以增加表格的可读性，也可以提高用户对表格的分析和管理能力。如果工作表中数据较多，需要多页打印，可以通过设置表格的列标题或行标题，使其能出现在每一个打印页面上。

10.4 习题

上机操作

本实例主要练习 Excel 中数据管理与分析的基本方法。

（1）新增及查询记录。

1）打开 Execl 2010，在 Sheet1 工作表中创建“本公司 11 月份工资表”的表格，如图 10-39 所示。

2）使用“记录单”功能新增一个记录。将光标放在数据清单中任意一个单元格内，执行快速访问工具栏的【记录单】命令，弹出如图 10-40 所示的【Sheet1】对话框，单击【新建】按钮，在左侧输入对应的信息，然后单击【关闭】按钮，即可看到新增了一个记录，如图 10-41 所示。

	A	B	C	D	E	F	G
1	本公司11月份工资表						
2	部门	姓名	性别	主管地区	基本工资	岗位津贴	实发工资
3	采购部	陶涛	男	上海	1700	800	2500
4	采购部	杨伟强	男	昆明	1950	600	2550
5	采购部	胡恬恬	女	昆明	1800	1000	2800
6	采购部	肖锦	男	沈阳	2000	1200	3200
7	采购部	金婧婧	男	昆明	2800	1800	4600
8	采购部	陈晓忠	女	上海	3200	2000	5200
9	采购部	侯长芬	女	上海	3500	2500	6000
10	企划部	李婷	女	沈阳	1500	500	2000
11	企划部	邹倩倩	女	上海	1800	800	2600
12	企划部	潘团章	女	昆明	2000	1300	3300
13	企划部	庄晓春	男	沈阳	2300	1200	3500
14	企划部	李光梅	女	上海	2500	1100	3600
15	企划部	陈代建	男	沈阳	3500	1800	5300
16	生产部	文国	男	北京	3600	2000	5600
17	销售部	李海龙	男	沈阳	1500	1200	2700
18	销售部	文智诚	男	昆明	1800	1100	2900
19	销售部	毛正祥	男	沈阳	1800	1400	3200
20	销售部	杨彤俊	男	沈阳	2000	1600	3600
21	销售部	夏丹	女	昆明	2100	1800	3900
22	销售部	邵春燕	女	上海	2300	2000	4300
23	销售部	汤洁莹	女	上海	2500	2200	4700

图 10-39 输入表格内容

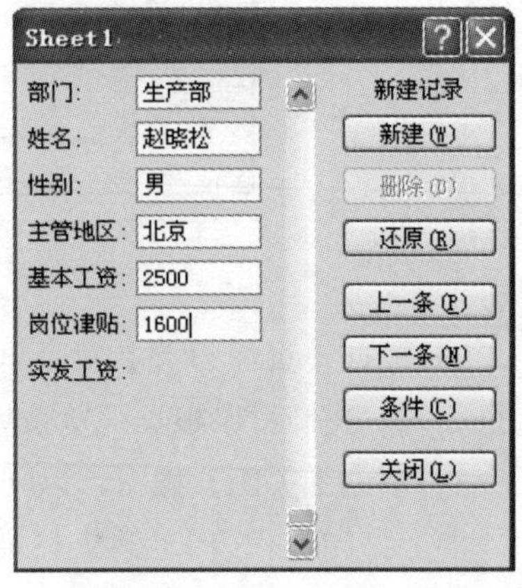

图 10-40 【Sheet1】对话框

3)使用“记录单”功能查询满足条件的记录。将光标放在数据清单中任意一个单元格内，执行【记录单】命令，弹出【Sheet1】对话框，单击【条件】按钮，在【部门】文本框中输入“销售部”，在【基本工资】文本框中输入“>2000”，如图10-42所示。然后单击【上一条】和【下一条】按钮，即可看到在销售部且基本工资在2000元以上的其他记录，如图10-43所示。

	A	B	C	D	E	F	G
14	企划部	李光梅	女	上海	2500	1100	3600
15	企划部	陈代建	男	沈阳	3500	1800	5300
16	生产部	文国	男	北京	3600	2000	5600
17	销售部	李海龙	男	沈阳	1500	1200	2700
18	销售部	文智诚	男	昆明	1800	1100	2900
19	销售部	毛正祥	男	沈阳	1800	1400	3200
20	销售部	杨彤俊	男	沈阳	2000	1600	3600
21	销售部	夏丹	女	昆明	2100	1800	3900
22	销售部	邵春燕	女	上海	2300	2000	4300
23	销售部	汤洁莹	女	上海	2500	2200	4700
24	生产部	赵晓松	男	北京	2500	1600	4100

图10-41 新增记录后的效果

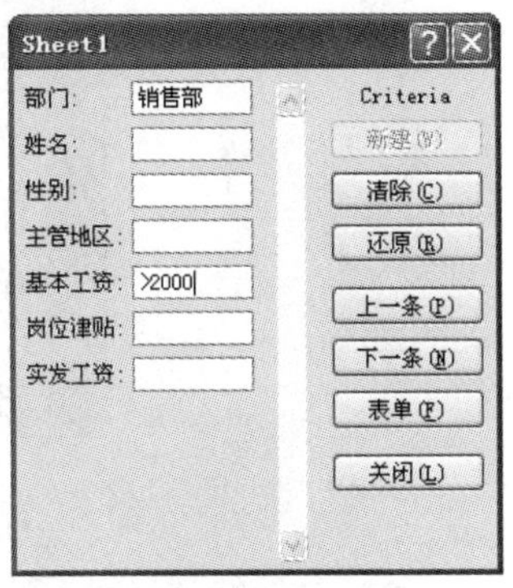

图10-42 输入查询条件

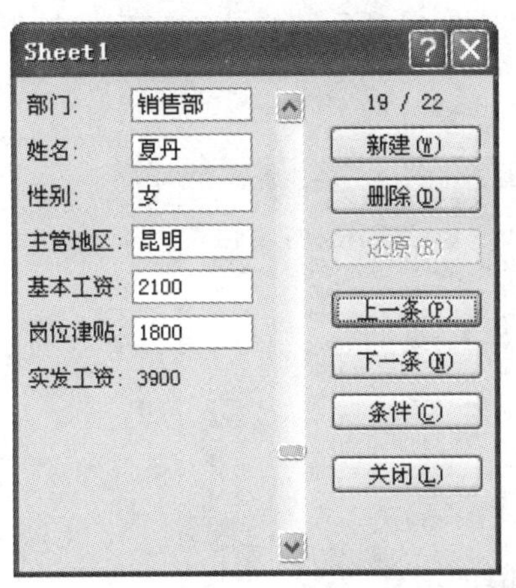

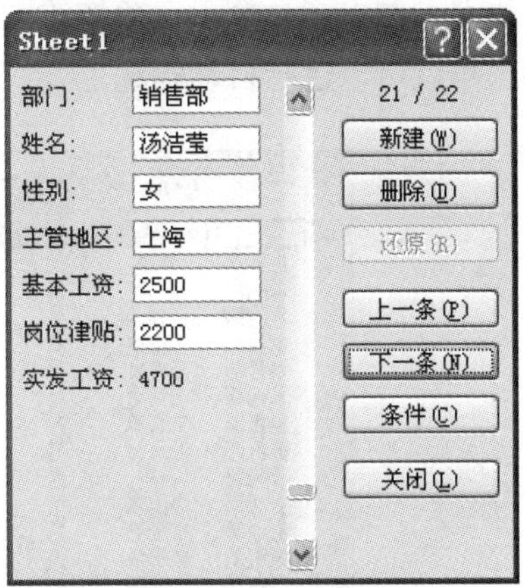

图10-43 满足条件的记录

(2)对数据进行排序。将光标定位在工作表的任意单元格内，执行【数据】|【排序和筛选】|【排序】命令，弹出【排序】对话框，单击【添加条件】按钮，将【主要关键字】设置为“实发工资”，将【次要关键字】设置为“基本工资”，如图10-44所示。单击【确定】按钮后，即可看到“实发工资”按从低到高进行排序，如图10-45所示。

排序
添加条件(A) 删除条件(D) 复制条件(C) 选项(O)... 数据包含标题(H)

列		排序依据	次序
主要关键字	实发工资	数值	升序
次要关键字	基本工资	数值	升序

确定 取消

图10-44 【排序】对话框

	A	B	C	D	E	F	G
1	本公司11月份工资表						
2	部门	姓名	性别	主管地区	基本工资	岗位津贴	实发工资
3	企划部	李婷	女	沈阳	1500	500	2000
4	采购部	陶涛	男	上海	1700	800	2500
5	采购部	杨伟强	男	昆明	1950	600	2550
6	企划部	邹倩倩	女	上海	1800	800	2600
7	销售部	李海龙	男	沈阳	1500	1200	2700
8	采购部	胡恬恬	女	昆明	1800	1000	2800
9	销售部	文智诚	男	昆明	1800	1100	2900
10	销售部	毛正祥	男	沈阳	1800	1400	3200
11	采购部	肖锦	男	沈阳	2000	1200	3200
12	企划部	潘团章	女	昆明	2000	1300	3300
13	企划部	庄晓春	男	沈阳	2300	1200	3500
14	销售部	杨彤俊	男	沈阳	2000	1600	3600
15	企划部	李光梅	女	上海	2500	1100	3600
16	销售部	夏丹	女	昆明	2100	1800	3900
17	生产部	赵晓松	男	北京	2500	1600	4100
18	销售部	邵春燕	女	上海	2300	2000	4300
19	采购部	金婧婧	男	昆明	2800	1800	4600
20	销售部	汤洁莹	女	上海	2500	2200	4700
21	采购部	陈晓忠	女	上海	3200	2000	5200
22	企划部	陈代建	男	沈阳	3500	1800	5300
23	生产部	文国	男	北京	3600	2000	5600
24	采购部	侯长芬	女	上海	3500	2500	6000

图 10-45 “实发工资”排序后的效果

（3）自动筛选。

1）将光标放在工作表的任意单元格内，执行【数据】|【排序和筛选】【筛选】命令，此时每个字段名右侧多了一个下三角按钮，如图 10-46 所示。单击对应字段的下三角按钮，选择需要的选项就可以进行自动筛选。

	A	B	C	D	E	F	G
1	本公司11月份工资表						
2	部门	姓名	性别	主管地	基本工	岗位津	实发工
3	企划部	李婷	女	沈阳	1500	500	2000
4	采购部	陶涛	男	上海	1700	800	2500
5	采购部	杨伟强	男	昆明	1950	600	2550
6	企划部	邹倩倩	女	上海	1800	800	2600
7	销售部	李海龙	男	沈阳	1500	1200	2700
8	采购部	胡恬恬	女	昆明	1800	1000	2800
9	销售部	文智诚	男	昆明	1800	1100	2900
10	销售部	毛正祥	男	沈阳	1800	1400	3200
11	采购部	肖锦	男	沈阳	2000	1200	3200
12	企划部	潘团章	女	昆明	2000	1300	3300
13	企划部	庄晓春	男	沈阳	2300	1200	3500
14	销售部	杨彤俊	男	沈阳	2000	1600	3600
15	企划部	李光梅	女	上海	2500	1100	3600
16	销售部	夏丹	女	昆明	2100	1800	3900
17	生产部	赵晓松	男	北京	2500	1600	4100
18	销售部	邵春燕	女	上海	2300	2000	4300
19	采购部	金婧婧	男	昆明	2800	1800	4600
20	销售部	汤洁莹	女	上海	2500	2200	4700
21	采购部	陈晓忠	女	上海	3200	2000	5200
22	企划部	陈代建	男	沈阳	3500	1800	5300
23	生产部	文国	男	北京	3600	2000	5600
24	采购部	侯长芬	女	上海	3500	2500	6000

图 10-46 自动筛选

2）如果要查看“采购部”所有员工的信息，可以单击【部门】右侧的下三角按钮，在弹出的下拉列表中选择“采购部”，这样采购部所有员工的信息就被筛选出来了，如图 10-47 所示。

	A	B	C	D	E	F	G
1	本公司11月份工资表						
2	部门	姓名	性别	主管地	基本工	岗位津	实发工
4	采购部	陶涛	男	上海	1700	800	2500
5	采购部	杨伟强	男	昆明	1950	600	2550
8	采购部	胡恬恬	女	昆明	1800	1000	2800
11	采购部	肖锦	男	沈阳	2000	1200	3200
19	采购部	金婧婧	男	昆明	2800	1800	4600
21	采购部	陈晓忠	女	上海	3200	2000	5200
24	采购部	侯长芬	女	上海	3500	2500	6000

图 10-47 筛选采购部所有员工

3）如果要查看“采购部”主管“昆明”地区的所有员工信息，可以单击【主管地区】右侧的下三角按钮，在弹出的下拉列表中选择“昆明”，这样负责昆明地区的采购部的所有员工的信息就被筛选出来了，如图 10-48 所示。

	A	B	C	D	E	F	G
1	本公司11月份工资表						
2	部门	姓名	性别	主管地	基本工	岗位津	实发工
5	采购部	杨伟强	男	昆明	1950	600	2550
8	采购部	胡恬恬	女	昆明	1800	1000	2800
19	采购部	金婧婧	男	昆明	2800	1800	4600

图 10-48　筛选负责昆明地区的采购部员工

（4）高级筛选。将“销售部”基本工资在 2000 元和 2000 元以上的员工筛选出来。

1）执行【数据】|【排序和筛选】|【筛选】命令，撤销上一步的自动筛选，还原到自动筛选前的状态。在空白位置输入筛选条件，如图 10-49 所示。

	A	B	C	D	E	F	G
1	本公司11月份工资表						
2	部门	姓名	性别	主管地区	基本工资	岗位津贴	实发工资
3	企划部	李婷	女	沈阳	1500	500	2000
4	采购部	陶涛	男	上海	1700	800	2500
5	采购部	杨伟强	男	昆明	1950	600	2550
6	企划部	邹倩倩	女	上海	1800	800	2600
7	销售部	李海龙	男	沈阳	1500	1200	2700
8	采购部	胡恬恬	女	昆明	1800	1000	2800
9	销售部	文智诚	男	昆明	1800	1100	2900
10	销售部	毛正祥	男	沈阳	1800	1400	3200
11	采购部	肖锦	男	沈阳	2000	1200	3200
12	企划部	潘团章	女	昆明	2000	1300	3300
13	企划部	庄晓春	男	沈阳	2300	1200	3500
14	销售部	杨彤俊	男	沈阳	2000	1600	3600
15	企划部	李光梅	女	上海	2500	1100	3600
16	销售部	夏丹	女	昆明	2100	1800	3900
17	生产部	赵晓松	男	北京	2500	1600	4100
18	销售部	邵春燕	女	上海	2300	2000	4300
19	采购部	金婧婧	男	昆明	2800	1800	4600
20	销售部	汤洁莹	女	上海	2500	2200	4700
21	采购部	陈晓忠	女	上海	3200	2000	5200
22	企划部	陈代建	男	沈阳	3500	1800	5300
23	生产部	文国	男	北京	3600	2000	5600
24	采购部	侯长芬	女	上海	3500	2500	6000
25							
26				部门	基本工资		
27				销售部	>=2000		

图 10-49　输入筛选条件

2）将光标放在工作表中任意单元格内，执行【数据】|【筛选】|【高级筛选】命令，弹出【高级筛选】对话框，【方式】项保持默认值，即将筛选结果显示在原工作表位置，将【列表区域】设置为“$A$2:$G$24”，将【条件区域】设置为“$D$26:$E$27”，如图 10-50 所示。最后单击【确定】按钮，即可看到筛选后的效果，如图 10-51 所示。

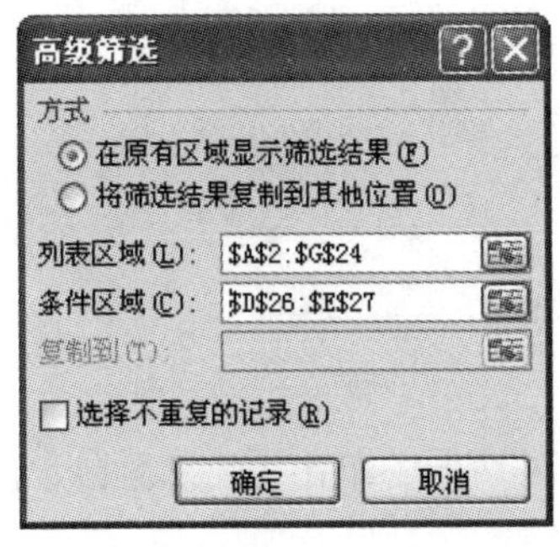

图 10-50　【高级筛选】对话框

	A	B	C	D	E	F	G
1	本公司11月份工资表						
2	部门	姓名	性别	主管地区	基本工资	岗位津贴	实发工资
14	销售部	杨彤俊	男	沈阳	2000	1600	3600
16	销售部	夏丹	女	昆明	2100	1800	3900
18	销售部	邵春燕	女	上海	2300	2000	4300
20	销售部	汤洁莹	女	上海	2500	2200	4700
25							
26				部门	基本工资		
27				销售部	>=2000		

图 10-51　高级筛选后的效果

（5）数据分类汇总。

1）执行【数据】|【排序和筛选】|【筛选】命令，显示筛选前的所有员工记录。删除第 26 行、第 27 行数据，并按【部门】字段进行升序排序。

2）将光标放在工作表内任意位置，执行【数据】|【分级显示】|【分类汇总】命令，弹出【分类汇总】对话框，将【分类字段】设置为“部门”，将【汇总方式】设置为“平均值”，将【选定汇总项】设置为“实发工资”，如图 10-52 所示。单击【确定】按钮后得到如图 10-53 所示的效果。

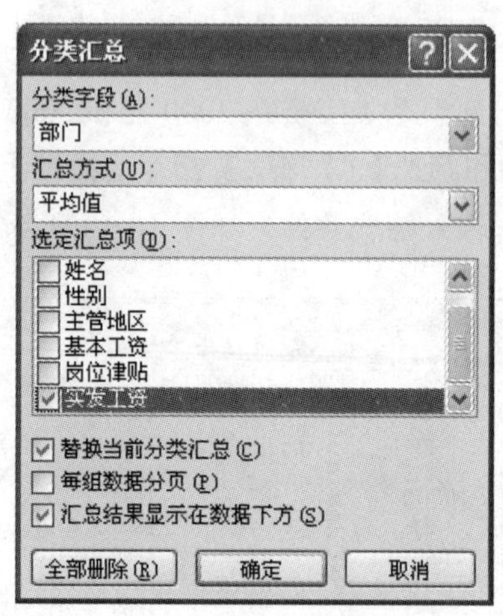

图 10-52　【分类汇总】对话框

	A	B	C	D	E	F	G
1	本公司11月份工资表						
2	部门	姓名	性别	主管地区	基本工资	岗位津贴	实发工资
3	采购部	陶涛	男	上海	1700	800	2500
4	采购部	杨伟强	男	昆明	1950	600	2550
5	采购部	胡恬恬	女	昆明	1800	1000	2800
6	采购部	肖锦	男	沈阳	2000	1200	3200
7	采购部	金婧婧	男	昆明	2800	1800	4600
8	采购部	陈晓忠	女	上海	3200	2000	5200
9	采购部	侯长芬	女	上海	3500	2500	6000
10	**采购部 平均值**						3835.714
11	企划部	李婷	女	沈阳	1500	500	2000
12	企划部	邹倩倩	女	上海	1800	800	2600
13	企划部	潘团章	女	昆明	2000	1300	3300
14	企划部	庄晓春	男	沈阳	2300	1200	3500
15	企划部	李光梅	女	上海	2500	1100	3600
16	企划部	陈代建	男	沈阳	3500	1800	5300
17	**企划部 平均值**						3383.333
18	生产部	赵晓松	男	北京	2500	1600	4100
19	生产部	文国	男	北京	3600	2000	5600
20	**生产部 平均值**						4850
21	销售部	李海龙	男	沈阳	1500	1200	2700
22	销售部	文智诚	男	昆明	1800	1100	2900
23	销售部	毛正祥	男	沈阳	1800	1400	3200
24	销售部	杨彤俊	男	沈阳	2000	1600	3600
25	销售部	夏丹	女	昆明	2100	1800	3900
26	销售部	邵春燕	女	上海	2300	2000	4300
27	销售部	汤洁莹	女	上海	2500	2200	4700
28	**销售部 平均值**						3614.286
29	**总计平均值**						3734.091

图 10-53　分类汇总后的效果

（6）合并计算。

1）将光标放在工作表内，在图 10-52 所示的【分类汇总】对话框中单击【全部删除】按钮，撤销分类汇总。

2）将 Sheet1 工作表的内容复制到 Sheet2 工作表内，根据实际情况修改员工 12 月份的“基本工资”“岗位津贴”和“实发工资”，如图 10-54 所示。

本公司12月份工资表

部门	姓名	性别	主管地区	基本工资	岗位津贴	实发工资
采购部	陶涛	男	上海	1800	850	2650
采购部	杨伟强	男	昆明	2000	750	2750
采购部	胡恬恬	女	昆明	1800	1100	2900
采购部	肖锦	男	沈阳	2200	1250	3450
采购部	金婧婧	男	昆明	2800	1800	4600
采购部	陈晓忠	女	上海	3200	2000	5200
采购部	侯长芬	女	上海	3600	2500	6100
企划部	李婷	女	沈阳	1850	800	2650
企划部	邹倩倩	女	上海	1850	850	2700
企划部	潘团章	女	昆明	2000	1350	3350
企划部	庄晓春	男	沈阳	2300	1200	3500
企划部	李光梅	女	上海	2600	1150	3750
企划部	陈代建	男	沈阳	3500	1850	5350
生产部	文国	男	北京	3600	2000	5600
销售部	李海龙	男	沈阳	1500	1200	2700
销售部	文智诚	男	昆明	1900	1100	3000
销售部	毛正祥	男	沈阳	1900	1500	3400
销售部	杨彤俊	男	沈阳	2100	1600	3700
销售部	夏丹	女	昆明	2100	1900	4000
销售部	邵春燕	女	上海	2350	2200	4550
销售部	汤洁莹	女	上海	2550	2250	4800
生产部	赵晓松	男	北京	2500	1650	4150

图 10-54 Sheet2 工作表的效果

3）将 Sheet1 工作表的内容复制到 Sheet3 工作表内，将最上一行修改为“本公司 11、12 月份平均工资表”，将“基本工资”“岗位津贴”和“实发工资”的数据全部删除，得到的效果如图 10-55 所示。

本公司11、12月份平均工资表

部门	姓名	性别	主管地区	基本工资	岗位津贴	实发工资
采购部	陶涛	男	上海			
采购部	杨伟强	男	昆明			
采购部	胡恬恬	女	昆明			
采购部	肖锦	男	沈阳			
采购部	金婧婧	男	昆明			
采购部	陈晓忠	女	上海			
采购部	侯长芬	女	上海			
企划部	李婷	女	沈阳			
企划部	邹倩倩	女	上海			
企划部	潘团章	女	昆明			
企划部	庄晓春	男	沈阳			
企划部	李光梅	女	上海			
企划部	陈代建	男	沈阳			
生产部	文国	男	北京			
销售部	李海龙	男	沈阳			
销售部	文智诚	男	昆明			
销售部	毛正祥	男	沈阳			
销售部	杨彤俊	男	沈阳			
销售部	夏丹	女	昆明			
销售部	邵春燕	女	上海			
销售部	汤洁莹	女	上海			
生产部	赵晓松	男	北京			

Sheet1 Sheet2 Sheet3

图 10-55 Sheet3 工作表的效果

4）将光标定位在 E3 单元格内，执行【数据】|【数据工具】|【合并计算】命令，弹出【合并计算】对话框，将【函数】设置为“平均值”，单击“拾取”按钮，切换到 Sheet1 工作表中选择数据区域 E3:G24，再次单击按钮，返回到【合并计算】对话框，单击【添加】按钮，再用相同的方法将 Sheet2 工作表中数据区域 E3:G24 也添加进来，得到的效果如图 10-56 所示。单击【确定】按钮后得到的效果如图 10-57 所示。

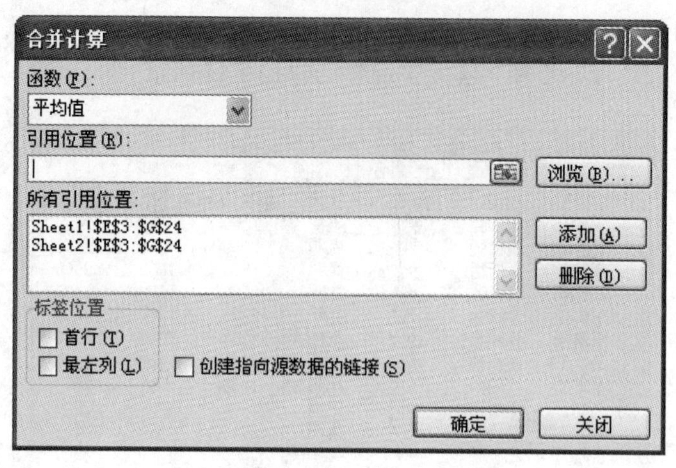

图 10-56 设置合并计算的引用位置

	A	B	C	D	E	F	G
1	本公司11、12月份平均工资表						
2	部门	姓名	性别	主管地区	基本工资	岗位津贴	实发工资
3	采购部	陶涛	男	上海	1750	825	2575
4	采购部	杨伟强	男	昆明	1975	675	2650
5	采购部	胡恬恬	女	昆明	1800	1050	2850
6	采购部	肖锦	男	沈阳	2100	1225	3325
7	采购部	金婧婧	男	昆明	2800	1800	4600
8	采购部	陈晓忠	女	上海	3200	2000	5200
9	采购部	侯长芬	女	上海	3550	2500	6050
10	企划部	李婷	女	沈阳	1675	650	2325
11	企划部	邹倩倩	女	上海	1825	825	2650
12	企划部	潘团章	女	昆明	2000	1325	3325
13	企划部	庄晓春	男	沈阳	2300	1200	3500
14	企划部	李光梅	女	上海	2550	1125	3675
15	企划部	陈代建	男	沈阳	3500	1825	5325
16	生产部	文国	男	北京	3600	2000	5600
17	销售部	李海龙	男	沈阳	1500	1200	2700
18	销售部	文智诚	男	昆明	1850	1100	2950
19	销售部	毛正祥	男	沈阳	1850	1450	3300
20	销售部	杨彤俊	男	沈阳	2050	1600	3650
21	销售部	夏丹	女	昆明	2100	1850	3950
22	销售部	邵春燕	女	上海	2325	2100	4425
23	销售部	汤洁莹	女	上海	2525	2225	4750
24	生产部	赵晓松	男	北京	2500	1625	4125

Sheet1 Sheet2 Sheet3

平均值: 2530.30303 计数: 66 求和: 167000 100%

图 10-57 合并计算后的效果

通过【合并计算】命令，就将 11、12 月份员工的“基本工资”“岗位津贴”和“实发工资”的平均值自动计算出来了。选择【文件】|【保存】命令，将文件保存为“职工工资表”。

第 11 章　Excel 高级应用
——员工工资管理

教学目标

- 掌握常用函数（IF、TODAY、YEAR、VLOOKUP）的使用方法
- 掌握函数嵌套的使用方法

11.1　员工工资管理案例分析

Excel 函数

本章以员工工资管理为例，主要介绍 Excel 中的高级应用，包括 IF 函数的应用、VLOOKUP 函数的嵌套使用。

11.1.1　任务的提出

小棠是华中公司的会计，负责管理公司员工的工资，每个月都要计算出员工的基本工资、奖金和个人所得税等。为了能够准确快捷地计算工资，小棠决定使用 Excel 对公司员工的工资进行管理、统计。华中公司员工的工资表如图 11-1 所示。

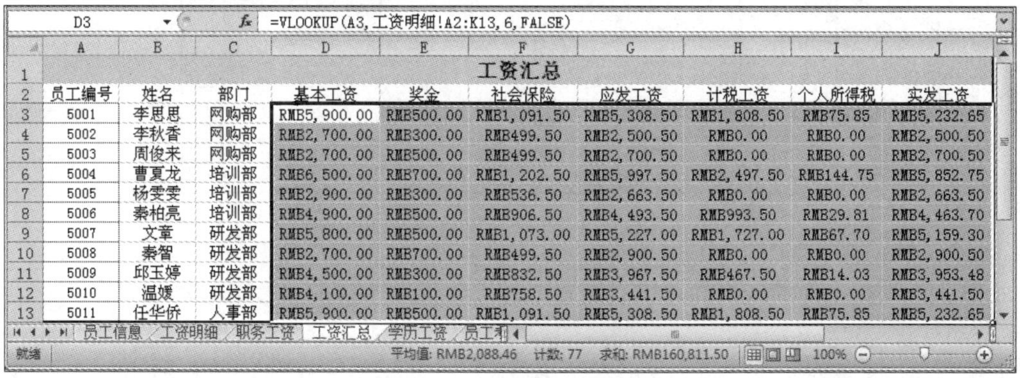

D3　=VLOOKUP(A3,工资明细!A2:K13,6,FALSE)

工资汇总									
员工编号	姓名	部门	基本工资	奖金	社会保险	应发工资	计税工资	个人所得税	实发工资
5001	李思思	网购部	RMB5,900.00	RMB500.00	RMB1,091.50	RMB5,308.50	RMB1,808.50	RMB75.85	RMB5,232.65
5002	李秋香	网购部	RMB2,700.00	RMB300.00	RMB499.50	RMB2,500.50	RMB0.00	RMB0.00	RMB2,500.50
5003	周俊来	网购部	RMB2,700.00	RMB500.00	RMB499.50	RMB2,700.50	RMB0.00	RMB0.00	RMB2,700.50
5004	曹夏龙	培训部	RMB6,500.00	RMB700.00	RMB1,202.50	RMB5,997.50	RMB2,497.50	RMB144.75	RMB5,852.75
5005	杨雯雯	培训部	RMB2,900.00	RMB300.00	RMB536.50	RMB2,663.50	RMB0.00	RMB0.00	RMB2,663.50
5006	秦柏亮	培训部	RMB4,900.00	RMB500.00	RMB906.50	RMB4,493.50	RMB993.50	RMB29.81	RMB4,463.70
5007	文章	研发部	RMB5,800.00	RMB500.00	RMB1,073.00	RMB5,227.00	RMB1,727.00	RMB67.70	RMB5,159.30
5008	秦智	研发部	RMB2,700.00	RMB700.00	RMB499.50	RMB2,900.50	RMB0.00	RMB0.00	RMB2,900.50
5009	邱玉婷	研发部	RMB4,500.00	RMB300.00	RMB832.50	RMB3,967.50	RMB467.50	RMB14.03	RMB3,953.48
5010	温媛	研发部	RMB4,100.00	RMB100.00	RMB758.50	RMB3,441.50	RMB0.00	RMB0.00	RMB3,441.50
5011	任华侨	人事部	RMB5,900.00	RMB500.00	RMB1,091.50	RMB5,308.50	RMB1,808.50	RMB75.85	RMB5,232.65

员工信息 / 工资明细 / 职务工资 / 工资汇总 / 学历工资 / 员工利

就绪　平均值: RMB2,088.46　计数: 77　求和: RMB160,811.50　100%

图 11-1　华中公司员工工资表

员工的工资由两部分组成：基本工资和奖金。其中基本工资包括职务工资、工龄工资和学历工资，各部分的分配标准如图 11-2 所示。奖金按照考核等级计算，考核等级与奖金的关系如图 11-3 所示。

此外，按照规定员工每月还要缴纳“社会保险”，社会保险包括养老保险、医疗保险、失业保险和住房公积金 4 个部分，其中个人应缴纳的金额按以下比例核算：

养老保险 = 基本工资 ×8%

医疗保险 = 基本工资 ×2%

失业保险 = 基本工资 ×0.5%

住房公积金 = 基本工资 ×8%

根据以上公式计算，可以得到“工资明细”工作表（图 11-4）中的各项数值。

职务工资		工龄工资		学历工资	
职务	职务工资	工龄（年）	工龄工资	学历	学历工资
总经理	6000	工龄<=1	100	博士	1000
部门经理	4500	<1工龄<=5	400	硕士	800
项目经理	4000	<5工龄<=10	600	本科	500
工程师	3500	工龄>10	1000	专科	300
编辑	3000				
程序员	3000				
文员	2000				

图 11-2 基本工资构成表

考核等级与奖金		
考核分数	考核等级与奖金	奖金
分数>=90	优秀	700
80<=分数<=90	良好	500
70<=分数<=80	中等	300
60<=分数<=70	及格	100
分数<60	不及格	-100

图 11-3 考核等级与奖金

工资明细										
员工编号	工龄	工龄工资	职务工资	学历工资	基本工资	养老保险	医疗保险	失业保险	住房公积金	社会保险
5001										
5002										
5003										
5004										
5005										
5006										
5007										
5008										
5009										
5010										
5011										

图 11-4 “工资明细”工作表

另外，还要根据员工的基本工资计算出每人每月应缴纳的个人所得税。个人所得税的计算标准（不是最新的个人所得税计算标准）如图 11-5 所示。

个人所得税税率表				
应纳税所得额（计税工资）=应发工资-3500元				
应纳税所得=应纳税所得额×税率-速算扣除数				
个人所得税起征金额：3500				
级数	全月应纳税所得税	级别	税率（%）	速算扣除数
1	不超过1455元	0	3	0
2	超过1455至4155元的部分	1455	10	105
3	超过4155至7755元的部分	4155	20	555
4	超过7755至27255元的部分	7755	25	1005
5	超过27255至41255元的部分	27255	30	2755
6	超过41255至57505元的部分	41255	35	5505
7	超过57505元的部分	57505	45	13505

图 11-5 个人所得税税率表

最后，根据上面的结果计算出“工资汇总”工作表（图 11-6）中的各项内容。

工资汇总									
员工编号	姓名	部门	基本工资	奖金	社会保险	应发工资	计税工资	个人所得税	实发工资
5001									
5002									
5003									
5004									
5005									
5006									
5007									
5008									
5009									
5010									
5011									

图 11-6 “工资汇总”工作表

11.1.2　解决方案

本例中员工的“基本工资”和“奖金”都可以通过查找函数 VLOOKUP 函数完成，个人所得税可以使用条件判断函数 IF 函数完成。

11.1.3　相关知识点

1. TODAY 函数和 YEAR 函数

TODAY 函数：返回日期格式的当前日期。

YEAR 函数：返回日期的年份值，返回值是一个 1900 ～ 9999 内的数字。

YEAR 函数的语法格式：

YEAR(serial_number)。

serial_number 是一个包含要查找年份的日期值。例如，单元格 A1 中的数值为“2013/8/8”，则 YEAR(Al) 的返回值为 2013。

2. VLOOKUP 函数的嵌套

VLOOKUP 函数的功能：在数据区域的首列查找指定的数值，并返回数据区域当前行中指定列处的数值。

VLOOKUP 函数的语法格式：

VLOOKUP(lookup_value,table_array,col_index_num,range_lookup)

查找什么　在哪个区域查找　在区域的第几列查找找　精确匹配还是模糊匹配

本例中用到了一个 VLOOKUP 函数的返回值作为另一个 VLOOKUP 函数的参数的嵌套用法。

3. IF 函数的嵌套

IF 函数最多可以嵌套 7 层，使用 value_if_true 和 value_if_false 参数可以构造复杂的检测条件。

知识拓展：IF 函数

IF 函数的语法格式：

IF(logical_test,value_if_true,value_if_false)

logical_test 是一个条件判断，如“a>0”，当条件判断为“真”时，函数的返回值为 value_if_true；当条件判断为“假”时，函数的返回值为 value_if_ false。

4. SUMIF 函数

SUMIF 函数用于对满足条件的若干单元格求和。

SUMIF 函数的语法格式：

SUMIF(range,criteria,sum_range)

11.2　实现方法

完成本案例需要解决以下问题：

（1）使用 TODAY 函数和 YEAR 函数计算员工的工龄。

（2）使用嵌套的 VLOOKUP 函数和 IF 函数计算“工资明细”工作表中的各项数值。

（3）使用嵌套的 VLOOKUP 函数和 IF 函数计算“工资汇总”工作表中的“应发工资”。

（4）使用嵌套的 IF 函数计算“个人所得税”。

11.2.1 计算“员工信息”工作表中的“工龄”

启动 Excel，制作出如图 11-7 所示的“员工信息”工作表，将 Sheet1 工作表更名为“员工信息”。

操作演示：员工信息表

	A	B	C	D	E	F	G	H
1	员工信息							
2	员工编号	姓名	性别	部门	职务	学历	工作日期	工龄
3	5001	李思思	女	网购部	部门经理	硕士	2005-2-14	
4	5002	李秋香	女	网购部	文员	专科	2012-7-8	
5	5003	周俊来	男	网购部	文员	专科	2012-8-4	
6	5004	曹夏龙	男	培训部	部门经理	博士	2001-3-5	
7	5005	杨雯雯	女	培训部	文员	本科	2009-1-25	
8	5006	秦柏亮	男	培训部	工程师	硕士	2004-11-3	
9	5007	文章	男	研发部	项目经理	硕士	2002-9-7	
10	5008	秦智	男	研发部	文员	专科	2010-12-24	
11	5009	邱玉婷	女	研发部	编辑	本科	2000-3-19	
12	5010	温媛	女	研发部	程序员	本科	2008-2-3	
13	5011	任华侨	男	人事部	部门经理	硕士	2006-5-6	

图 11-7 “员工信息”工作表

表中的工龄可以由当前的年份减去参加工作的年份得到，使用 YEAR 函数计算年份，TODAY 函数返回当前日期。

任务 1：使用 YEAR 函数和 TODAY 函数计算“员工信息”工作表中的“工龄”。

工龄 = 当前年份 - 参加工作年份 =YEAR(TODAY())-YEAR(工作日期)

（1）选中单元格 H3，选择【开始】|【数字】|【设置单元格格式】命令，弹出【设置单元格格式】对话框，在【数字】|【数值】|【小数位数】下拉列表中选择 0。单击单元格 H3，在编辑框中输入公式“=YEAR(TODAY())-YEAR(G3)”，按 Enter 键确认，即可得到工龄信息。

（2）利用填充柄，自动填充其他员工的工龄信息，如图 11-8 所示。

H3 fx =YEAR(TODAY())-YEAR(G3)

	A	B	C	D	E	F	G	H
1	员工信息							
2	员工编号	姓名	性别	部门	职务	学历	工作日期	工龄
3	5001	李思思	女	网购部	部门经理	硕士	2005-2-14	9
4	5002	李秋香	女	网购部	文员	专科	2012-7-8	2
5	5003	周俊来	男	网购部	文员	专科	2012-8-4	2
6	5004	曹夏龙	男	培训部	部门经理	博士	2001-3-5	13
7	5005	杨雯雯	女	培训部	文员	本科	2009-1-25	5
8	5006	秦柏亮	男	培训部	工程师	硕士	2004-11-3	10
9	5007	文章	男	研发部	项目经理	硕士	2002-9-7	12
10	5008	秦智	男	研发部	文员	专科	2010-12-24	4
11	5009	邱玉婷	女	研发部	编辑	本科	2000-3-19	14
12	5010	温媛	女	研发部	程序员	本科	2008-2-3	6
13	5011	任华侨	男	人事部	部门经理	硕士	2006-5-6	8
14								

员工信息 / Sheet2 / Sheet3

图 11-8 计算工龄

（3）以“员工工资管理 .xlsx”为文件名保存文件。

操作演示：工资明细表

11.2.2 计算“工资明细”工作表中的各项内容

任务 2：使用 VLOOKUP 函数查找计算出“工资明细”工作表中的“工龄”。

（1）在“员工工资管理 .xlsx”文件中，将 Sheet2 工作表更名为“工资明细”。

（2）创建如图 11-4 所示的“工资明细”工作表，然后选中“员工信息”的数据区域 A2:K13。注意，要将“员工编号”定义在数据区域的第 1 列。依次录入“员工编号”“工龄”“工龄工资”“职务工资”“学历工资”“基本工资”“养老保险”“医疗保险”“失业保险”和“住房公积金”。设置数据区域 A2:K13 的字体为“宋体”，字号为 10。

（3）在“工资明细”工作表中根据员工编号，使用 VLOOKUP 函数在“员工信息”工作表的数据区域查找员工编号对应的工龄。

（4）选中“工资明细”工作表中的单元格 B3，插入 VLOOKUP 函数“=VLOOKUP(A3,员工信息 !A2:H13,8,FALSE)”，按 Enter 键显示工龄，如图 11-9 所示。

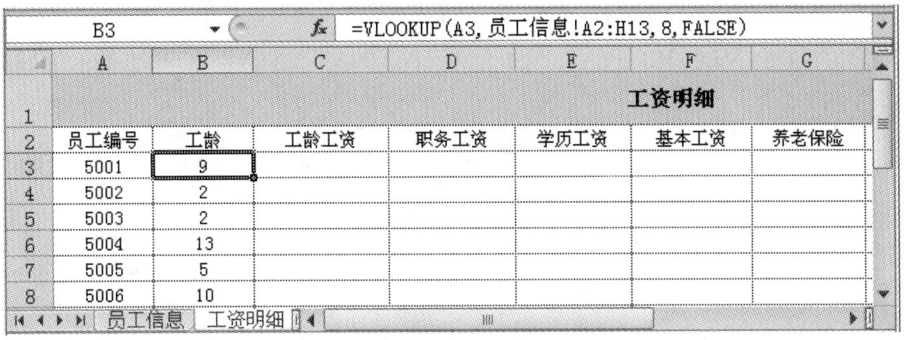

B3　=VLOOKUP(A3,员工信息!A2:H13,8,FALSE)

	A	B	C	D	E	F	G
1						工资明细	
2	员工编号	工龄	工龄工资	职务工资	学历工资	基本工资	养老保险
3	5001	9					
4	5002	2					
5	5003	2					
6	5004	13					
7	5005	5					
8	5006	10					

员工信息　工资明细

图 11-9　插入 VLOOKUP 函数

温馨提示：“=VLOOKUP(A3,员工信息 !A2:H13,8,FALSE)”表示在“员工信息”工作表的 A2:H13 数据区域，查找与单元格 A3 中的编号对应的工龄值。

（5）利用填充柄，自动填充其他员工的工龄信息。

任务 3：使用 IF 函数嵌套，计算“工资明细”工作表中的“工龄工资”。

（1）根据图 11-2 所示的基本工资构成表，使用 IF 函数嵌套，计算出“工龄工资”。选中“工资明细”工作表中的单元格 C3，插入 IF 函数“=IF(B3<=1,100, IF(B3<=5,400,IF(B3<=10,600,1000)))”，按 Enter 键确认，如图 11-10 所示。

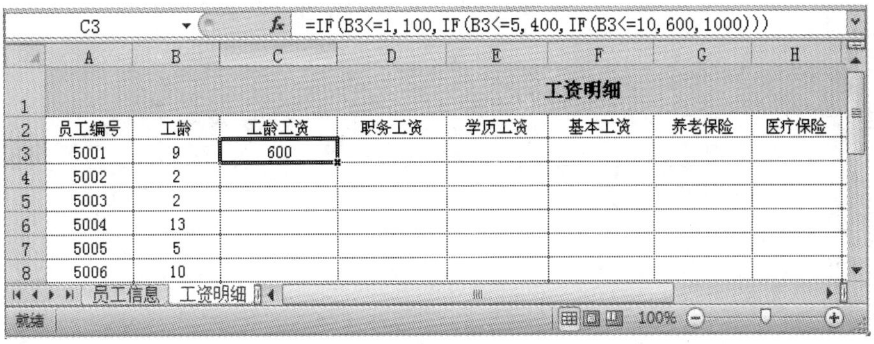

C3　=IF(B3<=1,100,IF(B3<=5,400,IF(B3<=10,600,1000)))

	A	B	C	D	E	F	G	H
1						工资明细		
2	员工编号	工龄	工龄工资	职务工资	学历工资	基本工资	养老保险	医疗保险
3	5001	9	600					
4	5002	2						
5	5003	2						
6	5004	13						
7	5005	5						
8	5006	10						

员工信息　工资明细

就绪　100%

图 11-10　使用 IF 函数嵌套

（2）利用填充柄自动填充其他员工的工龄工资。

任务 4：利用 VLOOKUP 函数的嵌套，计算“工资明细”工作表中的“职务工资”和“学历工资”。

（1）将 Sheet3 工作表更名为“职务工资”，输入数据，如图 11-11 所示。再创建一个新工作表，命名为“学历工资”，输入数据，如图 11-12 所示。

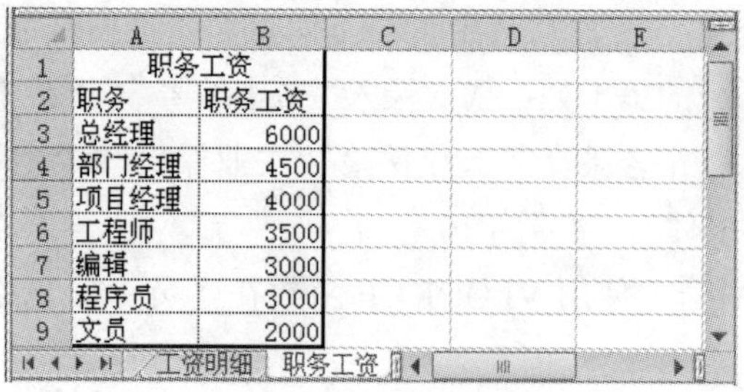

	A	B
1	职务工资	
2	职务	职务工资
3	总经理	6000
4	部门经理	4500
5	项目经理	4000
6	工程师	3500
7	编辑	3000
8	程序员	3000
9	文员	2000

图 11-11 职务工资表

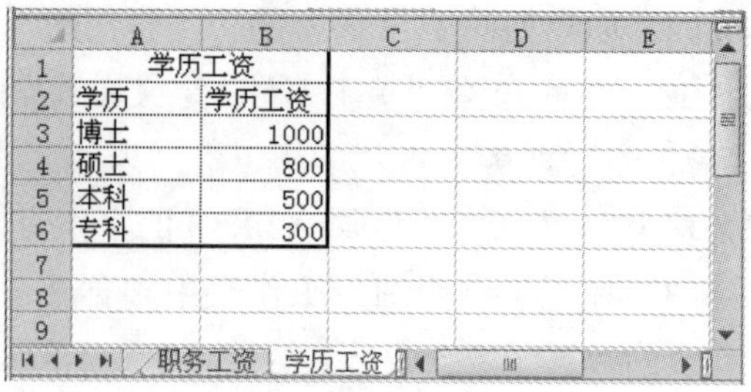

	A	B
1	学历工资	
2	学历	学历工资
3	博士	1000
4	硕士	800
5	本科	500
6	专科	300

图 11-12 学历工资表

（2）要得出员工的职务工资，首先要知道他的职务。在此使用 VLOOKUP 函数，根据“员工编号”查找相应的职务。在“工资明细”工作表中选中单元格 D3，插入 VLOOKUP 函数“=VLOOKUP(A3, 员工信息 !A2:H13,5,FALSE)”，按 Enter 键显示职务，如图 11-13 所示。

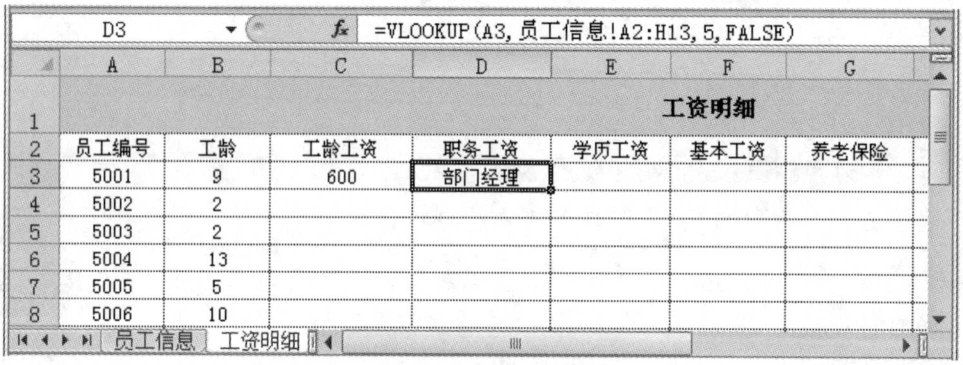

D3 =VLOOKUP(A3,员工信息!A2:H13,5,FALSE)

	A	B	C	D	E	F	G
1	工资明细						
2	员工编号	工龄	工龄工资	职务工资	学历工资	基本工资	养老保险
3	5001	9	600	部门经理			
4	5002	2					
5	5003	2					
6	5004	13					
7	5005	5					
8	5006	10					

图 11-13 计算职务工资

（3）根据查找的“职务”，再利用 VLOOKUP 函数的嵌套，在图 11-2 所示的“职务工资”表中查找该职务对应的工资。选中单元格 D3，插入 VLOOKUP 函数“=VLOOKUP (VLOOKUP(A3, 员工信息 !A2:H13,5,FALSE), 职务工资 !$A$1:$B$9,2,FALSE)”，按 Enter 键显示职务工资，如图 11-14 所示。

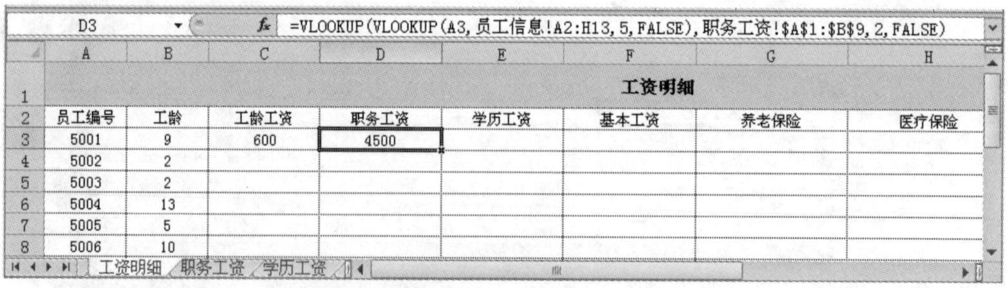

D3 =VLOOKUP(VLOOKUP(A3,员工信息!A2:H13,5,FALSE),职务工资!$A$1:$B$9,2,FALSE)

	A	B	C	D	E	F	G	H
1	工资明细							
2	员工编号	工龄	工龄工资	职务工资	学历工资	基本工资	养老保险	医疗保险
3	5001	9	600	4500				
4	5002	2						
5	5003	2						
6	5004	13						
7	5005	5						
8	5006	10						

图 11-14 计算职务工资

（4）利用填充柄，自动填充其他员工的职务工资。

（5）按照同样的方法，使用 VLOOKUP 函数的嵌套，根据“员工信息”工作表和“学历工资”工作表，计算出“学历”对应的“学历工资”。选中单元格 E3，输入 VLOOKUP 函数“=VLOOKUP(VLOOKUP(A3, 员工信息 !A2:H13,6,FALSE), 学历工资 !$A$1:$B$6,2,FALSE)”，按 Enter 键，利用填充柄，自动填充其他员工的学历工资，结果如图 11-15 所示。

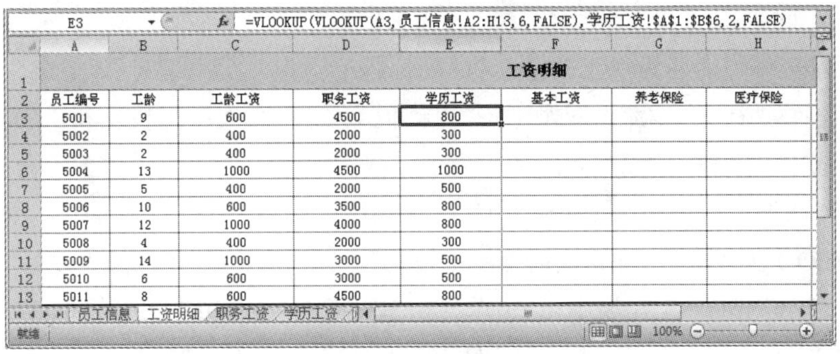

E3　=VLOOKUP(VLOOKUP(A3,员工信息!A2:H13,6,FALSE),学历工资!$A$1:$B$6,2,FALSE)

员工编号	工龄	工龄工资	职务工资	学历工资	基本工资	养老保险	医疗保险
5001	9	600	4500	800			
5002	2	400	2000	300			
5003	2	400	2000	300			
5004	13	1000	4500	1000			
5005	5	400	2000	500			
5006	10	600	3500	800			
5007	12	1000	4000	800			
5008	4	400	2000	300			
5009	14	1000	3000	500			
5010	6	600	3000	500			
5011	8	600	4500	800			

图 11-15　计算学历工资

任务 5：计算“工资明细”工作表中的“基本工资”“养老保险”“医疗保险”“失业保险”“住房公积金”和“社会保险”。

（1）计算员工的基本工资。在“工资明细”工作表中选择单元格 F3，插入 SUM 函数“=SUM(C3:E3)”，计算“基本工资”（基本工资 = 工龄工资 + 职务工资 + 学历工资）。

（2）计算员工的“养老保险”“医疗保险”“失业保险”“住房公积金”和“社会保险”。以编号 5001 员工为例，计算方法如下：

养老保险 = 基本工资 ×8%　　(G3=F3*0.08)

医疗保险 = 基本工资 ×2%　　(H3=F3*0.02)

失业保险 = 基本工资 ×0.5%　　(I3= F3*0.005)

住房公积金 = 基本工资 ×8%　　(J3= F3*0.08)

社会保险 = 养老保险 + 医疗保险 + 失业保险 + 住房公积金 (K3=SUM(G3:J3))

计算结果如图 11-16 所示。

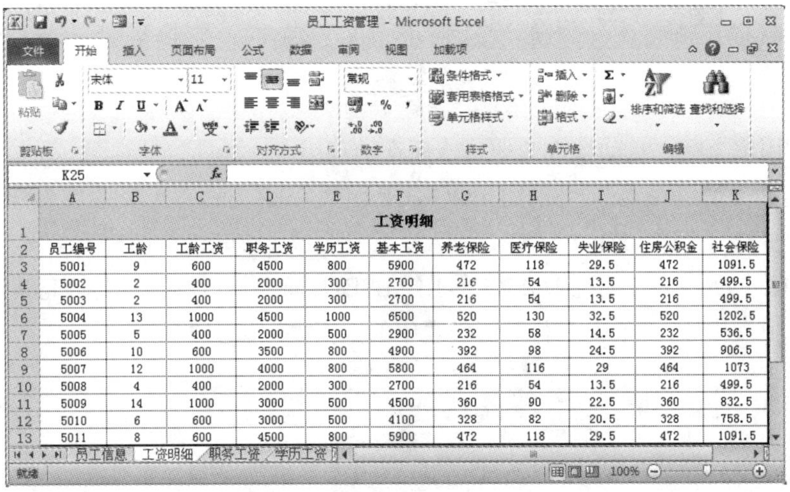

员工编号	工龄	工龄工资	职务工资	学历工资	基本工资	养老保险	医疗保险	失业保险	住房公积金	社会保险
5001	9	600	4500	800	5900	472	118	29.5	472	1091.5
5002	2	400	2000	300	2700	216	54	13.5	216	499.5
5003	2	400	2000	300	2700	216	54	13.5	216	499.5
5004	13	1000	4500	1000	6500	520	130	32.5	520	1202.5
5005	5	400	2000	500	2900	232	58	14.5	232	536.5
5006	10	600	3500	800	4900	392	98	24.5	392	906.5
5007	12	1000	4000	800	5800	464	116	29	464	1073
5008	4	400	2000	300	2700	216	54	13.5	216	499.5
5009	14	1000	3000	500	4500	360	90	22.5	360	832.5
5010	6	600	3000	500	4100	328	82	20.5	328	758.5
5011	8	600	4500	800	5900	472	118	29.5	472	1091.5

图 11-16　“工资明细”工资表计算结果

11.2.3　计算“工资汇总”工作表中的“应发工资”

在“工资汇总”工作表中，可以使用 VLOOKUP 函数和 VLOOKUP 函数的嵌套查找“姓名”“部门”“基本工资”“奖金”和“社会保险”的数据，再根据查找到的数据计算出“应发工资”。

操作演示：工资汇总表（一）

任务 6：使用 VLOOKUP 函数查找“工资汇总”工作表中的“姓名”“部门”“基本工

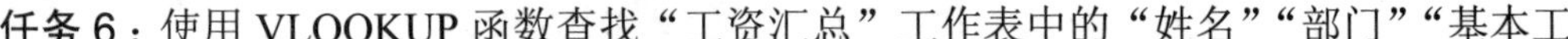

资”和“社会保险”。

（1）新建工作表命名为“工资汇总”，列标题依次为“员工编号”“姓名”“部门”“基本工资”“奖金”“社会保险”“应发工资”“计税工资”“个人所得税”和“实发工资”。设置数据区域居中，字体为“宋体”，字号为 10。

把“工资明细”工作表中的“员工编号”复制到“工资汇总”工作表中。根据“员工编号”，利用 VLOOKUP 函数，在定义的“员工信息”工作表中查找相应的“姓名”和“部门”。

（2）在“工资汇总”工作表中，选中单元格 B3，插入 VLOOKUP 函数“=VLOOKUP(A3,员工信息 !A2:H13,2,FALSE)”，按 Enter 键显示姓名，如图 11-17 所示。

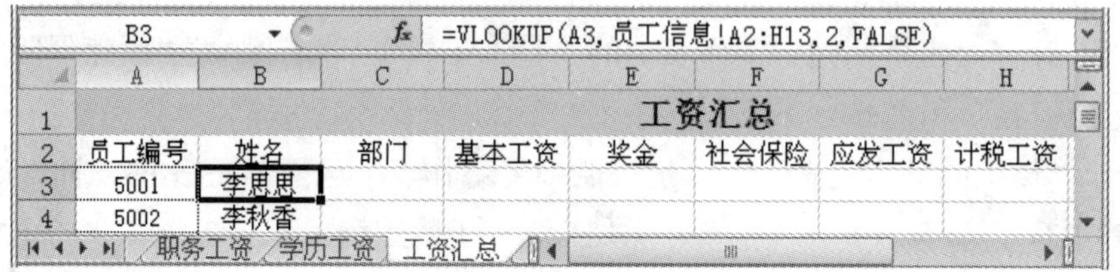

B3　=VLOOKUP(A3,员工信息!A2:H13,2,FALSE)

	A	B	C	D	E	F	G	H
1	工资汇总							
2	员工编号	姓名	部门	基本工资	奖金	社会保险	应发工资	计税工资
3	5001	李思思						
4	5002	李秋香						

职务工资　学历工资　工资汇总

图 11-17　查找员工姓名

（3）利用填充柄，自动填充其他员工的姓名。

（4）在“工资汇总”工作表中，选中单元格 C3，插入 VLOOKUP 函数“=VLOOKUP(A3,员工信息 !A2:H13,4,FALSE)”，按 Enter 键显示员工所在的部门，如图 11-18 所示。

C3　=VLOOKUP(A3,员工信息!A2:H13,4,FALSE)

	A	B	C	D	E	F	G	H
1	工资汇总							
2	员工编号	姓名	部门	基本工资	奖金	社会保险	应发工资	计税工资
3	5001	李思思	网购部					
4	5002	李秋香						

职务工资　学历工资　工资汇总

图 11-18　查找员工所在部门

（5）利用填充柄，自动填充其他员工所在的部门。

（6）根据“员工编号”，利用 VLOOKUP 函数在定义的“工资明细”工作表中，查找相应的“基本工资”（D3=VLOOKUP(A3, 工资明细 !A2:K13,6,FALSE)）和“社会保险”（F3=VLOOKUP (A3, 工资明细 !A2:K13,11,FALSE)）。利用填充柄，自动填充其他员工数据。

执行以上操作后，“工资汇总”工作表中的数据如图 11-19 所示。

F3　=VLOOKUP(A3,工资明细!A2:K13,11,FALSE)

	A	B	C	D	E	F	G	H
1	工资汇总							
2	员工编号	姓名	部门	基本工资	奖金	社会保险	应发工资	计税工资
3	5001	李思思	网购部	5900		1091.5		
4	5002	李秋香	网购部	2700		499.5		
5	5003	周俊来	网购部	2700		499.5		
6	5004	曹夏龙	培训部	6500		1202.5		
7	5005	杨雯雯	培训部	2900		536.5		
8	5006	秦柏亮	培训部	4900		906.5		
9	5007	文章	研发部	5800		1073		
10	5008	綦智	研发部	2700		499.5		
11	5009	邱玉婷	研发部	4500		832.5		
12	5010	温媛	研发部	4100		758.5		
13	5011	任华侨	人事部	5900		1091.5		

工资明细　职务工资　学历工资　工资汇总

就绪　100%

图 11-19　“姓名”“部门”“基本工资”和“社会保险”

任务 7：利用 VLOOKUP 函数的嵌套和 IF 函数计算“工资汇总”工作表中的“奖金”和“应发工资”。

（1）在“员工工资管理 .xlsx”文件中创建名为“员工考核成绩”的工作表，如图 11-20 所示。

	A	B	C	D
1	员工考核成绩			
2	员工编号	考核分数	考核等级	
3	5001	85		
4	5002	78		
5	5003	82		
6	5004	92		
7	5005	77		
8	5006	80		
9	5007	89		
10	5008	91		
11	5009	70		
12	5010	65		
13	5011	88		

“员工考核成绩”工作表

图 11-20 “员工考核成绩”工作表

（2）在“员工考核成绩”工作表中，利用 IF 函数嵌套，根据图 11-3 所示的“考核等级与奖金”工作表中“考核成绩”与“考核等级”之间的关系，计算员工的考核等级。选中单元格 C3，插入 IF 函数“=IF(B3>=90," 优秀 ",IF(B3>=80," 良好 ",IF(B3>=70," 中等 ",IF(B3>=60," 及格 "," 不及格 "))))”，按 Enter 键显示考核等级，如图 11-21 所示。

C3 =IF(B3>=90,"优秀",IF(B3>=80,"良好",IF(B3>=70,"中等",IF(B3>=60,"及格","不及格"))))

	A	B	C	D	E	F	G	H
1	员工考核成绩							
2	员工编号	考核分数	考核等级					
3	5001	85	良好					
4	5002	78						
5	5003	82						

职务工资 / 学历工资 / 工资汇总 / 员工考核成绩

图 11-21 计算考核等级

（3）利用填充柄，自动填充其他员工的考核等级。

（4）在“工资汇总”工作表的“奖金”列，根据“员工编号”，使用 VLOOKUP 函数在“员工考核成绩”工作表中查找相应的考核等级。在“工资汇总”工作表中选中单元格 E3，插入 VLOOKUP 函数“=VLOOKUP(A3, 员工考核成绩 !A1:C13,3,FALSE)”，按 Enter 键显示考核等级，如图 11-22 所示。利用填充柄，自动填充其他员工的考核等级。

E3 =VLOOKUP(A3,员工考核成绩!A1:C13,3,FALSE)

	A	B	C	D	E	F	G	H
1	工资汇总							
2	员工编号	姓名	部门	基本工资	奖金	社会保险	应发工资	计税工资
3	5001	李思思	网购部	5900	良好	1091.5		
4	5002	李秋香	网购部	2700		499.5		
5	5003	周俊来	网购部	2700		499.5		
6	5004	曹夏龙	培训部	6500		1202.5		

职务工资 / 学历工资 / 工资汇总 / 员工考核成绩

图 11-22 计算考核等级

（5）根据“考核等级”新建“考核等级与奖金”工作表，如图 11-23 所示。在“工资汇总”工作表中使用 VLOOKUP 函数的嵌套，查找出该职务对应的“奖金”。选中单元格 E3，插入 VLOOKUP 函数“=VLOOKUP(VLOOKUP(A3, 员工考核成绩 !$A$1:$C$13,3,FALSE),

考核等级与奖金 !$B$2:$C$7,2,FALSE)”，按 Enter 键显示奖金，如图 11-24 所示。

	A	B	C
1	考核等级与奖金		
2	考核分数	考核等级与奖金	奖金
3	分数>=90	优秀	700
4	80<=分数<=90	良好	500
5	70<=分数<=80	中等	300
6	60<=分数<=70	及格	100
7	分数<60	不及格	-100

图 11-23 考核等级与奖金表

E3 =VLOOKUP(VLOOKUP(A3,员工考核成绩!$A$1:$C$13,3,FALSE),考核等级与奖金!$B$2:$C$7,2,FALSE)

	A	B	C	D	E	F	G	H	I
1	工资汇总								
2	员工编号	姓名	部门	基本工资	奖金	社会保险	应发工资	计税工资	个人所得
3	5001	李思思	网购部	5900	500	1091.5			
4	5002	李秋香	网购部	2700	中等	499.5			
5	5003	周俊来	网购部	2700	良好	499.5			
6	5004	曹夏龙	培训部	6500	优秀	1202.5			

图 11-24 计算考核奖金

（6）利用填充柄，自动填充其他员工的考核奖金。

（7）计算员工的“应发工资”，计算方法：应发工资 = 基本工资 + 奖金 - 社会保险。选中单元格 G3，输入公式“=D3+E3-F3”，按 Enter 键显示“应发工资”，如图 11-25 所示。利用填充柄，自动填充其他员工的应发工资。

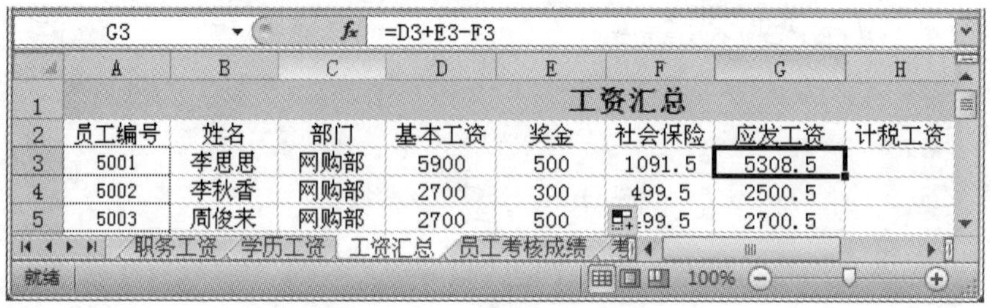

G3 =D3+E3-F3

	A	B	C	D	E	F	G	H
1	工资汇总							
2	员工编号	姓名	部门	基本工资	奖金	社会保险	应发工资	计税工资
3	5001	李思思	网购部	5900	500	1091.5	5308.5	
4	5002	李秋香	网购部	2700	300	499.5	2500.5	
5	5003	周俊来	网购部	2700	500	499.5	2700.5	

图 11-25 计算应发工资

完成任务 7 以后的工作表如图 11-26 所示。

A1 工资汇总

	A	B	C	D	E	F	G	H
1	工资汇总							
2	员工编号	姓名	部门	基本工资	奖金	社会保险	应发工资	计税工资
3	5001	李思思	网购部	5900	500	1091.5	5308.5	
4	5002	李秋香	网购部	2700	300	499.5	2500.5	
5	5003	周俊来	网购部	2700	500	499.5	2700.5	
6	5004	曹夏龙	培训部	6500	700	1202.5	5997.5	
7	5005	杨雯雯	培训部	2900	300	536.5	2663.5	
8	5006	秦柏亮	培训部	4900	500	906.5	4493.5	
9	5007	文章	研发部	5800	500	1073	5227	
10	5008	秦智	研发部	2700	700	499.5	2900.5	
11	5009	邱玉婷	研发部	4500	300	832.5	3967.5	
12	5010	温媛	研发部	4100	100	758.5	3441.5	
13	5011	任华侨	人事部	5900	500	1091.5	5308.5	

图 11-26 “工资汇总”工作表中的部分数据

11.2.4　使用 IF 函数计算“个人所得税”

1. “个人所得税”的算法

（1）“计税工资”。本例中的“计税工资”也就是“应纳税工资额”，计税工资 = 应发工资 -3500 元。

（2）“个人所得税”。“个人所得税”的征税方法分为 9 个等级，具体等级如图 11-27 所示。

个人所得税税率表				
应纳税所得额（计税工资）=应发工资-3500元				
应纳税所得=应纳税所得额×税率-速算扣除数				
个人所得税起征金额：3500				
级数	全月应纳税所得税	级别	税率（%）	速算扣除数
1	不超过1455元	0	3	0
2	超过1455至4155元的部分	1455	10	105
3	超过4155至7755元的部分	4155	20	555
4	超过7755至27255元的部分	7755	25	1005
5	超过27255至41255元的部分	27255	30	2755
6	超过41255至57505元的部分	41255	35	5505
7	超过57505元的部分	57505	45	13505

图 11-27　个人所得税税率表

见多识广：“个人所得税税率表”中的“超过”表示“计税工资”超过某一等级时，仅就超过部分按照税率征税，所以也称为“超累税率”。

（3）使用“速算扣除数”计算“个人所得税”，计算公式如下：

个人所得税 = 计税工资 × 税率 - 速算扣除数

例如，某一员工的应发工资为 8600 元，则“计税工资”为 8600-3500=5100 元。根据图 11-27 中的等级划分，5100 元所处的税率为 20%，速算扣除数为 555 元，所以个人所得税 =5100×20%-555=465 元。

2. 计算“计税工资”

任务 8：使用 IF 函数计算“计税工资”。

（1）在“工资汇总”工作表中选中单元格 H3，插入 IF 函数“=IF(G3<=3500,0,G3-3500)”，按 Enter 键显示计税工资，如图 11-28 所示。

操作演示：工资汇总表（二）

H3　=IF(G3<=3500,0,G3-3500)

	A	B	C	D	E	F	G	H	I
1	工资汇总								
2	员工编号	姓名	部门	基本工资	奖金	社会保险	应发工资	计税工资	个人所得税
3	5001	李思思	网购部	5900	500	1091.5	5308.5	1808.5	
4	5002	李秋香	网购部	2700	300	499.5	2500.5		
5	5003	周俊来	网购部	2700	500	499.5	2700.5		
6	5004	曹夏龙	培训部	6500	700	1202.5	5997.5		

职务工资　学历工资　工资汇总　员工考核

就绪　100%

图 11-28　计算“计税工资”

（2）利用填充柄，自动填充其他员工的计税工资。

3. 利用 IF 函数的嵌套计算“个人所得税”

任务 9：使用 IF 函数的嵌套计算员工的“个人所得税”。

（1）在“工资汇总”工作表中选中单元格 I3，根据税率表的等级，插入 IF 函数“IF(H3>57505, H3*45%-13505,IF(H3>41255,H3*35%-5505,IF(H3>27255,H3*30%-

2755,IF(H3>7755,H3*25%-1055,IF(H3>4155,H3*20%-555,IF(H3>1455,H3*10%-105,IF(H3>0,H3*3%,0))))))),按 Enter 键显示所得税金额，如图 11-29 所示。

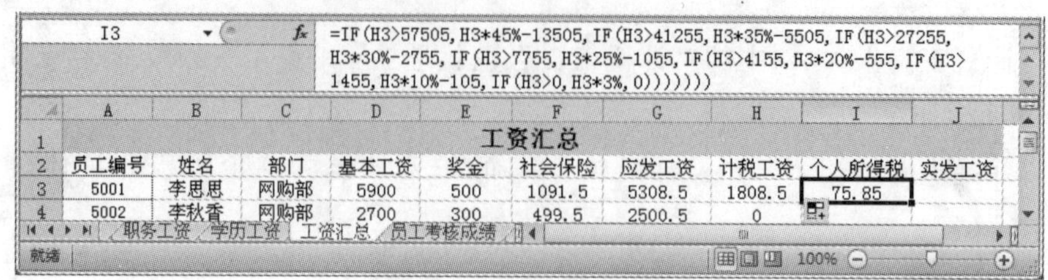

I3 =IF(H3>57505,H3*45%-13505,IF(H3>41255,H3*35%-5505,IF(H3>27255,H3*30%-2755,IF(H3>7755,H3*25%-1055,IF(H3>4155,H3*20%-555,IF(H3>1455,H3*10%-105,IF(H3>0,H3*3%,0)))))))

	A	B	C	D	E	F	G	H	I	J
1	工资汇总									
2	员工编号	姓名	部门	基本工资	奖金	社会保险	应发工资	计税工资	个人所得税	实发工资
3	5001	李思思	网购部	5900	500	1091.5	5308.5	1808.5	75.85	
4	5002	李秋香	网购部	2700	300	499.5	2500.5	0		

图 11-29 计算个人所得税

（2）利用填充柄，自动填充其他员工的个人所得税。

因为财务数据只需要精确到分，所以可以使用 ROUND 函数，将个人所得税金额只保留 2 位小数，计算结果如图 11-30 所示，计算公式为：

=ROUND(IF(H3>57505,H3*45%-13505,IF(H3>41255,H3*35%-5505,IF(H3>27255,H3*30%-2755,IF(H3>7755,H3*25%-1055,IF(H3>4155,H3*20%-555,IF(H3>1455,H3*10%-105,IF(H3>0,H3*3%,0))))))),2)

I3 =ROUND IF(H3>57505,H3*45%-13505,IF(H3>41255,H3*35%-5505,IF(H3>27255,H3*30%-2755,IF(H3>7755,H3*25%-1055,IF(H3>4155,H3*20%-555,IF(H3>1455,H3*10%-105,IF(H3>0,H3*3%,0))))))),2)

	A	B	C	D	E	F	G	H	I	J
1	工资汇总									
2	员工编号	姓名	部门	基本工资	奖金	社会保险	应发工资	计税工资	个人所得税	实发工资
3	5001	李思思	网购部	5900	500	1091.5	5308.5	1808.5	75.85	
4	5002	李秋香	网购部	2700	300	499.5	2500.5	0	0	
5	5003	周俊来	网购部	2700	500	499.5	2700.5	0	0	
6	5004	曹夏龙	培训部	6500	700	1202.5	5997.5	2497.5	144.75	
7	5005	杨雯雯	培训部	2900	300	536.5	2663.5	0	0	
8	5006	秦柏亮	培训部	4900	500	906.5	4493.5	993.5	29.805	
9	5007	文章	研发部	5800	500	1073	5227	1727	67.7	
10	5008	秦智	研发部	2700	700	499.5	2900.5	0	0	
11	5009	邱玉婷	研发部	4500	300	832.5	3967.5	467.5	14.025	
12	5010	温媛	研发部	4100	100	758.5	3441.5	0	0	
13	5011	任华侨	人事部	5900	500	1091.5	5308.5	1808.5	75.85	

图 11-30 使用 ROUND 函数精确计算“个人所得税”

见多识广：IF 函数最多允许嵌套 7 层，本章所讲“个人所得税”为 2012 年调整后的 7 级，如果税率再次调整为 9 级或者公司设置更多级别的奖金制度，使用 IF 函数计算“个人所得税”时只能计算到第 7 级。那么第 8 级、第 9 级该如何进行计算呢？

可以使用 VLOOKUP 函数简单方便地计算“个人所得税”。

1）创建如图 11-27 所示的“个人所得税税率表”工作表。为了进行对比，在“工资汇总”工作表中的“个人所得税”数据列后插入一列。

2）使用 VLOOKUP 函数进行“模糊查找”。使用 VLOOKUP 函数进行“模糊查找”（即 range_lookup 为 true）时，如果函数 VLOOKUP 在区域 table_array 的第 1 列找不到 lookup_value，则返回小于等于 lookup_value 的最大数值。

例如，在图 11-30 中，员工文章的计税工资为 1727 元，如果使用税率表中的税率，则 1727 元适用的税率应该是 10%。

使用 VLOOKUP 函数在图 11-31 所示的区域中进行“模糊查找”时，是找不到 1727 元所对应的税率的。按照上面的方法，应该“返回小于等于 lookup _value(1727) 的最大数值”，即“级别”为 1455 的税率 10%。

个人所得税税率表				
应纳税所得额（计税工资）=应发工资-3500元				
应纳税所得=应纳税所得额×税率-速算扣除数				
个人所得税起征金额：3500				
级数	全月应纳税所得税	级别	税率（%）	速算扣除数
1	不超过1455元	0	3	0
2	超过1455至4155元的部分	1455	10	105
3	超过4155至7755元的部分	4155	20	555
4	超过7755至27255元的部分	7755	25	1005
5	超过27255至41255元的部分	27255	30	2755
6	超过41255至57505元的部分	41255	35	5505
7	超过57505元的部分	57505	45	13505

图 11-31　定义的“税率”区域

（3）使用 VLOOKUP 函数计算“个人所得税”。在图 11-31 定义的“税率”区域中，第 1 列为“级别”，第 2 列为“税率”，第 3 列为“速算扣除数”，按照前面给出的计算“个人所得税”的公式：

个人所得税 = 计税工资 × 税率 − 速算扣除数

选中单元格 J3，插入 VLOOKUP 函数，输入“=H3*VLOOKUP(H3, 个人所得税税率表!$C$5:$E$12,2,TRUE)/100−VLOOKUP(H3, 个人所得税税率表 !$C$5:$E$12,3,TRUE)”，如图 11-32 所示。

J3　fx　=H3*VLOOKUP(H3,个人所得税税率!$C$5:$E$12,2,TRUE)/100-VLOOKUP(H3,个人所得税税率!$C$5:$E$12,3,TRUE)

	A	B	C	D	E	F	G	H	I	J	K
1	工资汇总										
2	员工编号	姓名	部门	基本工资	奖金	社会保险	应发工资	计税工资	个人所得税		实发工资
3	5001	李思思	网购部	5900	500	1091.5	5308.5	1808.5	75.85	75.85	
4	5002	李秋香	网购部	2700	300	499.5	2500.5	0	0		
5	5003	周俊来	网购部	2700	500	499.5	2700.5	0	0		
6	5004	曹夏龙	培训部	6500	700	1202.5	5997.5	2497.5	144.75		

工资明细　职务工资　学历工资　工资汇总　员工考核

图 11-32　使用 VLOOKUP 函数计算“个人所得税”

4. 计算“工资汇总”工作表中的“实发工资”

“实发工资”的计算方法如下：

实发工资 = 应发工资 − 个人所得税

删除图 11-32 中的 J 列。再选中单元格 J3，输入公式“=G3−13”，按 Enter 键显示“实发工资”。利用填充柄，自动填充其他员工的实发工资，效果如图 11-33 所示。

	A	B	C	D	E	F	G	H	I	J
1	工资汇总									
2	员工编号	姓名	部门	基本工资	奖金	社会保险	应发工资	计税工资	个人所得税	实发工资
3	5001	李思思	网购部	5900	500	1091.5	5308.5	1808.5	75.85	5232.65
4	5002	李秋香	网购部	2700	300	499.5	2500.5	0	0	2500.5
5	5003	周俊来	网购部	2700	500	499.5	2700.5	0	0	2700.5
6	5004	曹夏龙	培训部	6500	700	1202.5	5997.5	2497.5	144.75	5852.75
7	5005	杨雯雯	培训部	2900	300	536.5	2663.5	0	0	2663.5
8	5006	秦柏亮	培训部	4900	500	906.5	4493.5	993.5	29.805	4463.695
9	5007	文章	研发部	5800	500	1073	5227	1727	67.7	5159.3
10	5008	秦智	研发部	2700	700	499.5	2900.5	0	0	2900.5
11	5009	邱玉婷	研发部	4500	300	832.5	3967.5	467.5	14.025	3953.475
12	5010	温媛	研发部	4100	100	758.5	3441.5	0	0	3441.5
13	5011	任华侨	人事部	5900	500	1091.5	5308.5	1808.5	75.85	5232.65

员工信息　工资明细　职务工资　工资汇总　学历工

图 11-33　计算“实发工资”

5. 设置“工资汇总”工作表中的数据格式

在很多场合下，人民币的标准符号应该为 RMB。因此，在 Excel 中如果要使用 RMB

来表示人民币，需要通过【开始】选项卡中【数字】组中的【设置单元格格式】命令来实现。

任务 10：将“工资汇总”工作表中的人民币符号设置为 RMB。

（1）选中要设置数据格式的单元格区域 D3:J13。

操作演示：工资汇总表（三）

（2）在区域中单击鼠标右键，在弹出的快捷菜单中选择【设置单元格格式】命令，单击【数字】标签，在【分类】列表框中选择“自定义”项。

（3）在【类型】文本框中编辑数字的显示格式为“"RMB"#,##0.00;"RMB"-#,##0.00”，如图 11-34 所示。

（4）单击【确定】按钮，设置完成的效果如图 11-35 所示。

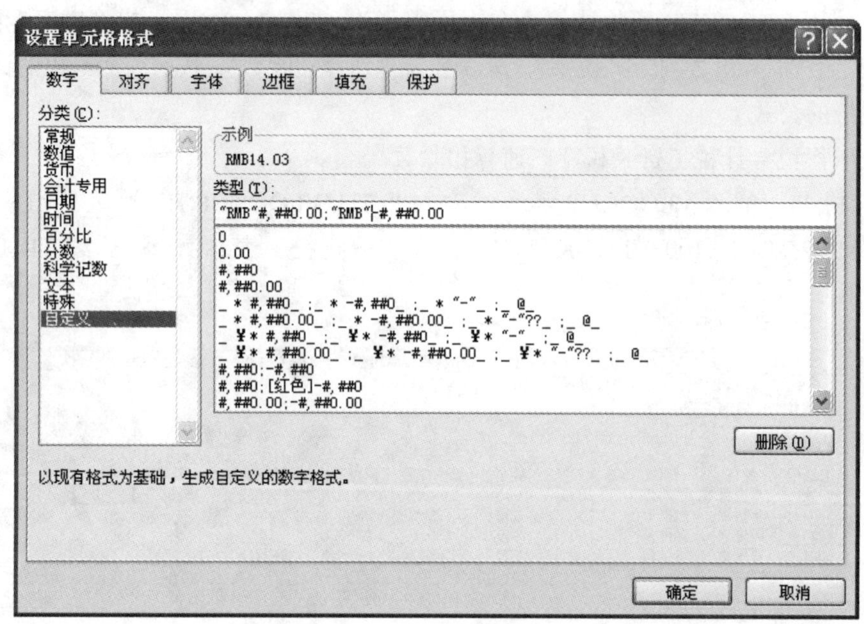

图 11-34　设置单元格格式

提示：

将单元格格式设置为“货币”或者某些类型后，单元格数据内容会显示为“####”，此时将光标移动到此列列号和下一列列号之间双击鼠标左键即可正常显示数据。

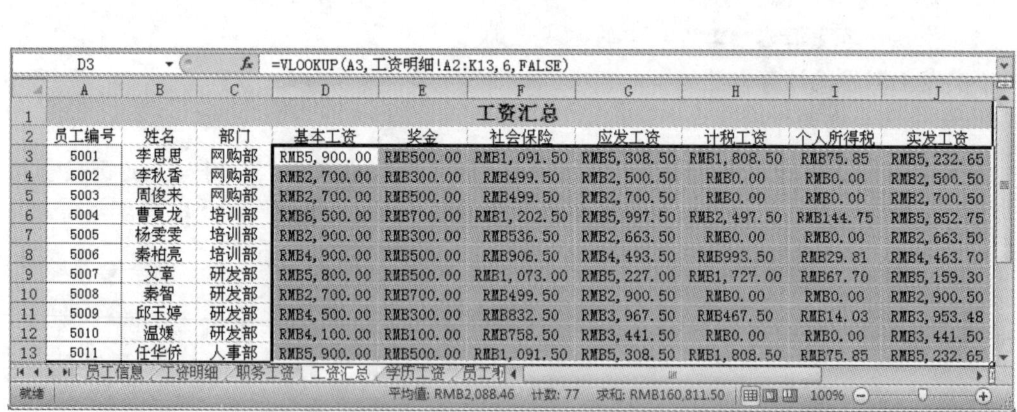

D3　=VLOOKUP(A3,工资明细!A2:K13,6,FALSE)

	A	B	C	D	E	F	G	H	I	J
1	工资汇总									
2	员工编号	姓名	部门	基本工资	奖金	社会保险	应发工资	计税工资	个人所得税	实发工资
3	5001	李思思	网购部	RMB5,900.00	RMB500.00	RMB1,091.50	RMB5,308.50	RMB1,808.50	RMB75.85	RMB5,232.65
4	5002	李秋香	网购部	RMB2,700.00	RMB300.00	RMB499.50	RMB2,500.50	RMB0.00	RMB0.00	RMB2,500.50
5	5003	周俊来	网购部	RMB2,700.00	RMB500.00	RMB499.50	RMB2,700.50	RMB0.00	RMB0.00	RMB2,700.50
6	5004	曹夏龙	培训部	RMB6,500.00	RMB700.00	RMB1,202.50	RMB5,997.50	RMB2,497.50	RMB144.75	RMB5,852.75
7	5005	杨雯雯	培训部	RMB2,900.00	RMB300.00	RMB536.50	RMB2,663.50	RMB0.00	RMB0.00	RMB2,663.50
8	5006	秦柏亮	培训部	RMB4,900.00	RMB500.00	RMB906.50	RMB4,493.50	RMB993.50	RMB29.81	RMB4,463.70
9	5007	文章	研发部	RMB5,800.00	RMB500.00	RMB1,073.00	RMB5,227.00	RMB1,727.00	RMB67.70	RMB5,159.30
10	5008	秦智	研发部	RMB2,700.00	RMB700.00	RMB499.50	RMB2,900.50	RMB0.00	RMB0.00	RMB2,900.50
11	5009	邱玉婷	研发部	RMB4,500.00	RMB300.00	RMB832.50	RMB3,967.50	RMB467.50	RMB14.03	RMB3,953.48
12	5010	温媛	研发部	RMB4,100.00	RMB100.00	RMB758.50	RMB3,441.50	RMB0.00	RMB0.00	RMB3,441.50
13	5011	任华侨	人事部	RMB5,900.00	RMB500.00	RMB1,091.50	RMB5,308.50	RMB1,808.50	RMB75.85	RMB5,232.65

员工信息　工资明细　职务工资　工资汇总　学历工资　员工利

就绪　平均值: RMB2,088.46　计数: 77　求和: RMB160,811.50　100%

图 11-35　设置格式效果

技巧点滴：在自定义数据格式时，最多可以指定 4 个部分的不同定义格式并以分号分隔，它们顺序地定义了格式中的正数、负数、零和文本。如果只指定两个部分，则第一部分用于表示正数和零，第二部分用于表示负数。如果只指定一个部分，则该部分用于所有的数字。可以使用数据格式自定义以下内容：数字、日期或时间、货币、百分比、科学计数、文本和空格。

11.3 本章小结

本章通过对员工工资的管理，主要介绍了使用 Excel 计算个人所得税的方法以及 IF 函数、VLOOKUP 函数的高级应用。在使用函数的过程中，注意输入的函数数值和表格数值之间、表格数值和表格数值之间一定要一致，如果多出一个空格或者是少了一个符号都无法正确执行函数命令。

本章的重点和难点内容是 VLOOKUP 函数的嵌套使用。在利用 VLOOKUP 函数对数据进行查找和引用时，有时需要使用 VLOOKUP 函数的嵌套才能实现。本章案例中主要使用了 VLOOKUP 函数的第一个参数的嵌套。

另外，在计算个人所得税时还使用了 IF 函数的嵌套。需要注意的是，IF 函数最多只能实现 7 层嵌套，所以使用 IF 函数计算“个人所得税”，只能计算税率表中的第 7 级。对于计税工资更多级别的个人所得税的计算，本章介绍了另外一种方法——使用 VLOOKUP 函数的模糊匹配。利用这种方法计算个人所得税更快捷。但需要注意的是，使用 VLOOKUP 函数进行模糊匹配时，table_array 参数的第 1 列的数据必须按升序排列，否则 VLOOKUP 函数不能返回正确的数值。

11.4 习题

上机操作

销售部助理小王需要根据 2012 年和 2013 年的图书产品销售情况进行统计分析，以便制订新一年的销售计划和工作任务。现在，请你按照如下需求，在文档“Excel.xlsx”中完成以下工作并保存。

1. 在“销售订单”工作表的“图书编号”列中，使用 VLOOKUP 函数填充所对应“图书名称”的“图书编号”。“图书名称”和“图书编号”的对照关系请参考“图书编目表”工作表。

2. 将“销售订单”工作表的“订单编号”列按照数值升序方式排序，并将所有重复的订单编号数值标记为紫色（标准色），然后将其排列在销售订单列表区域的顶端。

3. 在“2013 年图书销售分析”工作表中，统计 2013 年各类图书在每月的销售量，并将统计结果填充在所对应的单元格中。为该表添加汇总行，在汇总行单元格中分别计算每月图书的总销量。

4. 在“2013 年图书销售分析”工作表中的 N4:N11 单元格中，插入用于统计销售趋势的迷你折线图，各单元格中迷你图的数据范围为所对应图书的 1 月—12 月销售数据，并为各迷你折线图标记销量的最高点和最低点。

5. 根据“销售订单”工作表的销售列表创建数据透视表，并将创建完成的数据透视表放置在新工作表中，以 A1 单元格为数据透视表的起点位置。将工作表重命名为“2012 年书店销量”。

6. 在“2012 年书店销量”工作表的数据透视表中，设置“日期”字段为列标签，“书

店名称”字段为行标签，“销量（本）”字段为求和汇总项。并在数据透视表中显示 2012 年期间各书店每季度的销量情况。

提示：为了统计方便，请勿对完成的数据透视表进行额外的排序操作。

上述各题的具体操作步骤分别如下所述。

（1）题 1 解题步骤。

步骤：启动“Excel. xlsx”工作表，在“销售订单”工作表的 E3 单元格中输入“=VLOOKUP(D3, 图书编目表 !$A$2:$B$9,2,FALSE)”，按 Enter 键完成图书名称的自动填充。

（2）题 2 解题步骤。

步骤 1：选中 A3:A678 单元格区域，单击【开始】选项卡下【编辑】组中的【排序和筛选】下拉按钮，在下拉列表中选择“自定义排序”项，在打开的对话框中将“列”设置为订单编号，“排序依据”设置为数值，“次序”设置为升序，单击【确定】按钮。

步骤 2：选中 A3:A678 单元格区域，单击【开始】选项卡下【样式】组中的【条件格式】下拉按钮，选择【突出显示单元格规则】级联菜单中的【重复值】命令，弹出【重复值】对话框。单击“设置为”右侧的按钮，在下拉列表中选择【自定义格式】命令即可弹出【设置单元格格式】对话框，单击【颜色】下拉按钮选择标准色中的“紫色”，单击【确定】按钮，返回到【重复值】对话框中再次单击【确定】按钮。

步骤 3：单击【开始】选项卡下【编辑】组中的【排序和筛选】下拉按钮，在下拉列表中选择“自定义排序”，在打开的对话框中将“列”设置为“订单编号”，将“排序依据”设置为“字体颜色”，将“次序”设置为“紫色、在顶端”，单击【确定】按钮。

（3）题 3 解题步骤。

步骤 1：在“销售订单”工作表中选中“书店名称”单元格右击，在快捷菜单中选择【插入】级联菜单中的【在左侧插入表列】命令，插入一列单元格，然后在 C3 单元格中输入“=MONTH($B$3:$B$678)”，按 Enter 键确定。

步骤 2：根据题意要求切换至“2013 年图书销售分析”工作表中，选择 B4 单元格，并输入“=SUMIFS(销售订单 !$H$3:$H$678, 销售订单 !$E$3:$E$678,A4, 销售订单 !$C$3:$C$678,1)”，按 Enter 键确定。

步骤 3：选择“2013 年图书销售分析”工作表中的 C4 单元格，并输入“=SUMIFS(销售订单 !$H$3:$H$678, 销售订单 !$E$3:$E$678,A4, 销售订单 !$C$3:$C$678,2)”，按 Enter 键确定；选中 D4 单元格并输入“=SUMIFS(销售订单 !$H$3:$H$678, 销售订单 !$E$3:$E$678,A4, 销售订单 !$C$3:$C$678,3)”，按 Enter 键确定。使用同样方法在其他单元格中得出结果。

步骤 4：在 A12 单元格中输入“每月图书总销量”字样，然后选中 B12 单元格输入“=SUBTOTAL(109,B4:B11)”，按 Enter 键确定。

步骤 5：将鼠标指针移动至 B12 单元格的右下角，按住鼠标左键并拖动至 M12 单元格中，松开鼠标完成填充运算。

（4）题 4 解题步骤。

步骤 1：根据题意要求选择“2013 年图书销售分析”工作表中的 N4:N11 单元格，单击【插入】选项卡下【迷你图】组中的【折线图】按钮，在打开的对话框中的【数据范围】中输入“B4:M11”，在【位置范围】文本框中输入“$N$4:$N$11”，单击【确定】按钮。

步骤 2：确定选中“迷你图工具”，勾选【设计】选项卡下【显示】组中的【高点】和【低点】复选框。

（5）题 5 解题步骤。

步骤 1：根据题意要求切换至“销售订单”工作表中，单击【开始】选项卡下【表格】组中的【数据透视表】下拉按钮，在弹出的下拉列表中选择【数据透视表】命令，在弹出的【创建数据透视表】对话框中将“表 / 区域”设置为表 1，选择“新工作表”，单击【确定】按钮。

步骤 2：单击【选项】选项卡下【操作】组中的【移动数据透视表】按钮，在打开的【移动数据透视表】对话框中选中“现有工作表”，将【位置】设置为“Sheet1!A1”，单击【确定】按钮。

步骤 3：在工作表名称上单击鼠标右键，在弹出的快捷菜单中选择【重命名】命令，将工作表重命名为“2012 年书店销量”。

（6）题 6 解题步骤。

步骤 1：根据题意要求，在“2012 年书店销量”工作表的“数据透视表字段列表”窗格中将“日期”字段拖动至“列标签”，将“书店名称”拖动至“行标签”，将“销量（本）”拖动至“数值”中。

步骤 2：在 A8:A10 单元格中分别输入各书店的名称，在 B7:E7 单元格中分别输入第 1 季度至第 4 季度，在 B8 单元格中输入“=SUM(B3:BK3)”，将鼠标指针移动至 B8 单元格的右下角，按住鼠标左键并拖动至 B10 单元格中，松开鼠标完成填充。

步骤 3：使用同样方法在 C8、D8、E8 单元格中分别输入以下公式“=SUM(BL3:DY3)”“=SUM(DZ3:GL3)”“=SUM(QM3:SL3)”。

第 12 章　PowerPoint 应用——制作毕业论文答辩报告

教学目标

- 掌握演示文稿的基本编辑和操作技巧
- 掌握演示文稿的动画设置
- 理解超链接的概念，掌握演示文稿中超链接的应用
- 掌握演示文稿的放映设置

本章以制作“毕业论文答辩报告”演示文稿为例，主要介绍 PowerPoint 2010 的基本操作和技巧，包括 PowerPoint 2010 和 Word 2010 文档之间的转换、文本的编排、幻灯片设计版式和模板的应用、幻灯片动画效果的设置、超链接的使用和幻灯片的放映设置等。

12.1　制作毕业论文答辩报告案例分析

12.1.1　任务的提出

计算机系的学生李洋终于完成了自己的毕业设计——宇轩房产的网站建设。马上就要进行论文答辩了，如何才能使答辩生动活泼、引人入胜呢？

经过导师的引导和分析，李洋了解到 Word 适用于文字处理，Excel 适用于数据处理，只有 PowerPoint 适用于材料展示，如课堂教学、论文答辩、产品发布、项目论证、个人或公司介绍等。这是因为 PowerPoint 可以集文字、图形、声音和视频图像于一体，同时可以借助动画、超链接功能创建形象生动、高度交互的多媒体演示文稿。因此，李洋决定使用 PowerPoint 2010 制作论文答辩演讲稿。

12.1.2　解决方案

首先可以将已经完成的“毕业论文”Word 文档插入到 PowerPoint 演示文稿中，创建论文大纲架构，这样可以提高工作效率，起到事半功倍的效果；然后通过添加文本、图表、格式化幻灯片、添加动画效果等操作，逐步完善毕业论文答辩报告。完成效果如图 12-1 所示。

12.1.3　相关知识点

1. 演示文稿和幻灯片

一个 PowerPoint 文件称为一个演示文稿，通常它由一系列幻灯片构成。制作演示文稿的过程实际就是制作一张张幻灯片的过程。幻灯片中可以包含文字、表格、图片、声音、

图像等。使用 PowerPoint 2010 制作的演示文稿的扩展名为 pptx。

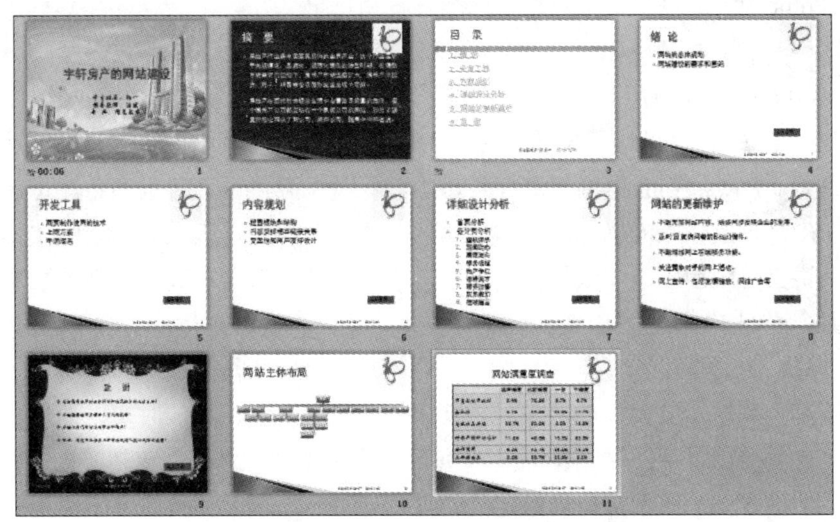

图 12-1 “毕业论文”演示文稿

资源：幻灯片母版下载网址

2. 占位符

标题、文本、图片以及图表在幻灯片上所占的位置称为占位符。占位符的大小和位置一般取决于幻灯片所用的版式。对于标题和文本占位符，一般有编辑状态和选定状态。

（1）在占位符内单击，会显示由虚框围成的矩形区域，此时进入编辑状态。

（2）在虚框上单击，占位符变成点状虚框，即进入选定状态。选定状态下可进行复制、删除等操作。

3. 幻灯片版式

“版式”用于确定幻灯片所包含的对象以及各对象之间的位置关系。版式由占位符构成，而不同的占位符可以放置不同的对象。例如，标题和文本占位符可以放置文字，内容占位符可以放置表格、图片、图表、剪贴画等。

4. 模板

要使演示文稿的普通幻灯片中包含精心编排的元素和颜色、字体、效果、样式以及版式，可以应用模板（potx 文件）。这将有助于从新的空演示文稿开始设计。

可以应用 PowerPoint 2010 的内置模板、自己创建并保存到计算机中的模板、从 Microsoft Office.com 或第三方网站下载的模板。

如果要应用模板，可执行以下操作：

（1）在【文件】选项卡上选择【新建】命令。

（2）在【可用的模板和主题】下，执行下列操作之一。

- 若要重复使用最近用过的模板，请选择【最近打开的模板】命令。
- 若要使用之前已安装到本地驱动器上的模板，请选择【我的模板】命令，再选择所需的模板，然后单击【确定】按钮。

在【Office.com 模板】下选择【模板类别】命令，选择一个模板，然后单击【下载】按钮将该模板从 Office.com 下载到本地。

5. 配色方案

配色方案是由背景颜色、线条和文本颜色以及其他 6 种颜色搭配而成的。可以把配色方案理解成每个演示文稿所包含的一套颜色设置。这些颜色分别应用到幻灯片上的对象中，例如，填充图形的颜色、设置文本和线条的颜色、设置超链接后文本的颜色等。

PowerPoint 中的配色方案有两种：标准方案和自定义方案。

6. 母版

讨论：

幻灯片母版和模板是什么关系？

在 PowerPoint 中，母版是一张特殊的幻灯片，当需要演示文稿中每张幻灯片都具有统一的外观效果（如标题和正文的位置和大小、背景图案、页脚内容等）时，就可以在母版中进行设置。PowerPoint 提供了幻灯片母版、标题母版、讲义母版和备注母版。幻灯片母版控制在幻灯片上输入的标题和文本的格式与类型；标题母版控制标题版式幻灯片的格式和位置；讲义母版用于添加或修改幻灯片在讲义视图中每页讲义上出现的页眉或页脚信息；备注母版用来控制备注页版式和备注页文字格式。本章将具体介绍常用的幻灯片母版。

7. 超链接

超链接是控制演示文稿播放的一种重要手段。我们可以在播放时实时地以顺序或定位方式进行“自由跳转”。用户在制作演示文稿时预先为幻灯片对象创建超链接，并将链接的目的指向其他地方——演示文稿内指定的幻灯片、另一个演示文稿、某个应用程序，甚至是某个网络资源地址。

超链接本身可能是文本或其他对象（例如，图片、图形、结构图、艺术字等）。使用超链接可以制作出具有交互功能的演示文稿。在播放演示文稿时，使用者可以根据自己的需要单击某个超链接进行相应内容的跳转。

PowerPoint 提供了两种方式的超链接：以下划线表示的超链接和以动作按钮表示的超链接。

8. 动画效果

动画效果是指放映幻灯片时，幻灯片中的一些对象会按照某种规律以动画的形式显示出来。PowerPoint 2010 中可以使用“动画刷”快速设置动画效果。

12.2 实现方法

本节将按照以下步骤完成“毕业论文答辩报告”演示文稿的制作过程。

（1）将 Word 文档插入到 PowerPoint 演示文稿中。

（2）对幻灯片进行编辑和格式化操作。

（3）对幻灯片中的内容进行筛选、提炼和添加。

（4）通过使用幻灯片版式、设计模板、配色方案和母版等美化幻灯片。

（5）设置幻灯片上对象的动画效果、切换效果和放映方式。

（6）创建交互式演示文稿。

（7）打印和发布演示文稿。

12.2.1 将 Word 文档插入到 PowerPoint 演示文稿中

任务 1：使用完成的“毕业论文”Word 文档创建 PowerPoint 演示文稿。

（1）选择【开始】|【所有程序】|【Microsoft Office】|【Microsoft PowerPoint 2010】命令，启动 PowerPoint 2010。

（2）选择【文件】|【打开】命令，在弹出的【打开】对话框中的【文件类型】下拉列表中选择【所有大纲】，选中已经完成的“毕业论文 .docx”文档，单击【打开】按钮，

Word 文档即可被导入到 PowerPoint 中，如图 12-2 所示。

操作演示：任务 1—5

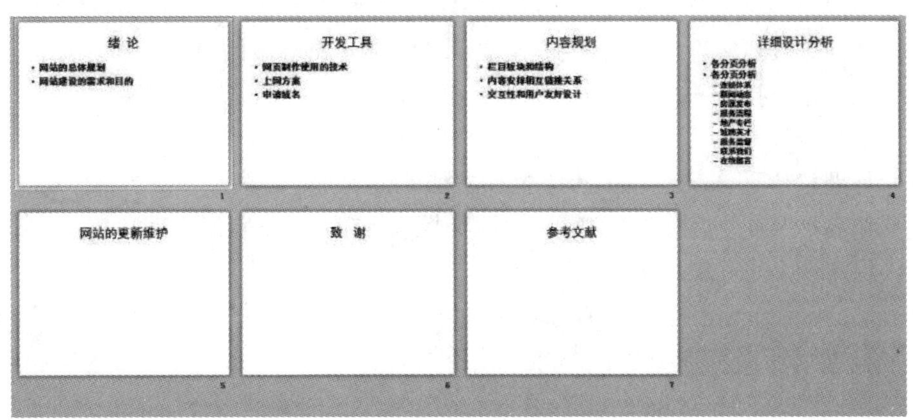

图 12-2 插入 Word 文档的 7 张幻灯片

（3）以“毕业论文”为文件名保存演示文稿。

温馨提示：为了创建演示文稿中的幻灯片，PowerPoint 将使用 Word 文档中的标题样式。例如 Word 文档中的“标题 1”样式将成为新幻灯片的标题，“标题 2”样式将成为新幻灯片的第一级文本，依此类推。

技巧点滴：将 Word 文档导入到 PowerPoint 中，可以使用下列两种方法。

- 如果是在 PowerPoint 中进行编辑，选择【文件】|【打开】命令，在【打开】的对话框中查到待导入的“毕业论文 .docx”文档，单击【打开】按钮即可。
- 如果是在 Word 中进行编辑，选择【发送到 Microsoft PowerPoint】命令，此时将自动启动 PowerPoint，将“毕业论文 .docx”中的大纲内容导入到 PowerPoint 中。选择【发送到 Microsoft PowerPoint】命令，在【文件】|【选项】|【快速访问工具栏】|【不在功能区中的命令】中进行添加。

12.2.2 使用不同视图编辑、浏览演示文稿

PowerPoint 2010 的工作界面如图 12-3 所示，图中所示的几个部分说明如下：

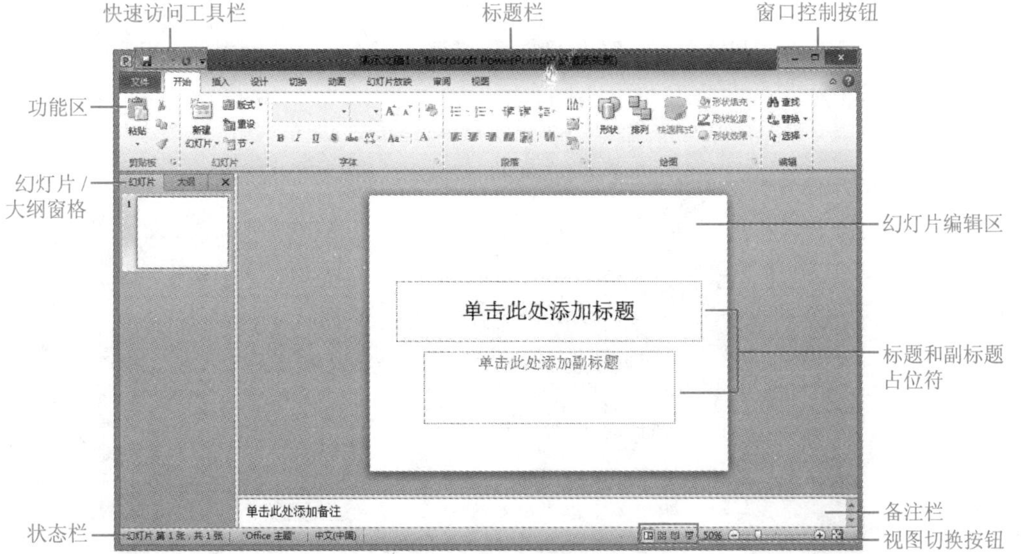

图 12-3 PowerPoint 2010 的工作界面

- 快速访问工具栏用于放置一些在制作演示文稿时使用频率较高的命令按钮。默认情况下，该工具栏包含了“保存”“撤销”和“重复”命令按钮。如需要在快速访问工具栏中添加其他命令按钮，可以单击工具栏右侧的下三角按钮，在展开的列表中选择所需选项即可。此外，通过该列表，我们还可以设置快速访问工具栏的显示位置。
- 标题栏位于 PowerPoint 2010 操作界面的最顶端，中间显示了当前编辑的演示文稿名称及程序名称，右侧是三个窗口控制按钮，单击它们可以将 PowerPoint 2010 窗口最小化、最大化 / 还原和关闭。
- 功能区位于标题栏的下方，是一个由多个选项卡组成的带形区域。PowerPoint 2010 将大部分命令分类组织在功能区的不同选项卡中，单击不同的选项卡标签，可切换功能区中显示的命令。在每一个选项卡中，命令又被分类放置在不同的组中。
- 幻灯片编辑区用于编辑幻灯片，可以为当前幻灯片添加文本、图片、图形、声音和影片等，还可以创建超链接或设置动画。幻灯片编辑区内带有虚线边框的编辑框名为占位符，用于指示可在其中输入标题文本（标题占位符）、正文文本（文本占位符），或者插入图表、表格和图片（内容占位符）等对象。幻灯片版式不同，占位符的类型和位置也不同。
- 幻灯片 / 大纲窗格利用“幻灯片”窗格或“大纲”窗格可以快速查看和选择演示文稿中的幻灯片。其中，“幻灯片”窗格显示了幻灯片的缩略图，单击某张幻灯片的缩略图可选中该幻灯片，此时即可在右侧的幻灯片编辑区编辑该幻灯片内容；“大纲”窗格显示了幻灯片的文本大纲。
- 状态栏位于程序窗口的最底部，用于显示当前演示文稿的一些信息，如当前幻灯片及总幻灯片数、主题名称、语言类型等。此外，还提供了用于切换视图模式的视图按钮，以及用于调整视图显示比例的缩放级别按钮和显示比例调整滑块等。此外，单击状态栏右侧的按钮，可按当前窗口大小自动调整幻灯片的显示比例，使其在当前窗口中可以显示全局效果。

PowerPoint 2010 提供了普通视图、幻灯片浏览视图、备注页视图和阅读视图几种视图模式。位于工作窗口右下角的 4 个视图按钮和【视图】选项卡提供了对演示文稿不同视图方式的切换操作，如图 12-4 所示。

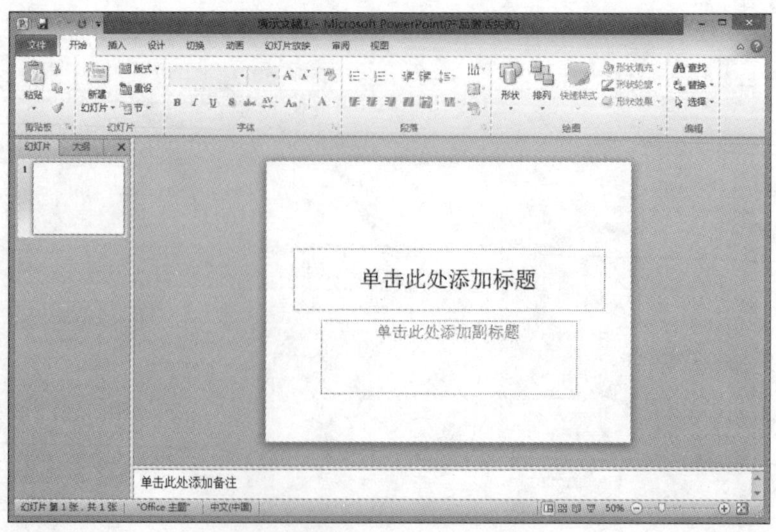

图 12-4　PowerPoint 2010 默认视图

其中，普通视图是 PowerPoint 2010 默认的视图模式，主要用于制作演示文稿；在幻灯片浏览视图中，幻灯片以缩略图的形式显示，从而方便用户浏览所有幻灯片的整体效果；备注页视图以上下结构显示幻灯片和备注页面，主要用于编写备注内容；阅读视图是以窗口的形式来查看演示文稿的放映效果。

（1）普通视图。PowerPoint 2010 启动后就直接进入普通视图方式，单击【大纲】选项卡，如图 12-3 所示，拖动窗格分界线，可以调整窗格的尺寸。

普通视图是主要的编辑视图，可用于撰写和设计演示文稿。普通视图有四个工作区域。

1）“大纲选项卡”，此区域是撰写内容的理想场所。在这里，可以捕获灵感，计划如何表述它们，并能移动幻灯片和文本。

“大纲选项卡”以大纲形式显示幻灯片文本。若要打印演示文稿大纲的书面副本，并使其只包含文本（就像大纲视图中所显示的那样）而没有图形或动画，请选择【文件】|【打印】|【其他设置】|【整页幻灯片】命令，选择【大纲】，再单击顶部的【打印】按钮。

2）“幻灯片选项卡”，该区域用于在编辑时以缩略图大小的图像在演示文稿中观看幻灯片。使用缩略图能方便地遍历演示文稿，并观看任何设计更改的效果。在这里还可以轻松地重新排列、添加或删除幻灯片。

3）“幻灯片窗格”，此区域在 PowerPoint 窗口的右上方，用于显示当前幻灯片的大视图。在此视图中显示当前幻灯片时，可以添加文本，插入图片、表格、SmartArt 图形、图表、图形、文本框、电影、声音、超链接和动画。

4）“备注窗格”，此区域在【幻灯片】窗格下的【备注】窗格中，可以在此输入要应用于当前幻灯片的备注。备注信息只出现在这个窗格中，在文稿演示中不会出现。

（2）幻灯片浏览视图。该视图方式将当前演示文稿中所有幻灯片以缩略图的形式排列在屏幕上。通过幻灯片浏览视图，制作者可以直观地查看所有幻灯片的情况，也可以直接进行复制、删除和移动幻灯片的操作。

（3）备注页视图。“备注”窗格位于“幻灯片”窗格下，可以在此输入要应用于当前幻灯片的备注。可以将备注打印出来并在放映演示文稿时进行参考；还可以将打印好的备注分发给受众；或者将备注包括在发送给受众或发布在网页上的演示文稿中。

（4）阅读视图。在创建演示文稿的过程中，制作者可以随时单击【幻灯片放映视图】按钮启动幻灯片放映功能，预览演示文稿的放映效果。需要注意的是，使用【幻灯片放映视图】按钮播放的是当前幻灯片窗格中正在编辑的幻灯片。

技巧点滴：按功能键 F6 可以按顺时针方向在普通视图的不同区域之间进行切换。

12.2.3 幻灯片的编辑操作

直接由 Word 大纲创建的 PowerPoint 演示文稿在结构和内容上还不能令人满意，需要进一步进行编辑整理。

1. 删除空白幻灯片

任务 2：删除演示文稿中第 7 张“参考文献”幻灯片。

在普通视图的【幻灯片】选项卡中按住 Ctrl 键，依次单击要删除的幻灯片缩略图，然后按 Delete 键，或者单击鼠标右键，在弹出的快捷菜单中选择【删除幻灯片】命令，可同时删除多个空白或无用的幻灯片。

同样，在幻灯片浏览视图下，使用类似的方法也可以同时删除多张幻灯片。

2. 删除演示文稿中的 Word 格式

在普通视图的【大纲】选项卡中，按 Ctrl+A 组合键选中所有文本，然后按 Ctrl+Shift+Z 组合键取消 Word 格式。

3. 插入新幻灯片

任务 3：在"毕业论文"演示文稿中第 1 张幻灯片前插入新幻灯片，在最后一张幻灯片后插入 4 张幻灯片，用于制作和编辑摘要、目录、表格和组织结构图等内容。

将光标置于第 1 张幻灯片前，右击鼠标，选择【新建幻灯片】命令，或按 Enter 键，默认版式为"标题和文本"。

将光标置于最后一张幻灯片之后，选择【开始】|【幻灯片】|【新建幻灯片】命令，依次插入 4 张新幻灯片，默认版式为"标题和文本"。在第 10 张和第 11 张幻灯片标题中分别录入"摘要""目录"。

4. 移动幻灯片

任务 4：将插入的"摘要"幻灯片移为第 2 张幻灯片，将"目录"幻灯片移为第 3 张幻灯片。

（1）在普通视图的【幻灯片】选项卡下，单击"摘要"幻灯片。

（2）按住鼠标左键（光标变成形状）并向上拖动鼠标，当幻灯片移至第 1 张幻灯片之后时释放鼠标。

（3）使用相同方法，将"目录"幻灯片移为第 3 张幻灯片。

5. 在幻灯片中添加内容

在设计演示文稿时应该遵循"主题突出、层次分明；文字精练、简单明了；形象直观、生动活泼"等原则，以便突出重点，给观看者留下深刻印象。为此，在向演示文稿中添加内容之前，一定要对演讲的内容进行精心地筛选和提炼，切忌把 Word 文档中的大段内容进行复制、粘贴。

（1）添加文本。

任务 5：在"毕业论文"演示文稿中，为"标题""摘要""目录"和"致谢"幻灯片输入提炼后的内容。

1）选中第 1 张幻灯片，默认为"标题幻灯片"版式。输入论文的题目"宇轩房产的网站建设"，格式为"黑体，44"；输入"学生姓名""指导教师"和"专业"，格式为"华文楷体，30"。

2）在"摘要"幻灯片和"致谢"幻灯片中分别输入提炼后的文本。

3）在"目录"幻灯片中添加相应的标题内容。

技巧点滴：也可以从 Word 文档中复制目录，然后再通过【选择性粘贴】命令将其复制到幻灯片中，再删除所有不需要的标题文本。

4）将其他幻灯片中不需要的项目符号去掉。方法是选择文本占位符（或文本），选择【开始】|【段落】|【项目符号】命令，在下拉列表中选择"无项目符号"。

5）调整幻灯片中文本的格式和行距等。

执行以上操作后的效果如图 12-5 所示。

在幻灯片中输入文本，可以采用下列方法。

- 在大纲视图下输入文本。
- 直接在幻灯片的文本占位符中输入文本。
- 通过文本框输入文本。

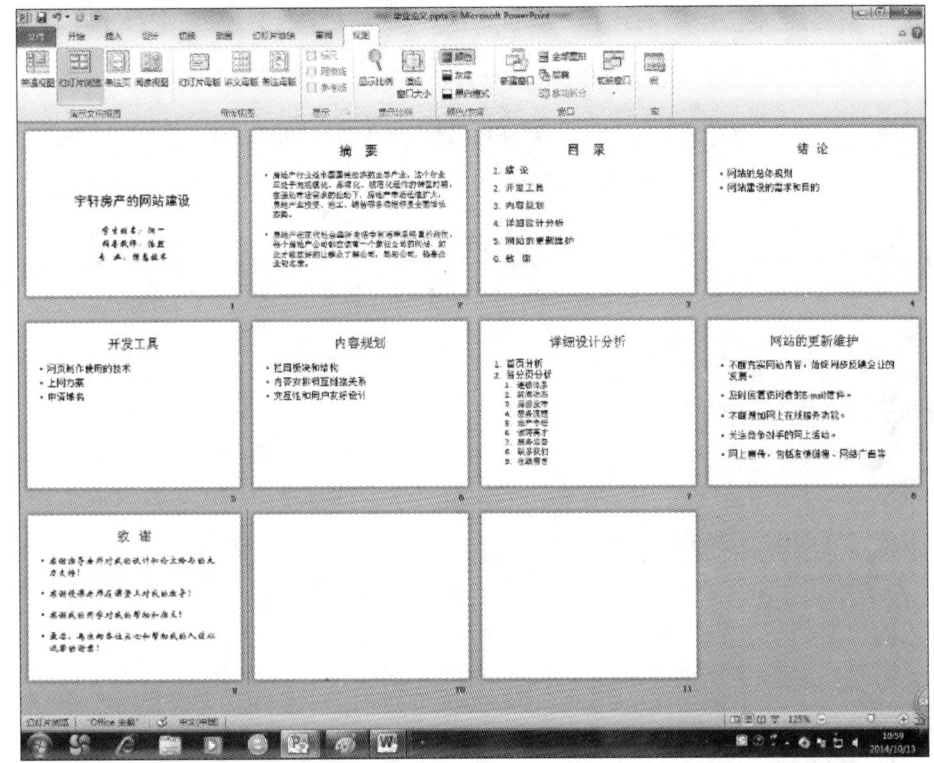

图 12-5 输入内容的“标题”“摘要”“目录”和“致谢”幻灯片

PowerPoint 的文本格式化操作与 Word 大同小异，但是段落格式化操作与 Word 略有差别。例如，若要设置段落间距，需选择【开始】|【段落】|【段落】命令打开【段落】对话框，设置行距、段前和段后间距等；若要设置首行缩进或悬挂缩进，需拖动水平标尺上的滑块来实现。

在幻灯片中可以添加文本，插入图片、表格、SmartArt 图形、图表、图形、文本框、电影、声音、超链接和动画，其插入方法与 Word 类似。

（2）添加组织结构图。组织结构图由一系列图框和连线组成，可以形象地表示一个单位或部门的内部结构、管理层次以及组织形式等。只要有层次结构的对象都可以用组织结构图来描述。

任务 6：在幻灯片中插入“网站主体布局”结构图，效果如图 12-6 所示。

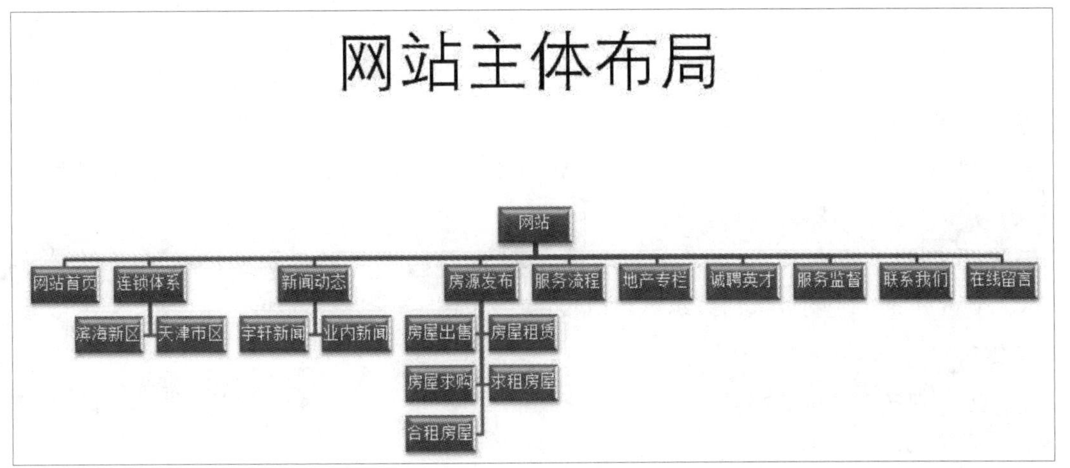

图 12-6 “网站主体布局”结构图

1）打开需要插入组织结构图的第 10 张幻灯片，选择【插入】|【插图】|【SmartArt】命令，如图 12-7 所示。

图 12-7 【插入】选项卡

2）在弹出的【选择 SmartArt 图形】对话框上选择“层次结构”，再单击第一行第一个图标即可插入组织结构图了。

3）根据需要在各个框中输入相应的信息。如果需要录入更多的同级组织结构，可以选中任意文本框并单击鼠标右键，在弹出的快捷菜单中选择【添加形状】|【在后面添加形状】命令或者【在前面添加形状】命令。

4）如果需要在某文本框下方新加组织结构，可以选中该文本框并单击鼠标右键，然后在弹出的快捷菜单中选择【添加形状】|【在上方添加形状】命令或者【在下方添加形状】命令，如图 12-8 所示。

操作演示：任务 6—7

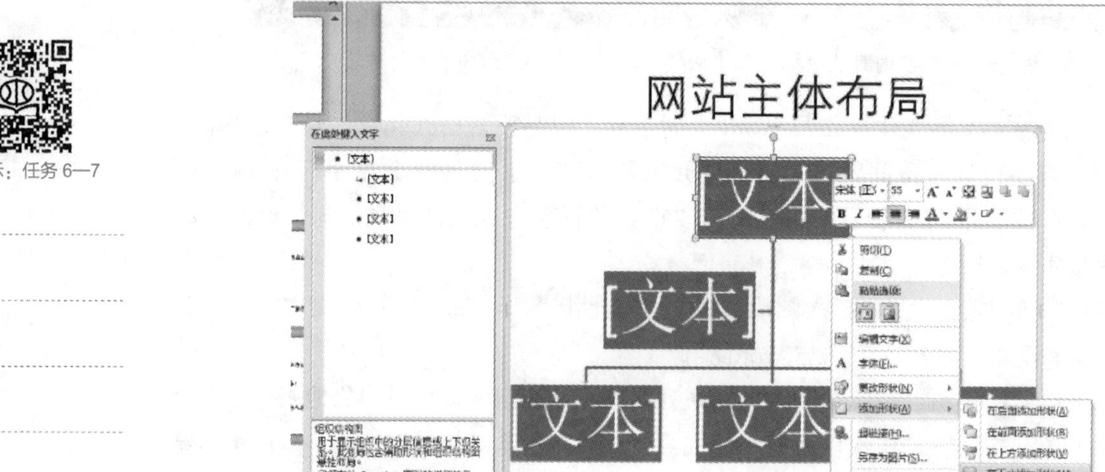

图 12-8 插入组织结构图

5）接下来的操作与在 Word 中插入组织结构图是一样的，即添加形状和文字、设置文字格式等，在此不再重复。

6）为了使整体风格统一，选择【SmartArt 工具 / 设计】|【SmartArt 样式】|【优雅】命令，该幻灯片效果如图 12-6 所示。

技巧点滴：若在 Word 中已经创建过该组织结构图，则可以直接从 Word 复制到 PowerPoint 中来，复制过来的组织结构图仍然可以进行编辑，如添加形状、设置文字格式、设置样式等。

（3）添加表格。表格是一种简明扼要的表达方式，在 PowerPoint 中也可以方便地制作含有表格的幻灯片。

任务 7：在幻灯片中添加“网站满意度调查”表格，效果如图 12-9 所示。

网站满意度调查

	非常满意	比较满意	一般	不满意
费用及收费规则	5.4%	78.2%	9.7%	6.7%
安全性	3.1%	55.4%	23.8%	17.7%
内容的真实性	33.7%	50.2%	2.3%	13.8%
对客户隐私的保护	11.3%	42.6%	10.5%	35.6%
操作简便	6.8%	42.1%	35.8%	15.3%
总体满意度	5.2%	33.7%	52.9%	8.2%

图 12-9 “网站满意度调查”表格

1）选中第 11 张幻灯片，打开【开始】|【幻灯片】|【版式】任务窗格，在【Office 主题】列表中选择“标题和内容”版式。

2）在标题占位符中输入标题“网站满意度调查”。在“内容”占位符中单击【插入表格】快捷图标打开【插入表格】对话框，设置表格的行数为 7，列数为 5，单击【确定】按钮，即可创建一个 7×5 的表格。

3）双击表格外框，在功能区中打开【表格工具 / 布局】选项卡，如图 12-10 所示，适当地调整行高和列宽。

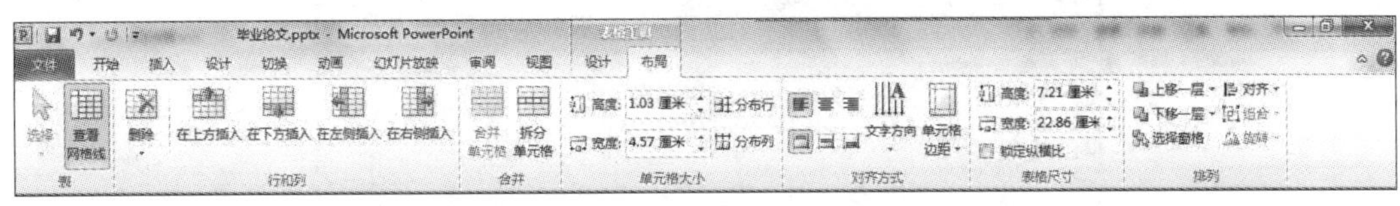

图 12-10 【表格工具 / 布局】选项卡

（4）将表头标题设置为“华文黑体，36”，将第 1 列文本设置为“华文新魏，22”。

（5）使用【表格工具 / 设计】选项卡，为表格设置边框线及底纹，第一行的底纹选择“蓝色面巾纸”，如图 12-11 所示。

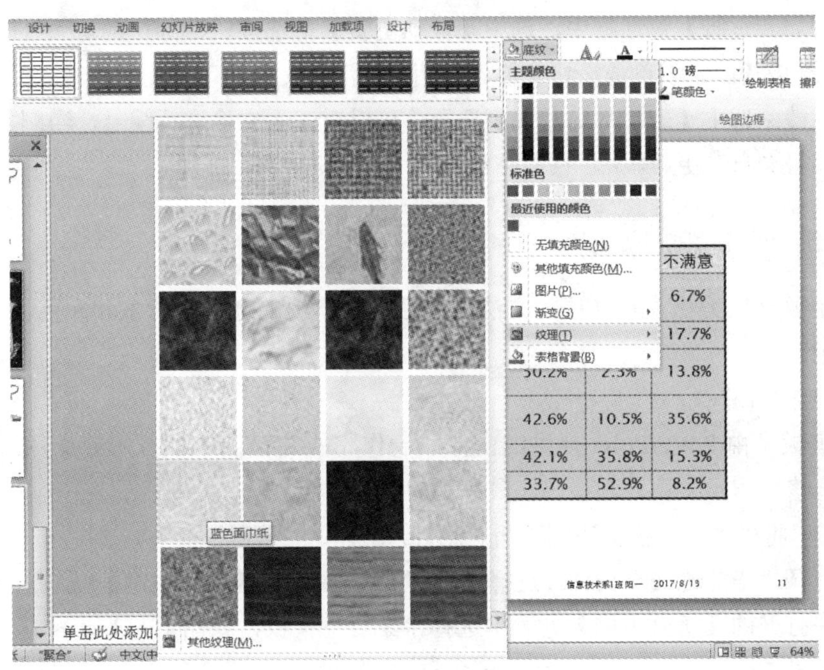

图 12-11 设置填充效果

技巧点滴：如果上述的表格已经在 Word 文档中创建，那么可以将其作为对象插入到 PowerPoint 幻灯片中。具体操作是选择【插入】|【文本】|【对象】命令打开【插入对象】对话框，选中【由文件创建】单选按钮，单击【浏览】按钮，选择包含表格的 Word 文档，同时选中【链接】复选框。

12.2.4 设置幻灯片的页眉和页脚

操作演示：任务 8

任务 8：为幻灯片添加日期、时间和编号等信息。

（1）选择【插入】|【文本】|【页眉和页脚】命令打开【页眉和页脚】对话框。

（2）在【幻灯片】选项卡中选中【自动更新】单选按钮，在【页脚】文本框中输入学生的班级和姓名，然后选中【幻灯片编号】和【标题幻灯片中不显示】复选框，如图 12-12 所示。

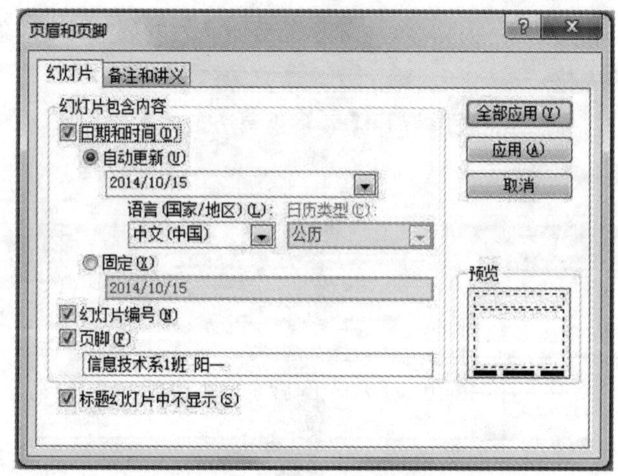

图 12-12 设置页眉和页脚

（3）单击【全部应用】按钮返回幻灯片页，并保存演示文稿。

在【页眉和页脚】对话框中，选中【自动更新】单选按钮，则日期与系统时钟的日期一致；如果选中【固定】单选按钮并输入日期，则演示文稿显示的是用户输入的固定日期，不能自动更改；选中【幻灯片编号】复选框，可以对演示文稿进行编号，当删除或增加幻灯片时，编号会自动更新。

12.2.5 幻灯片的外观设置

本节主要介绍美化演示文稿的方法，包括设计模板的选用、背景和配色方案的设置、母版的使用。

1. 应用设计模板

设计模板是由 PowerPoint 提供的由专家制作完成并存储在系统中的文件。利用设计模板是统一修饰演示文稿外观最快、最有利的一种方法。

操作演示：任务 9—12

任务 9：将“聚合”模板应用于所有幻灯片。

（1）打开“毕业论文”文件，选择【设计】|【主题】|【所有主题】|【内置】命令。

（2）在打开的【所有主题】列表中选择“聚合”模板，如图 12-13 所示，则所有的幻灯片都应用了该模板。

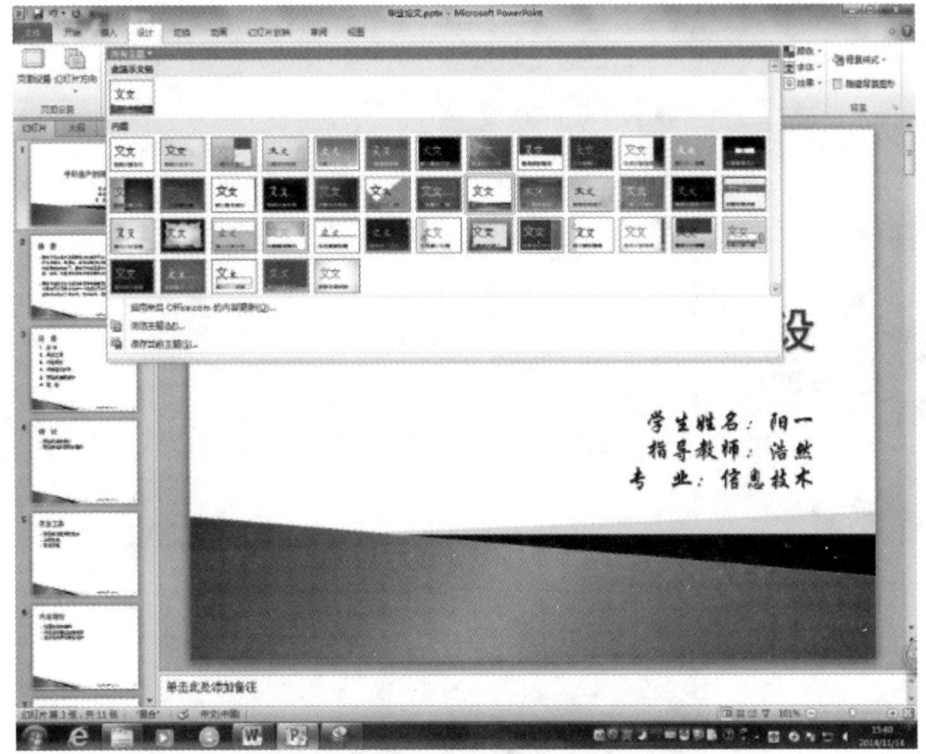

图 12-13 选择设计模板

任务 10：将“中性”模板应用于“目录”幻灯片。

(1) 选中“目录”幻灯片。

(2) 选择【设计】|【主题】|【所有主题】|【内置】命令，在打开的列表中选择倒数第二个“中性”模板。右击“中性”模板，在弹出的快捷菜单中选择【应用于选定幻灯片】命令，只有“目录”幻灯片应用了该模板。

任务 11：将“时装设计 .potx”模板应用于“致谢”幻灯片。

(1) 选中“致谢”幻灯片，选择【设计】|【主题】|【所有主题】|【浏览主题】命令，弹出【选择主题或主题文档】对话框，找到准备好的“时装设计 .potx”模板文件，单击【打开】按钮，此时所有幻灯片都应用了该模板。

(2) 按 Ctrl+Z 组合键，撤销上一步操作。选择【设计】|【主题】|【所有主题】|【此演示文稿】命令，在打开的列表中选择“时装设计 .potx”模板并右击它，在弹出的快捷菜单中选择【应用于选定幻灯片】命令，只有“致谢”幻灯片应用了该模板。

执行以上操作的部分效果如图 12-14 所示。

2. 应用配色方案

任务 12：为“摘要”幻灯片更换一种配色方案。

(1) 选中“摘要”幻灯片。

(2) 选择【设计】|【主题】|【颜色】命令，在弹出的下拉列表中右击“奥斯汀”，在弹出的快捷菜单中选择【应用于所选幻灯片】命令。

(3) 选择【设计】|【背景】|【背景样式】|【设置背景格式】命令，弹出【设置背景格式】对话框，在该对话框中选择【填充】|【图片或纹理填充】|【纹理】命令，在弹出的下拉列表中选择“胡桃”，单击【关闭】按钮。将字体颜色改为白色，如图 12-15 所示，则“摘要”幻灯片的背景、标题、文本等颜色都发生改变。

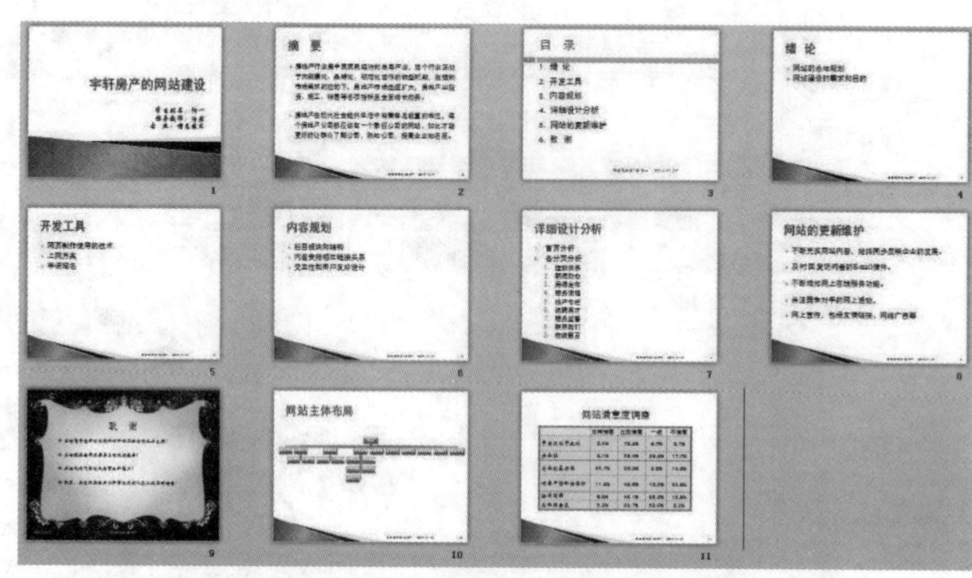

图 12-14 应用模板的幻灯片效果图

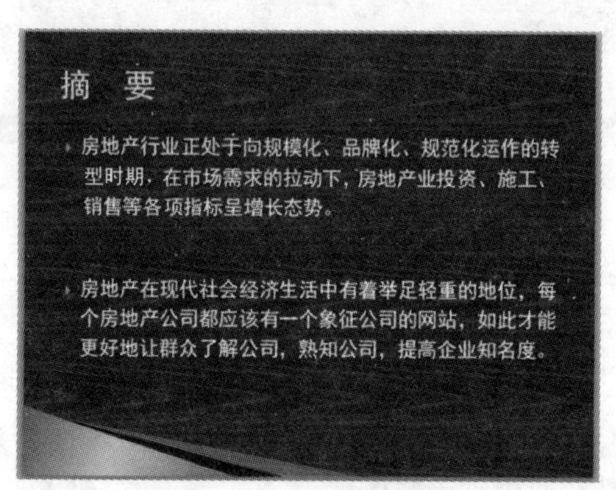

图 12-15 更改配色方案

（4）如果对系统的预设配色方案不满意，可以进行修改，具体方法是，选择【设计】|【主题】|【颜色】|【新建主题颜色】命令，在弹出的【新建主题颜色】对话框中可以更改背景、文本、超链接等项目的颜色，最后单击【保存】按钮即可，如图 12-16 所示。

图 12-16 新建主题颜色

3. 应用幻灯片母版

任务 13：插入徽标图片，并使徽标同时出现在使用“聚合”模板的幻灯片中。

（1）任选一张基于“聚合”模板的幻灯片。

（2）选择【视图】|【母版】|【幻灯片母版】命令进入幻灯片母版编辑状态。由于演示文稿中已经使用了 3 个模板，所以在窗口左侧按应用模板的先后顺序一共出现了 3 对幻灯片母版和标题母版。当前幻灯片区域显示的母版是基于“聚合”模板的幻灯片母版，如图 12-17 所示。

操作演示：任务 13—15

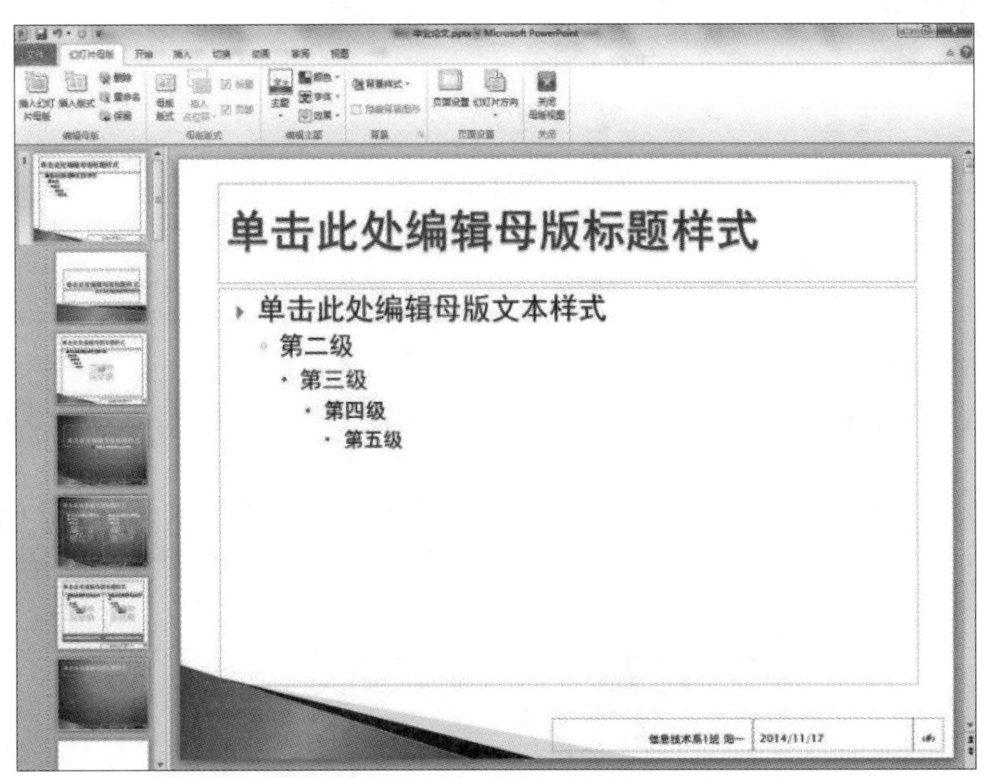

图 12-17 基于“聚合”模板的幻灯片母版

（3）选择【插入】|【图片】命令，插入徽标图片文件，并将其拖至幻灯片母版的右上角。

（4）选择【幻灯片母版】|【关闭母版视图】命令返回到普通视图。可以看到，应用了“聚合”模板的所有幻灯片的右上角都出现了徽标。

也可以使用母版统一更改标题、正文格式等。

技巧点滴：如果将多个模板应用于演示文稿，则将拥有多个幻灯片母版。所以，如果要更改整个演示文稿，就需要更改每个幻灯片母版。

4. 设置幻灯片背景

任务 14：为演示文稿中的第 1 张“标题”幻灯片的背景插入一张图片。

（1）选择第 1 张幻灯片。

（2）选择【设计】|【背景】|【背景样式】|【设置背景格式】命令，弹出【设置背景格式】对话框。

（3）选择【填充】|【图片或纹理填充】|【插自于】|【文件】命令，弹出【插入图片】对话框，选择准备好的背景图片“房产 .jpg”，如图 12-18 所示，单击【插入】按钮。

讨论：
如何让背景图片变得朦胧一些？

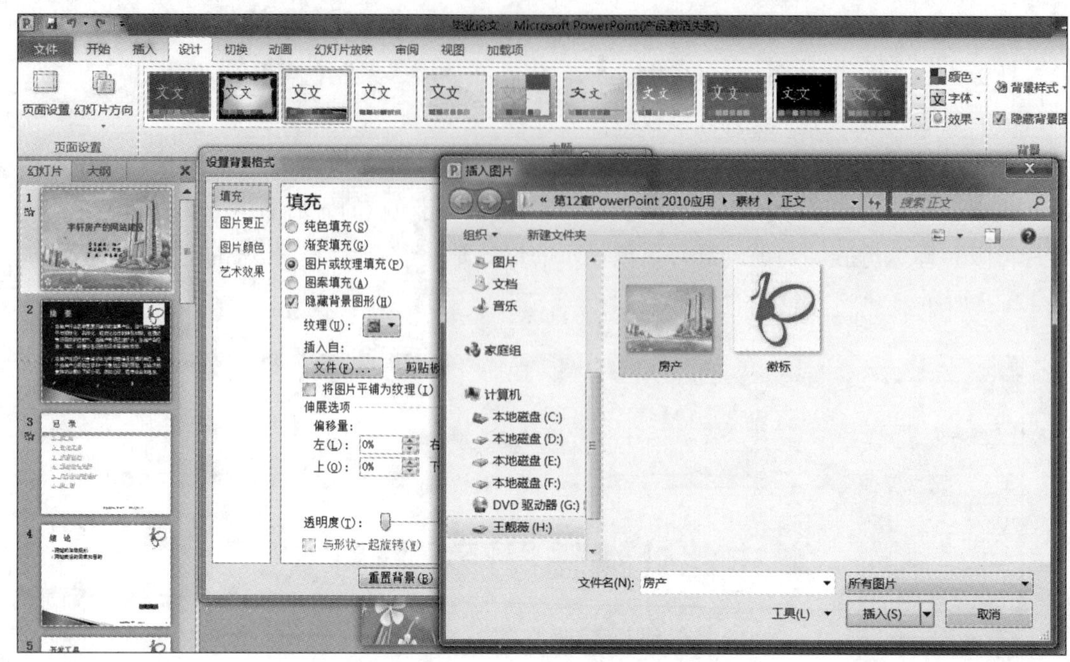

图 12-18　插入背景图片

（4）单击【关闭】按钮，返回第 1 张幻灯片，查看填充效果。如不满意可以更换新的背景图。

（5）插入背景图片后，原来母版的背景图形还存在，如何取消呢？选中【设计】|【背景】|【隐藏背景图形】复选框，此时背景图形完全消失。最后调整标题和副标题的字体大小、颜色和位置。最终效果如图 12-19 所示。

图 12-19　设置背景的最终效果

5. 更改项目符号

如果觉得系统默认的项目符号不美观，可以进行更改。

任务 15：将“绪论”幻灯片中的二级文本项目符号更换为➢。

（1）选定“绪论”幻灯片中的“文本”占位符，或选择相应的二级文本。

（2）选择【开始】|【段落】|【项目符号】|【项目符号和编号】命令，弹出【项目符号和编号】对话框，在【项目符号】列表中选择第 2 行第 3 个“箭头项目符号”样式，同时调整符号的大小和颜色，然后单击【确定】按钮，如图 12-20 所示。

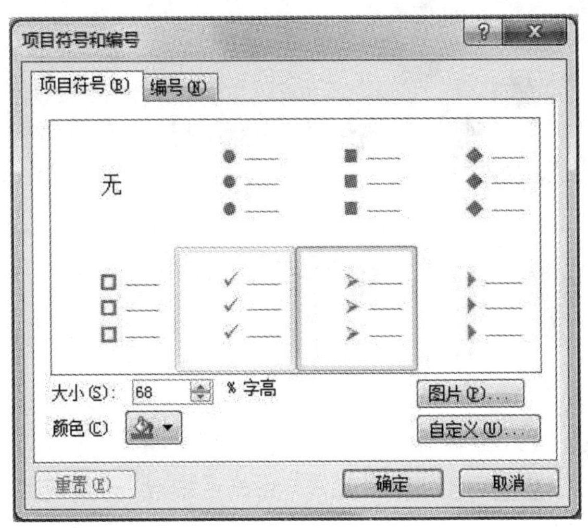

图12-20 设置项目符号

12.2.6 设置幻灯片的放映效果

前面只是介绍了制作演示文稿的静态效果，应用演示文稿的动态效果才能真正体现PowerPoint的特点和优势。本小节主要介绍幻灯片的播放、动画方案、自定义动画、放映方式等。

1. 放映幻灯片

在PowerPoint中启动幻灯片的放映，可选择【幻灯片放映】|【开始放映幻灯片】|【从头开始】|【从当前幻灯片开始】|【广播幻灯片】|【自定义幻灯片放映】命令，或者直接按快捷键F5。在演示文稿的放映过程中，单击鼠标右键，将打开演示快捷菜单，如图12-21所示。可以使用【定位至幻灯片】命令直接跳转到指定的幻灯片；使用【指针选项】|【笔】命令将鼠标指针变为一支笔，在播放过程中可以使用这支笔在幻灯片上进行适当的批注。

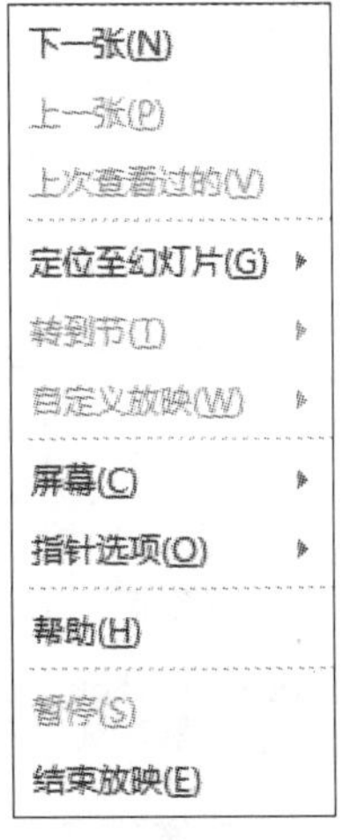

图12-21 演示快捷菜单

2. 设置幻灯片的放映效果

(1) 利用动画方案创建动画效果。动画方案是PowerPoint为幻灯片提供的预设效果。每个方案通常包括幻灯片的标题效果和应用于幻灯片的项目符号或段落效果。

任务 16：利用动画方案为“目录”幻灯片添加动画效果。

操作演示：任务 16

1）选中“目录”幻灯片。

2）选中“目录”标题，选择【动画】|【高级动画】|【添加动画】命令，在弹出的【动画】列表中选择“弧形”，如图 12-22 所示，即可在窗格中预览动画效果。

图 12-22　设置动画方案

若要删除幻灯片上添加的动画方案，在【动画】列表中选择“无”即可。

（2）利用高级动画设置动画效果。“弧形”简单直观，但动画效果却是有限的。利用“高级动画”不仅可以同时设置多个对象的动画和声音效果，还可以调整各个对象在放映时的时间和出现顺序等。

任务 17：为第 1 张幻灯片设置高级动画效果。

操作演示：任务 17—18

1）选中第 1 张幻灯片的“宇轩房产的网站建设”占位符，选择【动画】|【高级动画】命令。

2）选择【添加动画】|【进入】|【更多进入效果】命令，在打开的【添加进入效果】对话框中选择“空翻”，如图 12-23 所示，单击【确定】按钮。

3）选择【动画】|【计时】命令，在【开始】下拉列表中选择“上一动画之后”项，在【持续时间】下拉列表中选择“01.00”，如图 12-24 所示。

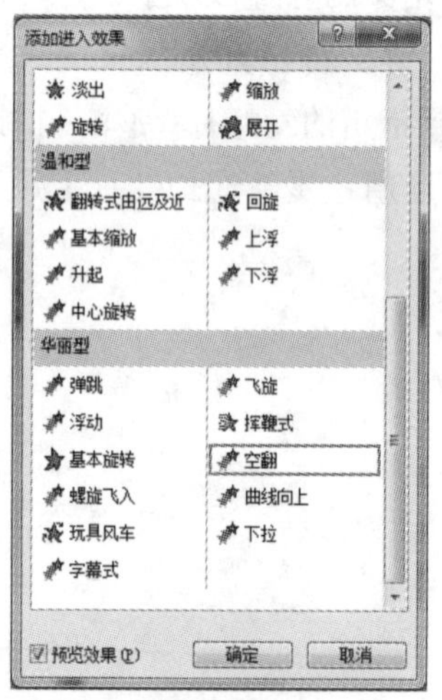

图 12-23　设置进入效果

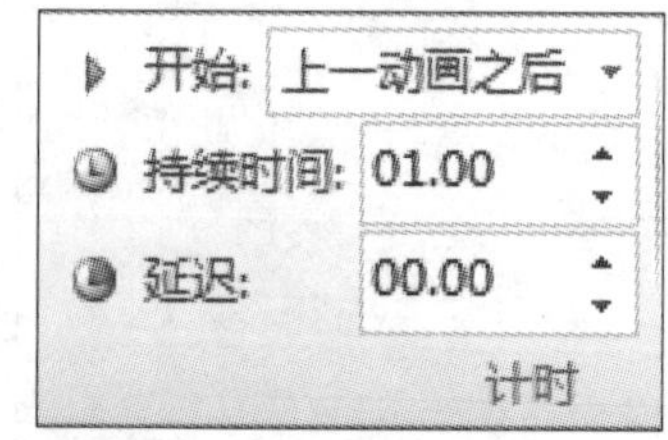

图 12-24　设置持续时间

4）选中“副标题”占位符，使用上述相同方法将副标题自定义的“进入”动画效果设置为“十字形扩展”。在【开始】下拉列表中选择“上一动画之后”，在【速度】下拉列表中选择“02.00”。

5）选择【动画】|【高级动画】|【动画窗格】命令，右侧出现【动画窗格】列表框。在列表中，单击副标题“学生姓名”动画效果右侧的下三角按钮，在弹出的菜单中选择【效果选项】命令，如图 12-25 所示，打开【十字形扩展】对话框。

6）在【十字形扩展】对话框中的【效果】选项卡中设置【声音】为“风铃”，如图 12-26 所示。

图 12-25 设置动画效果选项

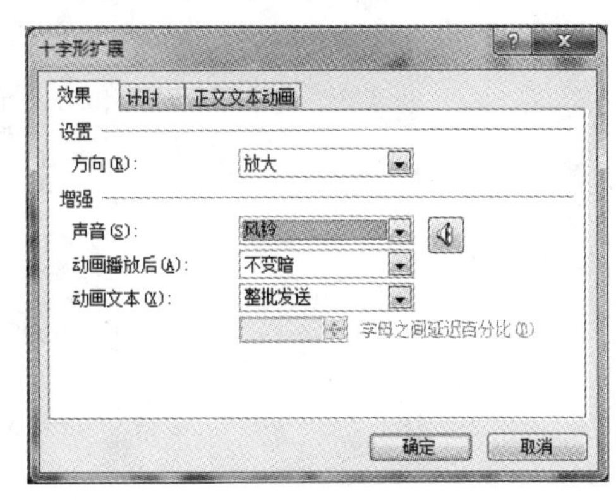

图 12-26 设置动画播放声音

7）单击【播放】按钮预览效果。若不满意，可在【动画】列表中选择合适的动画选项，重新设置动画效果。

3. 添加背景音乐

任务 18：为演示文稿添加背景音乐。

（1）选择第 1 张幻灯片，选择【插入】|【媒体】|【音频】|【文件中的声音】命令，打开【插入音频】对话框。

（2）选择需要插入的声音，单击【确定】按钮，此时，在幻灯片页面上出现一个小喇叭图标，如图 12-27 所示，调整其大小和位置。

提示：小喇叭图标可以放置到幻灯片显示区域以外。

图 12-27 插入音频文件

（3）选中音频框（小喇叭图标），打开【音频工具 / 播放】|【音频选项】功能区，选中【放映时隐藏】复选框，如图 12-28 所示。

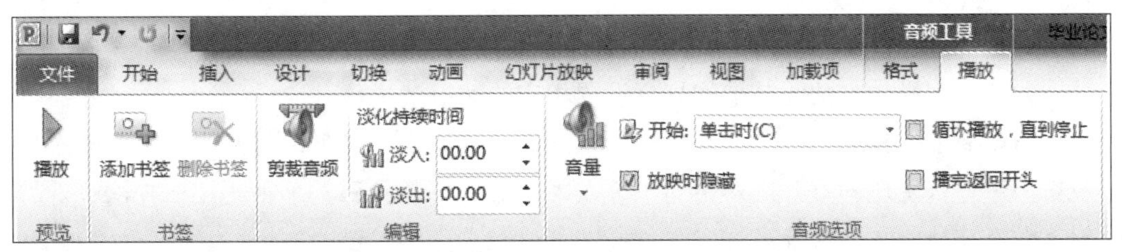

图 12-28 【播放】选项卡

（4）选择【动画】|【高级动画】|【动画窗格】命令，在弹出的【动画窗格】列表中单击刚插入的音频文件下拉菜单，选择【效果选项】命令打开【播放音频】对话框。在【效果】选项卡中设置【开始播放】为“从头开始”，设置【停止播放】为“在 11 张幻灯片后”，如图 12-29 所示。设置完成后，单击【确定】按钮。

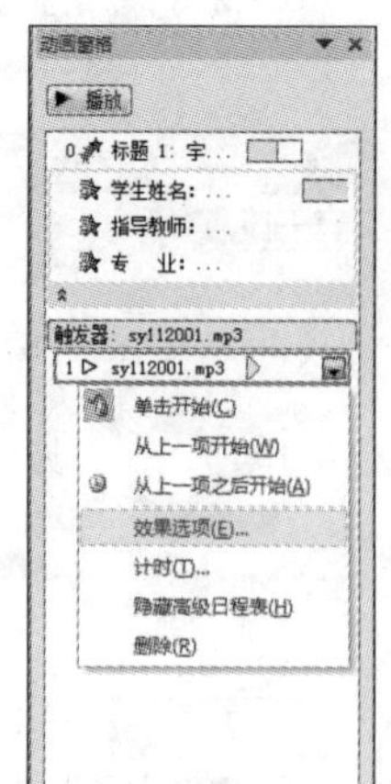

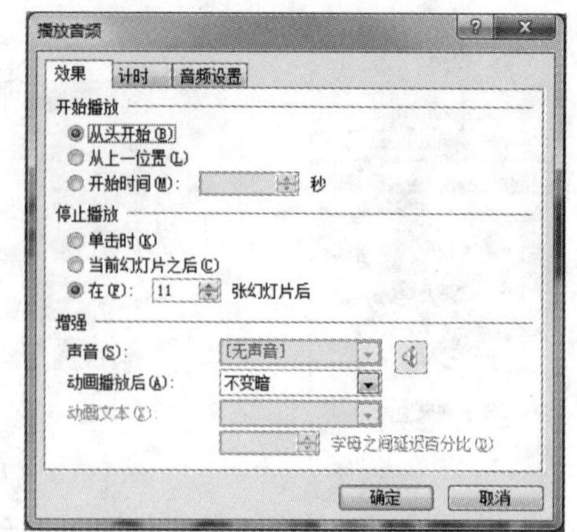

图 12-29　设置音频的播放效果

4. 设置幻灯片切换效果

幻灯片的切换效果是指在幻灯片的放映过程中，播放完的幻灯片如何消失，下一张幻灯片如何显示。PowerPoint 可以在幻灯片之间设置切换效果从而使幻灯片放映效果更加生动。

任务 19：设置“毕业论文 .pptx”中幻灯片的切换效果。

操作演示：任务 19—21

（1）选中演示文稿中的第 1 张幻灯片，选择【切换】|【切换到此幻灯片】命令，打开切换方案下拉列表。

（2）在列表中选择“时钟”，在【计时】功能区设置【声音】为“风声”，设置【持续时间】为“01.00”，设置【换片方式】为“单击鼠标时”，如图 12-30 所示。

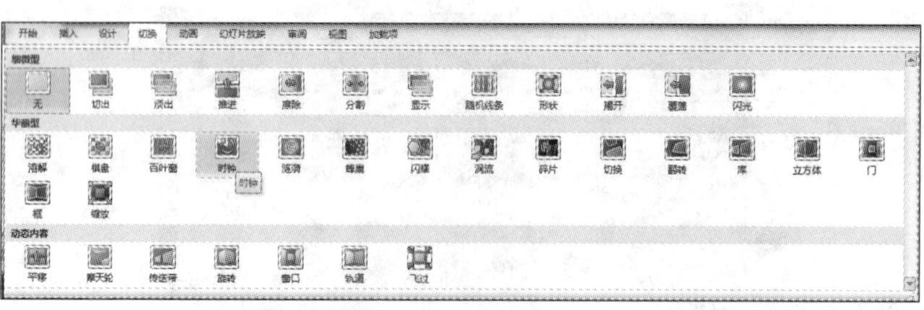
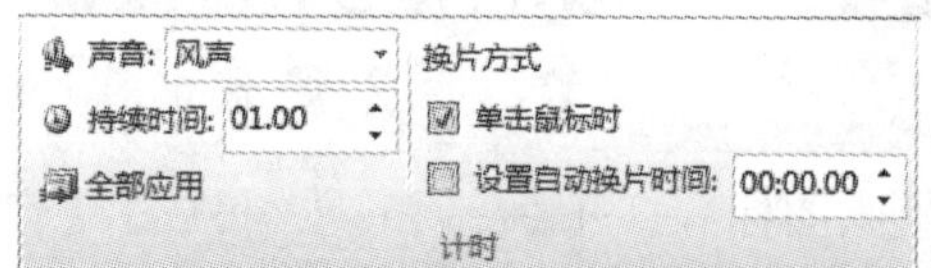

图 12-30　设置切换效果

（3）选择【切换】|【预览】|【预览】命令或按 F5 键观看切换效果。

（4）使用同样的方法为其他幻灯片设置相应的切换效果。

技巧点滴：一旦为幻灯片设置了动画效果、切换方式，在“幻灯片浏览视图”或“普通视图”下可以发现幻灯片缩略图的下方或左侧有一个按钮，单击此按钮可以观看当前幻灯片中设置的所有动画效果。

5. 创建交互式演示文稿

创建交互式演示文稿的方法包括动作设置、超链接和动作按钮的使用等。

任务 20：为“目录”幻灯片中的文本创建超链接。

（1）在“目录”幻灯片中选中文本“4. 详细设计分析”。选择【插入】|【链接】|【超链接】命令，或单击鼠标右键，打开【插入超链接】对话框。

（2）在【插入超链接】对话框左侧的【链接到】列表中选择“本文档中的位置”，在【请选择文档中的位置】列表中选择幻灯片标题“7. 详细设计分析”，此时在【幻灯片预览】框中将显示当前选择的幻灯片缩略图，如图 12-31 所示，单击【确定】按钮。

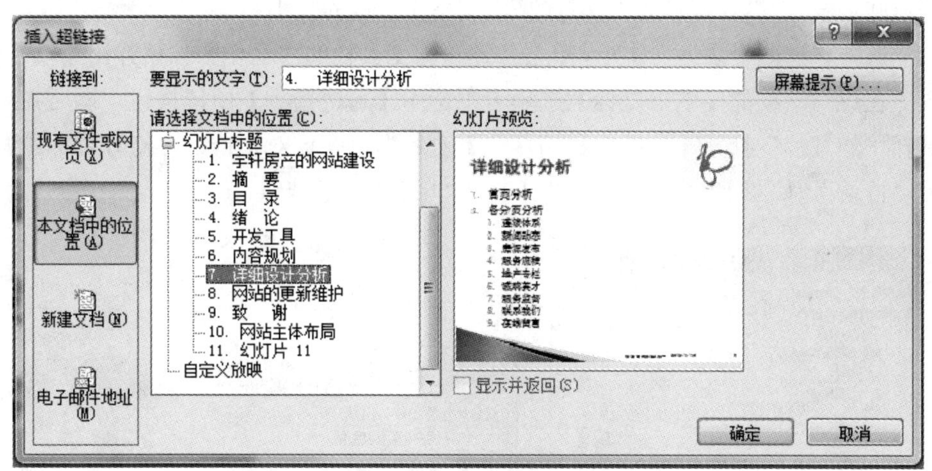

图 12-31 【插入超链接】对话框

技巧点滴：在【插入超链接】对话框的左侧有 4 个按钮可供选择。

【现有文件或网页】：可在【地址】文本框中输入要链接到的文件名或者 Web 页名称。

【本文档中的位置】：在右边的列表框中选择要链接到的当前演示文稿中的幻灯片。

【新建文档】：可在右边【新建文档名称】文本框中输入要链接到的新文档的名称。

【电子邮件地址】：可在右边【电子邮件】地址中输入电子邮件地址和主题。

（3）此时，在文本“4. 详细设计分析”下多了一条下划线，且文本的颜色也改变了，表示这个文本具有超链接功能。播放幻灯片时，当鼠标指针经过具有超链接的文本时，光标变成形状，单击文本，幻灯片就跳转到标题为“详细设计分析”的幻灯片中，如图 12-32 所示。需要注意的是：超链接只有在幻灯片放映时才有效。

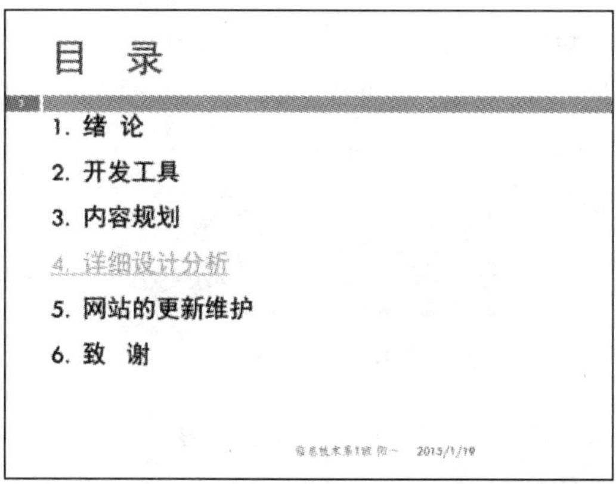

图 12-32 播放时的链接效果

（4）使用同样的方式为其他文本创建超链接，以便在放映的过程中可以跳转到相应标题的幻灯片中。

为了在幻灯片内容演讲完后继续选择其他的内容，需要在幻灯片上添加返回目录的功能。

任务 21：在“致谢”幻灯片的右侧底端添加一个动作按钮“返回目录”。

（1）选择【文件】|【选项】命令弹出【PowerPoint 选项】对话框，在该对话框中选择【快

讨论：
如何去掉超链接文字的下划线？

速访问工具栏】|【常用工具】命令，在弹出的下拉列表中选择“动作”，单击【添加】按钮，再单击【确定】按钮，在 PowerPoint 窗口快速访问工具栏中出现了【动作】按钮。

（2）选中“致谢”幻灯片，选择【插入】|【文本】|【文本框】命令创建一个文本框，输入“返回目录”，设置背景为“深青色”，调整文本框的大小和位置。

（3）选中“返回目录”文本框，单击快速访问工具栏的【动作】按钮弹出【动作设置】对话框。在该对话框的【单击鼠标】选项卡中选中【超链接到】单选按钮，同时在下拉列表中选择“幻灯片”打开【超链接到幻灯片】对话框，在该对话框的【幻灯片标题】列表中选择“目录”，如图 12-33 所示，然后依次单击【确定】按钮。

提示：

具有超链接功能的动作按钮，复制到本幻灯片的其他页面时也具有超链接功能，且链接地址不变。

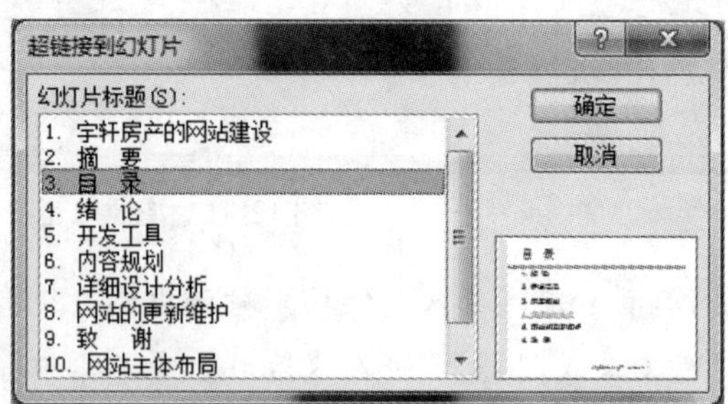

图 12-33 设置动作按钮链接

（4）按 F5 键观看放映效果，单击【返回目录】按钮即可跳转到“目录”幻灯片中。

（5）复制【返回目录】按钮，粘贴到其他需要该按钮的幻灯片中。

6. 自动循环放映幻灯片

在一些展览会场上，播放演示文稿通常不需要人为干预，即是自动播放的。实现自动循环放映幻灯片的方法是首先为演示文稿设置排练时间，然后为演示文稿设置放映方式。

任务 22：为“毕业论文 .pptx”设置放映排练时间。

（1）打开“毕业论文 .pptx”演示文稿，选择【幻灯片放映】|【设置】|【排练计时】命令，系统自动从第 1 张幻灯片开始放映。此时在幻灯片左上角出现【录制】工具栏，其中自动显示当前幻灯片的停留时间，如图 12-34 所示。

图 12-34 【录制】工具栏

（2）按 Enter 键，或单击来控制幻灯片的放映速度。

（3）放映完最后一张幻灯片时，系统弹出一个对话框，显示幻灯片放映的总时间，并询问是否保留新的幻灯片排练时间。单击【是】按钮，在“幻灯片浏览视图”下可以看到在每张幻灯片的下方自动显示放映该幻灯片所需要的时间；单击【否】按钮，则放弃本次的时间设置。

任务 23：为“毕业论文 .pptx”设置展台放映方式。

（1）选择【幻灯片放映】|【设置】|【设置幻灯片放映】命令，在打开的【设置放映方式】对话框中选中【在展台浏览（全屏幕）】单选按钮，在【换片方式】选项组中选中【如果

存在排练时间，则使用它】单选按钮，如图 12-35 所示，单击【确定】按钮。

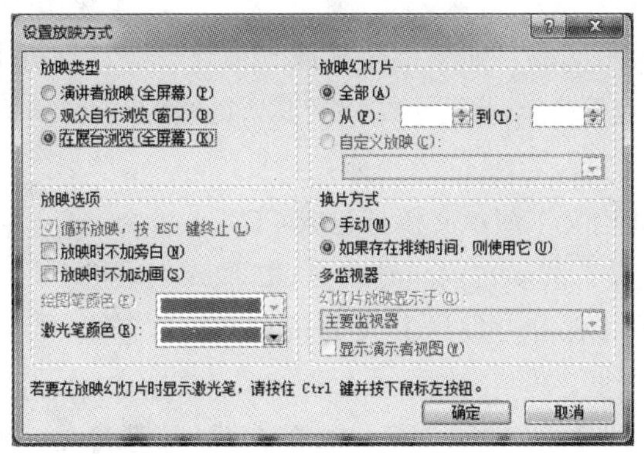

图 12-35 【设置放映方式】对话框

（2）按 F5 键观看放映效果，按 Esc 键终止播放。

7. 保存并打印演示文稿

任务 24：将演示文稿保存为“以放映方式打开”的类型。

（1）打开“毕业论文 .pptx”演示文稿，选择【文件】|【另存为】命令，在打开的【另存为】对话框中选择【保存类型】为“PowerPoint 放映（*.ppsx）”类型。

（2）退出 PowerPoint，此时在保存位置出现图标，单击该图标即可自动放映演示文稿。

演示文稿可以用多种形式进行打印，例如“幻灯片”“讲义”“备注页”和“大纲”，其中“讲义”打印形式就是将演示文稿中的若干张幻灯片按照一定的组合方式打印在纸张上，以便发给观众参考。

任务 25：以“讲义”的形式打印“毕业论文 .pptx”演示文稿。

（1）选择【文件】|【打印】命令，打开【打印】窗口。

（2）在【打印机】下拉列表中选择安装的打印机，单击【打印机属性】按钮可进一步设置打印属性。

（3）在【设置】下拉列表中选择“打印全部幻灯片”，在【打印版式】下拉列表中选择【讲义】组中的“6 张垂直放置的幻灯片”，如图 12-36 所示。

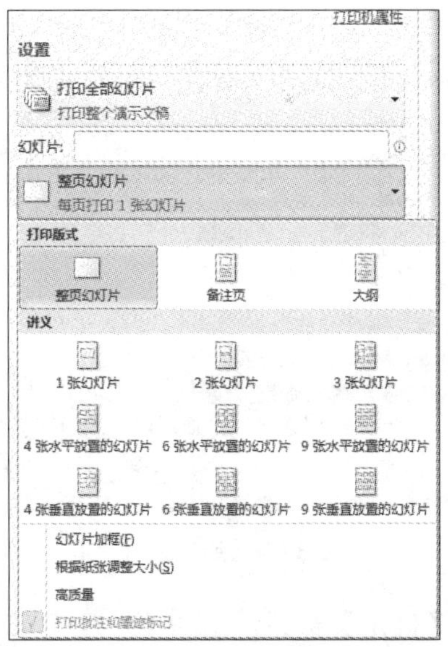

图 12-36 设置打印参数

（4）根据需要设置打印份数，最后，单击【确定】按钮即可开始打印。

8. 打包演示文稿

对于创建完成的演示文稿，如果要将其放到另外一台计算机上进行演示，可以利用 PowerPoint 提供的“打包”功能，将演示文稿及其所链接的图片、声音和影片等打包在一起，然后在其他计算机上运行。

任务 26：将“毕业论文”演示文稿打包成 CD。

（1）打开“毕业论文”演示文稿，然后将 CD 放入刻录机中。

（2）选择【文件】|【保存并发送】|【将演示文稿打包成 CD】|【打包成 CD】命令，打开【打包成 CD】对话框。

（3）在【将 CD 命名为】文本框中输入 CD 的名称“毕业论文—阳一”，如图 12-37 所示。

讨论：

将幻灯片发布成 pdf 格式或者 ppsm 格式有什么好处和缺点？

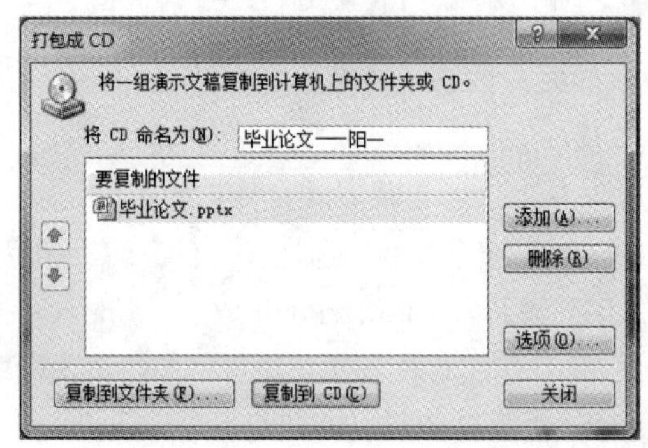

图 12-37 【打包成 CD】对话框

（4）如果需要将多个演示文稿刻录到同一张光盘上，可单击【添加】按钮打开【添加文件】对话框，选中要打包的文件，单击【添加】按钮即可。

（5）添加了多个演示文稿后，在默认情况下，演示文稿被设置为按照【要复制的文件】列表中排列的顺序进行自动播放。若要更改播放顺序，可选择一个演示文稿，然后单击上移按钮或下移按钮。

（6）单击【选项】按钮打开【选项】对话框，如图 12-38 所示。在该对话框中，选中【链接的文件】和【嵌入的 TrueType 字体】复选框。如果需要打开或编辑打包的演示文稿的密码，可在【增强安全性和隐私保护】选项组中的【打开每个演示文稿时所用密码】和【修改每个演示文稿时所用密码】文本框中分别输入相应的密码。

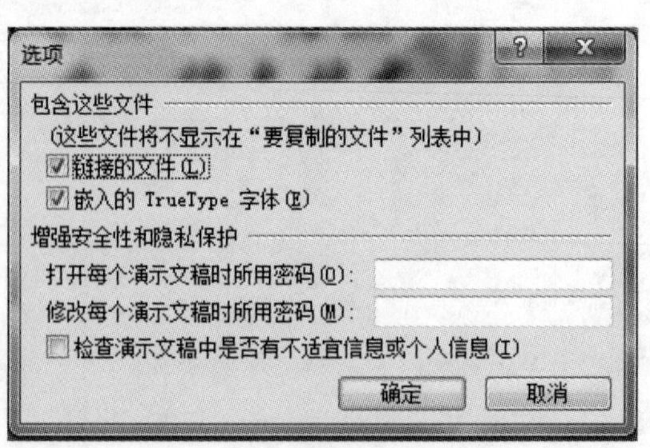

图 12-38 【选项】对话框

（7）设置完成后，单击【确定】按钮，返回【打包成 CD】对话框，然后单击【复制到 CD】按钮，即可开始将演示文稿打包成 CD。

演示文稿打包完成后，如果用户的计算机上已经安装了 PowerPoint 2010，可以直接将打包的演示文稿解包后放映；如果没有安装 PowerPoint 2010，则可以使用 Microsoft Office PowerPoint Viewer 2010 播放器打开演示文稿。播放器程序 pptview.exe 被安装到相同的文件夹中，启动播放器程序，再选择需要运行的演示文稿并单击，就可以在没有安装 PowerPoint 的计算机中放映演示文稿了。

12.3 本章小结

本章通过制作毕业论文答辩报告演示文稿，主要介绍了演示文稿静态效果和动态效果的制作方法。

演示文稿静态效果的制作主要包括幻灯片的基本操作（插入、复制、删除、移动等）、幻灯片各种版式的应用、插入和编辑幻灯片上的各种对象（图片、组织结构图、声音、表格等）、幻灯片的格式化等。幻灯片的外观设置有 3 种方法：母版、配色方案和设计模板。另外，通过设置背景也可以达到美化幻灯片的作用。

演示文稿动态效果的制作主要包括设置动画效果（动画方案和自定义动画）、在幻灯片之间设置切换效果、创建幻灯片之间的交互效果（动作设置和超链接）、设置演示文稿的放映方式等。这些功能使幻灯片充满了吸引力。

利用 PowerPoint 制作幻灯片的基本步骤包括：选择模板，确定版式，输入内容，添加动画效果，放映演示文稿，浏览修改。

12.4 习题

上机操作

公司计划在会议茶歇期间在大屏幕上向来宾自动播放“创新产品展示及说明会”的日程和主题，因此需要完善 powerpoint.pptx 文件中的演示内容。请按照如下需求，在 PowerPoint 中完成制作工作并保存。

1．由于文字内容较多，将第 7 张幻灯片中的内容区域文字自动拆分为两张幻灯片进行展示。

2．为了布局美观，将第 6 张幻灯片中的内容区域文字转换为“水平项目符号列表”SmartArt 布局，并设置该 SmartArt 样式为“中等效果”。

3．在第 5 张幻灯片中插入一个标准折线图，并按照如下数据信息调整 PowerPoint 中的图表内容。

	笔记本电脑	平板电脑	智能手机
2010 年	7.6	1.4	1.0
2011 年	6.1	1.7	2.2
2012 年	5.3	2.1	2.6
2013 年	4.5	2.5	3
2014 年	2.9	3.2	3.9

4．为该折线图设置“擦除”进入动画效果，效果选项为“自左侧”，按照“系列”逐次单击显示“笔记本电脑”“平板电脑”和“智能手机”的使用趋势。最终，仅在该幻灯片中保留这3个系列的动画效果。

5．为演示文稿中的所有幻灯片设置不同的切换效果。

6．为演示文稿创建3个节，其中“议程”节中包含第1张和第2张幻灯片，“结束”节中包含最后一张幻灯片，其余幻灯片包含在“内容”节中。

7．为了实现幻灯片自动放映，设置每张幻灯片的自动放映时间不少于2秒钟。

8．删除演示文稿中每张幻灯片的备注文字信息。

具体操作步骤如下所述。

（1）题1解题步骤。

步骤1：打开powerpoint.pptx演示文稿。

步骤2：在幻灯片视图中，选中编号为7的幻灯片，单击“大纲”标签，切换至大纲视图中。

步骤3：将光标定位到大纲视图中“多角度、多维度分析业务发展趋势”文字的后面，按Enter键，单击【开始】选项卡下【段落】组中的【降低列表级别】按钮，即可在“大纲”视图中出现新的幻灯片。

步骤4：将第7张幻灯片中的标题复制到新拆分出的幻灯片的文本框中。

（2）题2解题步骤。

步骤1：切换至幻灯片视图中，选中编号为6的幻灯片，并选中该幻灯片中正文的文本框，单击【开始】选项卡下【段落】组中的【转换为SmartArt图形】下拉按钮。

步骤2：在弹出的下拉列表中选择“水平项目符号列表”，并在【SmartArt样式】组中选择“中等效果”。

（3）题3解题步骤。

步骤：在幻灯片视图中，选中编号为5的幻灯片，在该幻灯片中单击文本框中的【插入图表】按钮，在打开的【插入图表】对话框中选择“折线图”图标。单击【确定】按钮，将会在该幻灯片中插入一个折线图并打开Excel应用程序，根据题意要求向表格中填入相应内容。输入结束后关闭Excel应用程序。

（4）题4解题步骤。

步骤1：选中折线图，单击【动画】选项卡下【动画】组中的【其他】下三角按钮，在下拉列表中选择“擦除”效果。

步骤2：单击【动画】选项卡下【动画】组中的【显示其他效果选项】按钮，在打开的对话框中单击【效果选项】下拉按钮，将【方向】设置为“自左侧”，将【序列】设置为“按系列”。

（5）题5解题步骤。

步骤：根据题意要求，分别选中不同的幻灯片，在【切换】选项卡下的【切换到此幻灯片】组中设置不同的切换效果。

（6）题6解题步骤。

步骤1：在幻灯片视图中，选中编号为1的幻灯片，单击【开始】选项卡下【幻灯片】组中的【节】下拉按钮，在下拉列表中选择【新增节】命令，再次单击【节】下拉按钮，在下拉列表中选择【重命名节】命令，在打开的对话框中输入【节名称】为“议程”，单击

【重命名】按钮。

步骤 2：选中第 3 至第 8 张幻灯片，单击【开始】选项卡下【幻灯片】组中的【节】下拉按钮，在下拉列表中选择【新增节】命令，再次单击【节】下拉按钮，在下拉列表中选择【重命名节】命令，在打开的对话框中输入【节名称】为“内容”，单击【重命名】按钮。

步骤 3：选中第 9 张幻灯片，单击【开始】选项卡下【幻灯片】组中的【节】下拉按钮，在下拉列表中选择【新增节】命令，再次单击【节】下拉按钮，在下拉列表中选择【重命名节】命令，在打开的对话框中输入【节名称】为“结束”，单击【重命名】按钮。

（7）题 7 解题步骤。

步骤：在幻灯片视图中选中全部幻灯片，在【切换】选项卡下【计时】组中取消勾选【单击鼠标时】复选框，勾选【设置自动换片时间】复选框，并在文本框中输入 00:02.00。

（8）题 8 解题步骤。

步骤 1：单击【文件】选项卡【信息】组中的【检查问题】下拉按钮，在弹出的下拉列表中选择【检查文档】命令弹出【文档检查器】对话框，勾选【演示文稿备注】复选框，单击【检查】按钮。

步骤 2：在【审阅检查结果】中，单击【演示文稿备注】对应的【全部删除】按钮，即可删除全部备注文字信息。

第 13 章　计算机网络基础

教学目标

- 掌握计算机网络的相关基础知识
- 掌握局域网的概念、基本原理和相关知识
- 掌握 Internet 的相关知识
- 掌握信息安全与职业道德的相关知识和要求

13.1　计算机网络基础概述

计算机网络技术是计算机技术和通信技术两大技术相结合的产物。它代表着当前计算机系统结构发展的重要方向。二十一世纪是一个以网络为核心的信息时代，要实现信息化就必须依靠完善的网络，网络可以迅速传递信息，它已经成为信息社会的重要标志和发展知识经济的重要基础。

什么是计算机网络呢？网络并没有严格的定义，目前比较严谨的看法认为，计算机网络是指独立自治、相互连接的计算机集合，是利用通信设备和线路将地理位置不同的、功能独立的多个计算机系统互连起来，以功能完善的网络软件（包括网络通信协议、网络操作系统等）实现网络中资源共享和信息传递的系统。自治是指每台计算机的工作是独立的，任何一台计算机都不能干预其他计算机的工作，例如启动、关闭或控制其运行等，任何两台计算机之间没有主从关系。 也可以认为，计算机网络是由若干结点和连接这些结点的链路组成（网络中的结点可以是计算机、集线器、交换机或路由器等），将分布在不同地理位置上的具有独立工作能力的计算机、终端及其附属设备用通信设备和通信线路连接起来，并配置网络软件，以实现计算机资源共享的系统。

在计算机网络中，能够提供信息和服务能力的计算机是网络的资源，而索取信息和请求服务的计算机则是网络的用户。由于网络资源与网络用户之间的连接方式、服务类型及连接范围的不同，从而形成了不同的网络结构及网络系统。

13.1.1　计算机网络发展的三个阶段

计算机网络的基础结构大体上经历了三个阶段的演进。这三个阶段在时间划分上并不是截然分开的，而是有部分重叠的，这是因为网络的演进是逐渐的，而并非在某个时间点发生了突然变化。

第一阶段是从单个网络 ARPANET 向互连网发展的过程。1969 年美国国防部创建的第一个分组交换网 ARPANET，最初只是一个单个的分组交换网，并不是一个互连的网络。所有要连接在 ARPANET 上的主机都直接与就近的结点交换机相连。但到了 20 世纪 70 年

代中期，人们已认识到不可能仅使用一个单独的网络来满足所有的通信问题。于是 ARPA（Advanced Research Project Agency）开始研究多种网络互连的技术（如分组无线电网络），这就导致了互连网络的出现，成为现在互联网（Internet）的雏形。

第二阶段的特点是建成了三级结构的互联网。从 1985 年起，美国国家科学基金会（National Science Foundation，NSF）就围绕六个大型计算机中心建设计算机网络，即国家科学基金网 NSFNET。它是一个三级计算机网络，分为主干网、地区网和校园网（或企业网）。这种三级计算机网络覆盖了全美国主要的大学和研究所，并且成为互联网中的主要组成部分。1991 年，NSF 和美国的其他政府机构开始认识到，互联网必将扩大其使用范围，不应仅限于大学和研究机构。世界上的许多公司纷纷接入到互联网，网络上的通信量急剧增大，使互联网的容量已满足不了需要。于是美国政府决定将互联网的主干网转交给私人公司来经营，并开始对接入互联网的单位收费。1992 年互联网上的主机超过 100 万台，1993 年互联网主干网的速率提高到 45Mbit/s。

讨论：计算机网络发展的三个阶段各自有什么特点？

第三阶段的特点是逐渐形成了多层次 ISP 结构的互联网。从 1993 年开始，由美国政府资助的 NSFNET 逐渐被若干个商用的互联网主干网替代，而政府机构不再负责互联网的运营。这样就出现了一个新的名词——互联网服务提供者（Internet Service Provider，ISP）。在许多情况下，ISP 就是一个进行商业活动的公司，因此 ISP 又常译为互联网服务提供商。在我国，中国电信、中国联通和中国移动等公司都是 ISP。

根据提供服务的覆盖面积大小以及所拥有的 IP 地址数目的不同，ISP 也分为不同的层次：主干 ISP、地区 ISP 和本地 ISP。主干 ISP 由几个专门的公司创建和维持，拥有高速主干网并且服务面积最大，一般都能够覆盖国家范围。地区 ISP 是一些较小的 ISP，一些地区 ISP 网络可直接与主干 ISP 相连。地区 ISP 通过一个或多个主干 ISP 连接起来，它们位于等级中的第二层，数据传输率也低一些。本地 ISP 给用户提供直接的服务，绝大多数的用户都是连接到本地 ISP 的。本地 ISP 可以是一个仅仅提供互联网服务的公司；也可以是一个拥有网络并向自己的雇员提供服务的企业；或者是一个运行自己的网络的非营利机构，如学院或大学。本地 ISP 可以连接到地区 ISP，也可直接连接到主干 ISP。

13.1.2 计算机网络的类型

计算机网络的分类有多种不同的标准或方法。计算机网络可以从地域范围、拓扑结构、信息传输交换方式或协议、网络组建属性或用途等不同角度加以分类。

下面介绍几种常见的计算机网络分类方式。

1．按照网络的作用范围进行分类

（1）局域网（Local Area Network，LAN）。局域网是最常见也是应用最多的一种计算机网络，是将一个比较小的区域内的各种通信设备互连在一起组成的计算机网络。局域网一般用计算机或工作站通过高速通信线路相连，速率通常在 10Mbit/s 以上，但地理上则局限在较小的范围，如一千米左右。现在局域网的使用已非常广泛，学校或企业内部大都拥有多个互连的局域网，这样的网络常称为校园网或企业网。

（2）城域网（Metropolitan Area Network，MAN）。城域网各计算机网络设备的地理分布范围介于局域网和将要介绍的广域网之间，作用范围一般是一个城市，主要是用来在一个较大的地理区域，通常在十几米到几十千米内提供数据、语音、视频和其他多媒体传输应用。城域网通常采用以太网技术作为主要传输技术，目前光纤技术也在城域网中得到了广泛应用。城域网通常为一个或几个组织所有，主要是为公众提供公共服务的，如城市银行系统、城市交通系统、城市邮政系统等。

提示：
互联网可以看做是无数个局域网的集合。

（3）广域网（Wide Area Network，WAN）。广域网是规模最大的一种计算机网络，分布的地理范围通常为几十米到几千千米，如一个或多个城市或者多个国家，甚至可以遍布全球。 Internet 就是最大的广域网。广域网由全球许多局域网、城域网互联组成，连接广域网各结点交换机的链路一般都是高速链路，具有较大的通信容量，主要是为广大用户提供各种网络接入和应用服务。广域网具有覆盖范围广、构建成本高、网络结构和类型复杂、传输距离远等特点。

网络范围关系如图 13-1 所示。

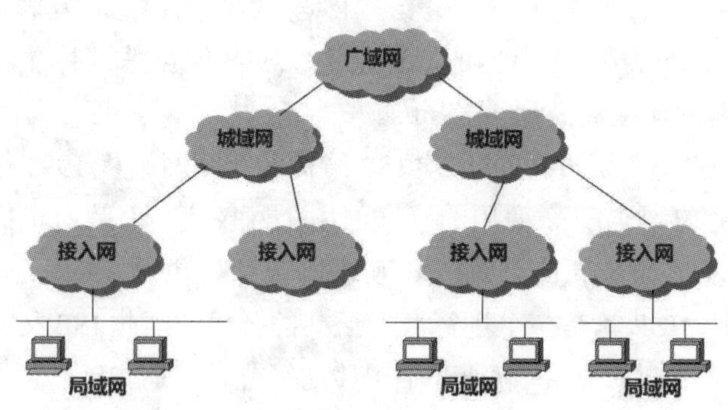

图 13-1 网络范围关系

2. 按照网络的管理模式进行分类

按照网络中计算机所处地位的不同，可以将计算机网络分为对等网和基于客户机 / 服务器模式的网络。

（1）对等网（Peer-to-Peer，PTP），即网络中各成员计算机的地位都是平等的，没有管理与被管理之分。对等网中的计算机采用的是分散管理模式。对等网中的每台计算机都既可以作为其他计算机资源访问的服务器，又可作为工作站来访问其他计算机，整个网络中没有专门的资源服务器，适合家庭、校园和小型办公网络用户。Windows 操作系统中的“工作组”网络就是对等网管理模式。对等网模式示意图如图 13-2 所示。

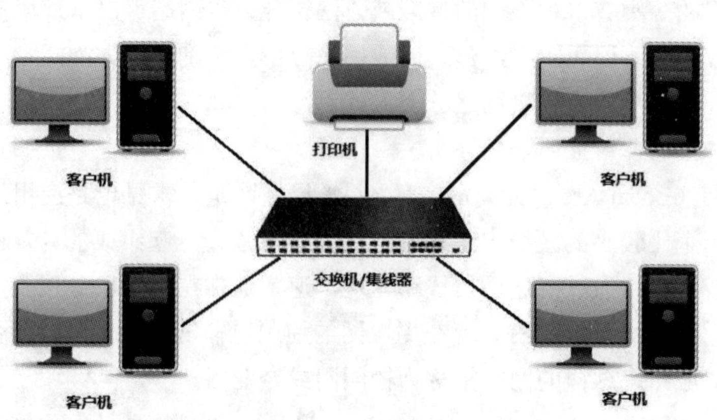

图 13-2 对等网模式示意图

（2）客户机 / 服务器网（Client/Server，C/S），C/S 模式中按作用分为服务器和客户机两大类。服务器 Server 可以用于管理整个计算机网络中其他计算机和用户账户，如

Windows 域网络中的域控制器；也可以向网络中其他计算机或者网络设备提供具体服务，并按照服务内容被命名，如邮件服务器、数据库服务器、Web 服务器、FTP 服务器等。客户机 Client 是与服务器 Server 相对的一个概念。在网络中接受其他计算机提供的某种服务的计算机称为客户机。图 13-3 所示是一个单台服务器的 C/S 网络。

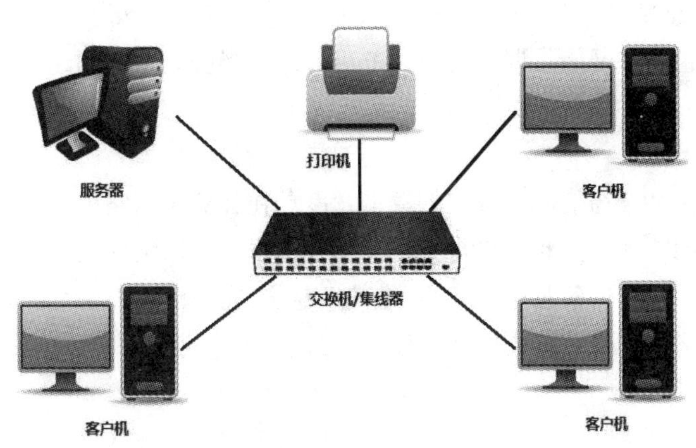

图 13-3　C/S 网模式

服务器与客户机的重要区别在于服务器和客户机上安装的操作系统不同。服务器上需要安装和运行 Server 版的操作系统，能够管理和控制网络中的其他计算机，有较强的服务处理能力，如 Windows Server 2016、CentOS、Ubuntu 等；客户机一般使用个人操作系统就可以满足需求。

讨论：对等网和 C/S 网有什么区别和联系？实际中有哪些应用的例子？

3. 按照网络的拓扑结构进行分类

拓扑（Topology）结构是指网络单元的地理位置和互连的逻辑布局，就是网络上各节点的连接方式和形式。网络拓扑结构代表网络的物理布局或逻辑布局，特别是计算机分布的位置以及线路如何通过它们。

计算机网络的拓扑结构的选择需要根据实际情况，每种拓扑结构都有它的优点和缺点。拓扑结构通常分为总线型、星型、环型和网状型。

4. 按照网络的使用者进行分类

（1）公用网（Public Network）是指网络提供商 ISP 建造的大型网络。“公用”的意思就是所有愿意按网络提供商规定交纳费用的人都可以使用这种网络。因此公用网也可称为公众网。

（2）专用网（Private Network）是指某个组织单位为满足本单位的特殊业务工作需要而建造的网络。这种网络不向本单位以外的人提供服务。例如，铁路、银行、电力等系统均有本系统的专用网。

公用网和专用网都可以提供多种服务，一般操作系统中会按照用户选择使用的是哪种网络，确定系统网络防火墙的防护等级。

13.1.3　计算机网络的性能

计算机网络的性能一般是通过性能指标来衡量的。除了一些重要的性能指标，还有一些非性能特征术语，也用来说明计算机网络的性能。

1. 网络速率

计算机以数字形式发送信号，基本信息量单位比特来源于 binary digit，意思是“二进

制数字”，一个比特就是二进制数字中的一个 1 或 0。计算机网络中的数据传送速率，也称为数据率或比特率，是计算机网络中最重要的一个性能指标，速率的单位是比特每秒（bit/s 或 bps）。

当网络速率较高时，通常会在表示速率的 bps 前面加上一个字母，例如，K（Kilo）表示千、M（Mega）表示兆、G（Giga）表示吉、T（Tera）表示太等。通常所说的 100 兆速率的网络，也就是网络数据率为 100Mbps。此外当提到网络的速率时，往往指的是额定速率或标称速率，并不是网络实际上的运行速率。

2. 网络带宽

带宽本来是指某个通信信号具有的频带宽度。在计算机网络中，带宽用来表示网络中某通道传送数据的能力，因此网络带宽表示在单位时间内网络中的某信道所能通过的“最高数据率”。也就是说，一条通信链路的“带宽”越宽，它所能传输的“最高数据率”也越高。所以在计算机网络中，带宽的单位就是数据率的单位 ——比特每秒。

3. 网络吞吐量

吞吐量表示在单位时间内通过某个网络或信道的实际的数据量。吞吐量通常用于对网络的测量，用以知道实际上到底有多少数据量能够通过网络，同时吞吐量受网络的带宽或网络额定速率的限制。例如，对于一个额定速率是 1Gbps 的网络，这个数值也是该网络吞吐量的绝对上限值，其实际的吞吐量可能只有 100Mbps 或者更低，并没有达到额定速率。

4. 网络时延

时延是指数据从网络的一端传送到另一端所需的时间。时延是个很重要的性能指标，它有时也称为延迟或迟延。

13.2 局域网技术

13.2.1 局域网概述

局域网概述

计算机网络是个复杂的系统，连接在网络上的计算机之间要互相传送信息，仅有一条传送数据的通路还远远不够，相互通信的计算机系统之间必须高度协调工作，而这种协调是相当复杂的。社会的发展使得有不同网络需求的用户迫切要求能够互相交换信息。为了使不同体系结构的计算机网络都能互连，国际标准化组织 ISO 于 1977 年成立了专门机构，提出了一个试图使各种计算机在世界范围内互连成网的标准框架，即著名的开放系统互连基本参考模 OSI/RM（Open Systems Interconnection/Reference Model），简称 OSI。

电气与电子工程师协会 IEEE 的 802 委员会，专门负责制定局域网的相关标准。1985 年 IEEE 公布了 IEEE802 标准的 5 项标准文本，后来国际标准化组织 ISO 经过讨论，建议将 802 标准定为局域网的国际标准。IEEE802 为局域网制定了一系列标准，主要包括从 IEEE802.1 到 IEEE802.12 的 12 种标准。

局域网是将小区域内的各种通信设备互连在一起的通信网络。局域网的应用范围很广，主要用于办公自动化、生产自动化、企事业单位的信息化管理、校园网等方面。随着网络技术的发展，计算机局域网将更好地实现计算机之间的连接，更好地实现数据通信与交换、资源共享和数据分布处理。决定局域网特性的主要技术有 3 个方面：连接各种设备的拓扑结构、数据传输介质和介质访问控制方法。

（1）拓扑结构，局域网的典型拓扑结构为星型、环型、总线型和树型结构等。

（2）传输介质，即同轴电缆、双绞线、光纤、电磁波等。对于不便使用有线介质的场合，可以采用微波、红外线等作为局域网的传输介质，已获得广泛应用的无线局域网就是典型例子。

（3）介质访问控制方法也称为网络的访问控制方式，是指网络中各结点之间的信息通过介质传输时如何控制、如何合理完成对传输信道的分配、如何避免冲突，同时又使网络有高的工作效率及高可靠性等。

在局域网的传输介质中，双绞线最为常用。双绞线分为两种：一种是直通线，就是双绞线两端都按照相同标准连接水晶头，主要用于计算机－交换机或集线器、路由器－交换机等设备连接，直通线一般常用于星型网；一种是交叉线，即双绞线一端按照 EIT-TIA 568 A 标准连接水晶头，另一端按照 EIT-TIA 568B 标准连接水晶头，主要用于计算机－计算机、交换机－交换机、计算机－路由器等设备的连接。

双绞线最大有效传输距离为 100m，如果需要增大网络的传输距离，可以在两段双绞线之间通过安装中继器来延长传输距离。这种方式最多可以安装 4 个中继器以连接 5 个网段，最大传输距离可达到 500m。

13.2.2 TCP/IP 体系结构

OSI/RM 模型是理论上的网络协议体系，由于它过于庞大和复杂，在实际的网络中并不适用。在网络中最常用的协议是 TCP/IP（Transmission Control Protocol/Internet Protocol）协议体系，它是实际应用的网络协议体系。TCP/IP 是网络中最基本的通信协议，叫作传输控制协议 / 网际协议，通常又称为 TCP/IP 协议族。与 OSI 参考模型一样，TCP/IP 协议体系也是一种分层结构。在 TCP/IP 协议族中，有两个互不相同的传输协议：TCP（Transmission Control Protocl，传输控制协议）和 UDP（User Datagram Protocol，用户数据报协议）。TCP 为两台主机提供高可靠性的数据通信，UDP 则为应用层提供一种非常简单的服务。TCP/IP 协议体系如图 13-4 所示。

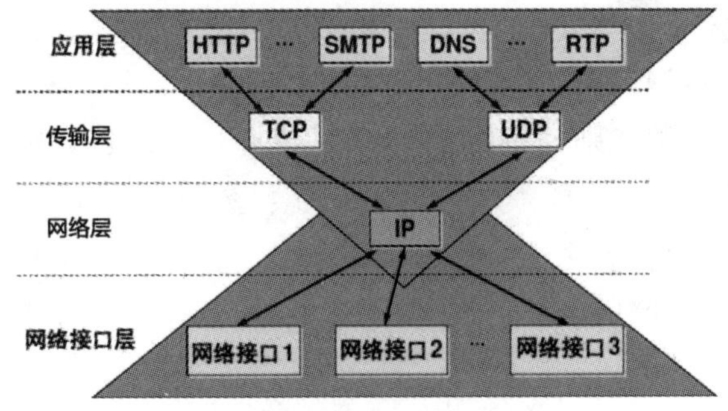

图 13-4 沙漏计时器形状的 TCP/IP 协议族

TCP/IP 是开放的协议标准，可以免费使用，并且独立于特定的计算机硬件与操作系统。此协议已经在计算机网络中实现，并在局域网和 Internet 中广泛应用，成为目前国际上事实的网络标准。TCP/IP 模型主要由 4 个层次组成：应用层、传输层、网络层和网络接口层。TCP/IP 的结构设计良好，与网络低层的数据链路层和物理层无关，具有极好的扩展性和兼容性，能适用于不同的底层网络技术。TCP/IP 协议可以为各种应用提供服务，同时 TCP/IP 协议也允许 IP 协议在各种网络构成的互联网上运行。正因为如此互联网才会发展到今天的这种全球规模。

13.2.3 IP 地址

提示：
这里介绍的 IP 地址知识都是按照 IPv4 原理，因为 IPv4 地址还是目前通用的网络地址。

（1）IP 地址的概念。在 TCP/IP 网络中，每个主机都有唯一的地址，它通过 IP 协议来实现。IP 协议要求在每次与 TCP/IP 网络建立连接时，每台主机都必须为这个连接分配一个唯一的 32 位地址。这个 32 位的地址中，不但可以识别某一台主机，而且还隐含着网际间的路径信息。这里的主机是指网络上的一个节点，不能简单地理解为一台计算机。实际上 IP 地址是分配给计算机的网卡的，一台计算机有多少个网卡，就可以有多少个 IP 地址。一个网卡适配器就是一个节点。

IP 地址由类别标识、网络标识和主机地址三部分组成。一个 IP 地址共有 32 位，一般以 4 个字节表示，每个字节的数又用十进制表示，即每个字节的数的范围是 0 ～ 255，且每个数之间用“.”隔开，例如，166.111.68.10 就是一个 IP 地址，其中 166.111 表示清华大学，68 表示计算机系，10 表示主机。

（2）IP 地址的分类。目前，Internet 地址采用 IPv4 方式，共分为 5 类，分别是 A 类、B 类、C 类、D 类和 E 类，其中 A 类、B 类和 C 类是国际上流行的基本的 Internet 地址，如图 13-5 所示。

A 类	0	网络地址（7 位）	主机地址（24 位）
B 类	10	网络地址（14 位）	主机地址（16 位）
C 类	110	网络地址（21 位）	主机地址（8 位）

图 13-5 Internet 的地址类型

A 类 IP 地址：高端类别标识码为 0，占 1 位；网络标识占 7 位，因此，网络数为 126 个；主机标识占 24 位，每一个网络的主机数为 16777216 台。A 类 IP 地址主要用于拥有大量主机的网络，它的特点是网络数少，而主机数多。

B 类 IP 地址：高端类别标识码为 10，占 2 位；网络标识占 14 位，因此，网络数为 16384 个；主机标识占 16 位，每一个网络的主机数为 65536 台。B 类 IP 地址主要用于中等规模的网络，它的特点是网络数和主机数相差不多。

C 类 IP 地址：高端类别标识码为 110，占 3 位；网络标识占 21 位，因此，网络数为 2097152 个；主机标识占 8 位，每一个网络的主机数为 256 台。C 类 IP 地址主要用于小型局域网，它的特点是网络数多，而主机数少。

各类 IP 地址的特性见表 13-1。

表 13-1 各类 IP 地址的特性

类别	第一字节范围	应用
A	1 ～ 127	用于大型网络
B	128 ～ 191	用于中型网络
C	192 ～ 223	用于小型网络
D	224 ～ 239	用于多目的地址发送
E	240 ～ 247	用于 Internet 实验和开发

例如，确定一个 32 位二进制地址（11000000 10101000 00001010 10010101）所表示

的网络类别、网络号和主机号。

确定网络类别：第一个字节是 11000000，前 3 位为 110，所以网络类别是 C 类。

确定网络地址：C 类地址的前 3 个字节是它的网络地址 11000000.10101000.00001010，用十进制数表示为 192.168.10。

确定主机地址：C 类地址的主机地址是第 4 个字节，即 10010101，用十进制表示为 149。

所以该主机所在的网络类别是 C 类，网络号是 192.168.10，主机号是 149。

（3）子网和子网掩码。为了解决因 IP 地址所表示的网络数有限，在制定编码方案时造成网络数不够的问题，可以采用另外的方法——划分子网。该方法将部分主机号划分为网络中的若干个子网，而将剩余的主机作为相应子网的主机标识。划分的数目应根据实际情况而定。

子网掩码是一个 32 位的二进制地址，它规定了子网是如何进行划分的。各类 IP 地址默认的子网掩码如下：

A 类 IP 地址：255.0.0.0

B 类 IP 地址：255.255.0.0

C 类 IP 地址：255.255.255.0

（4）下一代网际协议 IPv6。IPv6 是“Internet Protocol Version 6”的缩写，也被称为下一代网际协议。它是由 Internet 工程任务组设计的，用来替代现行的 IPv4 的一种新的 IP 协议。Internet 中的主机都有一个唯一的 IP 地址，现在的 IP 地址用一个 32 位的二进制数表示一个主机号码，但 32 位地址资源有限，已经不能满足用户的需求，因此 Internet 研究组织发布了新的主机标识方法，即 IPv6。IPv4 只能支持 32 位的地址长度，因此所能分配的地址数目是有限的，大致相当于 4294967296 个。随着近几年全球范围内计算机网络的爆炸式增长，可以使用的 IPv4 地址空间已经越来越有限，为了从根本上解决 IP 地址空间不足的问题，提供更加广阔的网络发展空间，Internet 研究组织推出了功能更加完善和可靠的 IPv6。IPv6 对地址分配系统进行了改进，支持 128 位的地址长度，在性能和安全性上有所增强。

家用宽带和移动设备的增长带动了家庭网络市场的发展，随着我国物联网的推进和新技术的应用，很多信息技术厂商都在进行家庭网络方面的项目的研发。由于 IPv6 所拥有的巨大地址空间、即插即用易于配置、对移动性的内在支持，使得 IPv6 在实际运行中非常适合拥有巨大数量的各种小设备网络。随着为各种设备增加网络功能的成本的下降，可以预见，IPv6 将在各种网络中运行普及，这些网络中的设备不仅仅是手机和 PDA，还可以是门禁设备、家用电器、信用卡等。

13.3　Internet 应用

13.3.1　浏览与检索

1. 信息浏览

信息浏览与检索

我们能够在 Internet 上浏览网站和网页，使用的工具就是浏览器。如果按照生产商来分类，浏览器可以有成百上千种。如果按照浏览器核心分类，主要可以分为三类：以美国微软公司的 Internet Explorer（IE）为代表的浏览器，以 Mozilla 公司的 Firefox 为代表的浏

览器，以及以 Safari、Chrome 为代表的浏览器。下面以 IE 浏览器为例，介绍浏览信息的一般方法。

（1）使用 URL 浏览。URL 是 Uniform Resource Locator 的缩写，即统一资源定位器。如果已经知道某资源的 URL，则可在 IE 地址栏中输入地址，然后按 Enter 键，让 IE 直接打开并显示相应的页面。例如，已经知道“洪恩教育”的域名地址为 http://www.hongen.com，直接在 IE 地址栏中输入该地址，即可打开“洪恩教育”的主页，如图 13-6 所示。

图 13-6 “洪恩教育”主页

读者可以尝试使用下述地址栏访问相应的网站：

http://www.sohu.com	搜狐
http://www.onlinedown.com	华军软件园
http://www.cctv.com.cn	中央电视台
http://www.youku.com	优酷网
http://china.nba.com	NBA 中文网

URL 包括协议、主机地址、目录或文件名。利用 URL，用户就可以指定要访问什么协议类型的服务器、互联网上的哪台服务器及服务器上的哪个文件。

（2）使用超链接（Hyperlink）浏览。当打开一个 Web 页面后，一级级浏览下去，就可以漫游整个 WWW 资源。超链接的形式多种多样，包括文字、图片、按钮等。当浏览的页面很多时，可使用 IE 工具栏上的【后退】【前进】【主页】等按钮实现返回前页、转入后页、返回主页等浏览功能。若要中断传送，可随时单击停止按钮 ×。

超链接包含每一个页面中能够链接到互联网上其他页面的链接信息。用户可以单击这个链接，跳转到它所指向的页面上。

（3）收藏夹的使用。对于经常需要访问的网页，可将网页链接的快捷方式添加到收藏夹中，以后只要在【收藏】菜单中选择相应的网页名就能快速打开该网页。

任务 1：将“洪恩教育”网页添加到“工作”收藏夹中。

（1）如图 13-7 所示，在打开的网页中选择【收藏】|【添加到收藏夹】命令打开【添加收藏】对话框。

（2）在【名称】文本框中输入网页的名称（也可使用默认显示的名称），如图 13-7 所示。

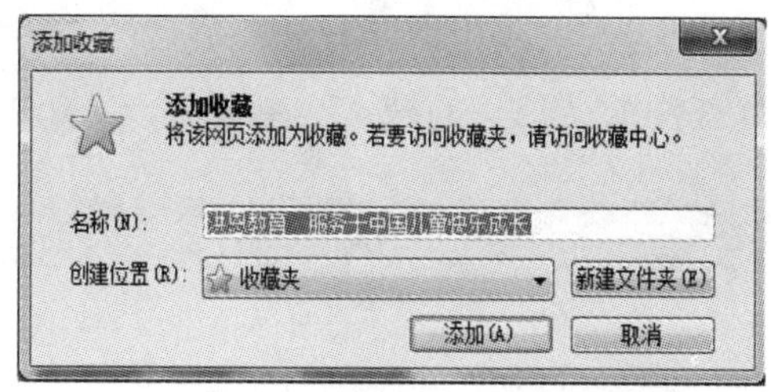

图 13-7 添加网页到收藏夹

（3）单击【创建位置】下拉列表，选择【工作】文件夹，如图 13-8 所示，单击【确定】按钮，“洪恩教育”快捷方式即可出现在“工作”收藏夹中。也可在图 13-7 中单击【新建文件夹】按钮，创建新的网页收藏夹。

图 13-8 选择收藏夹类别

2. 信息搜索

任务 2：制订一份去四川九寨沟的双飞 7 日和双卧 9 日的旅游策划书。策划书中包括：九寨沟的景点介绍、根据九寨沟的位置指定旅游线路、火车的车次（飞机的航班）、三星级酒店和当地的交通工具。下面以百度搜索引擎为例，介绍如何在 Internet 上搜索信息。具体步骤如下所述。

（1）打开 IE 浏览器，在地址栏中输入“www.baidu.com”，打开如图 13-9 所示的“百度搜索引擎”主页。

图 13-9 “百度搜索引擎”主页

（2）在百度搜索文本框中输入“四川省，九寨沟旅游”，单击【百度一下】按钮，打开如图 13-10 所示的有关九寨沟旅游信息的搜索结果页面。

图 13-10 搜索结果

（3）在搜索结果页面中选择相关话题，单击该链接，打开如图 13-11 所示的有关九寨沟旅游的某网站的网页，从中查找旅游的相关信息（包括景点介绍、旅游路线、酒店和交通工具等），把找到的信息保存在 Word 文档中，作为制订旅游计划的依据。

图 13-11 九寨沟旅游网页

（4）搜索酒店。在百度搜索文本框中输入“四川省，成都市三星级酒店”，单击【百度一下】按钮，弹出搜索到的有关成都市三星级酒店情况的相关站点，如图 13-12 所示，单击其中的链接，从中找到合适的酒店信息。

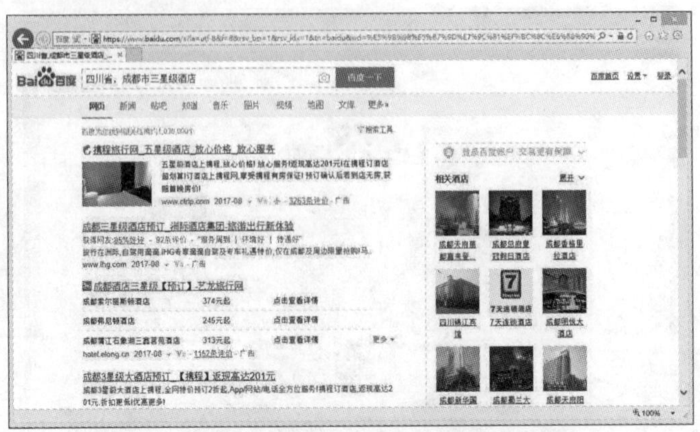

图 13-12 酒店查询结果

（5）查询“北京—成都”和“成都—北京”的火车信息以及飞机航班信息，安排出发日期和时间。

查询列车信息。在百度搜索文本框中输入“北京西站火车时刻表查询”，单击【百度一下】按钮，在弹出的搜索结果窗口中选择某一链接，在打开的查询窗口中，分别输入起始站和终点站名称，然后单击【站站查询】按钮，则页面会列出北京到成都的所有车次的详细信息，如图13-13所示。

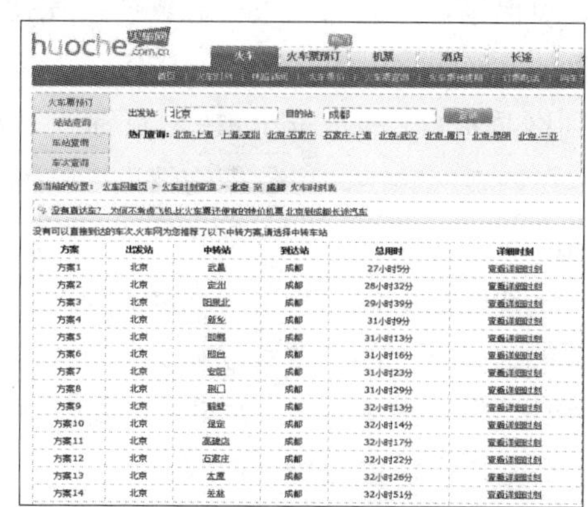

图13-13 查询列车信息

查询飞机航班。在百度搜索文本框中输入“航班查询网”，单击【百度一下】按钮，在搜索结果中单击相关链接，进入“中国民用航空局”首页，分别选择出发和到达的城市，以及出发日期，单击【查询】按钮，则页面会列出所有符合条件的航班的具体信息，如图13-14所示。

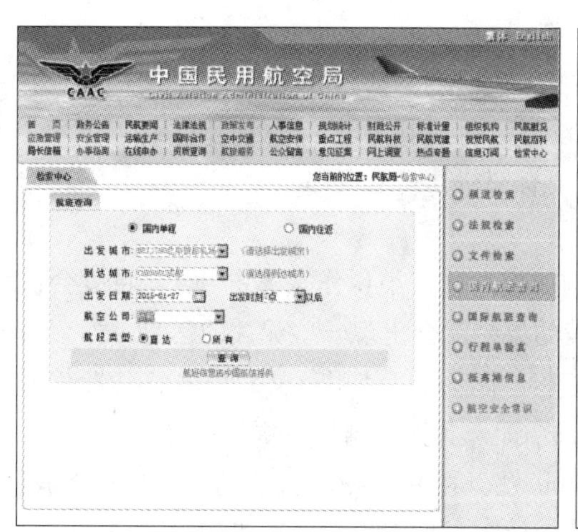

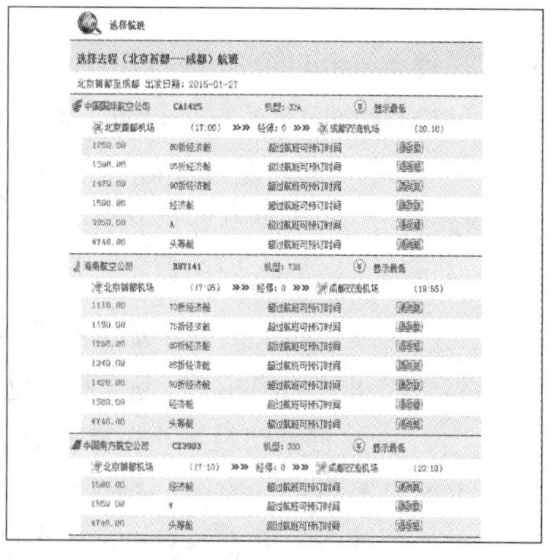

图13-14 查询航班信息

（6）汇总和整理查询到的信息，编写旅游策划书。

3. 搜索引擎

使用浏览器可以在Internet上搜索信息。搜索引擎是目前网络检索最常用的工具。按照其工作方式的不同通常分为两种：全文搜索引擎（Full Text Search Engine）和目录索引类搜索引擎（Search Index/Directory）。

全文搜索引擎是通过从互联网上提取的各个网站的信息（以网页文字为主）而建立的数据库中，检索与用户查询条件匹配的相关记录，然后按一定的排列顺序将结果返回给用户。

常用的全文搜索引擎有谷歌、百度、微软 Bing 等。

目录索引类搜索引擎中的数据是各个网站自己提交的，它就像一个电话号码簿一样，按其性质把网站地址分门别类地组织在一起，大类下面包含小类，一直到各个网站的详细地址，一般还会提供网站的内容简介。常用的目录索引类搜索引擎有雅虎、搜狗、爱问 iask 等。

搜索引擎为用户查找信息提供了极大的方便，一般只需要输入几个关键字，世界各地的信息就会汇集而来，但其中也包含大量的无关信息。如何使搜索结果范围更加精确，从而提高搜索效率呢？下面就介绍一些常用的高级搜索技巧。

（1）把搜索范围限定到网页标题中——intitle。网页标题通常是对网页内容提纲挈领式的归纳。把查询内容限定在网页标题中，可使查询结果更精确。

格式："intitle:< 搜索关键词 >"

例如，找刘翔的图片，在搜索框中输入"图片 intitle: 刘翔"。

注意："intitle:"和后面的关键词之间不要有空格。

（2）把搜索范围限定在特定站点中——site。如果知道某个站点中有自己需要找的东西，就可以把搜索范围限定在这个站点中，提高检索效率。

格式："< 查词内容 >site: 站点域名"

例如，在天空网中下载 FlashGet，在搜索框中输入"Flashget site:skycn.com"。

注意："site:"后面跟的站点域名不要带"http://"和"/"符号；"site:"和站点名之间不要有空格。

（3）把搜索范围限定在 URL 链接中——inurl。网页 URL 中的某些信息常常带有某种有价值的含义。

格式："inurl:< 需要在 URL 中出现的关键词 >"

例如，搜索 word 的使用技巧，在搜索框中输入"word inurl: 技巧"这个查询串中的"word"可以出现在网页的任何位置，而"技巧"则必须出现在网页 URL 中。

注意："inurl:"和后面的关键词之间不要有空格。

（4）精确匹配——双引号和书名号。

- 如果输入的关键词中包含空格，例如搜索武侠小说作家"古 龙"，百度会认为这是两个独立的关键词，那么在搜索结果中就会出现一些无关的信息，如"对付古墓 2 代恶龙的绝招"。为了避免这种结果，可以使用英文双引号将其括起来，即 " 古龙 "，搜索引擎就会判断这是一个词，其搜索结果也更加准确。
- 书名号是百度独有的一种特殊查询语法。在其他搜索引擎中，书名号会被忽略，而在百度中，书名号是可被查询的。比如，搜索电影"手机"，如果不加书名号，大多搜索的结果是通信工具——手机，而加上书名号后，其结果就都是关于电影《手机》的了。

（5）要求搜索结果中不含特定查询词。如果你发现搜索结果中，有某些网页是不需要的，那么用"-"语法，就可以去除所有含有特定关键词的网页。例如，搜索武侠小说《神雕侠侣》，搜索结果中却有很多关于电视剧方面的网页，此时就可以输入查询条件：神雕侠侣 - 电视剧。

注意：前一个关键词和减号之间必须有空格，否则减号会被当成字符处理；减号和后一个关键词之间有无空格均可。

13.3.2 域名系统

在 Internet 中，IP 地址的表示虽然简单，但单纯数字表示的 IP 地址非常难以记忆，于是就产生了 IP 地址的转换方案——域名系统（Domain Name System，DNS）。

DNS 使得人们能够采用具有实际意义的字符串来表示既不形象又难记忆的 IP 地址。例如，使用“www.mydesk.com”字符串代表具体的 IP 地址 193.168.1.13。

DNS 采用树型层次结构，按地理区域或机构区域进行分层。在书写时，采用圆点“.”将各个层次域隔开。

格式：……三级域名 . 二级域名 . 顶级域名

最左边的一个字段为主机名。每一级域名由英文字母或阿拉伯数字组成，长度不超过 63 个字符，字母不区分大小写。一个完整域名的总字符个数不得超过 255。

例如，www.sina.com.cn 是新浪网域名，其中 www 为 Web 服务器主机，sina 为新浪公司名，com 代表商业域名，cn 为中国国家域名。

顶级域名分为两大类——机构性域名和地理性域名。目前共有 14 种机构性域名，见表 13-2；地理性域名指明了该域名源自的国家或地区，见表 13-3。

表 13-2 机构性域名

域名	意义	域名	意义	域名	意义
com	盈利性商业实体	edu	教育机构或设施	gov	政府组织
int	国际性机构	mil	军事机构或设施	net	网络资源
org	非盈利性组织	firm	商业或公司	store	商场
arts	文化娱乐	arc	消遣性娱乐	info	信息
nom	个人	web	WWW 有关的实体		

表 13-3 地理性域名

域名	意义	域名	意义	域名	意义
au	澳大利亚	uk	英国	nl	荷兰
br	巴西	us	美国	cn	中国
de	德国	jp	日本	es	西班牙
fr	法国	kr	韩国	ca	加拿大

那么，怎样对这些域名进行解释呢？在因特网中，每个域都有各自的域名服务器，它们负责注册各自域内的所有主机，即建立本域中的主机名与 IP 地址的对照表。当域名服务器收到域名请求时，将域名解释为对应的 IP 地址。对于本域内未知的域名则回复没有找到相应域名项信息；对于不属于本域的域名则转发给上级域名服务器去查找对应的 IP 地址。正是因为域名服务器的存在，才使得我们又多了一种访问一台主机的途径——域名方式。

需要注意的是，在因特网中，域名和 IP 地址的关系并非一一对应。注册了域名的主机一定有 IP 地址，但不一定每个 IP 地址都在域名服务器中注册域名。

13.3.3 网络下载

现在有很多专用的网络下载工具，使用这些专用下载工具可以提高软件的下载效率，常用的网络下载工具有 FlashGet（网际快车）、Thunder（迅雷）、eMule（电驴）等。

任务 3：使用 FlashGet 下载周杰伦的歌曲“不能说的秘密 .mp3”，并将其保存在“D:\Downloads”文件夹下。

FlashGet 是一款流行的免费下载软件，其功能主要是通过多线程、断点续传、镜像等技术最大限度地提高下载速度。可以把一个文件最多分成 10 个部分同时下载，而且最多可以设定 8 个任务同时下载；支持镜像功能可通过 FTP Search 自动查找镜像站点，并且可选择最快的站点下载；具有优秀的文件管理功能，可创建不同的目录类别，把下载文件分类存放到指定目录；支持插件扫描功能，在下载过程中自动识别文件中可能含有的间谍程序及灰色插件，并对用户进行有效提示。

具体下载过程如下所述。

（1）双击 FlashGet 在桌面上的快捷方式图标启动该软件，弹出如图 13-15 所示的操作界面。

讨论：
大家日常下载文件时，使用过哪些专用下载工具？这些工具有什么特点？个人体验哪些工具更好？

图 13-15 FlashGet 操作界面

（2）利用搜索引擎找到歌曲的下载链接，右击要下载的歌曲，在弹出的快捷菜单中选择【使用快车 3 下载】命令，如图 13-16 所示。

图 13-16 选择下载命令

（3）在弹出的【新建任务】对话框中，设置【原地址下载线程数】为 5，设置保存路径为“d:\Downloads”，重命名歌曲名称为“不能说的秘密”，单击【分类】文本框右侧的下拉按钮，在弹出的下拉列表中指定下载文件的类别（即将下载的文件分类存放在相应的文件夹中），如图 13-17 所示。

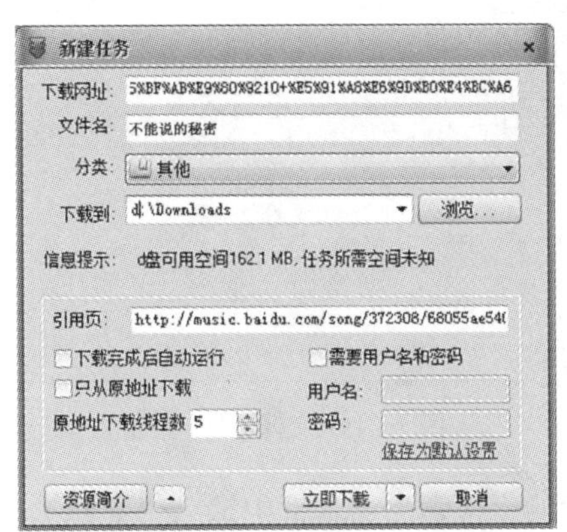

图 13-17　设置下载任务相关信息

（4）设置完成后单击【确定】按钮，即可开始下载。在 FlashGet 窗口中，显示正在下载的文件信息，包括下载的文件名、大小、完成数、百分比、用时等，如图 13-18 所示。

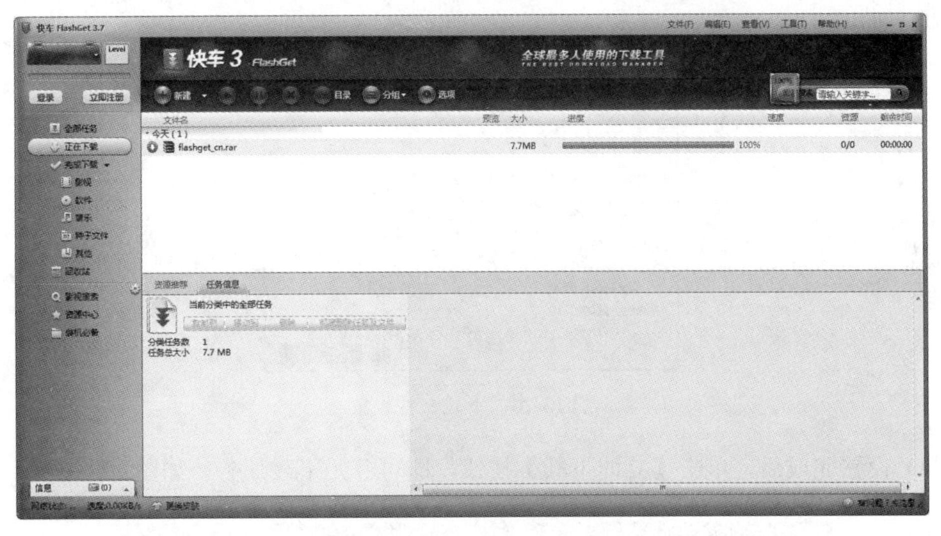

图 13-18　文件的下载进程

提示：许多资源共享型下载工具，需要同时在线的用户越多，传输速度才越快，所以传输速度并不稳定。

（5）文件下载完毕，单击【退出】按钮，或选择【文件】|【退出】命令，即可退出 FlashGet 的运行窗口。

任务 4：使用迅雷下载电影《穿越火线》。

迅雷是一款基于 P2SP（Point to Server Point）技术的下载软件。它能够将网络上存在的服务器和计算机资源进行有效的整合，构成独特的迅雷网络。通过迅雷网络，各种数据文件能够以很快的速度进行传递。较新版本的迅雷可以对服务器资源进行均衡，降低了服务器的负载，支持和优化了 BT 协议下载，更新了 FTP 资源探测，更新了影视资源的相关信息等。

具体下载过程如下所述。

（1）启动迅雷软件，弹出如图 13-19 所示的操作界面。

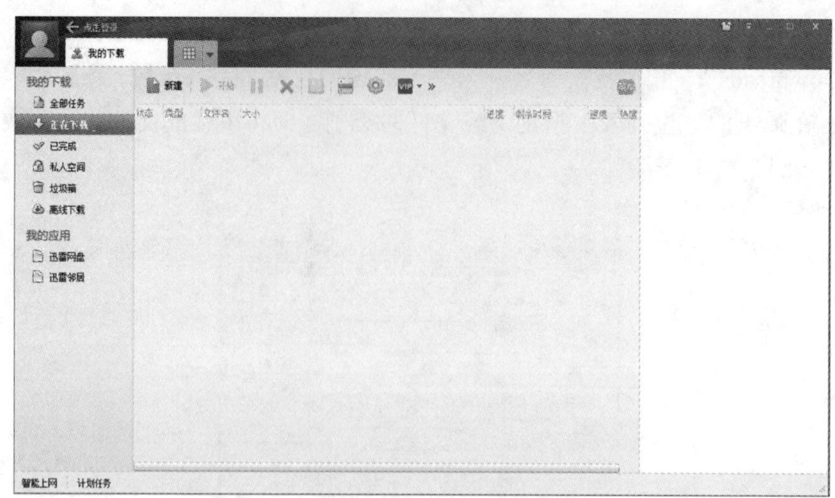

图 13-19 迅雷操作界面

（2）在迅雷软件右上角的“搜索”文本框中输入“穿越火线”，单击“搜索”按钮，打开“迅雷看看”首页，找到电影《穿越火线》的下载资源。

（3）右键单击要下载的资源，在弹出的快捷菜单中选择【使用迅雷下载】命令，弹出【新建任务】对话框，如图 13-20 所示。在【新建任务】对话框中，可以设置存储资源的路径和文件名，并同步显示当前路径下可用的磁盘空间，可以以此判断是否有足够的空间来存放下载文件。

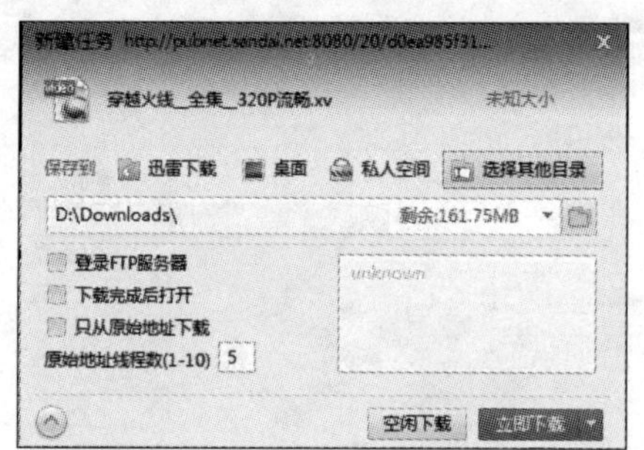

图 13-20 下载文件设置

（4）设置完成后，单击【立即下载】按钮，即可开始下载任务，如图 13-21 所示。

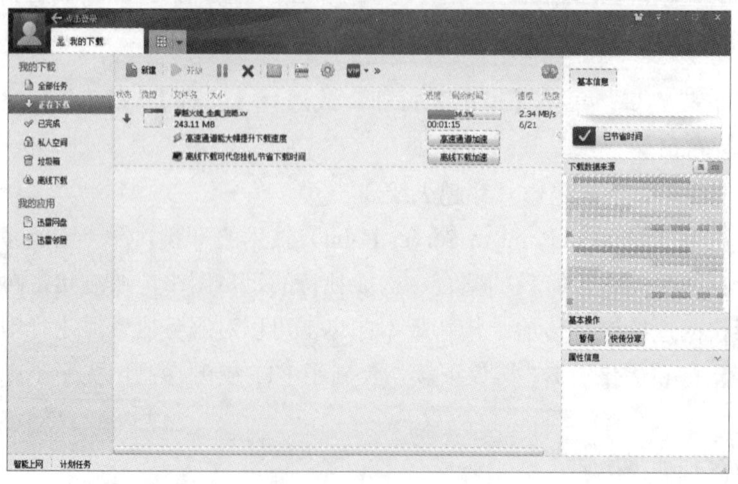

图 13-21 文件下载进程

另外，迅雷提供的批量下载功能可以方便地创建多个包含共同特征的下载任务，比如说电视连续剧。例如网站提供了10个文件下载地址http://www.x.com/01.rm、http://www.x.com/02.rm、……、http://www.x.com/10.rm，这10个地址中只有数字部分不同，我们可以用通配符(*)表示不同的部分，因此下载地址可以统一写成http://www.x.com/(*).rm。通配符区间从01到10，即通配符的长度为2。

任务5：使用迅雷批量下载电视连续剧“武林外传”。

（1）单击迅雷工具栏中【新建】按钮右侧的下拉箭头，在打开的列表中选择【新建任务】命令，打开【新建任务】对话框。

（2）因为“武林外传”各集的下载地址分别位于“http://www.ffdy.cn:7030/电视剧/武林外传/”下的武林外传01.rmvb、武林外传02.rmvb、……武林外传80.rmvb这80个文件中，因此，在URL文本框中输入“武林外传”资源下载地址的统一形式“http://www.ffdy.cn:7030/电视剧/武林外传(*).rmvb”。

（3）设置通配符区间为从01到80，通配符的长度为2。设置完成后，单击【确定】按钮，如图13-22所示。

图13-22 批量下载文件

13.3.4 收发电子邮件

电子邮件（Electronic Mail，E-mail）是一种利用计算机网络交换电子信件的通信手段。它是Internet上使用最多、最受欢迎的服务之一，将电子邮件发送到收信人的邮箱中，收信人随时可以进行读取。电子邮件不仅可以传递文字信息，还可以传递图像、声音、动画等多媒体信息。

Internet的电子邮件地址格式如下：

用户名@电子邮件服务器名

它表示以“用户名”命名的信箱是建立在符号“@”后面的“电子邮件服务器名”上，该服务器就是向用户提供电子邮政服务的“邮局”机。例如，kitty@goldhuman.com，其中goldhuman.com就是一个POP3服务器名。

电子邮箱分为免费电子邮箱和普通电子邮箱。

（1）免费电子邮箱。目前，许多Internet站点都提供免费的电子邮件服务，用户可以在这些网站上申请免费的电子邮件服务，并通过这些网站收发电子邮件。

（2）普通电子邮箱。普通电子邮箱一般是用户向 ISP 申请的或是工作单位的网络中心分配给职工的电子邮箱。这类电子邮箱一般使用电子邮件客户端程序（例如，Outlook Express、Foxmail、Messenger 等）来收发电子邮件。

任务 6: 以 126 网易免费邮箱为例，简要说明申请免费电子邮箱和收发电子邮件的方法。

（1）申请账户。

具体操作步骤如下所述。

1）启动浏览器，在浏览器的地址栏中输入 126 网址“http://www.126.com”，打开 126 网易免费邮箱的页面，如图 13-23 所示。

图 13-23　126 邮箱页面

2）单击“注册”按钮即可打开如图 13-24 所示的注册窗口。可以选择“注册字母邮箱”“注册手机号码邮箱”或“注册 VIP 邮箱”三项中的一项。

图 13-24　注册窗口

3）现在我们注册字母邮箱。根据创建要求输入邮箱地址、密码、验证码等信息，然后单击【立即注册】按钮。

4）注册成功后，显示 126 网易邮箱简介窗口，此时我们便获得一个电子邮件账户。

5）根据提示进入自己的邮件账户窗口，如图 13-25 所示。

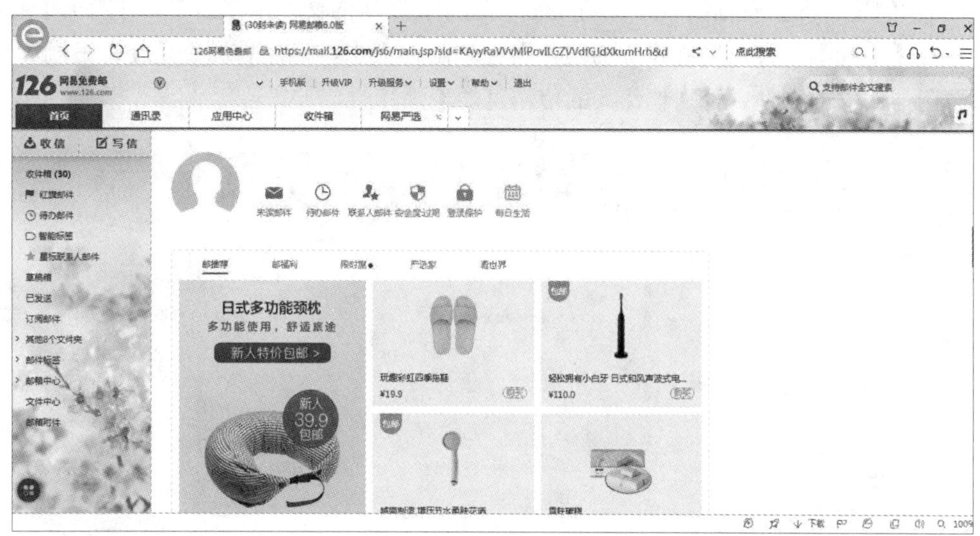

图 13-25　创建的邮件账户窗口

例如，若 E-mail 地址为“nmg_hgxy@126.com”，则其中“nmg_hgxy”是用户名称，“126.com”是收信服务器的地址。

当在网站申请电子邮件账户成功后，就可以使用这个账户收发电子邮件了。

（2）编写新邮件。

1）在 126 账户窗口中，选择【写信】命令，打开如图 13-26 所示的邮件编写窗口。

讨论：

大家常用的电子邮箱有哪些？哪些公司提供的邮箱系统体验比较好？

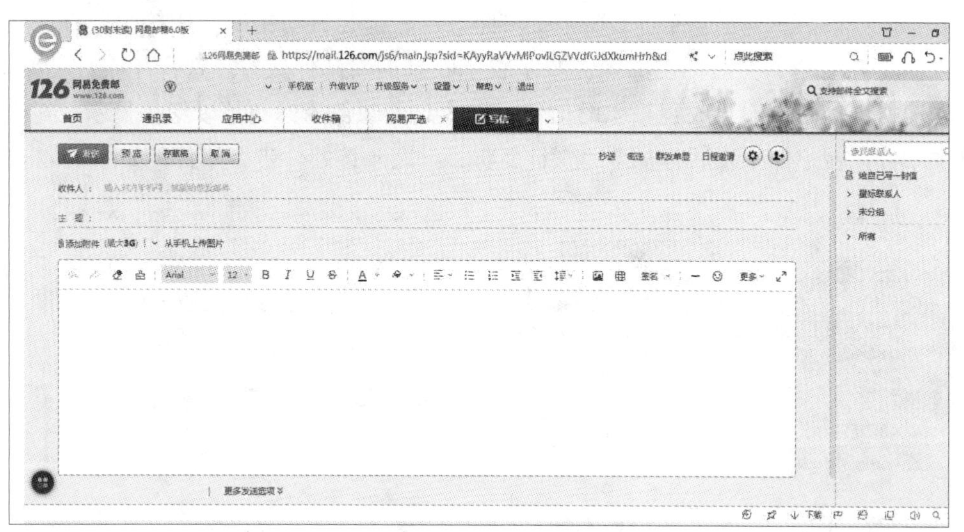

图 13-26　编写新邮件

2）在【收件人】文本框中填写收件人的电子邮箱地址，当需要将邮件发送给多个人时，可在此文本框中同时填入他们的地址，地址之间可以用“,”或“;”分隔。

3）如果要将邮件抄送给多个人，可选择【抄送】命令，在【抄送人】文本框中填写收件人的电子邮箱地址。

4）在【主题】文本框中填写发送邮件的提要，让收件人能快速了解邮件的大意。

5）在邮件的编辑区内输入邮件的正文，还可以使用编辑区上方的【格式】按钮对文

本进行格式化和拼写检查。

6）在邮件中添加附件。选择【主题】文本框下方的【添加附件】命令，打开如图13-27所示的【打开】对话框，在此对话框中选择要发送的文件，然后单击【打开】按钮。这时，在【主题】下方出现所添加的附件名称和附件大小。附件的类型是没有限制的，不过不要附加太大的文件，否则收件人的信箱可能无法接收。

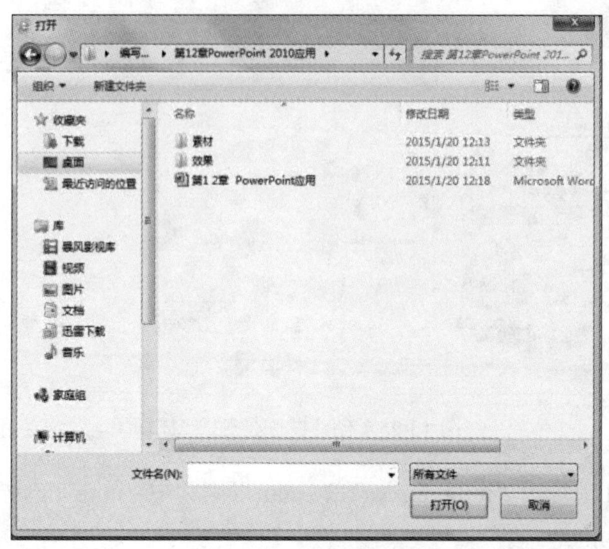

图 13-27　选择附件

7）邮件编写完成后，单击【发送】按钮即可将邮件发送出去。

（3）邮件的接收与回复。

1）邮件的接收。每次启动126邮箱软件时，它都会自动帮助我们接收邮件。在软件窗口左侧【收件箱】旁边标出的黑色数字表示收到的新邮件数目。选择【收件箱】命令，在右边窗格中就可以看见收件箱里的信件，刚收到的邮件的标题都以粗体显示。对于带有附件的邮件，在邮件主题后有一个“别针”标识，表示该邮件带有附件，如图13-28所示。

图 13-28　接收邮件

2）单击选中某一邮件，可以对邮件进行查看、存档、删除、设置旗帜等操作。

3）126邮箱软件提供了方便的邮件回复功能。查看某一信件，然后单击查看窗口中的【回复】按钮打开邮件回复窗口，如图13-29所示。

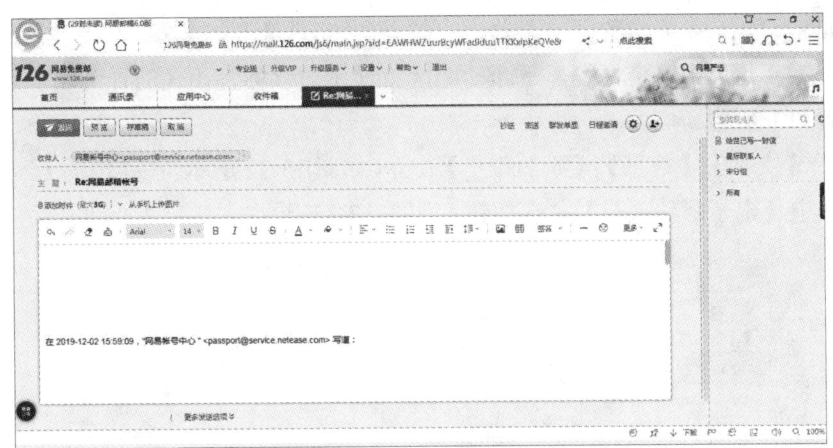

图 13-29　回复邮件

4)“收件人”和“主题”都自动填写好了，主题是在所收信件的主题前面加上“Re：”。邮件正文中也引用了原信的内容。在正文的光标停留处，输入回复的内容后就可以发送邮件了。

任务 7：利用 Windows 内置的 Outlook Express 收发电子邮件。

（1）了解 Outlook Express 的外观。Outlook Express 是 Windows 的标准组件，选择【开始】|【所有程序】|【Outlook Express】命令，即可启动 Outlook Express。Outlook Express 的窗口界面如图 13-30 所示。

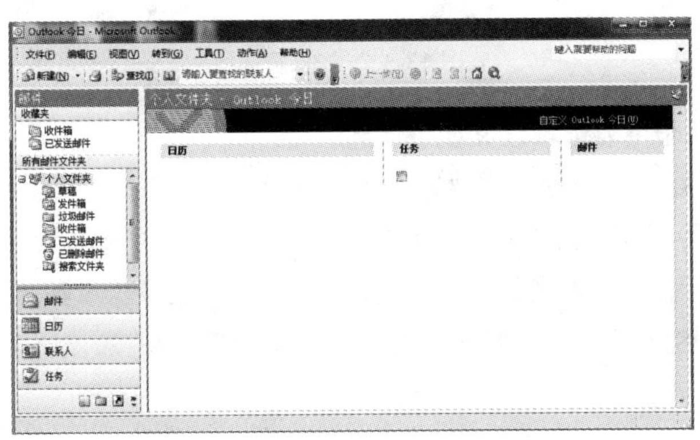

图 13-30　Outlook Express 的窗口界面

（2）创建用户账户。首次启动 Outlook Express 会出现配置账户向导，这里我们可以先不进行配置账户，直接进入下一步，然后根据提示选择没有账户，直接进入 Outlook Express，界面如图 13-31 所示。

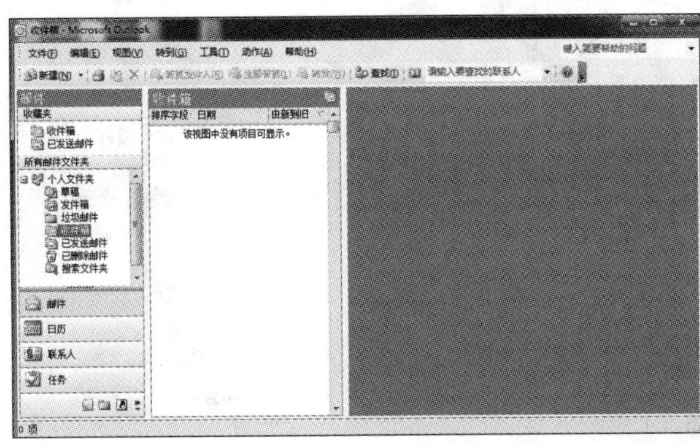

图 13-31　Outlook Express 界面

讨论：
大家日常在使用电子邮箱时，是否使用过专用的邮箱应用程序进行操作？使用邮箱应用程序进行操作有哪些方便之处？

在Outlook Express界面的上方菜单栏中能看到【文件】【开始】【发送/接收】【文件夹】【视图】几个标签，每单击一个标签，下面功能区就显示与该标签相关的详细功能。创建用户账户的步骤如下所述。

1）选择【文件】|【信息】|【添加账户】命令，如图13-32所示，在弹出的【添加新账户】对话框中选中【电子邮件账户】单选按钮，如图13-33所示。

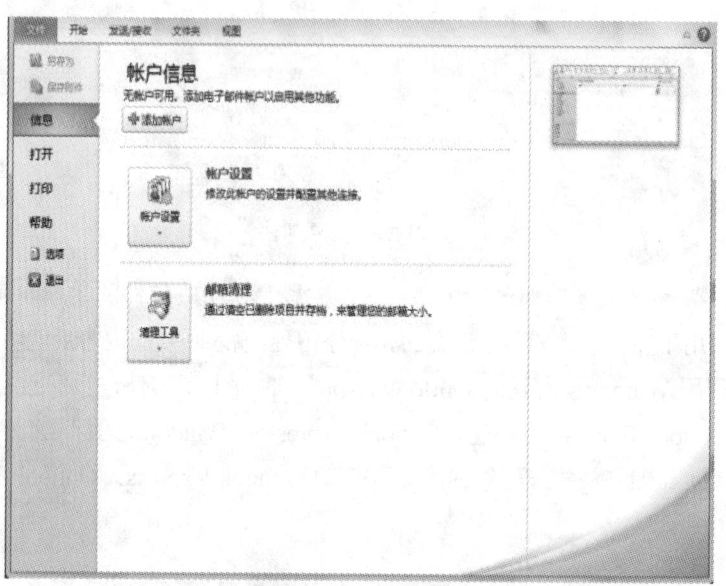

图13-32 信息页面

图13-33里的两个主要选项含义如下所述。

- 【电子邮件账户】选项：需要输入“您的姓名”“电子邮件地址”“密码”“重复输入密码”等选项，此时Outlook Express会自动为你选择相应的设置信息（如邮件发送和邮件接收服务器等），若找不到对应的服务器，那就需要手动配置了。
- 【短信(SMS)】选项：注册一个短信服务提供商，输入该服务提供商的地址、用户名和密码。

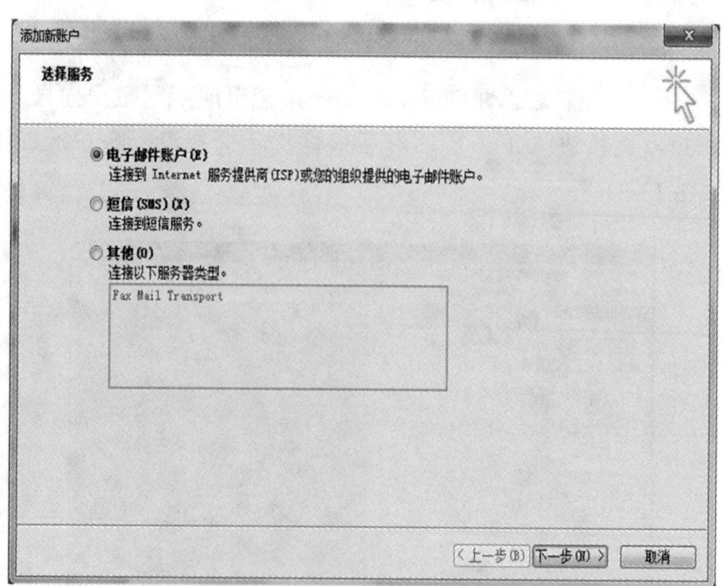

图13-33 【添加新账户】对话框

2）在图 13-33 中单击【下一步】按钮，进入【自动账户设置】界面，在该界面里选择“手动配置服务器设置或其他服务器类型”项，单击【下一步】按钮进入到【选择服务】界面。

3）在【选择服务】界面里，选择【Internet 电子邮件】选项，单击【下一步】按钮。这一步里另外两个选项的含义如下：

- “Microsoft Exchange 或兼容服务”，需要在“控制面板”里面进行设置。
- “短信 (SMS)”，与上述 1）里所述含义相同。

4）输入用户信息、服务器信息（例如，126 邮箱的接收邮件服务器是 pop.126.com，发送邮件服务器是 smtp.126.com）、登录信息，然后可以单击【测试账户设置】按钮进行测试，如图 13-34 所示。

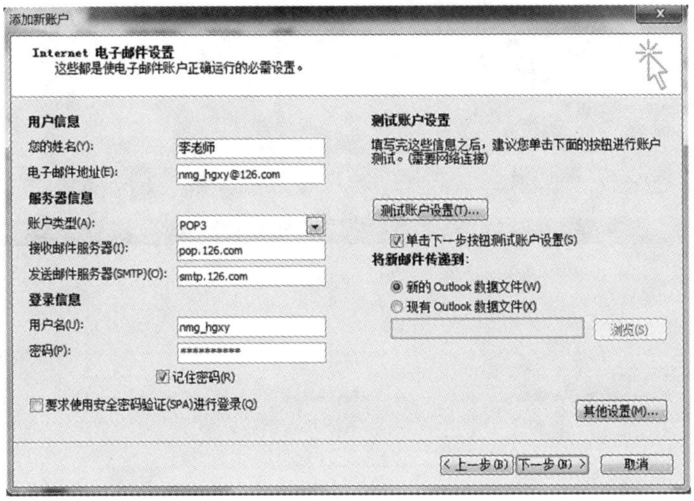

图 13-34 【添加新账户】对话框

如果测试不成功（前提是用户信息、服务器信息、登录信息输入正确），单击【其他设置】按钮，弹出【Internet 电子邮件设置】对话框。在该对话框中选择【发送服务器】选项卡，勾选【我的发送服务器（SMPT）要求验证】复选框，单击【确定】按钮返回【添加新账户】对话框。在【添加新账户】对话框中再次单击【测试账户设置】按钮，此时若测试成功则单击【下一步】按钮，系统会再次测试账户设置。成功后单击【完成】按钮，完成账户设置。

接下来就可以利用 Outlook Express 收发邮件了。

13.3.5 网上购物

随着 Internet 的蓬勃发展，网上购物已经成为现代生活的时尚。目前，Internet 上已经有了许多销售商品的网站，淘宝网是其中比较有名的“网上商店”。

任务 8：在淘宝网上购买一副 SONY 的耳麦。

具体购买方法如下所述。

（1）在 IE 浏览器的地址栏中输入“www.taobao.com”，打开淘宝网的主页。

（2）直接利用淘宝网所提供的搜索引擎，在文本框中输入“SONY 耳麦”，在【分类】列表中选择“家用电器”“hifi 音响”“耳机”类别，单击【搜索】按钮，如图 13-35 所示。

（3）在弹出的搜索结果页面，所有与搜索主题相匹配的信息都将被显示出来，如图 13-36 所示。我们也可以根据需要按照“价格”顺序或“所在地”进行浏览，从中选择要购买产品的链接。

讨论：大家常去的购物网站有哪些？这些网站的购物流程和支付方式有哪些相同和不同的地方？

图 13-35　淘宝网主页

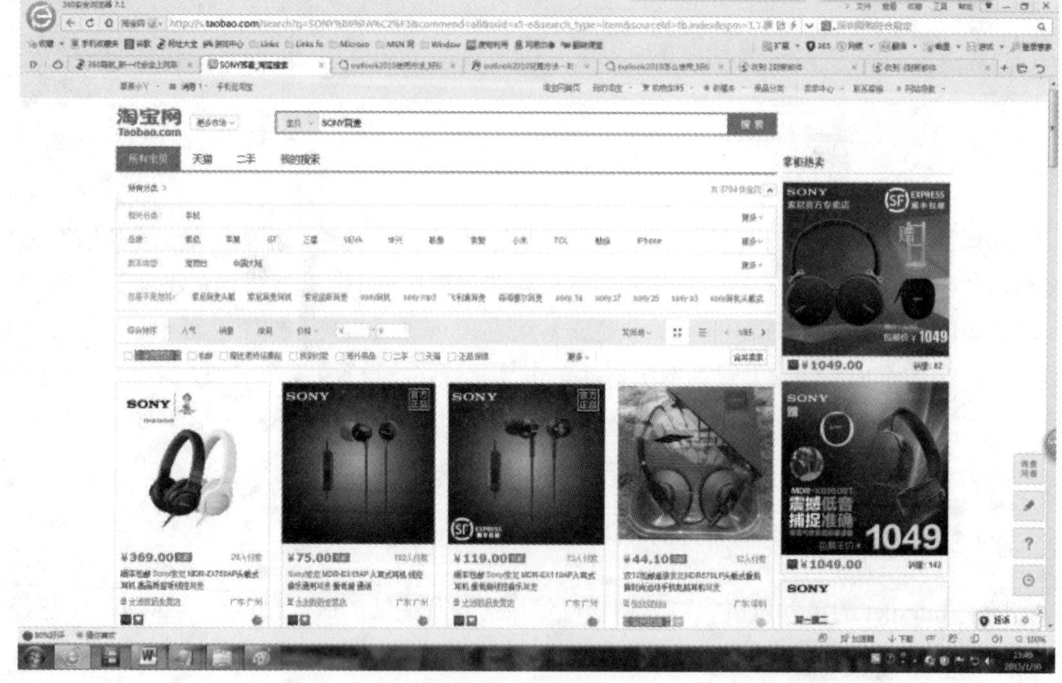

图 13-36　搜索结果页面

（4）打开如图 13-37 所示的产品信息窗口。在该窗口中包含所购买商品的详细信息，如商品卖家的详细信息、商品名称、商品价格、卖家所在地、邮购费用、可购买数量以及商品的功能介绍等。

（5）如果对产品满意，可单击【立即购买】按钮，弹出如图 13-38 所示的【确认订单信息】窗口，在该窗口中填写收货地址、购买数量、运费方式等，然后单击【提交订单】按钮。如果没有在淘宝网注册过，则需要先注册为淘宝网的会员，才能购买商品。

图 13-37 产品信息窗口

图 13-38 【确认订单信息】窗口

（6）对购买的商品付款到支付宝。在打开的如图 13-39 所示的支付界面，淘宝网为用户提供了一些购买商品的相关事宜和多种付款方式。通常我们使用“网上银行付款”的方式（前提是必须开通银行卡的网上银行服务），选择一种支付方式和相关银行，然后根据支付向导完成付款。

图 13-39 支付界面

（7）付款完成后，便完成了网上购物的任务，然后就可等待卖家发货了。当收到卖家的货物并确认完好后，再将支付宝里面的货款支付给卖家。

支付宝交易的具体使用规则和功能，可访问 http://help.alipay.com 网址进行了解。

13.3.6 互联网多媒体服务

计算机网络最初是为传送数据设计的。技术的进步使许多用户开始利用互联网传送音频 / 视频信息，在许多情况下，这种音频 / 视频信息常称为多媒体信息。包括声音和图像的多媒体信息与不包括声音和图像的数据信息有很大的区别。第一，多媒体信息的信息量往往很大，因此在网上传送多媒体信息时都采用各种信息压缩技术；第二，在传输多媒体数据时，对时延和时延抖动均有较高的要求。目前对传输多媒体数据的应用，要求是边传输边播放（如果欣赏网上的某个视频或音频节目，必须要先花几个小时下载它，等下载完毕后才能开始播放，这显然很不方便）。

目前互联网提供的音频 / 视频服务大体上可分为三种类型。

- 流式存储音频 / 视频。这种类型是先把已压缩的录制好的音频 / 视频文件，如音乐、电影等，存储在服务器上。用户通过互联网下载这样的文件，但并不是把文件全部下载完毕后再播放，那样往往需要很长时间。流式存储音频 / 视频文件的特点是能够边下载边播放，即在文件下载后不久，例如，一般在缓存中存放最多几十秒就开始连续播放。
- 流式实况音频 / 视频。这种类型和无线电台或电视台的实况广播相似，不同之处是音频 / 视频节目的广播是通过互联网来传送的。流式实况音频 / 视频是一对多的通信。它的特点是，音频 / 视频节目不是事先录制好存储在服务器中的，而是在发送方边录制边发送，在接收时也要求能够连续播放，接收方收到节目的时间和节目中事件的发生时间可以认为是同时的。
- 交互式音频 / 视频。这种类型是用户使用互联网与他人进行实时交互式通信。现在的互联网电话和互联网电视会议就属于这种类型。

一般情况下，对于流式音频 / 视频的下载，实际并没有把下载的内容存储在硬盘上，所以当边下载边播放结束后，在用户的硬盘上没有留下有关的播放内容，这样对于保护音视频版权非常帮助。目前，在网络上常见的词“流媒体”就是上面所说的流式音频 / 视频，流媒体最主要的特点就是不需要把音频 / 视频文件全部都下载后再开始播放。

为了更好地提供播放流式音频 / 视频文件的服务，现在常用的做法就是使用两个分开的服务器——一个普通的万维网服务器和一个媒体服务器。媒体服务器和万维网服务器可以运行在一个端系统内，也可以运行在两个不同的端系统中。媒体服务器与普通的万维网服务器的最大区别就是，媒体服务器是专门为播放流式音频 / 视频文件而设计的，因此能够更加有效地为用户提供播放流式多媒体文件的服务。因此媒体服务器也常被称为流式服务器。

讨论：
大家平时如何收听观看音视频资源？结合本节内容，思考经常访问的音视频网站是如何架设组织资源的。

媒体服务器可以更好的支持流式音频 / 视频的传送。TCP 协议传输能够保证流式音频 / 视频文件的播放质量，但开始播放的时间要比请求播放的时间滞后一些，因为必须先在缓存中存储一定数量的分组。对于实时流式音频 / 视频文件的传送则应当选用 UDP 协议传输。传送音频 / 视频文件可以使用 TCP 协议也可以使用 UDP 协议。

目前对流式音频 / 视频的播放主要都采用 TCP 协议进行传送。例如全球最大的视频网站 YouTube 和最大的在线影片租赁商 Netflix，都采用 TCP 协议传送。

图 13-40 所示为使用 TCP 协议传送流式视频的示意图，主要步骤如下所述。

（1）用户使用 HTTP 获取存储在万维网服务器中的视频文件，然后把视频数据传送到 TCP 发送缓存中，如果发送缓存已存满，则暂时停止传送。

（2）从 TCP 发送缓存，通过互联网向客户机中的 TCP 接收缓存传送视频数据，直到接收缓存存满。

（3）从 TCP 接收缓存，把视频数据传送到应用程序缓存，也就是媒体播放器的缓存，当这个缓存中的视频数据存储到一定程度时就开始播放。

（4）在播放时，媒体播放器周期性地把视频数据按帧读出，进行解压缩后，把视频信息显示在用户的屏幕上。

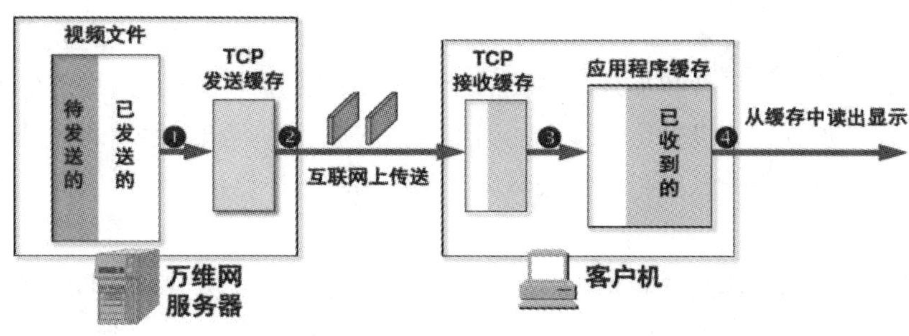

图 13-40　使用 TCP 协议传送流式视频

13.4　信息安全与职业道德

以 Internet 为代表的信息化浪潮的影响已经深入到社会的各个角落，伴随着网络的普及，信息安全日益成为影响网络应用的重要因素。Internet 所具有的开放性、国际性和自由性在增加应用自由度的同时，对安全提出了更高的要求，这主要表现在以下几个方面：一方面，网络的开放性导致网络技术是全开放的，任何组织和个人都可能获得，因而网络所面临的被破坏和攻击可能是多方面的。具有不良企图的黑客可以对物理传输线路实施攻击，也可以对网络通信协议进行攻击；可以对软件实施攻击，也可以对硬件实施攻击。另一方面，网络的国际化意味着网络的攻击不仅仅来自本地网络用户，也可以来自 Internet 上的任何主机，也就是说网络安全所面临的是一个国际化的挑战。此外，网络的自由性意味着用户可以自由地在网络上使用和发布各种信息，这也使个人和组织的信息机密性受到了很大的挑战。

信息安全旨在确保信息的机密性、完整性和可用性。在目前的信息化环境里，网络安全是信息安全的主体。网络安全是指利用网络管理和各种技术措施，保证在一个网络环境里使数据的机密性、完整性及可用性受到保护。要做到这一点，必须保证网络系统软件、应用软件、数据库系统具有一定的安全保护功能，并保证网络部件，如终端、交换机、数据链路的功能只能被授权用户访问。网络安全问题实际上包括两方面：一是网络的系统安全；二是网络的信息安全，而保护网络的信息安全是最终目标。

导致网络不安全的根本原因是系统漏洞、协议的开放性和人为因素。网络的管理制度和相关法律法规的不完善也是导致网络不安全的重要因素。因此，应对网络信息安全的策

讨论：在日常的计算机系统和网络使用过程中，大家是否遇到过信息安全方面的问题？例如，遇到病毒木马或恶意程序，数据资料遭到破坏等，遇到这些情况是如何处理的？

略可以从技术层面和管理层面两方面来实施。

从技术方面，网络安全技术主要有实时扫描技术、实时监测技术、防火墙、完整性检验保护技术、病毒情况分析技术和系统安全管理技术等。技术层面可以采取以下对策：

- 建立安全的管理制度。
- 网络访问的控制。
- 数据库的备份与恢复。
- 应用密码技术。
- 切断传播途径。
- 提高网络反病毒技术能力。
- 研发并完善高安全的操作系统。

从管理方面，需要将采取的管理措施和执行计算机安全保护的法律法规紧密结合，才能使网络信息安全确实有效。网络的安全管理，包括对计算机用户的安全教育、建立相应的安全管理机构、不断完善和加强计算机的管理功能、加强计算机及网络安全的立法和执法力度等方面。加强计算机安全管理，加强用户的法律、法规和道德观念，提高计算机用户的安全意识，对防止计算机犯罪、抵制黑客攻击和防止计算机被病毒干扰，是十分重要的措施。

随着网络技术的飞速发展和网络时代的到来，网络安全问题变得越来越严重。现在每年关于网络安全问题的报道层出不穷。据统计，全球约 20s 就有一次计算机入侵事件发生；约 1/4 的网络防火墙被突破；约有 70% 以上的网络信息主管人报告因机密信息泄漏而受到了损失。

推进网络安全不仅是现阶段急需解决的问题，也是今后网络安全发展的必然趋势。保证计算机的网络安全，就是要保护网络信息在存储和传输过程中的保密性、完整性、可用性、可控性和真实性。从技术角度，Internet 的安全可以采用以下技术。

（1）逻辑隔离技术。以防火墙为代表的逻辑隔离技术将逐步向大容量、高效率、基于内容的过滤技术等方向发展，形成具有统计分析功能的综合性网络安全产品。

（2）防病毒技术。防病毒技术将逐步实现由单机防病毒向网络防病毒方式的过渡。而对防病毒产品而言，病毒库的更新效率和服务水平将是今后这类产品的核心竞争力。

（3）身份认证技术。身份认证是查明用户是否具有他所出示的对某种资源的使用和访问权利。例如，使用网络购物提供的交易平台进行支付时，用户首先要输入自己的名称和密码用于证明自己的身份，然后向对方提供自己的证书，最后通过客户端的认证程序完成认证。

（4）加密和虚拟专用网技术。在一个单位中，员工外出，移动办公，单位和合作伙伴之间，分支机构之间通过公用的互联网通信是必须的，因此，加密通信和虚拟专用网（Virtual Private Network，VPN）有很大的市场需求。IPSec（IP Security）已经成为市场的主流和标准。

（5）网管。网络安全越完善，体系架构就越复杂。管理网络的多台安全设备需要集中网管。集中网管是目前安全市场的一大趋势。

无论是作为计算机网络的专业人员还是普通网络用户，在网络空间中都应当遵守使用网络的法律与道德规范。我国关于网络信息安全的法律法规主要包括《中华人民共和国计算机信息系统安全保护条例》《计算机信息网络国际联网安全保护管理办法》《中华人民共和国网络安全法》《中华人民共和国密码法》等。所有网络用户都应当遵守网络信息安全的法律法规，同时用相应的道德规范约束自己，包括不能在未经他人许可的情况下非法进入和使用他人的计算机系统和资源，不应该传输任何不符合地方、国家和国际法律、道德规范的资料，不能传输涉及国家安全的资料，不能传输任何具有伤害他人的、内容庸俗的信息资料等。特别是要自觉保护网络空间中的计算机知识产权和他人的隐私信息，在未获授权的情况下，不能传播他人信息，不能在网络上侵犯他人的著作权、专利权和商标权等。在信息时代，做守法合规、遵守道德规范的网络用户。

13.5　习题

一、选择题

（1）TCP 协议工作在（　　）。

A．物理层　　B．链路层　　C．传输层　　D．应用层

（2）开放系统互联参考模型简称（　　）。

A．HOST　　B．OSI/RM　　C．TCP/IP　　D．Internet

（3）校园网属于典型的（　　）。

A．局域网　　B．城域网　　C．广域网　　D．楼宇网络

（4）在局域网中，目前最常用的传输介质是（　　）。

A．双绞线　　B．同轴电缆

C．光缆（光导纤维）　　D．无线通信

（5）在 Internet 中，能够提供任意两台计算机之间传输文件的协议是（　　）。

A．HTTP　　B．FTP　　C．Telnet　　D．SMTP

（6）某台计算机的 IP 地址为 132.121.100001，那么它属于（　　）网。

A．A 类　　B．B 类　　C．C 类　　D．D 类

（7）计算机网络系统由硬件、软件和（　　）三部分组成。

A．数据　　B．线路

C．服务商　　D．协议

（8）广域网和局域网是按照（　　）来区分的。

A．网络使用者　　B．传输控制规程

C．网络连接距离　　D．信息交换方式

（9）某主机的 IP 地址为 202.113.25.55，子网掩码为 255.255.255.240，该主机的限制广播地址为（　　）。

A．202.113.25.255　　B．202.113.25.240

C．255.255.255.55　　D．255.255.255.255

（10）传送速率的单位“bps”代表（　　）。

A．bytes per second　　B．bits per second

C．baud per second　　D．billion per second

（11）在任何时刻只能有一方发送数据的信道通信方式为（　　）。

A．半双工通信　　B．单工通信

C．数据报　　D．全双工通信

（12）从 IP 地址 128.200.200.200 中可以看出，（　　）。

A．这是一个 A 类网络中的主机

B．这是一个 B 类网络中的主机

C．这是一个 C 类网络中的主机

D．这是一个保留的地址

（13）早期的计算机网络是由（　　）组成的系统。

A．计算机—通信线路—计算机

B．PC 机—通信线路—PC 机

C．终端通信线路—终端

D．计算机—通信线路终端

（14）（　　）不属于 OSI 参考模型的分层。

A．物理层　　B．网络层

C．网络接口层　　D．应用层

（15）交换式局域网的核心设备是（　　）。

A．中继器　　B．局域网交换机

C．集线器　　D．路由器

二、填空题

1．计算机网络是现代 ________ 技术和 ________ 技术密切结合的产物。

2．计算机网络的发展和演变可概括为 ________、________ 和 ________ 三个阶段。

3．计算机网络互联是利用互联设备及相应的技术和 ________ 把两个以上的计算机网络互联起来，实现计算机网络之间的连接。

4．决定局域网特性的主要技术有三个，它们是 ________、________ 和 ________。

5．IP 地址是 ________ 位比特的二进制数，它通常采用点分 ________ 进制数表示。

6．对一台具有 IP 地址和物理地址（MAC 地址）的计算机而言，________ 地址是可变的，________ 地址是固定的。

7．HTTP、IP、TCP 分别工作于 TCP/IP 的 ________ 层、________ 层和 ________ 层。

8．在 TCP/IP 模型的传输层中，________ 协议提供可靠的、面向连接的数据传输服务，________ 协议提供不可靠的、无连接的数据传输服务。

9．在 Internet 上可以唯一标识一台主机的是 IP 地址或 ________。

10．WWW 服务中采用了 ________ 工作模式。信息资源以 ________ 的形式存储在 Web 服务器中，查询时通过客户浏览器向 Web 服务器发出请求，Web 服务器返回所指定的网页信息。浏览器对它进行 ________，最终将页面显示给用户。

11．WWW 的服务器与客户端程序之间是通过 ________ 协议进行通信的。

12．WWW 上的每一个网页都有一个独立的地址，这些地址被称为 ________。

13．在网络测试命令中，________ 命令用来显示数据包到达目标主机所经过的路径。

14．防火墙实质上是一种隔离控制技术，基本思想是限制网络访问。它把网络划分为两个部分：外部网络和受保护的 ________。

15．网络空间中私人信息依法受到保护，公民的 ________ 权是指禁止在网络上泄露与个人有关的敏感信息。

三、简答题

1．计算机网络可以向用户提供哪些服务？

2．互联网发展大致分为哪几个阶段？ 请指出这几个阶段的主要特点。

3．计算机网络都有哪些类别？ 各种类别的网络都有哪些特点？

4．客户机 / 服务器方式与对等通信方式的主要区别是什么？有没有相同的地方？

5．计算机网络有哪些常用的性能指标？

6．使用 TCP 协议对实时话音数据的传输会有什么问题？使用 UDP 协议在传送数据文件时会有什么问题？

7．电子邮件的地址格式是怎样的？请说明各部分的含义。

8．域名系统的主要功能是什么？域名系统中的本地域名服务器、根域名服务器、顶级域名服务器有何区别？

9．音频 / 视频数据和普通的文件数据有哪些主要的区别？流式存储音频 / 视频、流式实况音频 / 视频和交互式音频 / 视频有何区别？

10．计算机网络面临哪几种威胁？计算机网络的安全措施都有哪些？

第 14 章　常用工具软件和办公设备的使用

教学目标

- 掌握整机测试工具 PCMark 的使用方法
- 掌握系统优化工具 Windows 优化大师的使用方法
- 掌握图形图像处理工具 ACDSee 的使用方法
- 掌握抓图软件 HyperSnap 的使用方法
- 掌握磁盘分区管理工具 PartitionMagic 的使用方法
- 掌握虚拟光驱 Daemon Tools 的使用方法
- 掌握打印机的使用技巧和日常维护
- 掌握扫描仪的使用与维护
- 掌握传真的收发与设备维护
- 掌握投影仪的使用与保养
- 掌握复印机的使用和保养

14.1　系统维护和优化工具

在日常生活中使用计算机时，经常会使用一些工具软件。这些工具软件实用性强、功能强大、使用方便，能够帮助用户更方便、快捷地操作计算机，使计算机发挥出更大的功能。通过本章介绍，让大家了解一些常用的工具软件。

14.1.1　PCMark——PC 性能测试专家

讨论：你知道的系统优化工具有哪些？你的计算机上安装了哪一款？

PCMark 是全球著名图形及系统测试软件开发公司 FutureMark 推出的整机测试工具。PCMark 7 是专为 Windows 7 设计的，对于 PC 系统的硬件、软件配置有着新的要求。如果你的测试系统不符合推荐配置要求，将有部分测试项目被自动略过，最终成绩也会不完整。

最低系统需求是能够完成 PCMark 7 部分测试并获得 PCMark 分数的基准线，具体如下：

- 操作系统：Windows 7。
- 处理器：32/64 位，主频 1GHz 或更快。
- 内存：32 位系统 1GB，64 位系统 2GB。
- 硬盘：10GB 可用空间，NTFS 分区。
- 显卡：兼容 DirectX 9。
- 显示器：分辨率不低于 1024×600。

14.1.2 Windows 优化大师——系统优化工具

Windows 优化大师是一款功能强大的系统工具软件，可以全面有效且简便安全地进行系统检测、系统优化、系统清理、系统维护，它还包括数个附加的工具软件。使用 Windows 优化大师，能够有效地帮助用户了解自己的计算机软硬件信息；简化操作系统设置步骤；提升计算机运行效率；清理系统运行时产生的垃圾；修复系统故障及安全漏洞；维护系统的正常运转。该款软件目前适用于 Windows 2000/XP/2003/Vista/2008/7。

优化大师界面说明：

- 模块选择。Windows 优化大师四大功能模块包括系统检测、系统优化、系统清理和系统维护。
- 功能选择 。Windows 优化大师四大功能模块下的具体小模块，详细请参照各模块的功能说明。
- 功能按钮。这里陈列着各个功能模块中具有的功能按钮，方便用户操作。
- 信息与功能应用显示区。当选择到具体功能模块时，这里就会出现详细的模块信息。根据功能模块的不同该区域会出现不同的信息内容。

任务 1：安装优化大师。

（1）双击 Windows 优化大师安装文件图标。

（2）单击【下一步】按钮，将出现“许可证协议”介绍界面。

（3）选中【我同意此协议】（接受该协议的所有内容）单选按钮，单击【下一步】按钮，安装才能继续，否则将退出安装。

（4）选择软件安装位置，单击【下一步】按钮。Windows Vista 系统用户请把软件安装至 C 盘以外的分区。

（5）选择【开始】菜单中存放 Windows 优化大师的文件夹名，用户可以自己命名，也可以存放在已有文件夹下。如果无需更改，直接单击【下一步】按钮。

（6）选择是否在桌面创建 Windows 优化大师的快捷方式。默认为创建；取消勾选【创建桌面快捷方式】复选框，则不创建优化大师的快捷方式。单击【下一步】按钮继续安装。

（7）最后确认所选择的安装目标位置、“开始”菜单文件夹、是否创建桌面快捷方式。确认无误后单击【安装】按钮。

（8）安装过程，只需稍加等待。

（9）顺利完成安装后，可选择是否立即运行优化大师。如果需要立即运行，单击【完成】按钮即可；如果不需要立即运行，取消勾选【运行 Windows 优化大师】复选框，再单击【完成】按钮。

任务 2：卸载优化大师。

卸载优化大师有以下两种方式。

方式一：

（1）选择【控制面板】|【添加或删除程序】命令，在弹出的窗口中选中“Windows 优化大师”，单击【更改 / 删除】按钮。

（2）在弹出的【卸载】对话框中单击【是】按钮。

（3）卸载过程。

（4）卸载完成。

方式二：

（1）选择【开始】命令，在弹出的界面选择“WoptiUtilities”文件夹，然后单击【卸载】按钮。

（2）在弹出的【卸载】对话框中单击【是】按钮。

（3）卸载过程。

（4）卸载完成。

任务 3：优化系统安全

（1）打开 Windows 优化大师进入如图 14-1 所示软件界面。

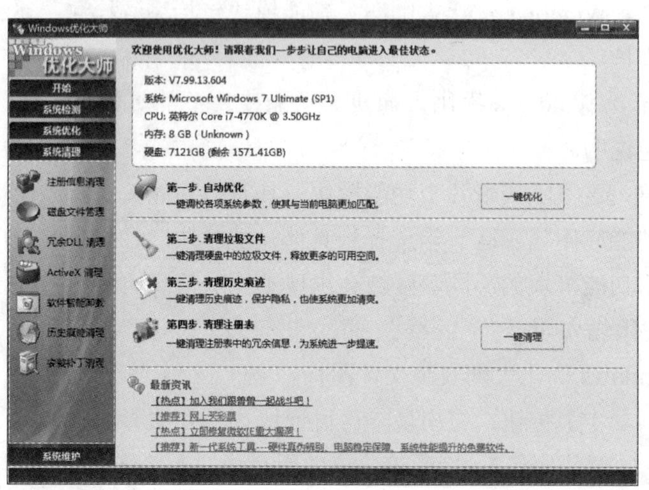

图 14-1 软件界面

（2）单击【一键优化】按钮，如图 14-2 所示，等待自动优化完毕。

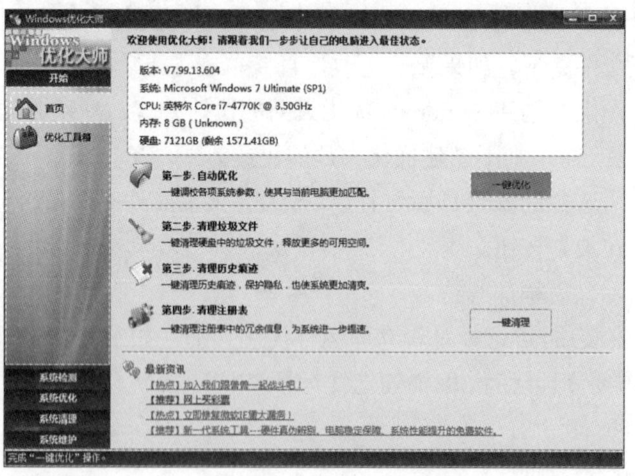

图 14-2 “一键优化”界面

（3）单击【一键清理】按钮，开始自动扫描系统内的垃圾，如图 14-3 所示，并会相继出现如图 14-4 所示的提示界面、如图 14-5 所示的确认界面。

（4）很多时候，单击【确定】按钮即可。当出现如图 14-6 所示询问是否备份界面时，如果不需备份，单击【否】按钮；如果单击【是】按钮，则出现如图 14-7 所示的备份注册表提示。

（5）系统优化功能可以根据需要进行选择。

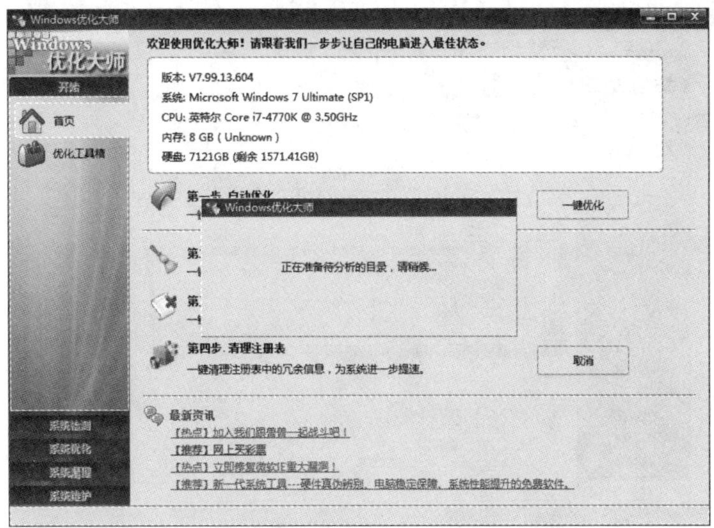

图 14-3　“自动扫描”界面

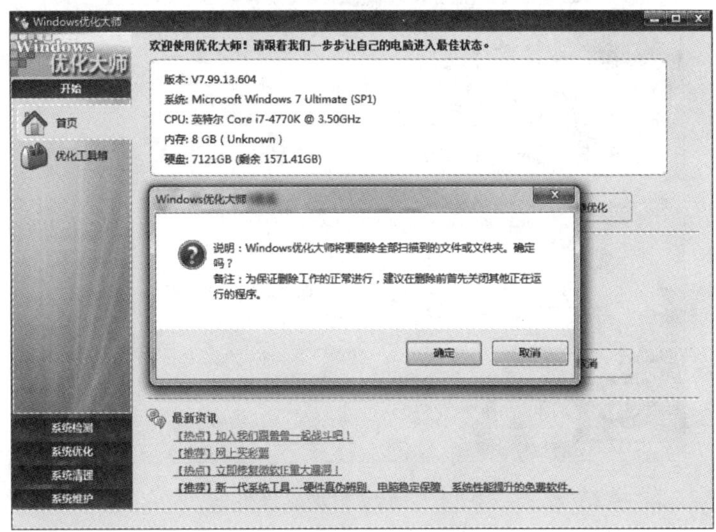

图 14-4　提示界面

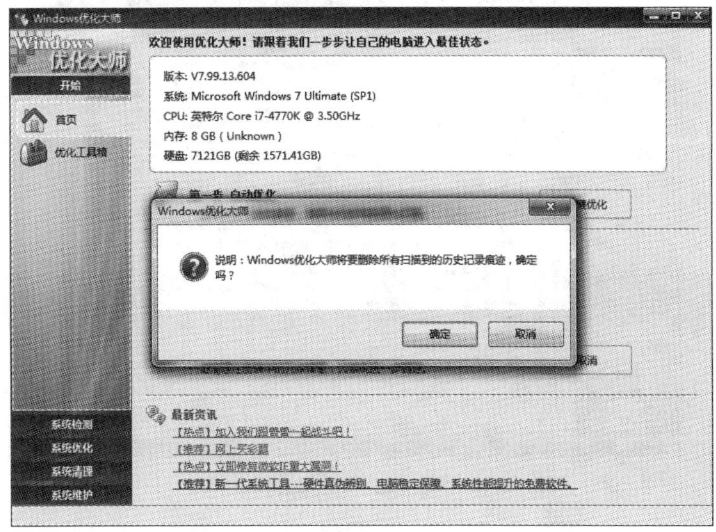

图 14-5　确认界面

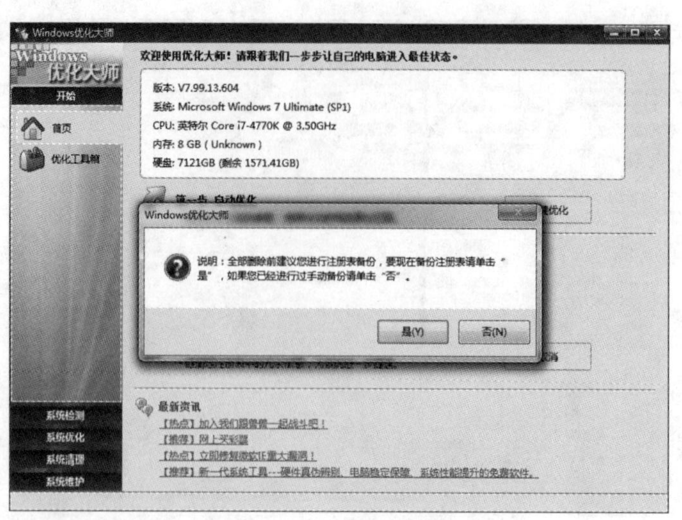

图 14-6　是否备份界面

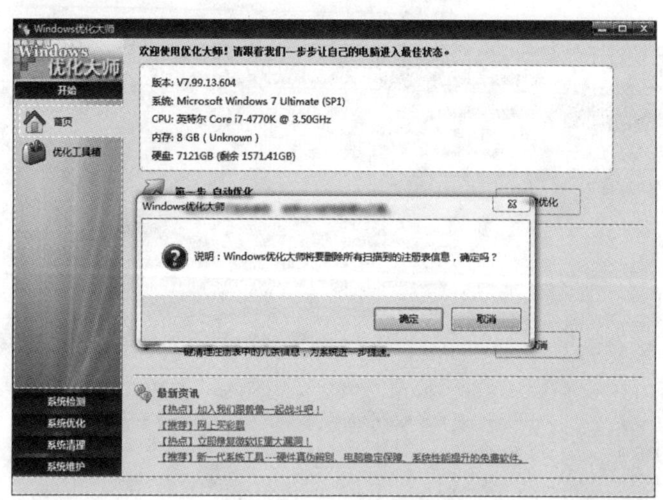

图 14-7　备份注册表提示

（6）进行完上述选择操作后，软件就会开始进行自动优化，如图 14-8 所示。

图 14-8　自动优化

（7）系统维护可以整理并检测磁盘，建议大家在计算机没问题的情况下尽量不要用。

14.2 图形图像处理工具

14.2.1 ACDSee——图形图像处理工具

ACDSee（奥视迪）是非常流行的看图工具之一，具有良好的操作界面和简单人性化的操作方式，支持丰富的图形格式，能打开包括 ICO、PNG、XBM 在内的 20 余种图像格式的文件，并且能够高品质地快速显示它们。

ACDSee 的功能强大：管理文件、更改文件日期、浏览图片、美化图像、制作屏幕保护程序、制作桌面墙纸、制作 HTML 相册、制作文件清单、制作缩印图片、为图形文件解压、为扫描图片顺序命名、为文件批量更名、为图片文件重设关联、为图片添加注释、转换图片格式、转换动态光标文件为标准 AVI 文件、转换 ICO 文件为图片文件、转换图形文件的位置、播放幻灯片、播放动画文件、播放声音文件、快速查找图像文件、查看压缩包中的文件。要使用 ACDSee 浏览图像、视频或播放音频，计算机系统必须满足以下硬件和软件配置。

硬件：

- 英特尔奔腾 III/AMD Athlon 或同级处理器（建议使用英特尔奔腾 4/AMD Athlon XP 或同级处理器）
- 512MB RAM（建议使用 1GB RAM）
- 250MB 空闲硬盘空间（建议留出 1GB）
- 分辨率为 1024×768 的高彩色显示适配器（建议使用 1280×1024）。
- CD/DVD 刻录机（用于创建 CD 与 DVD）。

软件：

- Microsoft Windows XP 家庭版或专业版操作系统（安装有 Service Pack 2）、Windows Vista 或 Windows 7。
- Microsoft Internet Explorer 7.0 或更高版本。

14.2.2 HyperSnap——抓图工具

HyperSnap-DX 是个屏幕抓图工具，它不仅能抓取标准桌面程序，还能抓取 DirectX、3Dfx Glide 游戏和视频或 DVD 屏幕图，能以 20 多种图形格式保存并阅读图片，可以用热键或自动计时器从屏幕上抓图。其特点如下：能够截取 DirectX、Dfx Glide 游戏视频、DVD 屏幕图片；提供多种截图方式；通过软件提供图像编辑处理功能，还可以进行裁剪、调整大小、旋转等操作；为不间断的屏幕截取提供“快速保存”功能。

14.3 磁盘和光盘管理工具

14.3.1 PartitionMagic——磁盘分区管理工具

PartitionMagic（分区魔术师）是可以对硬盘进行分区的工具，它可以在不损失硬盘中数据的前提下对硬盘进行重新分区、复制分区、格式化分区、隐藏 / 重现分区、从任意分

区引导系统、转换分区结构属性等操作，功能强大。

由于要分析磁盘信息，所以程序启动较慢。如果计算机上安装启用了 360 安全卫士，则在软件启动过程中会弹出如图 14-9 所示的 360 警告信息，选中【允许程序的所有操作】单选按钮即可。

实操演示：PartitionMagic 磁盘分区管理工具

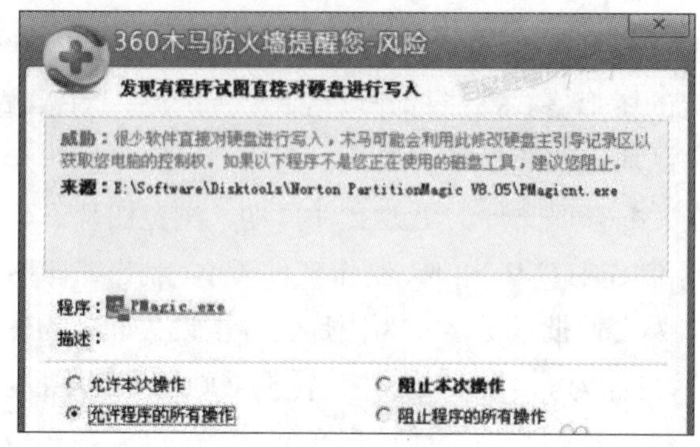

图 14-9　360 警告信息

软件启动后我们看到如图 14-10 所示的磁盘分区信息显示（以磁盘只有一个 500GB 的分区 F 为例）。

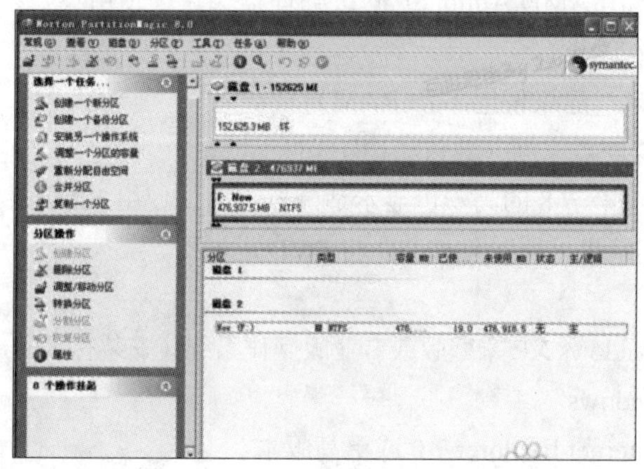

图 14-10　磁盘分区

选择最左上角的【创建一个新分区】命令，打开如图 14-11 所示的【创建新的分区】对话框，单击【下一步】按钮。

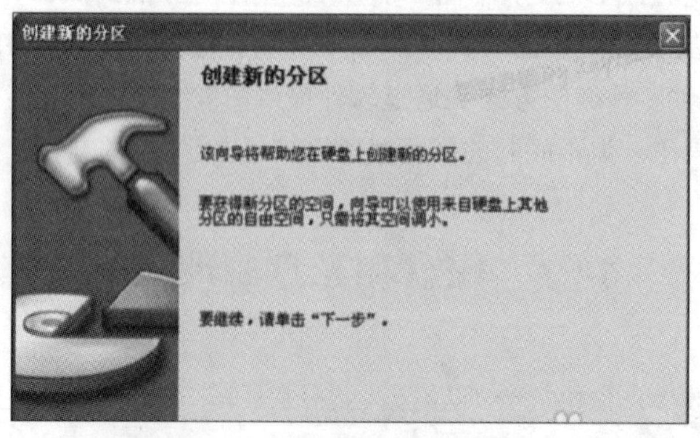

图 14-11　“创建新的分区”对话框

在弹出的如图 14-12 所示的【选择磁盘】界面中选择第二个磁盘，单击【下一步】按钮。

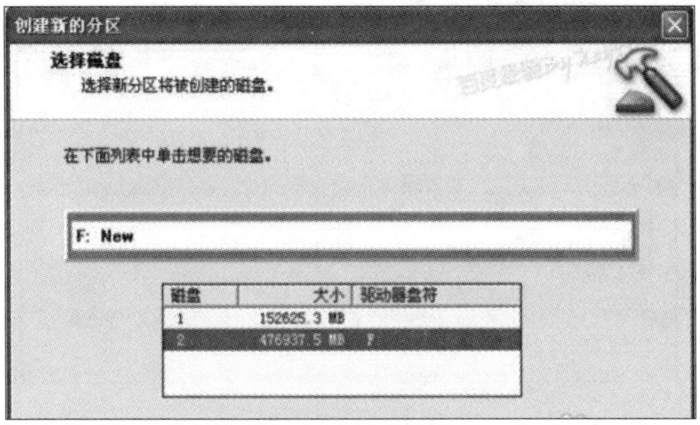

图 14-12 【选择磁盘】界面

在弹出的如图 14-13 所示的【分区属性】界面中，为新分区设置大小、分区格式、驱动器盘符与卷标。由于我们是平分分区，所以默认即可，单击【下一步】按钮。

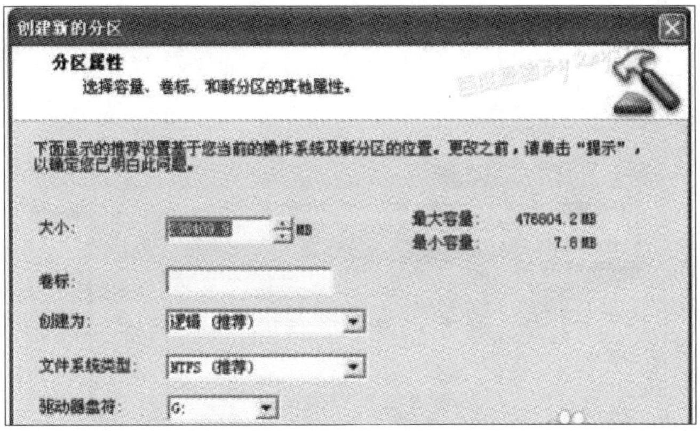

图 14-13 【分区属性】界面

在弹出的如图 14-14 所示的【确认选择】界面中，可预览分区的结果（在这一步还可以进行“后退”操作来修改分区设置）。单击【完成】按钮。

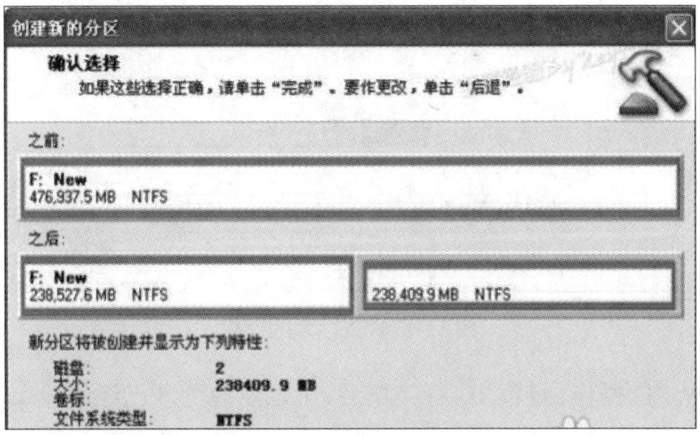

图 14-14 【确认选择】界面

单击【完成】按钮后，360 还会弹出警告提示，同样选择“允许”选项即可。

返回到如图 14-15 所示的主界面后，我们可以看到分区的结果，但此时并没有真正完成分区操作，还需要单击最上面工具栏中的【应用】按钮。

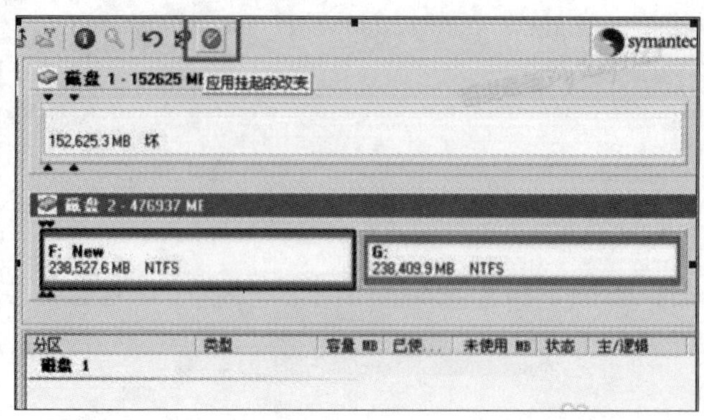

图 14-15 主界面

在弹出的如图 14-16 所示的【应用更改】提示对话框中，单击【是】按钮则开始执行如图 14-17 所示的分区操作了。

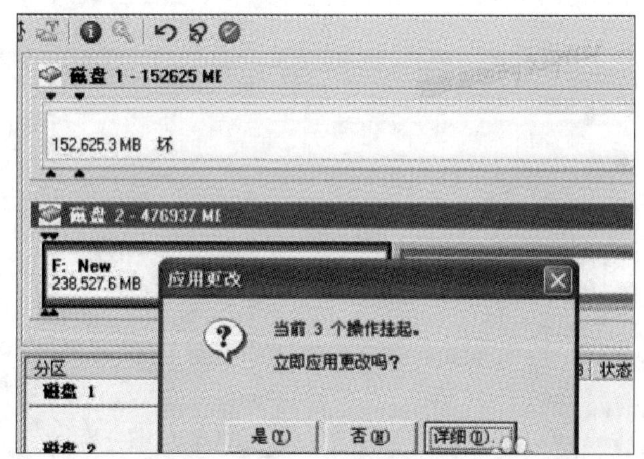

图 14-16 【应用更改】提示对话框

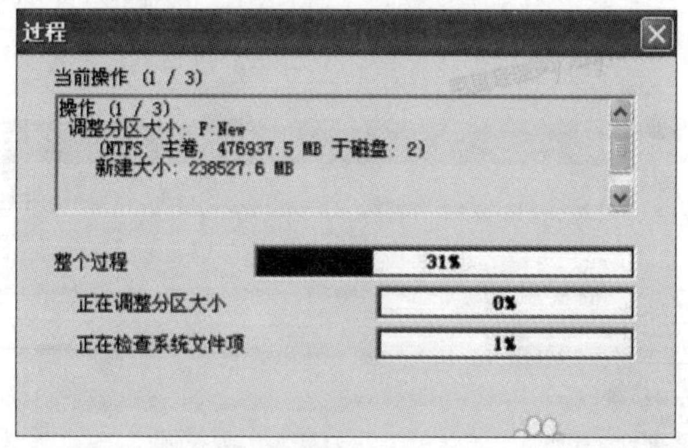

图 14-17 执行分区操作

待图 14-17 所示的操作(过程)执行完毕后，可以发现分区已经完成(无需重启计算机)。

14.3.2 Daemon Tools——虚拟光驱

虚拟光驱是一种模拟 CD/DVD-ROM 工作的工具软件，可以生成和计算机上所安装的光驱功能一模一样的光盘镜像。一般光驱能做的事虚拟光驱一样可以做到。其工作原理是先虚拟出一部或多部虚拟光驱，将光盘上的应用软件镜像存放在硬盘上，并生成一个虚拟光驱的镜像文件，然后就可以将此镜像文件放入虚拟光驱中来使用。所以当以后要启动此应用程序时，不必将光盘放在光驱中，也就无需等待光驱的缓慢启动，只需要在插入图标上轻按一下，虚拟光盘立即装入虚拟光驱中运行，既快速又方便。其中，Daemon Tools 是目前各种虚拟光驱中较好用的。

14.4 常用办公设备

14.4.1 打印机的安装

打印机的安装分为两部分：一是打印机的硬件连接；二是相应驱动软件的安装。

（1）硬件连接只需用数据线将打印机和计算机连接好即可。

（2）驱动软件的安装分为两种情况。

1）如果打印机随机附带驱动安装光盘，则直接运行光盘中的 SETUP.exe 文件就可以按照其安装向导提示一步一步完成相应驱动软件的安装。

2）如果打印机没有随机附带驱动光盘，则需要从打印机制造商的官方网站或者其他网络下载打印机的驱动程序，然后按照如下步骤进行安装（这里以 Windows 7 系统为例介绍）。

打开控制面板，双击【打印机和传真】图标。安装新打印机时直接选择【添加打印机】命令，在弹出的【添加打印机向导】界面单击【下一步】按钮，出现询问“是安装本地打印机还是网络打印机”的窗口，如果安装本地打印机（默认），直接单击【下一步】按钮，系统将自动检测打印机类型，如果系统里有该打印机的驱动程序，将自动进行安装（如果没有驱动程序，系统会报错）。单击【下一步】按钮，在弹出的窗口中选择【默认值】。单击【下一步】按钮，弹出询问打印机类型的窗口。如果能在列表中找到对应的厂家和型号，则直接选中然后单击【下一步】按钮；如果找不到则需要我们提供驱动程序的位置，单击【从磁盘安装】按钮，然后在弹出的对话框中选择驱动程序所在的位置，比如软驱、光盘等。找到正确位置后单击【打开】按钮（如果提供位置不正确，单击【打开】按钮后系统将没有响应，则需要重新选择），系统将开始安装。然后提示给正在安装的打印机起个名字，并询问是否将该打印机作为默认打印机，选择后单击【下一步】按钮。在出现的窗口中询问是否打印测试页（一般新装的打印机都要测试），选择后单击【下一步】按钮，最后单击【确定】按钮，完成整个安装过程。

14.4.2 打印机的使用技巧

很多办公室和家庭使用的激光打印机都没有自动双面打印功能。为了节省纸张，手动双面打印也就成了无奈之举。但实际上，当打印的稿件比较多时，这一办法使用起来会存在诸多困难，如卡纸、正反面内容页码不连续等。关于打印机的使用技巧简述如下。

（1）要确保打印纸质量。使用不合格的纸张不仅会对机器本身造成损伤，而且在打印过程中还容易发生卡纸现象。特别是在打印纸张的另一面时，纸张经过加热后容易变形，这时卡纸问题更为突出。而双面打印一旦出现卡纸，不但浪费了纸张，处理起来也非常麻烦。所以双面打印时尽量选择无粉尘、70g/m^2 以上的纯木浆纸张。

（2）打印纸最好选未开包的纸张。因为纸张裸露在空气中，容易吸收空气中的水分，含水重的打印纸经过打印机加热后也会变形。大量打印时，使用这种变形的纸张同样容易卡纸。

小提示：如果打印量不是很大，不要一次性往打印机进纸盒中放入过多的纸张，以免受潮，包装内未用完的纸张也应做好防潮工作。

（3）文档需要双面打印时，可以有多种打印设置方法。

1）手动双面打印。选择【文件】|【打印】命令，出现【打印】对话框，如图 14-18 所示。

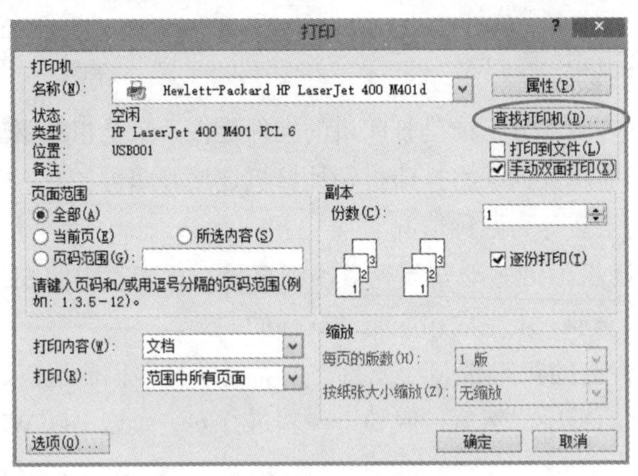

图 14-18 【打印】对话框一

选中【手动双面打印】复选框，其他设置保持默认值。开始打印时，打印机会在打印完一面后提示换纸，将纸张正反面互调放入打印机即可打印出背面内容。每张纸都需要手动放入打印机才能打印背面。手动双面打印的方法比较麻烦，适合打印量很少的情况。

2）分别打印奇数页和偶数页。如果先打印所有的奇数页，再在所有奇数页的背面打印偶数页，就能比较快速地完成双面打印。选择【文件】|【打印】命令，出现【打印】对话框，在【打印】下接列表框中选择“奇数页”，如图 14-19 所示，单击【确定】按钮开始打印。打印时，通常会将纸匣中最上面的纸先送入打印机。

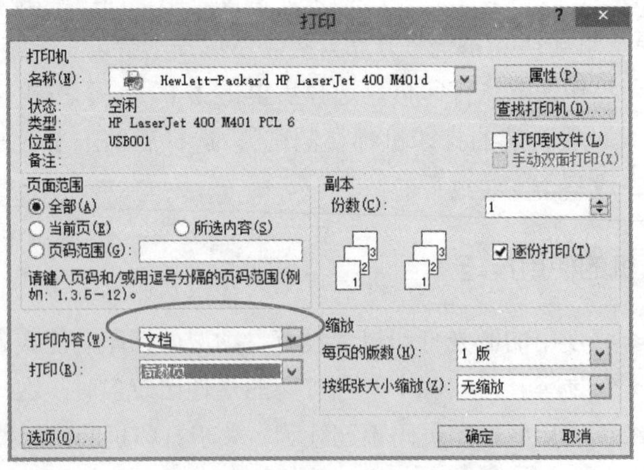

图 14-19 【打印】对话框二

打印完毕，会得到按 1，3，5…顺序排列的所有奇数页。将这些奇数页重新放入纸匣，一般应将背面未打印的部分朝向正面。还需要注意纸张方向，不要使背面打印出来后文字方向颠倒。此外，打印背面时会从奇数页的最后一页开始逆序打印，需要注意 Word 文档中最后一页的页号。如果最后一页的页号为偶数，直接将所有的奇数页放入纸匣；如果最后一页的页号为奇数，应取出已打印好的最后一页纸，并将余下的奇数页放入纸匣，否则将会出现偶数页打印错位的情况（例如，最后一页为 99 页时，如果把所有的奇数页放入纸匣，第 98 页会打印在第 99 页背面）。

纸张设置好后，在【打印】对话框的【打印】下拉列表中选择“偶数页”，单击【选项】按钮，显示如图 14-20 所示【打印】对话框。

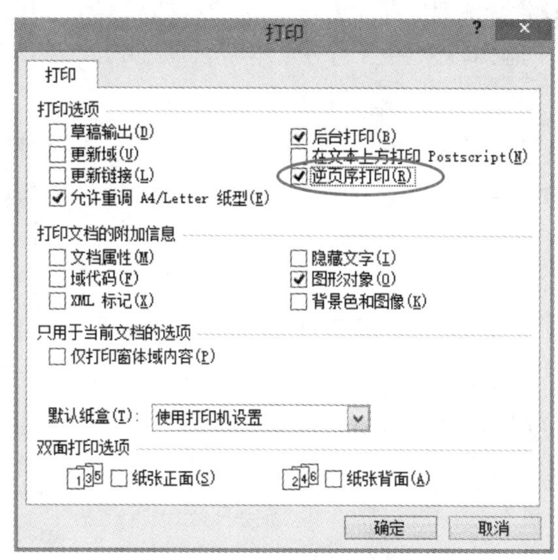

图 14-20　【打印】对话框三

选中【打印选项】中的【逆页序打印】复选框，将会从最后一页开始逆序打印（即如果纸匣中最上面的纸已打印的页面是第 97 页，则背面将会打印第 98 页，并按照 96，94，92，…的顺序打印其他页），从而实现双面打印。

分别打印奇数页和偶数页效率较高，但如果出现卡纸等问题，就需要重新打印出现问题的奇数页和偶数页。

14.4.3　使用打印机的注意事项和打印机的日常维护

打印机驱动的安装

1. 使用打印机的注意事项

（1）打印机正在工作时，特别是正在打印时，不要强行带电抽纸，以免弄断打印针；在打印过程中，严禁人为地转动手动旋纸钮，以免断针；打印时，要根据所用纸的厚度调节打印纸厚调整杆（富士通 DPK 系列）；打印头与滚筒的间距过大会造成打印字迹太淡且易断针，间隙过小，会因冲击力大而缩短色带和打印头的寿命；在打印机开机过程中，不能用手拨动打印头字车，开机后，也不要用手移动打印头字车，以免造成电路或机械部件的损坏；不要让打印机长时间地连续工作。

（2）正确的开关机顺序应该是先开终端，再开打印机等其他外设。关机顺序应该是先关打印机，再关终端。每次开机、关机、再开机之间要有 20 秒以上的时间间隔。注意每次结束使用时，要逐个关掉设备电源，不要直接关总电源。

（3）打印机卡纸时不要强行拖拽纸张，卡纸严重时不能按进退纸键，否则容易损坏某些部件，应该先关闭打印机电源，将机盖打开，使用旋转手柄将被卡的纸旋转出来，并注意把一些碎屑也清理出来。

（4）打印机工作后，其打印头表面温度较高，更换色带或清除卡纸时不要用手随意触摸打印头表面。富士通 DPK 系列打印机打印时，如果将手伸进打印机内，会妨碍字车移动，甚至损坏某些部件。

（5）各种接口电缆线插头都不能带电插拔，即拔插电缆线插头时必须将打印机和计算机（终端）的电源都关掉，否则会损坏打印机接口电路或计算机（终端）打印接口。

（6）打印机在工作时，最好不要把防尘罩打开。打印头在左右移动的过程中，会吸入更多的灰尘。关闭防尘罩也有利于减小打印机噪声。四通 OKI、中航 PR 等系列的打印机有防开盖机构，即打开防尘罩就停止工作了。但富士通 DPK、智凯 PY 等系列的打印机打开防尘罩后还可以工作。

（7）打印机出现故障时要及时处理，不能自行处理的，请及时联系设备维修人员进行维修，不要让打印机“带病”工作，否则会造成更大的故障，也会造成某些无法修复的机械部件损伤。

2. 打印机的日常维护

（1）日清洁。每日使用结束后，关闭打印机电源，使用干净的抹布对打印机外部进行灰尘和污渍的清洁。用在稀释的中性洗涤剂（尽量不要使用酒精等有机溶剂）中浸泡过的软布擦拭打印机机壳，特别注意在清洁过程中不能让清洁液体流进打印机内部，以防腐蚀打印机的机械部件或损坏电路。

（2）常保养。打印机在使用过程中，经常会有碎纸屑、灰尘、发丝、小杂物等掉入打印机内部，长期积累，会影响到进纸传感机构、纸空传感器、纸尽传感机构、原始位置传感机构的灵敏度，造成打印机不进纸、开机自检错误等故障。特别是一些金属的小杂物掉入打印机内部，会对打印机的机械部件或电路板造成很大的损坏，所以要经常用干净毛刷吹除打印机内的纸屑和灰尘，对金属的小杂物用镊子进行清除。

（3）定期检查色带和色带架。色带颜色变浅时要更换色带芯，不要强行调节打印头与滚筒的间距或加重打印，这样容易导致断针。不要等到色带起毛、破损时才去更换色带芯。在打开色带架更换色带芯时，注意不要把固定色带架的卡子弄断，如果弄断了也不要用胶带粘连后再使用，必须更换色带架。要注意在更换色带芯时不要弄丢了色带架内的弹簧、齿轮等小配件。更换的色带芯要注意和打印机型号相匹配。更换三次色带芯之后色带架的弹簧片就会失去弹性，需要更换新的色带架。若发现色带架太紧，应及时更换，以免对打印头造成更大的损害。在更换色带、色带架时，应首先关闭打印机电源，再从色带机构上取下色带架。

3. 打印机的日常管理

（1）碳粉盒（硒鼓）的安装与存放。硒鼓是激光打印机的主要耗材，直接影响打印效果。硒鼓从包装盒取出后先左右前后晃动几下（使内部碳粉分布均匀），再从硒鼓侧面将密封条抽掉（部分型号的硒鼓无密封条）即可安装使用了。暂不使用的硒鼓可以用塑料袋密封包装起来，避免受潮及见光。只要保管得当，硒鼓的保质期长达数年。

（2）清洁保养机器。无论使用原装硒鼓还是加粉，都会发生碳粉散落在机器内部的情况。散落的碳粉多了就会影响打印效果，所以需要定期清洁机器，方法是打开打印机盖板，取出硒鼓，再用干净的软布轻轻擦拭滚轴和纸道（注意清洁前一定要先拔去电源线）。

（3）处理卡纸。导致卡纸的原因多半是纸张本身，纸张太薄（80g/m^2 以下）、太厚（150g/m^2 以上）、受潮、不平整及使用过的纸张都可能导致卡纸。打印纸放进纸盒前，可以先用手轻轻拍打几下，以清除静电及纸屑。放置纸张时应将纸四边抹平。当卡纸时，切勿将纸张强行拉出。如果卡在纸盒里，应先将纸盒取出，轻轻取出卡纸。如果卡在机器里，应先取出硒鼓，再轻轻取出卡纸。取纸时不要用力过猛，以免拉断纸张，纸张一旦碎裂，残留的纸张很不好取；更不能用尖利的东西去取纸张，以免损坏打印机。一定要把卡纸清理干净，否则会影响打印。取完卡纸后，可能会有一些碳粉散落在机器内，可用软布擦拭干净，再打印几张测试页，带出这些碳粉。如果使用优质的纸张还经常卡纸或者不进纸，就可能是搓纸轮出故障了，需请专业人员进行维修。

（4）打印机不响应。如果打印机不打印怎么办？第一，检查打印机电源开关是否开了、打印线是否连接好了。第二，检查打印机盖板上的指示灯是否亮红灯或闪动，根据灯旁边的说明或者显示屏上的提示找出问题。第三，执行计算机内的【控制面板】|【打印机和传真】命令，在弹出的界面里找到该打印机，查看是否显示“联机”（否则单击鼠标右键选择【联机】命令）。第四，重新安装驱动程序。完成上述工作后，如还不能打印，则请专业人员进行维修。

（5）如何判断硒鼓碳粉用尽。如果打印出的内容有的区域不清晰、或者颜色不均匀，一般可判断碳粉将用尽。这时可取出硒鼓左右晃动几下，再放入机内，如果打印正常或者不清晰的区域移位了，则肯定是硒鼓的碳粉不多了，需要加碳粉或者更换硒鼓。更换硒鼓后如果仍然打印不正常，则可能是打印机本身发生故障，需请专业人员进行维修。

14.4.4 投影机的使用及维护

1. 投影机使用中的十大注意事项

（1）尽量使用投影机原装电缆、电线。

（2）投影机使用时要远离水或潮湿的地方。

（3）注意防尘，可在咨询专业人员后采取防尘措施。

（4）投影机使用时要远离热源。

（5）注意电源电压的标称值，机器的地线和电源极性。

（6）投影机在使用时，其进风口与出风口应该保持畅通。

（7）投影机不使用时，必须切断电源。

（8）投影机使用时，如发现异常情况，先拔掉电源。

（9）使用后关闭投影机，先让投影机自动冷却之后再断电。

（10）机器的移动要十分注意，轻拿轻放，运输时注意包装要防震。

2. 灯泡的使用和维护事项

（1）布置好灯泡工作环境。投影效果是否清晰易辨，除了与灯泡本身的亮度有关，也与灯泡工作环境的光线强弱有关，因此一定要布置好工作环境，尽量不要让投影灯泡工作在光线太强的环境中，因为太强烈的环境光线将会使投影灯泡的亮度效果变得很差。为了达到更好的使用效果，可以在房间中安装窗帘以便挡住室外光线；房间的墙壁、地板应该使用不宜反光的材料。这些细节都会提高灯泡亮度的功效。

（2）不要让灯泡长时间工作。如果灯泡长时间工作，那么投影机成像系统就会散发出大量热量，这些热量会导致投影机内部温度迅速升高，而投影机灯泡内壁的石英在高温下会发生失透现象，产生白色的斑点，由于失透处大量阻挡光线，使该局部区域温度异常升高，进而引起失透区域进一步扩大，从而使亮度迅速减弱，并且很可能导致灯泡爆炸。所以，尽量控制投影机每次工作的时间在四小时之内。

（3）要正确开关电源。由于投影机内部的供电电源担负着给投影机电路部分和投影机灯泡供电的任务，如果不按照正确顺序关闭投影机电源的话，那么灯泡可能会和投影机电路部分的电源一起关闭，投影机内部的风扇也会随之停止工作，这样灯泡以及投影机在工作过程中产生的大量热量不能及时通过风扇排出来，很有可能会导致灯泡爆炸。不少刚刚开始接触投影机的用户，往往很随意地频繁开关投影机，其实投影机对其电源的打开和关闭是有严格规定的，否则是会损坏灯泡或者投影机的。一般来说，用户在开机时首先接通电源，然后持续按住投影机面板上的按钮开关，直到绿灯不闪为止。关机时不能直接断掉电源，而应该通过投影机面板上的按钮开关进行关机，直到绿灯不闪、投影机散热风扇停止转动为止，最后再切断电源。因此，正确开关投影机的电源对灯泡的寿命以及投影机内部配件的寿命影响很大。

（4）不能频繁开关电源。由于投影机的供电电源采用比例脉宽调制的方法对市电进行降压、稳压和稳功率处理，而在处理这些环节时投影机电源使用的功率开关管和变压器都会工作在较高的频率上，功率开关管在频繁的开关过程中会产生相当大的开关损耗，这些损耗会转移成热量散发出来，从而使投影机内部的温度升高，再加上灯泡本身散发的热量，聚集在投影机内部狭小的空间里，会很容易使灯泡产生爆炸现象。而且频繁开关电源，会对投影机灯泡产生较大的冲击电流，灯泡也会很容易损坏。为了避免灯泡的受损，建议大家不要频繁开关投影机，并且在关闭投影机后如果要重新开机，必须等 5 分钟以上才可以。

（5）使用规定电源。为了防止灯泡发生爆炸或者出现工作功率不匹配的现象，投影机对其连接的电源规格也进行了严格的规定。用户在将投影机连接到电源插座上时，应注意电源电压的标称值、机器的地线和电源极性，并要注意接地。这是由于当投影机与信号源（如 PC 机）连接的是不同电源时，两零线之间可能存在较高的电位差。当用户带电插拔信号线或其他电路时，会在插头插座之间发生打火现象，损坏信号输入电路，不但有可能使灯泡不能正常工作，而且还有可能损坏投影机，严重的还能引起火灾事故。所以，最好使用随机附带的电源线，同时保证与电源线相连的插座可靠接地。

（6）防尘。为保证投影机的正常工作，定时的检查和保养是必不可少的。比如清理通风过滤器，投影机的机壳上一般都有开槽或开口，这是用于投影机通风的设计。空气的入口设有空气过滤器，投影机工作时，用来过滤灰尘和污染物。使用较长时间后，过滤器上、开槽缝隙处会积聚尘埃，为保证机器正常运行，需定期使用吸尘器吸一吸开口处。机器工作时，不要有物体挡住通风风扇。清理通风过滤器对吊定的投影机保养尤其重要，工程安装时以及后来的用户使用时，要特别注意防尘。

（7）选择适合的投影亮度。投影亮度是指投影仪输出的光能量的多少。具体地说就是投影屏幕表面收到投影仪发出的光能量和投影幕布面积大小之比，一般用流明来表示具体的投影亮度大小。通常，投影光投射的幕布面积越大，亮度就会越低；投射的幕布面积越小，亮度就会越高。在投影过程中，投影内容出现在投影屏幕上时，屏幕中任何一个位置的亮度是否均匀一致，应该是每一位演示者必须考虑的因素。而要确保投影画面能获得均匀一致的亮度，就必须要根据投影面积的大小，选用适合的投影显示亮度。因为亮度指标是在确定了投影分辨率、场频、色温和对比度的条件下，从九个不同的位置，分别测得的亮度大小的平均值，所以亮度能客观地反映投影画面的均匀一致性。

（8）其他。随着投影技术的逐步成熟，投影仪价格呈下滑走势，而亮度指标却是越来越高了。现在市场上绝大部分投影机产品的亮度都超过 1000 流明。在投影过程中，我们没有必要去片面追求投影亮度，而应根据投影空间的大小来进行调整。因为在较小的环境中设置很高的投影亮度，会产生一种强烈的刺眼感觉，反而让人看不清投影内容，而且时间长了，还会伤害到人的眼睛。一般来说，随着投影面积的增大，亮度也需要设置得高一些。根据这一原则，我们建议在20平方米大小的空间中做投影演示，只要确保亮度控制在1000流明到1200流明就可以了；在20平方米到80平方米的空间，应将投影亮度控制在1200流明到2500流明之间;而在100平方米以上空间，就应使用2500流明以上的亮度，才能确保获得比较理想的演示效果。

14.4.5 如何收发传真

1. 发传真

(1) 将纸有字的一面朝下放到传真机的槽里，一定要放正，你会听到传真机发出声音(能感觉到纸已经被夹住了)。

(2) 放好纸后就可以拨电话号码了，打通后让对方给你信号（对方给信号后会听到很刺耳的“嘀……”的声音)。

(3) 如果对方设置的是自动传真，当拨通传真电话号码，传来几声嘟嘟声后，你会听到对方信号传来的声音（很刺耳的“嘀……”的声音)。

(4) 在对方给完信号时，你按一下【启动】键，挂电话，机器会自动走纸发传真。

2. 接收传真

传真机响铃之后提起话筒，对方说发传真让你给信号，你按一下【启动】键，挂电话，机器会自动走纸收传真。

14.4.6 扫描仪的使用和养护

1. 如何使用扫描仪

(1) 打开图像编辑软件。选择【文件】|【获得】|【图像】命令（如果你是第一次使用扫描仪，请记住在【选择源文件】中选择扫描仪配套的驱动程序)，这时扫描仪配套软件的窗口会自动弹出。

(2) 将扫描图像朝下放在扫描仪玻璃上，图像的一角请对齐基点（一般放置于扫描仪玻璃的边角处)。

(3) 在扫描仪配套软件的窗口中单击【预览】按钮。如果在【设置】菜单里选择了【自动预览】项，扫描仪将会自动做一次预览，然后可以看到预览的扫描结果（与最终的扫描结果一样)。如果必要的话，可通过扫描仪配套软件上的菜单和工具改变图像类型及其他特性。选择所要扫描的图像范围，将鼠标指针移至预览范围之内定位于扫描区域的左上部，按住鼠标左键拖拽至预览区域的右下部，会看见一个矩形选择区域。通过改变及移动此矩形可以调节扫描范围。单击【扫描】按钮后，扫描仪将开始正式扫描，一般扫描图片若干次以获取扫描图像的最佳结果。

(4) 关闭扫描仪配套软件窗口，返回图像编辑软件，就获得了所需要的扫描图片。

2. 使用扫描仪的注意事项

(1) 一旦扫描仪通电后，千万不要热插拔SCSI、EPP接口的电缆，否则会损坏扫描仪或计算机，当然USB接口除外，因为它本身就支持热插拔。

(2) 扫描仪在工作时请不要中途切断电源，一般要等到扫描仪的镜组完全归位后，再切断电源，这对扫描仪电路芯片的正常工作是非常有意义的。

（3）由于一些CCD（Charge Coupled Device）的扫描仪可以扫小型立体物品，所以在扫描时应当注意：放置锋利物品时不要随便移动以免划伤玻璃，包括反射稿上的钉书针；放下上盖时不要用力过猛，以免打碎玻璃。

（4）一些扫描仪在设计上并没有完全切断电源的开关，当用户不用时，扫描仪的灯管依然是亮着的。由于扫描仪灯管也是消耗品（可以类比于日光灯，但是持续使用时间要长很多），所以建议用户在不用时切断电源。

（5）扫描仪应该摆放在远离窗户的地方，因为窗户附近的灰尘比较多，而且阳光的直射会减少塑料部件的使用寿命。

（6）由于扫描仪在工作中会产生静电，从而吸附大量灰尘进入机体影响镜组的工作。因此，不要用容易掉渣儿的织物（绒制品、棉织品等）来覆盖扫描仪，可以用丝绸或蜡染布等来覆盖。房间保持适当的湿度也可以避免灰尘对扫描仪的影响。

3. 扫描仪使用技巧及注意事项

扫描仪凭借其低廉的价格以及优良的性能，成为一种实用的图像输入设备。但不可否认的是，扫描仪比较娇气，使用时要注意以下事项。

（1）不能随意拆卸扫描仪。扫描仪是一种比较精密的设备，工作时需要用到内部的光电转换装置，以便把模拟信号转换成数字信号，然后再送到计算机中。这个光电转换装置中的各个光学部件对位置要求是非常高的，如果擅自拆卸扫描仪，不小心改变这些光学部件的位置，就会影响扫描仪的扫描成像工作。因此大家遇到扫描仪出现故障时，不要擅自拆修，一定要送到厂家或者指定的维修站去。另外在运送扫描仪时，一定要把扫描仪背面的安全锁锁上，以避免改变光学配件的位置，同时要尽量避免对扫描仪的震动或者倾斜。

（2）保护好光学成像部件。光学成像部件是扫描仪的一个重要组成部分，工作时间长了光学部件上落上一些灰尘也是很正常的。但是如果长时间使用扫描仪而不注意维护的话，那么光学部件上的灰尘将越聚越多，这样会大大降低扫描仪的工作性能，例如反光镜片、镜头上的灰尘会严重降低图像质量，图像上会出现斑点或减弱图像对比度等。另外在使用过程中，手碰到玻璃平板会在平板上留下指纹，这些指纹同样也会使反射光线变弱，从而影响图片的扫描质量。因此我们应该定期地对其进行清洁。清洁时，可以先用柔软的细布擦去外壳的灰尘，然后再用清洁剂和水对其认真地进行清洁。接着再对玻璃平板进行清洗，由于该面板的干净与否直接关系到图像的扫描质量，因此在清洗该面板时，应先用玻璃清洁剂擦拭一遍，接着再用软干布将其擦干擦净。用完以后，一定要用防尘罩把扫描仪遮盖起来，以防止灰尘进入。

（3）正确安装扫描仪。扫描仪并不像普通的计算机外设那样容易安装。根据接口的不同，扫描仪的安装方法也是不一样的。如果扫描仪的接口是USB类型的，就应该先在计算机的【系统属性】对话框中检查一下USB装置是否工作正常，然后再安装扫描仪的驱动程序，之后重新启动计算机，并用USB连线把扫描仪接好，随后计算机就会自动检测到新硬件，接着根据屏幕提示来完成其余操作就可以了。如果扫描仪是并口类型的，在安装之前必须先进入BIOS进行设置。在“I/O Device Configuration”选项里把并口的模式改为EPP，然后连接好扫描仪，并安装驱动程序就可以了。

（4）消除扫描仪的噪声。扫描仪在长期工作后，可能会在工作时出现一些噪声，如果噪声太大，应该拆开机器盖子，将镜组两条轨道上的油垢擦净，再将缝纫机油滴在传动齿轮组及皮带两端的轴承上（注意油量适中），最后适当调整皮带的松紧。

（5）正确摆放扫描对象。在实际使用图像的过程中，有时希望获得倾斜效果的图像。很多设计者往往都是通过扫描仪把图像输入到计算机中，然后使用专业的图像软件来进行旋转，以使图像达到旋转效果。殊不知，这种过程是很浪费时间的，根据旋转的角度大小，图像的质量会下降。如果我们事先就知道图像在页面上是如何放置的，那么可以通过在滚筒和平台上将原稿放置成精确的角度，这样会得到最高质量的图像，而不必在图像处理软件中进行旋转。

（6）选择合适的分辨率。很多用户在使用扫描仪时，常常会产生采用多大分辨率扫描的疑问。其实，这由用户的实际应用需求决定。由于扫描仪的最高分辨率是由插值运算得到的，用超过扫描仪光学分辨率的精度进行扫描，对输出效果的改善并不明显，而且要大量消耗计算机的资源。如果扫描的目的是为了在显示器上观看，扫描分辨率设为 100dpi 即可；如果是为打印而扫描，采用 300dpi 的分辨率即可；若想将作品通过扫描印刷出版，至少需要 300dpi 以上的分辨率，使用 600dpi 则更佳。

（7）进行预扫。许多用户在扫描尺寸较大的照片或者文稿时，为了节约扫描时间，总会跳过预扫步骤。其实，在正式扫描前，预扫功能是非常必要的，它是保证扫描效果的第一道关卡。预扫有两方面的好处，一是通过预扫后的图像我们可以直接确定自己所需要扫描的区域，以减少扫描后对图像的处理工序；二是通过观察预扫后的图像，大致可以看到图像的色彩、效果等，如不满意可对扫描参数重新进行设定、调整之后再进行扫描。

（8）选择合适的扫描类型。选择合适的扫描类型，不仅会有助于提高扫描仪的识别成功率，而且还能生成合适尺寸的文件。通常扫描仪可以为用户提供照片、灰度以及黑白三种扫描类型，大家在扫描之前必须根据扫描对象的不同正确选择合适的扫描类型。“照片”扫描类型适用于扫描彩色照片，它要对红绿蓝三个通道进行多等级的采样和存储，这种方式会生成较大尺寸的文件；“灰度”扫描类型则常用于既有图片又有文字的图文混排稿样，该扫描类型兼顾文字和具有多个灰度等级的图片，文件大小尺寸适中；“黑白”扫描类型常见于白纸黑字的原稿扫描，用这种类型扫描时，扫描仪会按照 1 个位来表示黑与白两种像素，这种方式生成的文件尺寸是最小的。

（9）正确扫描文稿。现在不少人为了避免输入汉字的麻烦，开始使用扫描仪来输入文稿。为了保证扫描仪有较高的识别率，首先应该确保扫描的稿件清晰。在其他条件相同的前提下，对一般印刷稿、打印稿等的识别率可以达到 95% 以上；对于复印件和报纸等不太清晰的文章，大部分 OCR 软件的识别率都不是太高。当用户需要扫描厚度较大的文稿时，若直接扫描，难免会发生内文因无法完全摊开而导致部分文字不清晰及扭曲失真的情况，这样的结果 OCR 软件是无法正确识别的，会大大降低识别率。因此在扫描前，最好将文稿拆成一页页的单张，然后再进行扫描。对于一般的报纸，由于本身即是单张形式，因此不存在上述问题。由于报纸面积通常较大，无法一次扫描，因此预扫时应事先框选扫描范围，一次扫描一块区域，这样识别率会大大提高。

（10）调整好亮度和对比度。为了能获得较高的图像扫描效果，应该学会调整亮度和对比度，例如当灰阶和彩色图像的亮度太亮或太暗时，可通过拖动亮度滑动条上的滑块，改变亮度。如果亮度太高，会使图像看上去发白；亮度太低，则太黑。应该在拖动亮度滑块时，使图像的亮度适中。对于其他参数，也可以按照同样的调整方法来进行局部修改，直到自己对视觉效果满意为止。

（11）巧妙扫描胶片。大家知道用普通扫描仪是不能扫描透明胶片的，必须用具有透扫适配器的扫描仪才能进行，不过具有这个功能的扫描仪价格比较昂贵。那么我们能不能用普通扫描仪来扫描胶片呢？答案是肯定的。不过需要对普通扫描仪进行一下改造。首先要把普通扫描仪内部的光源关闭（这个步骤操作起来难度较大，熟练程序不高的读者不要轻易尝试），然后在待扫胶片背部添加一个光源就可以了。扫描时扫描仪平台的剩余部分要用黑纸遮住，以防露光。至于新增光源，可用最常见的日光灯。光源的位置不要离扫描仪太近，最好为 8cm 左右。

（12）校正好扫描色彩。为了能使色彩丰富的彩照获得更高的逼真度，在扫描之前应该校正好扫描色彩位数。校正时，首先选择好扫描仪标称色彩位数，并扫描一张预定的彩照，同时将显示器的显示模式设置为真彩色，与原稿比较一下，观察色彩是否饱满，有无偏色现象。要注意的是，与原稿完全一致的情况是没有的，显示器有可能产生色偏，以致影响观察，扫描仪的感光系统也会产生一定的色偏。大多数高、中档扫描仪均带有色彩校正软件。因此要先对显示器、扫描仪的色彩进行校准，再进行检测。

（13）计算好输出文件的尺寸。扫描一幅照片时，扫描仪就会在硬盘上生成一个图像文件。此文件占据硬盘空间的大小与所扫描照片的大小和复杂程度及扫描时设置的分辨率直接相关，因此在扫描时应该设置好文件尺寸的大小。通常，扫描仪能够在预览原始稿样时自动计算出文件大小。但了解文件大小的计算方法更有助于在管理扫描文件和确定扫描分辨率时作出适当的选择。二值图像文件大小的计算公式是：水平尺寸 × 垂直尺寸 ×（扫描分辨率）×2/8。彩色图像文件大小的计算公式是：水平尺寸 × 垂直尺寸 ×（扫描分辨率）×2/3。

（14）善用透明片配件。许多用户发现扫描仪购买回来后，还附带一只透明片配件，该配件是配合平板扫描仪来扫描透明片用的。为得到透明片或幻灯片的最佳扫描，从架子和幻灯片安装架上取下图片并安装在玻璃扫描床上，反面朝下（反面通常是毛面）。用黑色的纸张剪出面具，覆盖稿件被设置的地方之外的整个扫描床。

（15）寻找理想扫描位置。通常在摆放扫描稿时，都是沿着扫描平板的边缘摆放。其实扫描平板的边缘并不是最佳的扫描区域，最佳扫描摆放位置是要经过多次测试才能寻找得到的。具体寻找方法为：首先将扫描仪的所有控制设成自动或默认状态，选中所有区域；接着再以低分辨率扫描一张空白、白色或不透明的样稿；然后再用专业的图像处理软件 Photoshop 打开该样稿，使用软件中的均值化命令对样稿进行处理，处理后就可以看见在扫描仪上哪儿有裂纹、条纹、黑点；打印这个文件，剪出最好的区域（也就是最稳定的区域），以帮助放置图像。

14.4.7 复印机的使用与维护

1. 复印机的发展概述

作为世界上最大的现代化办公设备制造商和复印机的发明者，施乐（Xerox）的辉煌几乎家喻户晓。靠着领先的复印技术，施乐征服了整个世界，成为全球 500 强企业，1998 年营业收入 200.19 亿美元，资产达 300.2 亿美元，利润 3.95 亿美元，名列美国财富杂志 1999 年全球 500 强第 182 位。施乐曾是美国企业界的骄傲。

1961 年，全世界接受了首台使用普通纸的自动办公复印机——施乐 914 复印机。今天，施乐 914 复印机已经成为史密森尼博物院（Smithsonian）中的展示品。914 复印机现在仍然有客户在使用。在南美洲，施乐公司还在维修着若干台914复印机。

2. 静电复印机的发展趋势

静电复印是把光电导和静电这两个不相干的现象结合在一起的一种新型的摄影方法，它是集机械、微电子、光学等技术为一体的一种现代的复印技术。利用静电和某些具有光电导特性的材料在光的作用下从绝缘体变成导电体这一原理进行照相，并以复印品形式快速输出的复印技术，彻底改变了办公室工作的落后面貌。静电复印机是静电摄影技术的应用，了解静电复印原理是掌握复印机使用与维护的基础。

（1）多功能和高性能。随着复印技术自身的发展并汲取了其他学科的先进技术（如半导体技术、传感器技术等），办公用复印机的发展趋向于多功能和高性能。许多功能，如无级变倍、自动曝光、自动倍率选择、自动用纸尺寸选择等，都成为了办公室复印机的标准功能。

（2）数字化。数码复印机是激光技术、数字化技术与复印技术相结合的产物。光电耦合器件（Charged Couple Device）和接触式图像感应器（Contact Image Sensor）的应用，为复印过程数字化打下了基础。数码复印机将原稿转变为数字信号，再将数字信号变为图像并复印在普通纸上。

（3）彩色化。静电复印机彩色化的趋势在近年来表现得尤为明显。彩色复印可以实现一次送纸便可获得彩色原稿复印品的目的。“彩色化”既包括单色，也包括双色和彩色功能的发展和普及。通过更换不同颜色的显影器实现单彩色复印。双色功能是指复印机内装有两个单色显影器，可利用开关操作或者选择按键实现单双色变换。

（4）大幅面工程复印机。工程图纸复印机具有快速、无差错的特点，且免去了描图、校对等繁复的工序，现已成为建筑设计、大型厂矿企业等许多行业不可缺少的复制工具。美国、日本等国家的大幅面工程复印机新产品的开发速度正在加快，工程图纸复印领域的竞争日趋激烈。

3. 静电复印机的分类

（1）根据复印机工作原理的不同，复印机可分为模拟复印机和数码复印机两种。市面上的复印机大多数为模拟复印机。数码复印机是近几年来兴起的数字化办公潮流所带来的必然结果。数码复印机具有高技术、高质量、组合化、增强生产能力、可靠性高等一系列优点。理光、施乐、美能达等多家厂商都已经推出了多种型号的数码复印机。

（2）根据复印的幅面不同，复印机可分为普及型和工程复印机两种。一般我们在普通的办公场所看到的复印机均为普及型，也就是复印的幅面大小为A3～A5。如果需要复印更大幅面的文档（如工程图纸等），则需使用工程复印机。这些工程复印机复印的幅面大小为A2～A0，甚至更大，不过其价格也非常昂贵。

（3）根据复印机使用的纸张种类，复印机可分为特殊纸复印机和普通纸复印机。特殊纸一般指可感光的感光纸；普通纸是指普遍使用的复印纸。

（4）按成像方法分类有如下几种分法。

1）按潜像形成方法分：卡尔逊法（放电成像法）、电容或逆光成像法（NP法或KIP法）、持久内极化成像法（PIP法）、静电像转移法（TESI法）。

2）按显影剂组分：双组分显影剂静电复印机和单组分显影剂静电复印机。

3）按感光鼓材料分：硒、氧化锌、硫化镉、有机感光鼓静电复印机。

（5）按功能分类有如下几种分法。

1）按稿台方式分：稿台移动式、稿台固定式静电复印机。

2）按主机型体分：台式、落地式、便携式静电复印机。

3）按复印速度分：超高速（速度高于 100 张 / 分）、高速（60 ～ 100 张 / 分）、中速（20 ～ 60 张 / 分）、低速（速度低于 20 张 / 分）静电复印机。

4）按缩放功能分：等倍率（1:1）、固定倍率（复印倍率分为几个固定级差）、无级变倍静电复印机。

5）按色彩还原性能分：黑白、单彩色、全彩色静电复印机。

4. 静电复印机的质量标准

静电复印机的整机性能要求有以下几个方面。

（1）静电复印机适用的电压和环境条件：电源电压为 220V±20%，50Hz；环境温度为 10 ～ 35℃；环境相对湿度为 30% ～ 70%。

（2）静电复印机的启动时间（即从开机到可以复印的时间）应少于 3.5min。

（3）供纸失误率不大于 1%，即在复印过程中，空送纸或多送纸的张数占复印总张数的比率不大于 1%。

（4）输纸故障率不大于 0.1%。输纸故障率是指在考核时间内发生输纸故障的总次数占复印总数的百分比。

（5）无故障复印量不少于 5000 次，这是反映复印机连续工作可靠性的指标。

（6）整机寿命不低于 5 年或 50 万次的复印量。

（7）噪声水平：A0 和 A1 幅面的复印机不大于 75dB；A3 和 A4 幅面的复印机不大于 70dB。

（8）稿台允许最高温度为 70℃。

5. 复印机的三个基本原理

（1）静电原理。电荷有正负两种极性，静电原理是指同性电荷相互排斥，异性电荷相互吸引，即所谓的同性相斥、异性相吸。

（2）光学成像原理。利用光学成像的基本原理，即物体通过光学镜头成像为图像。

（3）半导体原理。半导体原理就是材料在静态时为绝缘体，而在受到外部环境影响时发生状态改变，变为导体。

复印机用的感光鼓材料是感光型半导体材料：在暗态时（不受光）为绝缘体；在亮态（受光）时为导体。复印机的工作原理是利用光导体的电位特性，通过光学成像原理，使原稿图像成像在光导体上的过程。

6. 静电复印机的基本工作原理

卡尔逊法是静电复印技术的基础，适合这种复印方法的光导材料主要有硒（Se）、氧化锌（ZnO）和有机光导体（OPC）等。卡尔逊法的基本过程包括充电、曝光、显影、转印、定影、清洁六个步骤。

（1）充电。通常是采用电晕放电的方法（或称为电晕充电法）对硒鼓进行充电。充电以后，其表面电位可高达 1000 伏。

（2）曝光。用可见光源照射原稿，从原稿反射的光通过光学镜头对被充电的感光体曝光。由于原稿有黑白之分，原稿黑色部分光被吸收，白色部分光反射，则感光体有被照射部分，也有未被照射部分。照射部分电位大大下降，未被照射部分呈绝缘状态，基本保持高电位。这样，感光体表面便形成与原稿图像相对应的静电潜像。

（3）显影。显影是使静电潜像变成人眼可见的图像，利用摩擦带电方法使墨粉带电，然后利用静电引力将墨粉吸附在感光体表面的静电潜像上，成为可见图像（墨粉图像）。

（4）转印。即从感光体上将图像转印到复印纸上。通常转印方法是采用电晕转印法。当复印纸与已有色粉像的感光体表面接触时，用电晕对纸背面充以与色粉带电极性相反的电荷，充电所形成的强大电场使色粉从感光体上被解吸而转移到普通纸上。

（5）定影。被转印到纸上的墨粉图像还没有和纸合为一体，这时的墨粉图像用手一摸就会被抹掉。因此，还需将墨粉图像固化到纸上，以成为最终可供使用的复印品。这一固化过程称作“定影”。

（6）清洁。经过定影形成了最终复印品。但感光体表面在转印后仍滞留残余墨粉和残余电荷，如果不及时清除势必在下一个复印过程显现出来，从而影响下一个复印品的图像质量。因此，消除感光体上的残余墨粉和电荷的过程是十分必要的。通常把这一过程叫作“清洁”。

7. 静电复印机的使用

（1）预热。按下电源开关，机器开始预热。预热结束后，复印键亮绿灯便可以复印了。此时机器处于标准方式：复印倍率为等倍，复印曝光亮为自动，复印张数为 1 张。

（2）放置原稿。放置时，应确定选用的复印纸尺寸及纸张是横放还是竖放。盖板时要尽量盖严。

（3）送纸。复印送纸方式有两种：送纸匣自动送纸和手动送纸。一般使用自动送纸；如果制作胶片或载体纸张较厚，则使用手动送纸。

（4）设定复印倍率。复印机一般有固定的缩放倍率和可调节的缩放倍率两种，可按需调节。

（5）选择复印纸尺寸。根据原稿尺寸、缩放倍率选取复印纸尺寸。

（6）调节复印浓度。根据原稿纸张、字迹的颜色深浅，应注意调节复印浓度。复印图片和印刷品时一般需将浓度调低。

（7）按下复印按键开始复印。

8. 复印机的使用常识

（1）当复印纸张较薄且两面都有字的底稿时，一般应在该页背后垫上一张厚纸防止背面的字迹透印出来。当复印无法拆开的书本时，可在两页中间夹一张厚白纸，遮挡暂不印的一页和中缝。

（2）选择合适的地点安置复印机。要注意防高温、防尘、防震、防阳光直射，同时要保证通风换气环境良好。因为复印机会产生微量臭氧，操作人员应该每工作一段时间就到户外透透气休息片刻。平时尽量减少搬动，一定要移动的话，应水平移动，不可倾斜。为保证最佳操作，至少应在机器左右各留出 90cm，背面留出 13cm 的空间（如机器接有分页器，大约需要 23cm 的距离），操作和使用复印机时应小心谨慎。

（3）应提供稳定的交流电，电源的定额应为：220 ～ 240V、50Hz、15A。

（4）使用时，应打开复印机预热半小时左右，使复印机内保持干燥。

（5）要保持复印机玻璃稿台清洁、无划痕，不能有涂改液、手指印之类的斑点，以免影响复印效果。如有斑点，使用软质的玻璃清洁剂清洁玻璃。

（6）在复印机工作过程中一定要盖好稿台挡板，以减少强光对眼睛的刺激。

（7）如果需要复印书籍等需要装订的文件，请选用具有“分离扫描”性能的复印机。这样可以消除由于装订不平整而产生的复印阴影。

（8）如果复印件的背景有阴影，可能是复印机的镜头上进入了灰尘。此时，需要对复印机进行专业的清洁。

（9）当复印机面板显示红灯加粉信号时，应及时对复印机进行加碳粉，如果加粉不及时可能造成复印机故障。加碳粉时应摇松碳粉并按照说明书进行操作，切不可使用代用粉（假粉），否则会造成飞粉、底灰大、缩短载体使用寿命等。

（10）添加复印纸前先要检查一下纸张是否干爽、洁净，然后前后理顺复印纸再放到与纸张大小规格一致的纸盘里。纸盘内的纸不能超过复印机所允许放置的厚度，可查阅手册来确定厚度范围。为了保持纸张干燥，可在复印机纸盒内放置一盒干燥剂，每天用完复印纸后应将复印纸包好，放于干燥的柜子内。

（11）每次使用完复印机后，一定要及时洗手，以消除手上残余粉尘对人体的伤害。

（12）下班时要关闭复印机电源开关，切断电源。

（13）如果出现以下情况，请立即关掉电源，并请维修人员进行修理：①机器里发出异响；②机器外壳过热；③机器部件有损伤；④机器被雨淋或机器内部进水。

9．复印机的维护和保养

静电复印机是一种维护工作量很大的设备。一般的仪器设备两次维护间隔的累计工作时间可达 1000 小时以上，而静电复印机则不到 100 小时，否则复印质量就会下降。静电复印机需要进行周期性的维护保养工作，这是由于复印机结构中的光学系统和静电系统在正常工作时都需要非常干净的环境，同时输出的复印品也要求十分干净。在复印过程中，由于墨粉的运动，使得复印机内极易被污染，也会使复印机出现故障。

10．日常维护项目

（1）光学系统的维护保养。

（2）电晕装置的维护保养。

（3）显影装置的维护保养。

（4）清洁装置的维护保养。

（5）定影装置的维护保养。

（6）感光鼓的维护保养。

本章小结

工具软件是指除系统软件、大型专业应用软件的软件。大多数工具软件都是共享软件或免费软件。它们一般文件较小、功能单一，但却是用户解决一些特殊的计算机问题的有利工具。

本章学习了打印机的安装、设置、使用技巧以及维护等方面的知识。讲解了打印机的共享设置问题。虽然共享打印机可以实现局域网内部的共享，但并不是真正意义上的网络打印机，请读者注意区分和应用。

扫描仪也是常用的办公设备，掌握扫描仪的操作将大大提高日常工作效率。由于扫描仪的型号、驱动程序以及接口形式多种多样，出现的问题比较多。当扫描仪出现问题时，不要着急，更不要随便拆开、拍打扫描仪，应仔细研究说明书，看看相应的设置、连接方法是否正确。当然，最好是找专业人员来排除故障、解决问题。

传真分有纸传真和无纸传真。有纸传真的收发是通过传真机来实现的，其操作过程很简单，只要实践几次就能完全掌握了；无纸传真是以计算机和综合业务数字网技术为基础的，虽然其设置过程比较麻烦，但是一旦设置好，收发传真的过程也是很简单的。

复印机是常用的办公设备之一。复印机的工作性质属模拟方式，只能如实进行文献的复印。现在的复印机已向数字式复印机方向发展，使图像的存储、传输以及编辑排版（图像合成、信息追加或删减、局部放大或缩小、改错）等成为可能。它可以通过接口与计算机、文字处理机和其他微处理机相连，成为地区网络的重要组成部分。多功能化、彩色化、廉价和小型化、高速仍然是复印机重要的发展方向。

通过本章的介绍和讲解，可以了解各种办公设备的相关知识内容，方便读者在实际应用中参考。

参考文献

[1] 戴毅，吴瑞芝．计算机应用基础案例教程 [M]．北京：中国水利水电出版社，2017.

[2] 石利平，蒋桂梅．计算机应用基础教程 [M]．北京：中国水利水电出版社，2015.

[3] 舒望皎．大学计算机应用基础教程 [M]．北京：人民大学出版社，2010.

[4] 刘文平．大学计算机基础 [M]．北京：中国铁道出版社，2012.

[5] 陈秀峰．Word 2010 从入门到精通 [M]．北京：电子工业出版社，2010.

[6] 梁先宇，姚建如．计算机应用基础实训及习题 [M]．北京：北京理工大学出版社，2008.

[7] 高传善．计算机网络教程 [M]．北京：高等教育出版社，2013.

[8] 李刚健，刘东杰．大学计算机基础 [M]．北京：中国水利水电出版社，2009.

[9] 景凯．计算机应用基础 [M]．北京：中国水利水电出版社，2014.

[10] 陆家春．大学计算机文化基础 [M]．北京：北京交通大学出版社，2010.

[11] 傅晓锋．局域网组建与维护实用教程 [M]．2 版．北京：清华大学出版社，2011.

[12] 陈伟，王巍．计算机文化基础 [M]．北京：清华大学出版社，2012.

[13] 蔡平，王志强，李坚强．计算机导论 [M]．北京：电子工业出版社，2012.

[14] 武春岭．信息安全技术与实施 [M]．北京：电子工业出版社，2012.

[15] 吴东伟．Dreamweaver CS6 从新手到高手 [M]．北京：清华大学出版社，2015.

[16] 张顺利．Flash CS6 动画制作入门与进阶 [M]．北京：机械工业出版社，2015.

[17] 容会．办公自动化案例教程 [M]．北京：中国铁道出版社，2016.

[18] 陈国良．大学计算机——计算思维视觉 [M]．2 版．北京：高等教育出版社，2014.

[19] 李涛．Photoshop CS5 中文版案例教程 [M]．北京：高等教育出版社，2012.

[20] 徐日，张晓昆．Access 2010 数据库应用与实践 [M]．北京：清华大学出版社，2014.